普通高等教育电气工程与自动化类系列教材

智能控制理论及应用

王耀南 孙 炜 等编著
韦 巍 主审

机械工业出版社

本书面向智能控制技术的发展前沿，基于近年来国内外智能控制技术的研究成果，系统地介绍了智能控制技术的基础概念、理论及实现的方法与技术。全书共分10章，内容包括模糊控制的数学基础和模糊控制器的设计方法、神经网络的基本理论和其在控制中的应用、模糊逻辑和神经网络的结合、专家控制技术、遗传算法优化控制、智能控制的应用实例以及智能控制的MATLAB仿真工具等。

本书综合了作者近年来的教学心得与科研成果，取材新颖、内容丰富，注重理论与实践相结合，论述深入浅出，力求使读者能够较快掌握和应用智能控制技术。本书可作为高等院校相关专业高年级本科生和研究生的教材和参考书，也可供有关工程技术人员和科学研究工作者参考。

本书配有电子课件，欢迎选用本书作教材的老师登录http://www.cmpedu.com注册下载。

图书在版编目（CIP）数据

智能控制理论及应用/王耀南等编著. —北京：机械工业出版社，2008.1（2025.1重印）

普通高等教育电气工程与自动化类系列教材

ISBN 978-7-111-22922-3

Ⅰ. 智… Ⅱ. 王… Ⅲ. 智能控制—高等学校—教材 Ⅳ. TP273

中国版本图书馆CIP数据核字（2007）第182770号

机械工业出版社（北京市百万庄大街22号 邮政编码100037）
责任编辑：王雅新 责任校对：张 媛
封面设计：王洪流 责任印制：常天培
北京机工印刷厂有限公司印刷
2025年1月第1版第14次印刷
184mm×260mm·16印张·392千字
标准书号：ISBN 978-7-111-22922-3
定价：39.80元

电话服务　　　　　　　　　网络服务
客服电话：010-88361066　　机 工 官 网：www.cmpbook.com
　　　　　010-88379833　　机 工 官 博：weibo.com/cmp1952
　　　　　010-68326294　　金 书 网：www.golden-book.com
封底无防伪标均为盗版　　　机工教育服务网：www.cmpedu.com

全国高等学校电气工程与自动化系列教材
编审委员会

主 任 委 员　汪槱生　浙江大学
副主任委员　（按姓氏笔画排序）
　　　　　　　王兆安　西安交通大学
　　　　　　　王孝武　合肥工业大学
　　　　　　　田作华　上海交通大学
　　　　　　　刘　丁　西安理工大学
　　　　　　　陈伯时　上海大学
　　　　　　　郑大钟　清华大学
　　　　　　　赵光宙　浙江大学
　　　　　　　赵　曜　四川大学
　　　　　　　韩雪清　机械工业出版社
委　　　员　（按姓氏笔画排序）
　　　　　　　戈宝军　哈尔滨理工大学　　方　敏　合肥工业大学
　　　　　　　王钦若　广东工业大学　　　白保东　沈阳工业大学
　　　　　　　吴　刚　中国科技大学　　　张化光　东北大学
　　　　　　　张纯江　燕山大学　　　　　张　波　华南理工大学
　　　　　　　张晓华　哈尔滨工业大学　　杨　耕　清华大学
　　　　　　　邹积岩　大连理工大学　　　陈　冲　福州大学
　　　　　　　陈庆伟　南京理工大学　　　范　瑜　北京交通大学
　　　　　　　夏长亮　天津大学　　　　　章　兢　湖南大学
　　　　　　　萧蕴诗　同济大学　　　　　程　明　东南大学
　　　　　　　韩　力　重庆大学　　　　　雷银照　北京航空航天大学
　　　　　　　熊　蕊　华中科技大学

序

随着科学技术的不断进步，电气工程与自动化技术正以令人瞩目的发展速度，改变着我国工业的整体面貌。同时，对社会的生产方式、人们的生活方式和思想观念也产生了重大的影响，并在现代化建设中发挥着越来越重要的作用。随着与信息科学、计算机科学和能源科学等相关学科的交叉融合，它正在向智能化、网络化和集成化的方向发展。

教育是培养人才和增强民族创新能力的基础，高等学校作为国家培养人才的主要基地，肩负着教书育人的神圣使命。在实际教学中，根据社会需求，构建具有时代特征、反映最新科技成果的知识体系是每个教育工作者义不容辞的光荣任务。

教书育人，教材先行。机械工业出版社几十年来出版了大量的电气工程与自动化类教材，有些教材十几年、几十年长盛不衰，有着很好的基础。为了适应我国目前高等学校电气工程与自动化类专业人才培养的需要，配合各高等学校的教学改革进程，满足不同类型、不同层次的学校在课程设置上的需求，由中国机械工业教育协会电气工程及自动化学科教育委员会、中国电工技术学会高校工业自动化教育专业委员会、机械工业出版社共同发起成立了"全国高等学校电气工程与自动化系列教材编审委员会"，组织出版新的电气工程与自动化类系列教材。这类教材基于 **"加强基础，削枝强干，循序渐进，力求创新"** 的原则，通过对传统课程内容的整合、交融和改革，以不同的模块组合来满足各类学校特色办学的需要。并力求做到：

1. 适用性：结合电气工程与自动化类专业的培养目标、专业定位，按技术基础课、专业基础课、专业课和教学实践等环节，进行选材组稿。对有的具有特色的教材采取一纲多本的方法。注重课程之间的交叉与衔接，在满足系统性的前提下，尽量减少内容上的重复。

2. 示范性：力求教材中展现的教学理念、知识体系、知识点和实施方案在本领域中具有广泛的辐射性和示范性，代表并引导教学发展的趋势和方向。

3. 创新性：在教材编写中强调与时俱进，对原有的知识体系进行实质性的改革和发展，鼓励教材涵盖新体系、新内容、新技术，注重教学理论创新和实践创新，以适应新形势下的教学规律。

4. 权威性：本系列教材的编委由长期工作在教学第一线的知名教授和学者组成。他们知识渊博，经验丰富。组稿过程严谨细致，对书目确定、主编征集、资料申报和专家评审等都有明确的规范和要求，为确保教材的高质量提供了有力保障。

此套教材的顺利出版，先后得到全国数十所高校相关领导的大力支持和广大骨干教师的积极参与，在此谨表示衷心的感谢，并欢迎广大师生提出宝贵的意见和建议。

此套教材的出版如能在转变教学思想、推动教学改革、更新专业知识体系、创造适应学生个性和多样化发展的学习环境、培养学生的创新能力等方面收到成效，我们将会感到莫大的欣慰。

全国高等学校电气工程与自动化系列教材编审委员会

前 言

随着现代科学技术的迅速发展，生产系统的规模越来越大，导致了控制对象、控制器以及控制任务和目的的日益复杂化。这些大型复杂系统具有多种形式的复杂性。在整体结构上，表现为非线性、不确定性、无穷维、分布式及多层次等；在被处理的信息上，表现为信号的不确定性、随机性和不完全性，定性知识及定量计算的混合等。传统的以单纯数学解析结构为基础的控制理论方法，其局限性日益明显，已不适用于复杂系统的控制。建立新一代的控制理论方法，不完全以控制对象为研究主体，而是以控制器为研究主体，运用人工智能的逻辑推理、启发式知识、自学习等优势来解决复杂系统的控制问题，已成为各国控制学术界所共同关心的热门研究课题。智能控制就是在这种背景下提出和形成的。

智能控制技术是自动控制理论发展的高级阶段，是当今国内外自动化学科中一个十分活跃和具有挑战性的研究领域，又是一门新兴的交叉学科。它与人工智能、自动控制、运筹学、计算机科学、进化论、信息论、仿生学和认识心理学等有着密切的关系，是相关学科相互结合与渗透的产物，具有广阔的应用背景。目前，智能控制技术已用于工业、农业、国防、航空航天、通信、服务业等各种领域。

为了适应21世纪科学技术的高速发展，及时地在高等院校的教学工作中反映学科的前沿技术，培养更多的智能控制技术人才，作者基于近年来国内外研究人员从事智能控制技术研究的成果，结合高等院校人才培养的特点，编写了本书。

本书注重深入浅出和理论联系实际，可以作为高等院校本科高年级学生以及研究生的入门级教材，也可以作为研究人员的参考书。

全书系统地论述了智能控制系统的概念、理论方法和实际应用，共分成10章。第1章综述了智能控制的发展过程、定义和特点，介绍了智能控制的基本形式，讨论了智能控制系统的现状与发展趋势。第2章对模糊控制的数学基础进行了介绍，详细地论述了模糊集合、模糊关系的概念及其与普通集合、普通关系之间的关系，并给出了如何从人类自然语言规则中提取其蕴涵的模糊关系的方法，介绍了如何根据模糊关系进行模糊推理。第3章介绍了模糊控制器的工作原理、基本思想和组成结构，而后对模糊控制器的设计内容和方法给出了详细的描述，最后针对模糊控制器存在的一些缺点，给出了几种常用的模糊控制改进方法。第4章系统地描述了神经网络的基本原理和特征，并详细给出了几种常用的神经网络模型的结构描述和学习算法。第5章介绍了神经网络技术在自动控制中的应用，重点阐述了神经网络系统辨识技术、神经网络控制技术以及神经网络与其他控制技术的融合。第6章着重讨论神经网络与模糊系统的融合技术，论述了神经网络与模糊系统相结合的几种形式，并详细介绍了两种模糊神经网络的模型。第7章主要介绍基于知识的专家系统、专家控制的知识表示和推理方法、专家控制系统基本原理与方法。第8章对遗传算法的由来、基本操作、特点、理论基础进行了介绍，对遗传算法应用于优化问题的求解方法进行了阐述。在此基础上，给出了遗传算法在参数辨识和控制参数优化中的应用，并介绍了遗传算法和神经网络的结合。第9章给出了许多智能控制技术的应用实例，重点介绍了智能控制在电气传动、过程控制、电力系统和机器人控制中的应用,深入地介绍了多种智能控制方法的具体设计方法。第 10 章主要介绍 MATLAB 中智能控制工具箱的使用,重点描述了模糊逻辑工具箱和神经网络工具箱。

在本教材的教学安排上,第 1~8 章为基础知识部分,深入浅出地阐述了智能控制各种方法的基本原理和方法,要求本科生必须掌握,而模糊控制和神经网络又是其中的重点内容。第 9 章为应用提高部分,十分详细深入地介绍了智能控制方法在电气传动、过程控制、电力系统和机器人控制中的应用,涉及的知识面较广,任课教师可以根据学生的专业特点和知识结构选择其中的部分内容进行讲授。第 10 章为辅助工具部分,为学生利用 MATLAB 中智能控制工具箱实现相关仿真实验提供了快速查询和检索的工具,该部分内容任课教师可以安排在实验环节进行教授。

本书的第 1~3 章由王耀南教授撰写,第 4~6 章由孙炜教授撰写,袁小芳博士编写了第 7、8 章,彭金柱博士编写了第 9、10 章。感谢主审浙江大学韦巍教授对本教材的审阅以及张辉、蔡玉连、孙程鹏、宁伟等研究生对书稿的精心校对。

本书是机械工业出版社联合中国机械工业教育协会电气工程及自动化学科教学委员会、中国电工技术学会高校工业自动化教育专业委员会组织编写的"普通高等教育电气工程与自动化类系列教材",得到了机械工业出版社的大力支持和资助。本书还得到了国家自然科学基金、国家 863 计划和中德国际合作项目等多方面的资助。本书配有电子课件,欢迎选用本书作教材的老师索取,索取邮箱:yaxin_w74@126.com。

由于智能控制系统是一门新兴学科,很多理论与应用性问题还待进一步深入研究和发展,加上作者学识有限,因而书中尚有不足之处,敬请读者和专家们批评指正。

作 者

目　　录

序
前言
第1章　绪论 ………………………………………… 1
　1.1　智能控制的产生和发展 ……………… 1
　1.2　智能控制的定义和特点 ……………… 3
　1.3　智能控制的几种主要形式 …………… 4
　1.4　智能控制系统的研究方向和趋势 …… 7
　1.5　小结 …………………………………… 8
第2章　模糊控制的数学基础 ……………… 9
　2.1　概述 …………………………………… 9
　2.2　模糊集合 ……………………………… 10
　　2.2.1　普通集合 ………………………… 10
　　2.2.2　模糊集合 ………………………… 13
　2.3　λ水平截集 …………………………… 16
　　2.3.1　λ水平截集的定义 ……………… 16
　　2.3.2　λ水平截集的性质 ……………… 16
　2.4　模糊关系 ……………………………… 16
　　2.4.1　普通关系 ………………………… 17
　　2.4.2　模糊关系 ………………………… 17
　　2.4.3　模糊变换 ………………………… 20
　　2.4.4　模糊决策 ………………………… 20
　2.5　语言规则中蕴涵的模糊关系 ………… 21
　　2.5.1　语言变量 ………………………… 22
　　2.5.2　模糊蕴涵关系 …………………… 23
　2.6　模糊推理 ……………………………… 26
　　2.6.1　单输入模糊推理 ………………… 26
　　2.6.2　多输入模糊推理 ………………… 27
　　2.6.3　多输入多规则模糊推理 ………… 29
　2.7　小结 …………………………………… 30
第3章　模糊控制器的设计方法 …………… 31
　3.1　模糊控制器的工作原理 ……………… 31
　3.2　模糊控制器的结构和设计 …………… 32
　　3.2.1　模糊化接口 ……………………… 33
　　3.2.2　规则库 …………………………… 36
　　3.2.3　模糊推理 ………………………… 37
　　3.2.4　清晰化接口 ……………………… 38
　　3.2.5　模糊查询表 ……………………… 39
　　3.2.6　模糊控制器的设计内容 ………… 40
　3.3　模糊控制的优缺点及改进方法 ……… 40
　　3.3.1　模糊控制的优缺点 ……………… 40
　　3.3.2　模糊比例控制 …………………… 40
　　3.3.3　模糊—PI复合控制 ……………… 40
　　3.3.4　自校正模糊控制 ………………… 41
　　3.3.5　变结构模糊控制 ………………… 46
　3.4　小结 …………………………………… 46
第4章　神经网络的基本理论 ……………… 47
　4.1　人工神经元模型 ……………………… 47
　4.2　神经网络的定义和特点 ……………… 48
　4.3　感知器模型 …………………………… 48
　4.4　多层前向BP神经网络 ………………… 49
　　4.4.1　多层前向神经网络的结构 ……… 49
　　4.4.2　BP学习算法 ……………………… 51
　4.5　Hopfield神经网络 …………………… 51
　　4.5.1　离散型Hopfield神经网络 ……… 52
　　4.5.2　连续型Hopfield神经网络 ……… 53
　4.6　自组织神经网络 ……………………… 55
　4.7　小脑神经网络 ………………………… 56
　　4.7.1　CMAC的原理 ……………………… 56
　　4.7.2　CMAC学习的数学推导 …………… 57
　　4.7.3　CMAC的学习 ……………………… 58
　4.8　小结 …………………………………… 59
第5章　神经网络在控制中的应用 ………… 60
　5.1　神经网络系统辨识 …………………… 60
　　5.1.1　神经网络系统辨识的原理 ……… 60
　　5.1.2　多层前向BP神经网络的系统
　　　　　 辨识 ……………………………… 61
　　5.1.3　递归神经网络系统辨识 ………… 61
　5.2　神经网络控制 ………………………… 62
　　5.2.1　神经网络直接反馈控制系统 …… 62
　　5.2.2　神经网络逆控制 ………………… 63
　　5.2.3　神经网络内模控制 ……………… 63
　　5.2.4　神经网络自适应控制 …………… 64
　　5.2.5　神经网络学习控制 ……………… 65
　　5.2.6　神经网络预测控制 ……………… 65

5.2.7 神经网络 PID 控制 …………… 66
5.2.8 神经网络滑模控制 …………… 67
5.2.9 神经网络鲁棒控制 …………… 68
5.3 小结 ……………………………………… 69

第6章 模糊神经网络 ……………………… 70
6.1 模糊控制与神经网络的结合 …………… 70
6.2 模糊神经网络模型 ……………………… 72
6.2.1 模糊联想存储器 ………………… 72
6.2.2 模糊推理神经网络 ……………… 73
6.3 小结 ……………………………………… 78

第7章 专家控制技术 ……………………… 79
7.1 专家系统概述 …………………………… 79
7.2 专家系统的知识表示方法 ……………… 80
7.2.1 产生式规则表示法 ……………… 80
7.2.2 状态空间表示法 ………………… 81
7.2.3 框架表示法 ……………………… 81
7.2.4 "与或图"表示法 ……………… 82
7.2.5 黑板模型结构 …………………… 83
7.2.6 神经网络知识表示 ……………… 84
7.3 专家系统的自动推理机制 ……………… 85
7.3.1 宽度优先搜索 …………………… 87
7.3.2 深度优先搜索 …………………… 88
7.3.3 不精确推理 ……………………… 89
7.4 专家控制系统 …………………………… 89
7.4.1 专家控制系统原理 ……………… 89
7.4.2 直接专家控制 …………………… 91
7.4.3 间接专家控制 …………………… 92
7.5 小结 ……………………………………… 98

第8章 遗传算法 …………………………… 99
8.1 遗传算法基本原理 ……………………… 99
8.1.1 遗传算法的由来 ………………… 99
8.1.2 遗传算法的基本操作 …………… 100
8.1.3 遗传算法的特点 ………………… 101
8.1.4 遗传算法的理论基础 …………… 102
8.1.5 用于优化问题的遗传算法 ……… 103
8.2 基于遗传算法的参数辨识 ……………… 106
8.2.1 遗传算法辨识系统参数 ………… 107
8.2.2 数字仿真 ………………………… 108
8.3 基于遗传算法的控制参数优化 ………… 109
8.4 基于遗传算法的神经网络学习方法 …… 111
8.4.1 遗传神经网络结构 ……………… 112
8.4.2 用遗传算法训练神经网络权值 … 113
8.5 小结 ……………………………………… 114

第9章 智能控制的应用实例 ……………… 115
9.1 智能控制在电气传动中的应用 ………… 115
9.1.1 基于模糊控制的交流伺服系统 … 115
9.1.2 基于小波神经网络定子电阻估计器的模糊直接转矩控制 …… 118
9.1.3 无速度传感器异步电动机矢量控制系统的自适应模糊控制 … 132
9.1.4 基于递归模糊神经网络的异步电动机无速度传感器矢量控制 … 137
9.2 智能控制在过程控制中的应用 ………… 146
9.2.1 复杂工业系统的分布式递阶智能控制 ……………………… 146
9.2.2 模糊神经网络在炉温控制中的应用 ………………………… 151
9.2.3 一种基于专家模糊控制的磨削加工质量控制系统 ………… 156
9.3 智能控制在电力系统中的应用 ………… 159
9.3.1 电力系统有功功率与频率的神经网络自校正控制 ………… 159
9.3.2 一种专家智能型电力系统稳定器 …………………………… 162
9.3.3 基于模糊自整定 PI 控制的 SSSC 潮流控制器 ……………… 165
9.3.4 基于神经网络的静止无功补偿器自校正内模控制 ………… 170
9.4 智能控制在机器人控制中的应用 ……… 175
9.4.1 基于模糊神经网络的机器人学习控制 ……………………… 175
9.4.2 模糊 CMAC 及其在机器人轨迹跟踪控制中的应用 ………… 179
9.4.3 基于控制器输出误差方法的机器人自适应模糊控制 ……… 184
9.4.4 基于混合人工势场—遗传算法的移动机器人路径规划 …… 186
9.5 小结 ……………………………………… 193

第10章 MATLAB 中智能控制工具箱 …… 194
10.1 MATLAB 简介 ………………………… 194
10.2 MATLAB 模糊逻辑工具箱 …………… 197
10.2.1 使用图形界面工具建立模糊推理系统 …………………… 197

10.2.2 用命令行函数实现模糊逻辑系统 …………………………… 208
10.3 MATLAB 神经网络工具箱 …………… 217
　10.3.1 神经元模型 …………………… 217
　10.3.2 网络结构 ……………………… 219
　10.3.3 数据结构 ……………………… 221
　10.3.4 训练方式 ……………………… 223
　10.3.5 反向传播网络 ………………… 226
10.4 MATLAB 智能控制工具箱函数 ……… 232
　10.4.1 MATLAB 模糊逻辑工具箱函数 …………………………… 232
　10.4.2 MATLAB 神经网络工具箱函数 …………………………… 234
10.5 小结 …………………………………… 236

参考文献 ……………………………………… 237

第1章 绪 论

智能控制是一门新兴的交叉前沿学科,是自动控制学科发展过程中一个崭新的阶段。目前智能控制的研究与应用已深入到众多的领域,例如航空航天、军事、工业、家电及服务业等。本章简要介绍智能控制的发展过程、定义和特点、主要形式以及发展趋势。

1.1 智能控制的产生和发展

20世纪20年代,布莱克、奈奎斯特和博德在贝尔实验室的一系列工作中奠定了经典反馈控制理论基础。经典控制理论是对由微分方程和差分方程描述的动力学系统进行控制的理论和方法,研究的是单变量常系数线性系统,只适用于单输入单输出控制系统(SISO)。经典控制理论处理方法比较简单,极大地推动了当时的自动化技术的发展和普及,而且在当今许多工程领域和技术领域仍得到应用。但是随着科学技术和生产的迅速发展,对自动化的要求不断提高,以单纯数学解析结构为基础的控制理论,其局限性日益明显,尤其是对于一些大型、复杂、高维、非线性和不确定性严重的对象,其数学模型难以精确描述,用传统的控制理论无法对其进行有效的控制,所以人们转而寻求新的控制方法和理论。20世纪60年代以后,产生了线性系统理论、最优控制理论、系统辨识、随机控制理论、自适应控制理论和鲁棒控制理论等现代控制理论。现代控制理论在深度和广度上都比经典控制理论进了一大步,主要表现在以下方面:

1)控制对象结构的转变。控制对象由单输入单输出系统转变为多输入多输出系统。它可以处理复杂的工业生产过程中的优化和控制问题。

2)分析方法的转变。系统信息的获得由借助传感器转变为借助状态模型。

3)研究方法的转变。如积分变换向矩阵理论、几何方法的转变;由频率方法转向状态空间的研究。

4)建模手段的转变。由机理建模向统计建模转变,开始采用参数估计和系统辨识理论。

现代控制理论虽然能解决比经典控制复杂得多的系统,但仍然不能满足当前技术发展的需求。随着航天技术、信息技术和制造工业技术的高速发展,要求控制理论能处理更加复杂的系统控制问题,从而为其提供更加有效的控制策略。大型工业生产过程、计算机集成制造系统(CIMS)、计算机网络、机器人系统和空间飞行的各类设施等,这些大型的复杂系统具有多种形式的复杂性。在整体结构上,表现为非线性,不确定性、无穷维、分布式及多层次等;在被处理的信息上,表现为信号的不确定性、随机性和不完全性,图像及符号信息的混合等;在计算上,表现为数学运算与逻辑运算的混合。这些都有待采用新型控制理论和方法来实现。正当人们为寻找新型的控制理论费尽心机时,人工智能由于得益于计算机科学技术的飞速发展,已经形成了一门学科。人工智能技术可以用计算机实现原来只有人才能做的具有智能的工作,如符号、语言和知识表达,状态特征的识别,定性和定量、精确与模糊的信息处理,分析推理,判断决策等。与此同时,人们发现在许多系统中,复杂性不仅仅表现在高维性上，更多的则是表现在系统信息的模糊性、不确定性、偶然性和不完全性上，是否可以改变一下思路，不要完全以控制对象为研究主体，而是以控制器为研究主体呢？能否用人工智能的逻辑推理、启发式知识等解决复杂对象的控制问题呢？在这种思想的指引下，智能控制应运而生了。

从20世纪60年代至今，智能控制的发展过程通常被划分为3个阶段：萌芽期、形成期和发展期。

(1) 萌芽期（1960～1970年）

20世纪60年代初，F. W. Smiths首先采用性能模式识别器来学习最优控制方法，试图用模式识别技术来解决复杂系统的控制问题。1965年，美国加利福尼亚大学伯克利分校的扎德（L. A. Zadeh）教授提出了模糊集合理论，为模糊控制奠定数学基础。同年，美国的Feigenbaum着手研制世界上第一个专家系统，普渡大学傅京孙（K. S. Fu）教授提出将人工智能中的直觉推理方法用于学习控制系统。1966年Mendel在空间飞行器学习系统中应用了人工智能技术，并提出了"人工智能控制"的概念。1967年，Leondes等人首先正式使用"智能控制"一词，并把记忆、目标分解等一些简单的人工智能技术用于学习控制系统，提高了系统处理不确定性问题的能力。这标志着智能控制的思想已经萌芽。

(2) 形成期（1970～1980年）

20世纪70年代初，傅京孙等人从控制论的角度进一步总结了人工智能技术与自适应、自组织、自学习控制的关系，正式提出智能控制是人工智能技术与控制理论的交叉，并在核反应堆、城市交通的控制中成功地应用了智能控制系统。

20世纪70年代中期，智能控制在模糊控制的应用上取得了重要的进展。1974年英国伦敦大学玛丽皇后分校的E. H. Mamdani教授把模糊理论用于控制领域，把扎德教授提出的IF~THEN~型模糊规则用于模糊推理，再把这种推理用于蒸汽机的自动运转中，通过实验取得了良好的结果。

1977年，萨里迪斯（Saridis）提出了智能控制的三元结构定义，即把智能控制看做人工智能、自动控制和运筹学的交叉。

20世纪70年代后期起，把规则型模糊推理用于控制领域的研究颇为盛行。1979年，Mandani又成功研制出自组织模糊控制器，使得模糊控制器具有了较高的智能。

(3) 发展期（1980年至今）

进入20世纪80年代，专家系统技术的逐渐成熟和神经网络研究的重大突破，使得智能控制的研究和应用领域逐步扩大。智能控制的研究得到了飞速的发展。

1982年，Fox等人完成了一个称为ISIS的加工车间调度的专家系统，该系统采用启发式技术与约束制导的方法，减少搜索空间，确定最佳调度方案，并在生产中获得应用。同年，Hopfield根据神经网络的非线性微分方程，引用能量函数（lyapunov函数）的概念，使神经网络的平衡稳定状态有了明确的判据方法，并利用模拟电路的基本元件构造了人工神经网络的硬件原理模型，为实现硬件奠定了基础，使神经网络的研究取得突破性进展。随后，一大批学者和研究人员围绕着Hopfield提出的方法展开了进一步的工作，形成了20世纪80年代以来人工神经网络的研究热潮。

1983年，Saridis把智能控制用于机器人的控制。同年，美国西海岸AI（人工智能）风险企业发表了名为Reveal的模糊决策支援系统，在计算机的运行管理和饭店经营管理方面，取得了许多成绩，得到好评。

1984年，LISP Machine公司设计了一个以过程控制系统设计为目标的实时专家系统PI-CON。

1985年，IEEE在纽约召开了第一届全球智能控制学术讨论会，标志着智能控制作为一个学科分支正式被学术界接受。

1986年Rumelhart和McClelland提出多层网络的"递推"（或称"反传"，back propagation）学习算法，简称BP算法，该算法从后向前修正各层之间的连接权重，可以求解感知机所不能解决的问题，从实践上证实了人工神经网络具有很强的运算能力。BP算法是最为引人注目，应用最广的神经网络算法之一。

1987年在费城举行的国际智能控制会议上，提出了智能控制是自动控制、人工智能、运筹学相结合或自动控制、人工智能、运筹学和信息论相结合的说法。此后，每年举行一次全球智能控制研讨会，形成了智能控制的研究热潮。

1990年代以后，智能控制的研究势头异常迅猛，智能控制进入应用阶段，其应用研究领域由工业过程控制扩展到军事、航天等高科技领域或日用家电领域。模糊技术的发展如日中天，各种模糊控制商品相继问世，如模糊洗衣机、模糊空调机等。另外，模糊控制在工业控制中的比重日益增加并取得了良好的控制效果。专家系统的研究方兴未艾，各种专家系统陆续在各个行业得到应用，如石油价格预测专家系统（OPFES），地震预报专家系统（ESEP），勘测地下水专家系统（ESNCGW）以及各种故障诊断专家系统（PFDES）等，都取得了良好的控制效果。神经网络的发展也日新月异，美国的Hecht—Nielsen神经计算机公司已经开发了两代神经网络软硬件产品，IBM公司推出的神经网络工作站也已进入市场。

智能控制在我国国内也受到广泛重视，中国自动化学会于1993年在北京召开了第一届全球华人智能控制与智能自动化大会，1995年在天津召开了智能自动化专业委员会成立大会及首届中国智能自动化学术大会。我国的智能控制研究虽然起步较晚，但是发展十分迅速，目前我国的智能控制研究水平已得到了国际学术界的认可。

1.2 智能控制的定义和特点

对于智能控制，目前尚没有统一的定义，IEEE控制系统协会将其总结为

智能控制必须具有模拟人类学习（Learning）和自适应（Adaptation）的能力。

一般来说，一个智能控制系统要具有对环境的敏感、进行决策和控制能力的功能，随着智能程度的提高，根据其性能要求的不同，可以有各种人工智能的水平。最低级的智能控制要具有感知环境、作出决策和控制的能力。较高一级的智能控制可以具有辨识对象和事件、在客观世界模型中获取和表达知识、进行思考和计划未来行动的能力。更高级的智能控制应具有分析、组织数据的能力；将数据变换为机器理解的结构化信息的能力；在复杂环境中成功地选取一个优化行为，使系统能在设计时不太确切知道或未料到发生变化的情况下继续工作的能力。总之，智能控制系统具有在不确定环境中作出合适行为的能力，使系统增加完成任务要求的概率。因此，智能控制系统要有自适应和自学习的能力。

智能控制不同于经典控制理论和现代控制理论的处理方法，控制器不再是单一的数学解析模型，而是数学解析模型和知识系统相结合的广义模型。概括地说，智能控制具有以下基

本特点：

1）应能为复杂系统（如非线性、快时变、多变量、强耦合、不确定性等）进行有效的全局控制，并具有较强的容错能力。

2）定性决策和定量控制相结合的多模态组合控制。

3）从系统的功能和整体优化的角度来分析和综合系统，以实现预定的目标，并应具有自组织能力。

4）同时具有以知识表示的非数学广义模型和以数学表示的数学模型的混合控制过程，系统在信息处理上，既有数学运算，又有逻辑和知识推理。

1.3 智能控制的几种主要形式

常规的智能控制方法有模糊逻辑控制（FLC）、分级递阶的智能控制（HIC）、神经网络控制（NNC）、专家控制（EC）和仿人智能控制（AHC）等。著名的控制理论权威 Austrom 在其"智能控制的方向"一文中指出：模糊逻辑控制、神经网络与专家控制是典型的智能控制方法。

（1）基于信息论的分级递阶智能控制

分级递阶智能控制系统是在研究早期学习控制系统的基础上，并从工程控制论的角度总结人工智能与自适应、自学习和自组织控制的关系之后而逐渐形成的，是智能控制的最早理论之一。

目前已经提出的分级递阶控制理论主要有两种：基于知识/解析的混合多层智能控制理论和"精度递增伴随智能递减"的分级递阶智能控制理论。后者又称为 Saridis 分级递阶智能控制理论。3级分级递阶智能控制系统（见图1-1）是由 G. N. Saridis 于1977年提出的。该系统由组织级、协调级和执行级组成，遵循"精度递增伴随智能递减"的原则，并把熵（信息度量）的概念引入智能控制，采用熵来度量智能机器执行各指令的效果，用熵来进行最优决策。在这类多级智能控制系统中，智能主要体现在高的层次上。其中，组织级起主

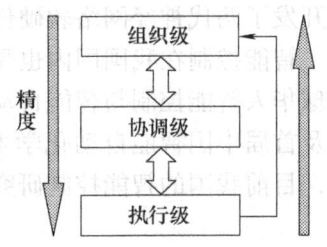

图1-1 3级分级递阶智能控制系统

导作用，涉及知识的表示与处理，主要应用人工智能；协调级在组织级和执行级间起连接作用，涉及决策方式及其表示，采用人工智能及运筹学实现控制；执行级是底层，具有很高的控制精度，采用常规自动控制。

（2）以模糊系统理论为基础的模糊逻辑控制

人类最初对事物的认识，都是定性的、模糊的和非精确的，因而将模糊信息引入智能控制具有现实的意义。模糊逻辑在控制领域的应用称为模糊控制。模糊控制是一种正在兴起的能够提高工业自动化能力的控制技术，是智能控制中一个十分活跃的研究领域。它的基本思想是把人类专家对特定的被控对象或过程的控制策略总结成一系列以"IF（条件）THEN（作用）"形式表示的控制规则，通过模糊推理得到控制作用集，作用于被控对象或过程。它与常规控制相比具有以下优点：

1）模糊控制完全是在操作人员控制经验基础上实现对系统的控制，无需建立数学模

型,是解决不确定性系统的一种有效途径。

2) 模糊控制具有较强的鲁棒性,被控对象参数的变化对模糊控制的影响不明显,可用于非线性、时变、时滞系统的控制。

3) 由离线计算得到控制查询表,提高了控制系统的实时性。

4) 控制的机理符合人们对过程控制作用的直观描述和思维逻辑。

由以上特点可以看出,凡是无法建立数学模型或难以建立数学模型的场合都可以采用模糊控制技术。模糊控制一方面提供了一种实现基于自然语言描述规则的控制规律的新机制;另一方面提供了一种改进非线性控制器的替代方法,这些非线性控制器一般用于控制含有不确定性和难以用传统非线性理论来处理的装置。

模糊控制单元的基本功能结构如图 1-2 所示。它由规则库、模糊化、模糊推理和清晰化 4 个功能模块组成。模糊控制单元首先将输入信息模糊化,然后经模糊推理规则,给出模糊输出,再将模糊指令量化,控制操作变量。

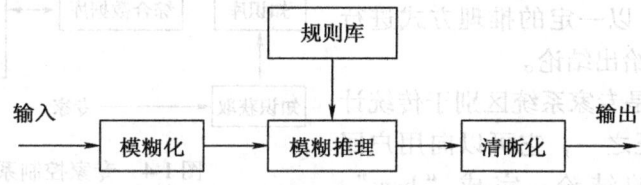

图 1-2　模糊控制单元的基本功能结构

模糊控制不需要精确的数学模型,是解决不确定性系统控制的一种有效途径,但它对信息简单模糊的处理将导致系统控制精度的降低和动态品质变差。若要提高精度则必然增加量化级数,从而导致规则搜索范围的扩大,降低决策速度。

(3) 基于脑模型的神经网络控制

人工神经网络采用仿生学的观点与方法来研究人脑和智能系统中的高级信息处理。基于神经网络的控制器,其控制问题可以看做是一类模式识别问题。要识别的模式是一些关于受控的状态、输出或某个性能评价函数的变化信号。这些信号经神经网络映射成控制信号,即使在神经网络输入信息量不充分的情况下,也能快速地对模式进行识别,产生适当的控制信号。控制效果由系统的评价函数来反映,该函数作为一类变化信号输入神经网络,以作为神经网络的学习算法或学习准则。神经网络结构如图 1-3 所示。目前,对神经网络控制的研究十分活跃,神经网络控制也是智能控制的一个崭新的研究方向。神经网络具有以下几个突出的优点:

1) 可以充分逼近任意复杂的非线性关系。

2) 所有定量或定性的信息都等势分布存储在网络内的各神经元,所以有很强的鲁棒性和容错性。

3) 采用并行分布处理方法,使得快速进行大量运算成为可能。

4) 可学习和自适应不知道或不确定的系统。

由以上特点可知,神经网络具有很强的信息综合能力。它能同时处理大量不同类型的输入,能很好地解决输入信息间的互补性与冗余性问题。神经网络是本质的并行结构,在处理实时性要求高

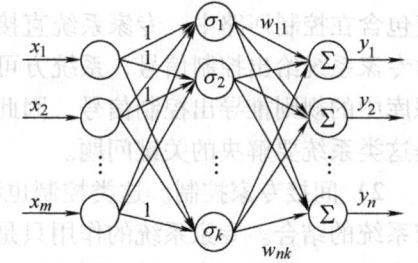

图 1-3　神经网络结构

的自动控制领域里显示出极大的优越性。但神经元网络也有一定缺陷，主要是学习速度较慢，容易收敛到局部最小点，控制的稳定性等也还需要进一步深入探讨。

（4）基于知识工程的专家控制

专家控制系统（Expert Control System，ECS）是人工智能应用领域最成功的分支之一，已广泛应用于故障诊断、各种工业过程控制和工业设计的智能控制系统。专家控制可定义为：具有模糊专家智能的功能，采用专家系统技术与控制理论相结合的方法设计的控制系统。专家控制系统的出现，改变了传统的控制系统设计中单纯依靠数学模型的局面，使知识模型与数学模型相结合、知识信息处理技术与控制技术相结合，是人工智能与控制理论方法和技术相结合的典型产物。大多数专家系统主要由5部分组成，如图1-4所示。

1）知识库，包括事实、判断、规则、经验知识和数学模型。

2）推理机，把知识库中的专家知识及数据库中的有关事实，以一定的推理方式进行逻辑推理（匹配），给出结论。

3）解释机制，是专家系统区别于传统计算机程序的主要特征之一，它可以向用户回答如何导出推理的结论，完成"how"、"why"的工作。

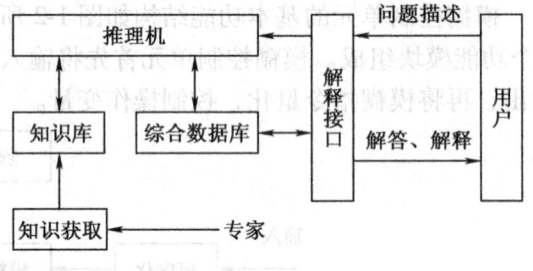

图1-4 专家控制系统的组成

4）知识获取系统，主要完成机器学习。

5）综合数据库，主要用于存放中间计算结果。

专家控制系统具有如下特点：

1）它在一定程度上模拟人的思维活动规律，能进行自动推理，善于应付各种变化，具有透明性和灵活性。

2）它可以不断监督生产过程，实现特定性能指标下的优化控制，能处理大量低层信息，可进行操作指导。

3）相对于传统控制，扩展了许多功能，如复杂系统的高质量控制、故障诊断和容错控制、参数和算法的自动修改、不同算法的组合等。

4）深层知识的引入，可以弥补专家经验的不足，可以自然地清除决策冲突。

在工业过程控制中的专家控制主要有两种形式，即直接专家控制和间接专家控制：

1）直接专家控制（基于规则的专家控制）。这种直接专家控制比较简单，专家系统直接包含在控制回路中，专家系统直接给出控制信号，影响被控过程。由于每一采样时刻必须由专家系统给出控制信号，系统方可正常运行，而专家系统需要根据测量到的过程信息及知识库中的规则推导出控制信号，因此这类控制对推理速度要求较高。如何满足实时性要求，是这类系统要解决的关键问题。

2）间接专家控制。这类控制也称监督专家控制，是常规PID控制器、自适应控制和专家系统的结合。专家系统的作用只是监督系统的运行，并根据系统运行状况在线调整控制器的参数，选择更为合适的控制算法。

专家控制仍存在着许多需要进一步解决的问题，如：

1）如何解决好知识的获取问题，以及如何进行实时性的搜索以解决实时控制问题。

2）如何将过程的深层与浅层知识合理地结合起来构造知识库，有效地自动修改知识库。

3）如何进行专家控制系统的稳定性、可控性分析。

4）如何建造通用的满足过程控制的专家开发工具。

（5）基于规则的仿人智能控制

从广义上说，各种智能控制方法研究的共同点，就是使工程控制系统具有某种"仿人"的智能。事实上，在人参与的过程控制中，经验丰富的操作者都不是依靠对象的数学模型，而是根据对象的某些定性知识以及自己积累的操作经验进行推理，并在线确定或变换控制策略。仿人智能控制的核心思想是在控制过程中，利用计算机模拟人的控制行为功能，最大限度地识别和利用控制系统动态过程提供的特

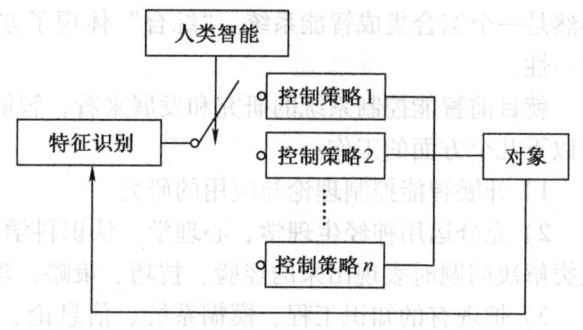

图1-5　仿人智能控制系统结构

征信息，进行启发和直觉推理，从而实现对缺乏精确模型的对象进行有效的控制。其基本原理是模仿人的启发式直觉推理逻辑，即通过特征辨识判断系统当前所处的特征状态，确定控制的策略，进行多模态控制。仿人智能控制系统结构如图1-5所示。

（6）各种方法的综合集成

针对一些具体的被控对象，往往不能从上面所述的各种方法中选取一种来满意地解决实际问题。其中也要考虑传统的基于部分数学模型的控制方法。例如模糊控制可与传统控制相结合来解决精度问题，与专家控制相结合解决动态品质问题。与神经元网络结合用于控制，不仅能处理精确知识，也能处理模糊信息，由此而产生模糊神经网络控制。按照多级智能控制的递阶原则，最上层智能程度最高，可采用思维推理方法，如逻辑推理和直觉推理等，中间层智能程度较低，可用模糊控制的方法，将最高层推理的定性知识转换给下一级可接受的定量知识；低层控制级可利用所有的常规控制方法。

1.4　智能控制系统的研究方向和趋势

智能控制是当前国内外人工智能、自动化、计算机技术领域中的热门课题，受到学术界、工程界和企业界的广泛关注，正在积极进行有关智能控制的理论方法和应用技术的研究与开发工作，取得了许多新进展、新成果。

然而，应当看到，智能控制虽然已有多年的发展历史，但目前仍只处于开创性研究阶段，最多可以说进入了初期发展阶段。目前国内外智能控制研究方向及内容主要有：

1）智能控制的基础理论和方法研究。

2）智能控制系统结构研究。

3）基于知识系统及专家控制。

4）基于模糊系统的智能控制。

5）基于学习及适应性的智能控制。

6）基于神经网络的智能控制系统。

7）基于信息论和进化论（遗传算法）的学习控制器研究。

8）其他，如计算机智能集成制造系统、智能计算系统、智能并行控制，智能容错控制、智能机器人等。

智能控制系统是一门跨学科、需要多学科提供基础支持的技术科学，因此智能控制系统必然是一个综合集成智能系统。"综合"体现了方法多样性，而"集成"则体现了各种方法统一性。

就目前智能控制系统的研究和发展来看，智能控制系统尚需探索的问题很多，主要应开展以下几个方面的工作：

1）开展智能控制理论与应用的研究。

2）充分运用神经生理学、心理学、认识科学和人工智能等学科的基本理论，深入研究人类解决问题时表现出来的经验、技巧、策略，建立切实可行的智能控制体系结构。

3）把现有的知识工程、模糊系统、信息论、进化论、神经网络理论和技术与传统的控制理论相结合，充分利用现有的控制理论，研究适合于当前计算机资源条件的智能控制策略和系统。

4）研究人—机交互式的智能控制系统和学习系统，以不断提高智能控制系统的智能水平。

5）研究适合智能控制系统的并行处理机、信号处理器、智能传感器和智能开发工具软件，以解决智能控制系统在实际应用中存在的问题，使智能控制得到更广泛的应用。

智能控制系统的发展，为智能自动化提供了理论基础，必将推动自动化向前发展。

1.5 小结

智能控制是自动化科学的崭新分支，是人工智能、控制理论和运筹学的交叉学科。在自动控制理论体系中具有重要的地位。其发展和应用对于推动整个科学技术的进步以及国民经济的发展具有重要的作用。

本章首先回顾了智能控制产生的背景和发展的历史。它的产生主要是为了解决随着航天技术、信息技术和制造工业技术的高速发展而带来的复杂系统的控制问题，为其提供更加有效的控制策略。其发展历史从20世纪60年代至今，大致经过了萌芽、形成和发展3个阶段，作为一门新兴的交叉学科，智能控制的发展还远未成熟，还有许多的理论和应用问题需要解决。

然后，本章介绍了智能控制的定义和特点。对于智能控制的定义，目前尚没有统一的定义，但是智能控制一般来说必须具有模拟人类学习和自适应的能力，它应能为复杂系统进行有效的全局控制并具有较强的容错能力，能够从系统的功能和整体优化的角度来分析和综合系统以实现预定的目标，并应具有自组织能力。从信息的表现形式来说，智能控制可以是定性决策和定量控制相结合的多模态信息处理系统。

本章还对几种典型的智能控制形式进行了介绍，包括：模糊逻辑控制、分级递阶的智能控制、神经网络控制、专家控制和仿人智能控制等。

最后本章对目前智能控制研究的现状和趋势进行了总结。

第 2 章　模糊控制的数学基础

模糊数学是模糊控制的数学基础，它是由美国加利福尼亚大学 U. C. Berklcley 学校的自动控制理论专家 L. A. Zadeh 教授最先提出的。Zadeh 教授在深入探索和研究"大系统"、"模糊性"、"计算机"和"人脑思维"间的关系中，发现 Contor 所创的集合论实质上是剔除了人脑模糊性而抽象出来的数学概念，是把思维过程绝对化，从而达到精确和严格的目的。为此，Zadeh 教授将模糊性和集合论统一起来，在不放弃集合的数学严格性的同时，使其吸取人脑思维中对于模糊现象认识和推理的优点。1965 年他在 Information & Control 杂志上发表了 "Fuzzy Set" 一文，首次提出了模糊集合的概念，标志着模糊数学的正式诞生。后来经过近 30 年的发展与完善，模糊数学已初具雏形，在理论上已渗透到拓扑学、代数学、规划学、概率论、博弈论等数学的各个分支；同时，它的应用领域也迅速扩展到自动控制、信息论、电子学、计算机科学、心理学、生物学、化学、物理学、气象学等各个领域。本章将主要从模糊控制的角度出发，介绍一些与之相关的模糊数学的基础知识。

2.1　概述

要学习模糊数学和模糊控制，首先需要知道什么是"模糊"。Zadeh 教授提出的所谓"模糊"，是指客观事物彼此间的差异在中间过渡时，界限不明显，呈现出的"亦此亦彼"性。"模糊"是相对于"精确"而言的。在经典集合论中，人们对事物的描述是精确的，这种集合论要求一个事件对于一个集合要么属于，要么不属于，二者必居其一，且仅居其一，绝不允许模棱两可。例如，一个学生要么属于"大学生"，要么不属于。这种从属关系可以用等值逻辑来表示："属于"为"真"，记作"1"；"不属于"为"假"，记作"0"。可见经典集合的外延非常明确，这就限制了它只能表现"非此即彼"的概念。但是在现实生活中，人们对事物的描述并非都可以精确地用"属于"或"不属于"这两种截然不同的状态来进行划分，例如，人们经常用"高个子"、"中等个子"、"矮个子"来形容一个人的身高。那么身高是多少才属于"高个子"？是 180cm，还是 175cm？属于"中等个子"和"矮个子"的身高又分别是多少呢？对于这些问题，每个人的看法也许都不一致，也没有一个明确的界限来进行划分。这类事件与概念之间的关系不是简单的"属于"、"不属于"的关系，而可能是一个介于"属于"、"不属于"之间的关系，也就是说，是一个在多大程度上"属于"的关系。没有明确外延的概念称为模糊概念。类似的模糊概念在生活中俯拾皆是，例如"青年人"、"老年人"、"好天气"、"坏天气"等。这些模糊概念是客观事物本质属性在人们头脑中的反映，不能因为这种概念无法用经典数学进行描述而去改变这种概念、简化这种概念，只能是对经典数学加以改造和发展，使数学的表述更客观，应用更广泛。

为了对这些无法用经典集合理论描述的模糊概念进行分析，Zadeh 教授创建了模糊数学。模糊数学并不是让数学变成模模糊糊的东西，而是用数学工具对模糊现象进行描述和分析。模糊数学是对经典数学的扩展，它在经典集合理论的基础上引入了"隶属函数"的概念，来描述事物对模糊概念的从属程度。隶属函数是经典集合论中特征函数的扩展，它用[0，1] 闭区间的一个实数来取值。

随着科学的深化和工业的发展，研究对象越来越复杂，而根据系统的不相容原理，当系统的复杂性增大时，人们做出系统特性的精确而有意义的描述能力将相应降低，在达到一定阈值时，复杂性和精确性将互相排斥。系统的复杂程度越高意味着要考虑的因素众多，以致人们不可能对全部因素都进行考察，而只能在一个压缩了的低维因素空间上来观察问题。这时，即使本来是明确的概念也变得模糊起来，所以就涌现出了越来越多的模糊性问题。如果说在过去科学发展中，人们还能够回避模糊性而运用传统数学，那么在今天，人们就再也无法回避模糊性的问题了。

2.2 模糊集合

模糊集合是对普通集合的扩展，在介绍模糊集合的概念之前，首先回顾一下一些普通集合的概念。

2.2.1 普通集合

1. 集合的概念

（1）集合

具有特定属性的对象的全体，称为集合。例如，"湖南大学的学生"可以作为一个集合。集合通常用大写字母 $A，B，\cdots，Z$ 来表示。

（2）元素

组成集合的各个对象，称为元素，也称为个体。通常用小写字母 $a，b，\cdots，z$ 来表示。

（3）论域

所研究的全部对象的总和，叫做论域，也叫全集合。

（4）空集

不包含任何元素的集合，称为空集，记做 Φ。

（5）子集

集合中的一部分元素组成的集合，称为集合的子集。

（6）属于

若元素 a 是集合 A 的元素，则称元素 a 属于集合 A，记为 $a \in A$；反之，称 a 不属于集合 A，记做 $a \notin A$。

（7）包含

若集合 A 是集合 B 的子集，则称集合 A 包含于集合 B，记为 $A \subseteq B$；或者集合 B 包含集合 A，记做 $B \supseteq A$。

（8）相等

对于两个集合 A 和 B，如果 $A \subseteq B$ 和 $B \subseteq A$ 同时成立，则称 A 和 B 相等，记做 $A = B$。此时 A 和 B 有相同的元素，互为子集。

（9）有限集和无限集

如果一个集合包含的元素为有限个，就叫做有限集；否则，叫做无限集。

2. 集合的表示法

(1) 列举法

列举法就是将集合中的所有元素都列在大括号中表示出来，该方法只能用于有限集的表示。

例如 10~20 之间的偶数组成集合 A，则 A 可表示为

$$A = \{10, 12, 14, 16, 18, 20\}$$

(2) 表征法

表征法将集合中所有元素的共同特征列在大括号中表征出来。

上例中的集合 A 也可用表征法表示为

$$A = \{a \mid a \text{ 为偶数}, 10 \leq a \leq 20\}$$

3. 集合的运算

普通集合的运算如图 2-1 所示。

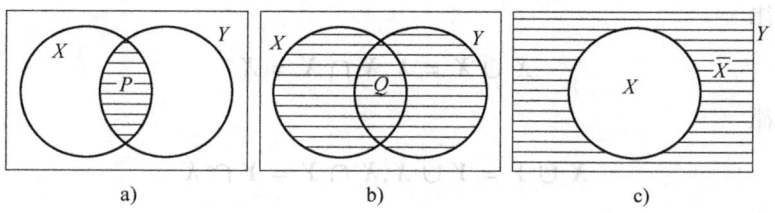

图 2-1 普通集合的运算

a) $X \cap Y$　b) $X \cup Y$　c) $\overline{X}$

(1) 集合交

设 X、Y 为两个集合，由既属于 X 又属于 Y 的元素组成的集合 P 称为 X、Y 的交集，记做

$$P = X \cap Y \tag{2-1}$$

求交运算如图 2-1a 所示，图中两圆分别代表集合 X 和集合 Y，则两圆的重叠部分就是它们的交集 P。

例 2-1 已知有集合

$$X = \{1, 2, 3, 4, 5\}, Y = \{3, 4, 5, 6, 7\}$$

试求 X 和 Y 的交集 P。

解：按照定义可知

$$P = X \cap Y = \{3, 4, 5\}$$

(2) 集合并

设 X、Y 为两个集合，由属于 X 或者属于 Y 的元素组成的集合 Q 称为 X、Y 的并集，记做

$$Q = X \cup Y \tag{2-2}$$

求并运算如图 2-1b 所示，图中两圆分别代表集合 X 和集合 Y，由两圆组成的阴影部分为它们的并集 Q。

例 2-2 对于例 2-1 中的集合 X 和 Y，它们的并集 $Q = \{1, 2, 3, 4, 5, 6, 7\}$。

（3）集合补

在论域 Y 上有集合 X，则 X 的补集为

$$\overline{X} = \{x \mid x \notin X\} \tag{2-3}$$

求补运算如图 2-1c 所示，图中圆圈代表集合 X，矩形代表论域 Y，则 X 的补集由圆外的阴影部分构成。

（4）集合的直积

设 X、Y 为两集合，定义 X、Y 的直积为

$$X \times Y = \{(x,y) \mid x \in X, y \in Y\} \tag{2-4}$$

具体算法是：在 X、Y 中各取一个元素组成序偶 (x, y)，所有序偶组成的集合，就是 X、Y 的直积。

4. 集合运算的性质

设 X、Y、Z 为定义在论域 Ω 上的 3 个集合，其交、并、补等运算具有以下性质：

（1）幂等律

$$X \cup X = X, X \cap X = X$$

（2）交换律

$$X \cup Y = Y \cup X, X \cap Y = Y \cap X$$

（3）结合律

$$X \cap (Y \cap Z) = (X \cap Y) \cap Z, X \cup (Y \cup Z) = (X \cup Y) \cup Z$$

（4）分配律

$$X \cap (Y \cup Z) = (X \cap Y) \cup (X \cap Z), X \cup (Y \cap Z) = (X \cup Y) \cap (X \cup Z)$$

（5）同一律

$$X \cup \Omega = \Omega, X \cap \Omega = X, X \cup \Phi = X, X \cap \Phi = \Phi$$

（6）复原律

$$\overline{\overline{X}} = X$$

（7）互补律

$$X \cup \overline{X} = \Omega, X \cap \overline{X} = \Phi$$

（8）摩根律

$$\overline{X \cup Y} = \overline{X} \cap \overline{Y}, \overline{X \cap Y} = \overline{X} \cup \overline{Y}$$

5. 集合的特征函数

设 x 为论域 X 中的元素，A 为论域 X 中定义的一个集合，则 x 和 A 的关系可以用集合 A 的特征函数 $\mu_A(x)$ 来表示。$\mu_A(x)$ 的值域是 $\{0, 1\}$，它表示元素 x 是否属于集合 A。如果 x 属于集合 A，那么 $\mu_A(x)$ 的值为 1；如果 x 不属于集合 A，那么 $\mu_A(x)$ 的值为 0。即

$$\mu_A(x) = \begin{cases} 1 & x \in A \\ 0 & x \notin A \end{cases} \tag{2-5}$$

2.2.2 模糊集合

1. 模糊集合的概念

在普通集合中,某一论域 X 上的一个元素 x 对于某个集合 A,要么 $x \in A$,要么 $x \notin A$,绝不允许模棱两可。也就是说,普通集合的"内涵"和"外延"都是明确的;但是,现实生活中,绝大多数概念都没有明确的外延。例如,对于"聪明",某些人是否符合这一概念,很难给出完全肯定或完全否定的回答,也就是说,在符合与不符合之间允许存在中间过渡状态,这类概念叫模糊概念。模糊概念没有明确的外延,所以不能用普通集合来表示。为了表示模糊概念,Zadeh 教授定义了模糊集合。模糊集合的定义如下:

给定论域 U 中的一个模糊集 $\underset{\sim}{A}$,是指任意元素 $x \in U$,都不同程度地属于这个集合,元素 x 属于这个集合 $\underset{\sim}{A}$ 的程度可以用隶属函数 $\mu_{\underset{\sim}{A}}(x) \in [0, 1]$ 来表示。模糊集合通常用一个大写字母加上符号"~"来标记,例如 $\underset{\sim}{A}$。

从模糊集合的定义可以看出,元素 x 对于模糊集合 $\underset{\sim}{A}$,不仅存在着"属于"与"不属于"两种可能情况,而且还可以在一定程度上属于 $\underset{\sim}{A}$,x 属于 $\underset{\sim}{A}$ 的程度可以用一个 0~1 之间的所谓隶属函数(隶属度)$\mu_{\underset{\sim}{A}}(x)$ 来表示。$\mu_{\underset{\sim}{A}}(x)$ 越接近 1,则 x 属于 $\underset{\sim}{A}$ 的程度越高,如果 $\mu_{\underset{\sim}{A}}(x) = 1$,则表示 x 完全属于 $\underset{\sim}{A}$;$\mu_{\underset{\sim}{A}}(x)$ 越接近 0,则 x 属于 $\underset{\sim}{A}$ 的程度越低,如果 $\mu_{\underset{\sim}{A}}(x) = 0$,则表示 x 完全不属于 $\underset{\sim}{A}$。

例 2-3 论域 U 为 15~35 岁之间的人,模糊集 $\underset{\sim}{A}$ 表示"年轻人",假设模糊集的隶属函数可定义为

$$\mu_{\underset{\sim}{A}}(x) = \begin{cases} 1 & 15 \leq x \leq 25 \\ \dfrac{1}{1 + \left(\dfrac{x-25}{5}\right)^2} & 25 < x \leq 35 \end{cases}$$

则年龄为 30 岁的人属于"年轻人"的程度为

$$\mu_{\underset{\sim}{A}}(30) = 0.5$$

2. 模糊集合的表示方法

(1) Zadeh 表示法

当论域上的元素为有限个时,定义在该论域上的模糊集可表示为

$$\underset{\sim}{A} = \frac{\mu_{\underset{\sim}{A}}(x_1)}{x_1} + \frac{\mu_{\underset{\sim}{A}}(x_2)}{x_2} + \cdots + \frac{\mu_{\underset{\sim}{A}}(x_n)}{x_n} \tag{2-6}$$

式中,$\underset{\sim}{A}$ 为定义在论域 $\{x_1, x_2, \cdots, x_n\}$ 上的模糊集合。注意:式中的"+"和"/",仅仅是分隔符号,并不代表"加"和"除"。

例 2-4 假设论域为 5 个人的身高,分别为 172、165、175、180、178cm,他们的身高对于"高个子"的模糊概念的隶属度分别为 0.8、0.78、0.85、0.90、0.88。则模糊集"高个子"可以表示为

$$\text{高个子} = \frac{0.8}{172} + \frac{0.78}{165} + \frac{0.85}{175} + \frac{0.9}{180} + \frac{0.88}{178}$$

(2) 序偶表示法

当论域上的元素为有限个时,定义在该论域上的模糊集还可用序偶的形式表示为

$$\underset{\sim}{A} = \{(x_1,\mu_{\underset{\sim}{A}}(x_1)),(x_2,\mu_{\underset{\sim}{A}}(x_2)),\cdots,(x_n,\mu_{\underset{\sim}{A}}(x_n))\} \qquad (2\text{-}7)$$

或简化为

$$\underset{\sim}{A} = (\mu_{\underset{\sim}{A}}(x_1),\mu_{\underset{\sim}{A}}(x_2),\cdots,\mu_{\underset{\sim}{A}}(x_n)) \qquad (2\text{-}8)$$

例 2-5 对于例 2-4 中的模糊集"高个子"可以用序偶法表示为

高个子 = {(172,0.8),(165,0.78),(175,0.85),(180,0.9),(1.78,0.88)} 或

高个子 = {0.8,0.78,0.85,0.9,0.88}

(3) 隶属函数描述法

论域 U 上的模糊子集 $\underset{\sim}{A}$ 可以完全由隶属函数 $\mu_{\underset{\sim}{A}}(x)$ 表示。

例 2-6 假设年龄的论域为 $U = [15,35]$,则模糊集"年轻"可用隶属函数表征为

$$\mu_{\text{年轻}}(x) = \begin{cases} 1 & 15 \leq x \leq 25 \\ \dfrac{1}{1+\left(\dfrac{x-25}{5}\right)^2} & 25 < x \leq 35 \end{cases}$$

该"年轻"的隶属函数形状如图 2-2 所示。

3. 模糊运算

模糊集合与普通集合一样也有交、并、补的运算。假设 $\underset{\sim}{A}$ 和 $\underset{\sim}{B}$ 为论域 U 上的两个模糊集,它们的隶属函数分别为 $\mu_{\underset{\sim}{A}}(x)$ 和 $\mu_{\underset{\sim}{B}}(x)$,下面以这两个模糊集为例分别说明模糊集合的求交、求并、求补、相等、包含等概念。

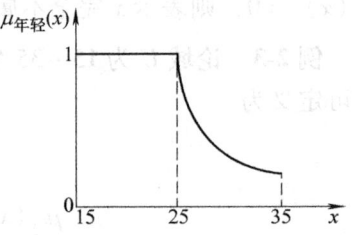

图 2-2 "年轻"的隶属函数形状

(1) 模糊集交

$\underset{\sim}{A}$ 和 $\underset{\sim}{B}$ 的交集可表示为

$$\underset{\sim}{C} = \underset{\sim}{A} \cap \underset{\sim}{B} \qquad (2\text{-}9)$$

$\underset{\sim}{C}$ 的隶属函数为

$$\mu_{\underset{\sim}{C}}(x) = \mu_{\underset{\sim}{A}}(x) \wedge \mu_{\underset{\sim}{B}}(x) \qquad (2\text{-}10)$$

式中,符号"∧"代表"取最小值"运算。也就是说,两个模糊集合的交集的隶属函数等于两个模糊集的隶属函数的最小值。

(2) 模糊集并

$\underset{\sim}{A}$ 和 $\underset{\sim}{B}$ 的并集可表示为

$$\underset{\sim}{D} = \underset{\sim}{A} \cup \underset{\sim}{B} \qquad (2\text{-}11)$$

$\underset{\sim}{D}$ 的隶属函数为

$$\mu_{\underset{\sim}{D}}(x) = \mu_{\underset{\sim}{A}}(x) \vee \mu_{\underset{\sim}{B}}(x) \qquad (2\text{-}12)$$

式中,符号"∨"代表"取最大值"运算。也就是说,两个模糊集合的并集的隶属函数等于两个模糊集的隶属函数的最大值。

(3) 模糊集补

$\underset{\sim}{A}$ 的补集可表示为 $\overline{\underset{\sim}{A}}$，$\overline{\underset{\sim}{A}}$ 的隶属函数为

$$\mu_{\overline{\underset{\sim}{A}}}(x) = 1 - \mu_{\underset{\sim}{A}}(x) \tag{2-13}$$

也就是说，某个模糊集合的补集的隶属函数等于1减去该模糊集的隶属函数。

(4) 模糊集的相等

若 $\forall x \in U$，总有 $\mu_{\underset{\sim}{A}}(x) = \mu_{\underset{\sim}{B}}(x)$ 成立，则称 $\underset{\sim}{A}$ 和 $\underset{\sim}{B}$ 相等，记做 $\underset{\sim}{A} = \underset{\sim}{B}$。

(5) 模糊集的包含

若 $\forall x \in U$，总有 $\mu_{\underset{\sim}{A}}(x) \geq \mu_{\underset{\sim}{B}}(x)$ 成立，则称 $\underset{\sim}{A}$ 包含 $\underset{\sim}{B}$，记做 $\underset{\sim}{A} \supseteq \underset{\sim}{B}$。

例 2-7 设论域 $U = \{a, b, c, d, e\}$ 上有两个模糊集分别为

$$\underset{\sim}{A} = \frac{0.5}{a} + \frac{0.3}{b} + \frac{0.4}{c} + \frac{0.2}{d} + \frac{0.1}{e}$$

$$\underset{\sim}{B} = \frac{0.2}{a} + \frac{0.8}{b} + \frac{0.1}{c} + \frac{0.7}{d} + \frac{0.4}{e}$$

求 $\underset{\sim}{A} \cap \underset{\sim}{B}$、$\underset{\sim}{A} \cup \underset{\sim}{B}$ 和 $\overline{\underset{\sim}{A}}$。

解：

$$\underset{\sim}{A} \cap \underset{\sim}{B} = \frac{0.5 \wedge 0.2}{a} + \frac{0.3 \wedge 0.8}{b} + \frac{0.4 \wedge 0.1}{c} + \frac{0.2 \wedge 0.7}{d} + \frac{0.1 \wedge 0.4}{e}$$

$$= \frac{0.2}{a} + \frac{0.3}{b} + \frac{0.1}{c} + \frac{0.2}{d} + \frac{0.1}{e}$$

$$\underset{\sim}{A} \cup \underset{\sim}{B} = \frac{0.5 \vee 0.2}{a} + \frac{0.3 \vee 0.8}{b} + \frac{0.4 \vee 0.1}{c} + \frac{0.2 \vee 0.7}{d} + \frac{0.1 \vee 0.4}{e}$$

$$= \frac{0.5}{a} + \frac{0.8}{b} + \frac{0.4}{c} + \frac{0.7}{d} + \frac{0.4}{e}$$

$$\overline{\underset{\sim}{A}} = \frac{1-0.5}{a} + \frac{1-0.3}{b} + \frac{1-0.4}{c} + \frac{1-0.2}{d} + \frac{1-0.1}{e}$$

$$= \frac{0.5}{a} + \frac{0.7}{b} + \frac{0.6}{c} + \frac{0.8}{d} + \frac{0.9}{e}$$

4. 模糊运算的性质

(1) 交换律

$$\underset{\sim}{A} \cap \underset{\sim}{B} = \underset{\sim}{B} \cap \underset{\sim}{A}, \underset{\sim}{A} \cup \underset{\sim}{B} = \underset{\sim}{B} \cup \underset{\sim}{A}$$

(2) 结合律

$$\underset{\sim}{A} \cup (\underset{\sim}{B} \cup \underset{\sim}{C}) = (\underset{\sim}{A} \cup \underset{\sim}{B}) \cup \underset{\sim}{C}, \underset{\sim}{A} \cap (\underset{\sim}{B} \cap \underset{\sim}{C}) = (\underset{\sim}{A} \cap \underset{\sim}{B}) \cap \underset{\sim}{C}$$

(3) 分配律

$$\underset{\sim}{A} \cup (\underset{\sim}{B} \cap \underset{\sim}{C}) = (\underset{\sim}{A} \cup \underset{\sim}{B}) \cap (\underset{\sim}{A} \cup \underset{\sim}{C}), \underset{\sim}{A} \cap (\underset{\sim}{B} \cup \underset{\sim}{C}) = (\underset{\sim}{A} \cap \underset{\sim}{B}) \cup (\underset{\sim}{A} \cap \underset{\sim}{C})$$

(4) 传递律

$$\underset{\sim}{A} \subseteq \underset{\sim}{B}, \underset{\sim}{B} \subseteq \underset{\sim}{C}, 则 \underset{\sim}{A} \subseteq \underset{\sim}{C}$$

(5) 幂等律

$$\underset{\sim}{A} \cup \underset{\sim}{A} = \underset{\sim}{A}, \underset{\sim}{A} \cap \underset{\sim}{A} = \underset{\sim}{A}$$

(6) 摩根律

$$\overline{\underset{\sim}{A} \cup \underset{\sim}{B}} = \overline{\underset{\sim}{A}} \cap \overline{\underset{\sim}{B}}, \overline{\underset{\sim}{A} \cap \underset{\sim}{B}} = \overline{\underset{\sim}{A}} \cup \overline{\underset{\sim}{B}}$$

(7) 复原律

$$\overline{\overline{\underset{\sim}{A}}} = \underset{\sim}{A}$$

2.3 λ水平截集

λ水平截集是一个很重要的概念，模糊集合和普通集合之间可以利用它相互进行转化，在模糊决策中也经常用到它。

2.3.1 λ水平截集的定义

在论域U中，给定一个模糊集合$\underset{\sim}{A}$，由对于$\underset{\sim}{A}$的隶属度大于某一水平值（阈值）λ的元素组成的集合，叫做该模糊集合$\underset{\sim}{A}$的λ水平截集A_λ。用公式可以描述如下：

$$A_\lambda = \{x \mid \mu_{\underset{\sim}{A}}(x) \geq \lambda\} \tag{2-14}$$

式中，$x \in U$，$\lambda \in [0, 1]$。显然，A_λ是一个普通集合。

例 2-8 已知 $\underset{\sim}{A} = \dfrac{0.1}{x_1} + \dfrac{0.3}{x_2} + \dfrac{0.5}{x_3} + \dfrac{0.7}{x_4} + \dfrac{0.9}{x_5}$，求$A_{0.1}$、$A_{0.2}$、$A_{0.7}$。

解：由式（2-14）可得

$$A_{0.1} = \{x_1, x_2, x_3, x_4, x_5\}$$
$$A_{0.2} = \{x_2, x_3, x_4, x_5\}$$
$$A_{0.7} = \{x_4, x_5\}$$

2.3.2 λ水平截集的性质

1) $\underset{\sim}{A} \cup \underset{\sim}{B}$的λ水平截集等于$A_\lambda$和$B_\lambda$的并集，即

$$(\underset{\sim}{A} \cup \underset{\sim}{B})_\lambda = A_\lambda \cup B_\lambda \tag{2-15}$$

2) $\underset{\sim}{A} \cap \underset{\sim}{B}$的λ水平截集等于$A_\lambda$和$B_\lambda$的交集，即

$$(\underset{\sim}{A} \cap \underset{\sim}{B})_\lambda = A_\lambda \cap B_\lambda \tag{2-16}$$

3) 如果$\lambda \in [0, 1]$，$\alpha \in [0, 1]$且$\lambda \leq \alpha$，则$A_\lambda \supseteq A_\alpha$。也就是说，阈值越低，水平截集$A_\lambda$越大；阈值越高，水平截集$A_\lambda$越小。$A_{\lambda=1}$最小，如果$A_{\lambda=1}$不是空集，则称它是$\underset{\sim}{A}$的核。

2.4 模糊关系

"关系"是集合论中的一个重要概念，它反映了不同集合的元素之间的关联。

2.4.1 普通关系

普通关系是用数学方法描述不同普通集合中的元素之间有无关联,例如,举行一次东西亚足球对抗赛,分两个小组 $A = \{$中国,日本,韩国$\}$,$B = \{$伊朗,沙特,阿联酋$\}$。抽签决定的对阵形势为:中国—伊朗,日本—阿联酋,韩国—沙特。用 R 表示两组的对阵关系,则 R 可用序偶的形式表示为

$$R = \{(中国,伊朗),(日本,阿联酋),(韩国,沙特)\}$$

可见关系 R 是 A、B 的直积 $A \times B$ 的子集。也可将 R 表示为矩阵形式,假设 R 中的元素 $r(i,j)$ 表示 A 组第 i 个球队与 B 组第 j 个球队的对应关系,如有对阵关系,则 $r(i,j)$ 为 1,否则为 0,则 R 可表示为

$$R = \begin{array}{c} \\ 中国 \\ 日本 \\ 韩国 \end{array} \begin{array}{ccc} 伊朗 & 沙特 & 阿联酋 \\ \begin{bmatrix} 1 & 0 & 0 \\ 0 & 0 & 1 \\ 0 & 1 & 0 \end{bmatrix} \end{array}$$

该矩阵称为 A 和 B 的关系矩阵。

2.4.2 模糊关系

由普通关系的定义可以看出:在定义了某种关系之后,两个集合的元素对于这种关系要么有关联,$r(i,j) = 1$;要么没有关联,$r(i,j) = 0$。这种关系是很明确的。但是,在现实生活中,有很多关系并不是很明确。譬如说,人和人之间关系的"亲密"与否、儿子和父亲之间长相的"相像"与否、家庭是否"和睦"等关系就无法简单地用"是"或"否"来描述,而只能描述为"在多大程度上是"或"在多大程度上否"。这些关系就是模糊关系。可以将普通关系的概念进行扩展,从而得出模糊关系的定义。

1. 模糊关系的定义

假设 x 是论域 U 中的元素,y 是论域 V 中的元素,则 U 到 V 的一个模糊关系是指定义在 $U \times V$ 上的一个模糊子集 $\underset{\sim}{R}$,其隶属度 $\mu_{\underset{\sim}{R}}(x,y) \in [0,1]$ 代表 x 和 y 对于该模糊关系的关联程度。

例 2-9 用模糊关系 $\underset{\sim}{R}$ 来描述子女与父母长相的"相像"的关系,假设儿子与父亲的相像程度为 0.8,与母亲的相像程度为 0.3;女儿与父亲的相像程度为 0.3,与母亲的相像程度为 0.6。则 $\underset{\sim}{R}$ 可描述为

$$\underset{\sim}{R} = \frac{0.8}{(子,父)} + \frac{0.3}{(子,母)} + \frac{0.3}{(女,父)} + \frac{0.6}{(女,母)}$$

模糊关系常常用矩阵的形式来描述。假设 $x \in U$,$y \in V$,则 U 到 V 的模糊关系 $\underset{\sim}{R}$ 可以用矩阵描述为

$$\underset{\sim}{R} = \begin{bmatrix} \mu_{\underset{\sim}{R}}(x_1,y_1) & \mu_{\underset{\sim}{R}}(x_1,y_2) & \cdots & \mu_{\underset{\sim}{R}}(x_1,y_n) \\ \mu_{\underset{\sim}{R}}(x_2,y_1) & \mu_{\underset{\sim}{R}}(x_2,y_2) & \cdots & \mu_{\underset{\sim}{R}}(x_2,y_n) \\ \vdots & \vdots & & \vdots \\ \mu_{\underset{\sim}{R}}(x_m,y_1) & \mu_{\underset{\sim}{R}}(x_m,y_2) & \cdots & \mu_{\underset{\sim}{R}}(x_m,y_n) \end{bmatrix} \quad (2\text{-}17)$$

则例 2-9 中的模糊关系 $\underset{\sim}{R}$ 又可以用矩阵描述为

$$\underset{\sim}{R} = \begin{array}{c} \\ 父 \\ 母 \end{array} \begin{array}{cc} 子 & 女 \\ \begin{bmatrix} 0.8 & 0.3 \\ 0.3 & 0.6 \end{bmatrix} \end{array}$$

2. 模糊关系的运算

设 $\underset{\sim}{R}$ 和 $\underset{\sim}{S}$ 是论域 $U \times V$ 上的两个模糊关系，分别描述为

$$\underset{\sim}{R} = \begin{bmatrix} r_{11} & r_{12} & \cdots & r_{1n} \\ r_{21} & r_{22} & \cdots & r_{2n} \\ \vdots & \vdots & & \vdots \\ r_{m1} & r_{m2} & \cdots & r_{mn} \end{bmatrix}, \quad \underset{\sim}{S} = \begin{bmatrix} s_{11} & s_{12} & \cdots & s_{1n} \\ s_{21} & s_{22} & \cdots & s_{2n} \\ \vdots & \vdots & & \vdots \\ s_{m1} & s_{m2} & \cdots & s_{mn} \end{bmatrix}$$

那么，模糊关系的运算规则可描述如下：

（1）模糊关系的相等

$$\underset{\sim}{R} = \underset{\sim}{S} \Leftrightarrow r_{ij} = s_{ij}$$

（2）模糊关系的包含

$$\underset{\sim}{R} \supseteq \underset{\sim}{S} \Leftrightarrow r_{ij} \geqslant s_{ij}$$

（3）模糊关系的并

$$\underset{\sim}{R} \cup \underset{\sim}{S} = \begin{bmatrix} r_{11} \vee s_{11} & \cdots & r_{1n} \vee s_{1n} \\ \vdots & & \vdots \\ r_{m1} \vee s_{m1} & \cdots & r_{mn} \vee s_{mn} \end{bmatrix}$$

（4）模糊关系的交

$$\underset{\sim}{R} \cap \underset{\sim}{S} = \begin{bmatrix} r_{11} \wedge s_{11} & \cdots & r_{1n} \wedge s_{1n} \\ \vdots & & \vdots \\ r_{m1} \wedge s_{m1} & \cdots & r_{mn} \wedge s_{mn} \end{bmatrix}$$

（5）模糊关系的补

$$\overline{\underset{\sim}{R}} = \begin{bmatrix} 1 - r_{11} & \cdots & 1 - r_{1n} \\ \vdots & & \vdots \\ 1 - r_{m1} & \cdots & 1 - r_{mn} \end{bmatrix}$$

例 2-10 如果 $\underset{\sim}{R}$ 和 $\underset{\sim}{S}$ 是论域 $U \times V$ 上的两个模糊关系，且

$$\underset{\sim}{R} = \begin{bmatrix} 0.1 & 0.3 \\ 0.2 & 0.4 \end{bmatrix}, \quad \underset{\sim}{S} = \begin{bmatrix} 0.4 & 0.2 \\ 0.5 & 0.1 \end{bmatrix}$$

求 $\underset{\sim}{R} \cap \underset{\sim}{S}$，$\underset{\sim}{R} \cup \underset{\sim}{S}$，$\overline{\underset{\sim}{R}}$。

解：根据模糊关系的运算规则得

$$\underset{\sim}{R} \cap \underset{\sim}{S} = \begin{bmatrix} 0.1 \wedge 0.4 & 0.3 \wedge 0.2 \\ 0.2 \wedge 0.5 & 0.4 \wedge 0.1 \end{bmatrix} = \begin{bmatrix} 0.1 & 0.2 \\ 0.2 & 0.1 \end{bmatrix}$$

$$\underset{\sim}{R} \cup \underset{\sim}{S} = \begin{bmatrix} 0.1 \vee 0.4 & 0.3 \vee 0.2 \\ 0.2 \vee 0.5 & 0.4 \vee 0.1 \end{bmatrix} = \begin{bmatrix} 0.4 & 0.3 \\ 0.5 & 0.4 \end{bmatrix}$$

$$\overline{\underset{\sim}{R}} = \begin{bmatrix} 1-0.1 & 1-0.3 \\ 1-0.2 & 1-0.4 \end{bmatrix} = \begin{bmatrix} 0.9 & 0.7 \\ 0.8 & 0.6 \end{bmatrix}$$

3. 模糊关系的合成

设 $\underset{\sim}{R}$ 是论域 $U \times V$ 上的模糊关系，$\underset{\sim}{S}$ 是论域 $V \times W$ 上的模糊关系。$\underset{\sim}{R}$ 和 $\underset{\sim}{S}$ 分别描述为

$$\underset{\sim}{R} = \begin{bmatrix} \mu_{\underset{\sim}{R}}(x_1,y_1) & \mu_{\underset{\sim}{R}}(x_1,y_2) & \cdots & \mu_{\underset{\sim}{R}}(x_1,y_n) \\ \mu_{\underset{\sim}{R}}(x_2,y_1) & \mu_{\underset{\sim}{R}}(x_2,y_2) & \cdots & \mu_{\underset{\sim}{R}}(x_2,y_n) \\ \vdots & \vdots & & \vdots \\ \mu_{\underset{\sim}{R}}(x_m,y_1) & \mu_{\underset{\sim}{R}}(x_m,y_2) & \cdots & \mu_{\underset{\sim}{R}}(x_m,y_n) \end{bmatrix}$$

$$\underset{\sim}{S} = \begin{bmatrix} \mu_{\underset{\sim}{S}}(y_1,z_1) & \mu_{\underset{\sim}{S}}(y_1,z_2) & \cdots & \mu_{\underset{\sim}{S}}(y_1,z_l) \\ \mu_{\underset{\sim}{S}}(y_2,z_1) & \mu_{\underset{\sim}{S}}(y_2,z_2) & \cdots & \mu_{\underset{\sim}{S}}(y_2,z_l) \\ \vdots & \vdots & & \vdots \\ \mu_{\underset{\sim}{S}}(y_n,z_1) & \mu_{\underset{\sim}{S}}(y_n,z_2) & \cdots & \mu_{\underset{\sim}{S}}(y_n,z_l) \end{bmatrix}$$

则 $\underset{\sim}{R}$ 和 $\underset{\sim}{S}$ 可以合成为论域 $U \times W$ 上的一个新的模糊关系 $\underset{\sim}{C}$，记做

$$\underset{\sim}{C} = \underset{\sim}{R} \circ \underset{\sim}{S} \tag{2-18}$$

式中，"$\circ$"表示 $\underset{\sim}{R}$ 和 $\underset{\sim}{S}$ 的合成，其运算法则为

$$\mu_{\underset{\sim}{C}}(x_i, z_j) = \bigvee_k [\mu_{\underset{\sim}{R}}(x_i, y_k) \wedge \mu_{\underset{\sim}{S}}(y_k, z_j)] \tag{2-19}$$

例 2-11 假设模糊关系 $\underset{\sim}{R}$ 描述了子女与父亲、叔叔长相的"相像"的关系，模糊关系 $\underset{\sim}{S}$ 描述了父亲、叔叔与祖父、祖母长相的"相像"的关系，$\underset{\sim}{R}$ 和 $\underset{\sim}{S}$ 可分别用矩阵描述为

$$\underset{\sim}{R} = \begin{array}{c} \\ 子 \\ 女 \end{array} \begin{matrix} 父 & 叔 \\ \begin{bmatrix} 0.8 & 0.2 \\ 0.3 & 0.5 \end{bmatrix} \end{matrix}, \quad \underset{\sim}{S} = \begin{array}{c} \\ 父 \\ 叔 \end{array} \begin{matrix} 祖父 & 祖母 \\ \begin{bmatrix} 0.2 & 0.7 \\ 0.9 & 0.1 \end{bmatrix} \end{matrix}$$

求子女与祖父、祖母长相的"相像"关系 $\underset{\sim}{C}$。

解：由合成运算法则式 (2-19) 得

$$\mu_{\underset{\sim}{C}}(x_1,z_1) = [\mu_{\underset{\sim}{R}}(x_1,y_1) \wedge \mu_{\underset{\sim}{S}}(y_1,z_1)] \vee [\mu_{\underset{\sim}{R}}(x_1,y_2) \wedge \mu_{\underset{\sim}{S}}(y_2,z_1)]$$
$$= [0.8 \wedge 0.2] \vee [0.2 \wedge 0.9] = 0.2 \vee 0.2 = 0.2$$

$$\mu_{\underset{\sim}{C}}(x_1,z_2) = [\mu_{\underset{\sim}{R}}(x_1,y_1) \wedge \mu_{\underset{\sim}{S}}(y_1,z_2)] \vee [\mu_{\underset{\sim}{R}}(x_1,y_2) \wedge \mu_{\underset{\sim}{S}}(y_2,z_2)]$$
$$= [0.8 \wedge 0.7] \vee [0.2 \wedge 0.1] = 0.7 \vee 0.1 = 0.7$$

$$\mu_{\underset{\sim}{C}}(x_2,z_1) = [\mu_{\underset{\sim}{R}}(x_2,y_1) \wedge \mu_{\underset{\sim}{S}}(y_1,z_1)] \vee [\mu_{\underset{\sim}{R}}(x_2,y_2) \wedge \mu_{\underset{\sim}{S}}(y_2,z_1)]$$
$$= [0.3 \wedge 0.2] \vee [0.5 \wedge 0.9] = 0.2 \vee 0.5 = 0.5$$

$$\mu_{\underset{\sim}{C}}(x_2,z_2) = [\mu_{\underset{\sim}{R}}(x_2,y_1) \wedge \mu_{\underset{\sim}{S}}(y_1,z_2)] \vee [\mu_{\underset{\sim}{R}}(x_2,y_2) \wedge \mu_{\underset{\sim}{S}}(y_2,z_2)]$$
$$= [0.3 \wedge 0.7] \vee [0.5 \wedge 0.1] = 0.3 \vee 0.1 = 0.3$$

所以

$$\underset{\sim}{C} = \begin{array}{c} \\ 子 \\ 女 \end{array} \begin{matrix} 祖父 & 祖母 \\ \begin{bmatrix} 0.2 & 0.7 \\ 0.5 & 0.3 \end{bmatrix} \end{matrix}$$

2.4.3 模糊变换

设有两有限集 $X = \{x_1, x_2, \cdots, x_m\}$ 和 $Y = \{y_1, y_2, \cdots, y_n\}$，$\underset{\sim}{R}$ 是 $X \times Y$ 上的模糊关系

$$\underset{\sim}{R} = \begin{bmatrix} r_{11} & r_{12} & \cdots & r_{1n} \\ r_{21} & r_{22} & \cdots & r_{2n} \\ \vdots & \vdots & & \vdots \\ r_{m1} & r_{m2} & \cdots & r_{mn} \end{bmatrix}$$

设 $\underset{\sim}{A}$ 和 $\underset{\sim}{B}$ 分别为 X 和 Y 上的模糊集

$$\underset{\sim}{A} = \{\mu_{\underset{\sim}{A}}(x_1), \mu_{\underset{\sim}{A}}(x_2), \cdots, \mu_{\underset{\sim}{A}}(x_m)\}, \underset{\sim}{B} = \{\mu_{\underset{\sim}{B}}(y_1), \mu_{\underset{\sim}{B}}(y_2), \cdots, \mu_{\underset{\sim}{B}}(y_n)\}$$

且满足

$$\underset{\sim}{B} = \underset{\sim}{A} \circ \underset{\sim}{R} \tag{2-20}$$

则称 $\underset{\sim}{B}$ 是 $\underset{\sim}{A}$ 的象，$\underset{\sim}{A}$ 是 $\underset{\sim}{B}$ 的原象，$\underset{\sim}{R}$ 是 X 到 Y 上的一个模糊变换。

式（2-20）的隶属度运算规则为

$$\mu_{\underset{\sim}{B}}(y_j) = \bigvee_{i=1}^{m} [\mu_{\underset{\sim}{A}}(x_i) \wedge \mu_{\underset{\sim}{R}}(x_i, y_j)] \quad j = 1, \cdots, n \tag{2-21}$$

例 2-12 已知论域 $X = \{x_1, x_2, x_3\}$，$Y = \{y_1, y_2\}$，$\underset{\sim}{A}$ 是论域 X 上的模糊集

$$\underset{\sim}{A} = \{0.1, 0.3, 0.5\}$$

$\underset{\sim}{R}$ 是 X 到 Y 上的一个模糊变换

$$\underset{\sim}{R} = \begin{bmatrix} 0.5 & 0.2 \\ 0.3 & 0.1 \\ 0.4 & 0.6 \end{bmatrix}$$

试通过模糊变换 $\underset{\sim}{R}$ 求 $\underset{\sim}{A}$ 的象 $\underset{\sim}{B}$。

解：$\underset{\sim}{B} = \underset{\sim}{A} \circ \underset{\sim}{R}$

$$= (0.1, 0.3, 0.5) \circ \begin{bmatrix} 0.5 & 0.2 \\ 0.3 & 0.1 \\ 0.4 & 0.6 \end{bmatrix}$$

$$= [(0.1 \wedge 0.5) \vee (0.3 \wedge 0.3) \vee (0.5 \wedge 0.4) \quad (0.1 \wedge 0.2) \vee (0.3 \wedge 0.1) \vee (0.5 \wedge 0.6)]$$

$$= (0.4, 0.5)$$

2.4.4 模糊决策

众所周知，对任何事物的决策均是在对该事物的评价的基础上进行的，这里将对模糊综合评判方法做出介绍。

设 $X = \{x_1, x_2, \cdots, x_m\}$ 为所研究事物的因素集，在 X 上选 $\underset{\sim}{A}$ 作为加权模糊集，$Y = \{y_1, y_2, \cdots, y_n\}$ 是评语集，$\underset{\sim}{B}$ 是 Y 上的决策集。$\underset{\sim}{R}$ 是 X 到 Y 上的模糊关系，用 $\underset{\sim}{R}$ 做模糊变换，

可得到决策集为

$$\underset{\sim}{B} = \underset{\sim}{A} \circ \underset{\sim}{R} = (b_1, b_2, \cdots, b_n)$$

若要做出最后的决策，可按最大值原理，选最大的 b_i 对应的 y_i 作为最终的评判结果。

例 2-13 用户厂家对某控制系统的性能进行评价。因素集为 $X = \{$超调量，调节时间，稳态精度$\}$，评语集为 $Y = \{$很好，较好，一般，差$\}$。若对于"超调量"一项的评价是，用户厂家有 30% 的认为很好，30% 的认为较好，20% 的认为一般，20% 的认为差，则可用模糊关系表示为

$$\underset{\sim}{R}_1 = (0.3, 0.3, 0.2, 0.2)$$

同样可以写出对"调节时间"的评价的模糊关系为

$$\underset{\sim}{R}_2 = (0.1, 0.2, 0.5, 0.2)$$

对"稳态精度"的评价的模糊关系为

$$\underset{\sim}{R}_3 = (0.4, 0.4, 0.1, 0.1)$$

于是，可以写出这次性能评价的模糊关系矩阵为

$$\underset{\sim}{R} = \begin{bmatrix} 0.3 & 0.3 & 0.2 & 0.2 \\ 0.1 & 0.2 & 0.5 & 0.2 \\ 0.4 & 0.4 & 0.1 & 0.1 \end{bmatrix}$$

如果厂家甲要求调节过程快，对其他性能要求不高，则其对于性能指标的要求可用加权模糊集表示为

$$\underset{\sim}{A}_1 = (0.25, 0.5, 0.25)$$

试求厂家甲对于该控制系统的评价。

解：通过模糊变换 $\underset{\sim}{R}$，计算厂家甲的决策集为

$$\underset{\sim}{B}_1 = \underset{\sim}{A}_1 \circ \underset{\sim}{R} = (0.25, 0.5, 0.25) \circ \begin{bmatrix} 0.3 & 0.3 & 0.2 & 0.2 \\ 0.1 & 0.2 & 0.5 & 0.2 \\ 0.4 & 0.4 & 0.1 & 0.1 \end{bmatrix}$$

$$= (0.25, 0.25, 0.5, 0.2)$$

按照最大值原理，选择最大隶属度对应的评语，$\underset{\sim}{B}_1$ 中第三个元素（0.5）最大，所以厂家甲对于该控制系统的评价是"一般"。

2.5 语言规则中蕴涵的模糊关系

在人类的自然语言描述中，蕴涵着一定的模糊关系。例如，"天气很冷，快要下雪了"这句话中就蕴涵了气温与下雪的概率之间的关系。在生产实践中，人们也往往用类似的语言规则来指导对生产设备的操作和控制。例如，锅炉工人在控制炉温的过程中，就是用"如果温度高了，就减少送煤量；如果温度低了，就增加送煤量"这样简单的语言规则来进行操作的。在这两句语言规则中，蕴涵了炉温和送煤量之间的模糊关系。下面将介绍如何从人类的自然语言规则中提取其蕴涵的模糊关系，首先先介绍一个概念"语言变量"。

2.5.1 语言变量

人类的语言可分为两种：自然语言和形式语言。自然语言的语意丰富、灵活，有时具有模糊性。例如"一朵美丽的花"这句话就具有模糊性，这朵花究竟有多美丽，也许各人有各人的看法。这种带有模糊性的自然语言称为模糊语言，例如长、短、大、小、年轻、年老等词语。形式语言则有严格的语法规则和语意，不存在任何的模糊性和二意性。譬如通常的计算机语言就是形式语言。

（1）语言变量的定义

语言变量是自然语言中的词或句，它的取值不是通常的数，而是用模糊语言表示的模糊集合。

例如"年龄"就可以是一个模糊语言变量，其取值为"年幼"、"年轻"、"年老"等模糊集合。

（2）如何定义一个语言变量

定义一个语言变量需要定义以下 4 个方面的内容：
1）定义变量名称。
2）定义变量的论域。
3）定义变量的语言值（每个语言值是定义在变量论域上的一个模糊集合）。
4）定义每个模糊集合的隶属函数。

例 2-14 试根据定义语言变量的 4 要素来定义语言变量"速度"。

解：首先，定义变量名称为"速度"，记做 x；

其次，定义变量"速度"的论域为 $[0, 200]$ km/h；

再次，在论域 $[0, 200]$ 上定义变量的语言值为 $\{慢, 中, 快\}$；

最后，在论域上分别定义各语言值的隶属函数为

$$\mu_{慢}(x) = \begin{cases} 1 & 0 \leq x \leq 50 \\ 2 - \dfrac{x}{50} & 50 < x \leq 100 \\ 0 & 100 < x \leq 200 \end{cases}$$

$$\mu_{中}(x) = \begin{cases} 0 & 0 \leq x \leq 50 \\ \dfrac{x}{50} - 1 & 50 < x \leq 100 \\ 3 - \dfrac{x}{50} & 100 < x \leq 150 \\ 0 & 150 < x \leq 200 \end{cases}$$

$$\mu_{快}(x) = \begin{cases} 0 & 0 \leq x \leq 100 \\ \dfrac{x}{50} - 2 & 100 < x \leq 150 \\ 1 & 150 < x \leq 200 \end{cases}$$

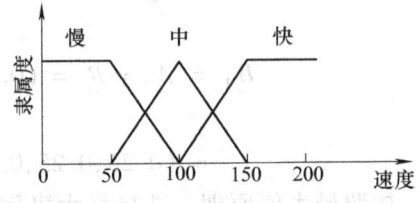

图 2-3 "速度"的隶属函数分布

"速度"的隶属函数分布如图 2-3 所示。

2.5.2 模糊蕴涵关系

人类在生产实践和生活中的操作经验和控制规则往往可以用自然语言来描述。例如，在汽车驾驶速度的控制过程中，控制规则可以描述为"如果速度快了，那么减小油门；如果速度慢了，那么加大油门。"下面就来介绍如何利用模糊数学从语言规则中提取其蕴涵的模糊关系。

1. 简单条件语句的蕴涵关系

"如果……那么……"或"如果……那么……，否则……"这两种条件语句是语言控制规则中最简单的句型，也是构成复杂语言规则的基础。下面先来提取这两种条件语句中蕴涵的模糊关系。

1) 假设 u、v 是已定义在论域 U 和 V 的两个语言变量，人类的语言控制规则为"如果 u 是 $\underset{\sim}{A}$，则 v 是 $\underset{\sim}{B}$"，其蕴涵的模糊关系 $\underset{\sim}{R}$ 为

$$\underset{\sim}{R} = (\underset{\sim}{A} \times \underset{\sim}{B}) \cup (\overline{\underset{\sim}{A}} \times V) \tag{2-22}$$

式中，$\underset{\sim}{A} \times \underset{\sim}{B}$ 称做 $\underset{\sim}{A}$ 和 $\underset{\sim}{B}$ 的笛卡儿乘积，其隶属度运算法则为

$$\mu_{\underset{\sim}{A} \times \underset{\sim}{B}}(u,v) = \mu_{\underset{\sim}{A}}(u) \wedge \mu_{\underset{\sim}{B}}(v) \tag{2-23}$$

所以，式（2-22）中 $\underset{\sim}{R}$ 的隶属度的运算法则为

$$\begin{aligned}\mu_{\underset{\sim}{R}}(u,v) &= [\mu_{\underset{\sim}{A}}(u) \wedge \mu_{\underset{\sim}{B}}(v)] \vee \{[1 - \mu_{\underset{\sim}{A}}(u)] \wedge 1\}\\ &= [\mu_{\underset{\sim}{A}}(u) \wedge \mu_{\underset{\sim}{B}}(v)] \vee [1 - \mu_{\underset{\sim}{A}}(u)]\end{aligned} \tag{2-24}$$

2) 假设 u、v 是已定义的两个语言变量，人类的语言控制规则为"如果 u 是 $\underset{\sim}{A}$，则 v 是 $\underset{\sim}{B}$；否则，v 是 $\underset{\sim}{C}$"则该规则蕴涵的模糊关系 $\underset{\sim}{R}$ 为

$$\underset{\sim}{R} = (\underset{\sim}{A} \times \underset{\sim}{B}) \cup (\overline{\underset{\sim}{A}} \times \underset{\sim}{C}) \tag{2-25}$$

其隶属度可由下式计算

$$\mu_{\underset{\sim}{R}}(u,v) = \{\mu_{\underset{\sim}{A}}(u) \wedge \mu_{\underset{\sim}{B}}(v)\} \vee \{[1 - \mu_{\underset{\sim}{A}}(u)] \wedge \mu_{\underset{\sim}{C}}(v)\} \tag{2-26}$$

例 2-15 定义两语言变量"误差 u"和"控制量 v"；两者的论域 $U = V = \{1, 2, 3, 4, 5\}$；定义在论域上的语言值为 {小，大，很大，不很大} = $\{\underset{\sim}{A}, \underset{\sim}{B}, \underset{\sim}{G}, \underset{\sim}{C}\}$；定义各语言值的隶属函数为

$$\mu_{\underset{\sim}{A}} = (1.0 \quad 0.8 \quad 0.3 \quad 0.1 \quad 0.0)$$

$$\mu_{\underset{\sim}{B}} = (0.0 \quad 0.1 \quad 0.3 \quad 0.8 \quad 1.0)$$

$$\mu_{\underset{\sim}{G}} = (0.0 \quad 0.01 \quad 0.09 \quad 0.64 \quad 1.0)$$

$$\mu_{\underset{\sim}{C}} = (1.0 \quad 0.99 \quad 0.91 \quad 0.36 \quad 0.0)$$

分别求出控制规则"如果 u 是小，那么 v 是大"蕴涵的模糊关系 $\underset{\sim}{R}_1$ 和规则"如果 u 是小，那么 v 是大；否则，v 是不很大"蕴涵的模糊关系 $\underset{\sim}{R}_2$。

解：1) 求解 $\underset{\sim}{R}_1$，根据式（2-24）可得

$$\mu_{\underset{\sim}{R}_1}(u,v) = [1-\mu_{\underset{\sim}{A}}(u)] \vee [\mu_{\underset{\sim}{A}}(u) \wedge \mu_{\underset{\sim}{B}}(v)]$$

解得

$$\underset{\sim}{R}_1 = \begin{bmatrix} 0.0 & 0.1 & 0.3 & 0.8 & 1.0 \\ 0.2 & 0.2 & 0.3 & 0.8 & 0.8 \\ 0.7 & 0.7 & 0.7 & 0.7 & 0.7 \\ 0.9 & 0.9 & 0.9 & 0.9 & 0.9 \\ 1.0 & 1.0 & 1.0 & 1.0 & 1.0 \end{bmatrix}$$

2）求解 $\underset{\sim}{R}_2$，根据式（2-25）和式（2-26）可得

$$\underset{\sim}{R}_2 = (\underset{\sim}{A} \times \underset{\sim}{B}) \cup (\overline{\underset{\sim}{A}} \times \underset{\sim}{C})$$

$$\mu_{\underset{\sim}{R}_2}(u,v) = \{\mu_{\underset{\sim}{A}}(u) \wedge \mu_{\underset{\sim}{B}}(v)\} \vee \{[1-\mu_{\underset{\sim}{A}}(u)] \wedge \mu_{\underset{\sim}{C}}(v)\}$$

解得

$$\underset{\sim}{R}_2 = \begin{bmatrix} 0.0 & 0.1 & 0.3 & 0.8 & 1.0 \\ 0.2 & 0.2 & 0.3 & 0.8 & 0.8 \\ 0.7 & 0.7 & 0.7 & 0.36 & 0.3 \\ 0.9 & 0.9 & 0.9 & 0.36 & 0.1 \\ 1.0 & 0.99 & 0.91 & 0.36 & 0.0 \end{bmatrix}$$

2. 多重条件语句的蕴涵关系

由多个简单条件语句并列构成的语句叫做多重条件语句，其句型为

"如果 u 是 $\underset{\sim}{A}_1$，则 v 是 $\underset{\sim}{B}_1$；

否则，如果 u 是 $\underset{\sim}{A}_2$，则 v 是 $\underset{\sim}{B}_2$；

……

否则，如果 u 是 $\underset{\sim}{A}_n$，则 v 是 $\underset{\sim}{B}_n$。"

该语句蕴涵的模糊关系为

$$\underset{\sim}{R} = (\underset{\sim}{A}_1 \times \underset{\sim}{B}_1) \cup (\underset{\sim}{A}_2 \times \underset{\sim}{B}_2) \cup \cdots \cup (\underset{\sim}{A}_n \times \underset{\sim}{B}_n) = \bigcup_{i=1}^{n} (\underset{\sim}{A}_i \times \underset{\sim}{B}_i) \quad (2\text{-}27)$$

其隶属函数为

$$\mu_{\underset{\sim}{R}}(u,v) = \bigvee_{i=1}^{n} [\mu_{\underset{\sim}{A}_i}(u) \wedge \mu_{\underset{\sim}{B}_i}(v)] \quad (2\text{-}28)$$

3. 多维条件语句的蕴涵关系

在简单条件语句中，语言规则的输入量只有一个。实际上，人们为了做出一个准确的判断，往往会用很多条件。例如，在控制汽车的速度时，驾驶员不仅只根据当前汽车的速度快慢来决定是否加减速，还要根据与前面车辆的距离、路面情况等条件进行综合判断。具有多输入量的简单条件语句称之为多维条件语句。其句型为

"如果 u_1 是 $\underset{\sim}{A}_1$，且 u_2 是 $\underset{\sim}{A}_2$，…，且 u_m 是 $\underset{\sim}{A}_m$，则 v 是 $\underset{\sim}{B}$。"

该语句蕴涵的模糊关系为

$$\underset{\sim}{R} = \underset{\sim}{A}_1 \times \underset{\sim}{A}_2 \times \cdots \times \underset{\sim}{A}_m \times \underset{\sim}{B} \quad (2\text{-}29)$$

其隶属函数的运算法则为

$$\mu_{\underset{\sim}{R}}(u_1, u_2, \cdots, u_m, v) = \mu_{\underset{\sim}{A}_1}(u_1) \wedge \mu_{\underset{\sim}{A}_2}(u_2) \wedge \cdots \wedge \mu_{\underset{\sim}{A}_m}(u_m) \wedge \mu_{\underset{\sim}{B}}(v) \quad (2\text{-}30)$$

在模糊控制中,最常用到的是二维模糊语句,下面举例说明二维模糊语句中蕴涵模糊关系的计算方法。

例 2-16 已知语言规则为"如果 e 是 $\underset{\sim}{A}$,并且 ec 是 $\underset{\sim}{B}$,那么 u 是 $\underset{\sim}{C}$。"其中

$$\underset{\sim}{A} = \frac{1}{e_1} + \frac{0.5}{e_2}, \quad \underset{\sim}{B} = \frac{0.1}{ec_1} + \frac{0.6}{ec_2} + \frac{1}{ec_3}, \quad \underset{\sim}{C} = \frac{0.3}{u_1} + \frac{0.7}{u_2} + \frac{1}{u_3}$$

试求该语句所蕴涵的模糊关系 $\underset{\sim}{R}$。

解:根据式 (2-29),可知:$\underset{\sim}{R} = \underset{\sim}{A} \times \underset{\sim}{B} \times \underset{\sim}{C}$。

第一步,先求 $\underset{\sim}{R}_1 = \underset{\sim}{A} \times \underset{\sim}{B}$,则根据式 (2-23),得

$$\underset{\sim}{R}_1 = \begin{bmatrix} 1 \wedge 0.1 & 1 \wedge 0.6 & 1 \wedge 1 \\ 0.5 \wedge 0.1 & 0.5 \wedge 0.6 & 0.5 \wedge 1 \end{bmatrix} = \begin{bmatrix} 0.1 & 0.6 & 1 \\ 0.1 & 0.5 & 0.5 \end{bmatrix}$$

第二步,将二元关系矩阵 $\underset{\sim}{R}_1$ 排成列向量形式 $\underset{\sim}{R}_1^T$,先将 $\underset{\sim}{R}_1$ 中的第一行元素写成列向量形式,再将 $\underset{\sim}{R}_1$ 中的第二行元素也写成列向量并放在前者的下面,如果 $\underset{\sim}{R}_1$ 是多行的,再依次写下去。于是 $\underset{\sim}{R}_1^T$ 可表示为

$$\underset{\sim}{R}_1^T = \begin{bmatrix} 0.1 \\ 0.6 \\ 1 \\ 0.1 \\ 0.5 \\ 0.5 \end{bmatrix}$$

注意:$\underset{\sim}{R}_1^T$ 并不是 $\underset{\sim}{R}_1$ 的转置矩阵。

第三步,$\underset{\sim}{R}$ 可计算如下:

$$\underset{\sim}{R} = \underset{\sim}{R}_1^T \times \underset{\sim}{C} = \begin{bmatrix} 0.1 \\ 0.6 \\ 1 \\ 0.1 \\ 0.5 \\ 0.5 \end{bmatrix} \times (0.3 \quad 0.7 \quad 1)$$

$$= \begin{bmatrix} 0.1 \wedge 0.3 & 0.1 \wedge 0.7 & 0.1 \wedge 1 \\ 0.6 \wedge 0.3 & 0.6 \wedge 0.7 & 0.6 \wedge 1 \\ 1 \wedge 0.3 & 1 \wedge 0.7 & 1 \wedge 1 \\ 0.1 \wedge 0.3 & 0.1 \wedge 0.7 & 0.1 \wedge 1 \\ 0.5 \wedge 0.3 & 0.5 \wedge 0.7 & 0.5 \wedge 1 \\ 0.5 \wedge 0.3 & 0.5 \wedge 0.7 & 0.5 \wedge 1 \end{bmatrix} = \begin{bmatrix} 0.1 & 0.1 & 0.1 \\ 0.3 & 0.6 & 0.6 \\ 0.3 & 0.7 & 1 \\ 0.1 & 0.1 & 0.1 \\ 0.3 & 0.5 & 0.5 \\ 0.3 & 0.5 & 0.5 \end{bmatrix}$$

4. 多重多维条件语句的蕴涵关系

具有多输入量的多重条件语句称之为多重多维条件语句。其句型为

"如果 u_1 是 $\underset{\sim}{A}_{11}$,且 u_2 是 $\underset{\sim}{A}_{12}$,…,且 u_m 是 $\underset{\sim}{A}_{1m}$,则 v 是 $\underset{\sim}{B}_1$;

否则,如果 u_1 是 $\underset{\sim}{A}_{21}$,且 u_2 是 $\underset{\sim}{A}_{22}$,…,且 u_m 是 $\underset{\sim}{A}_{2m}$,则 v 是 $\underset{\sim}{B}_2$;

……

否则,u_1 是 $\underset{\sim}{A}_{n1}$,且 u_2 是 $\underset{\sim}{A}_{n2}$,…,且 u_m 是 $\underset{\sim}{A}_{nm}$,则 v 是 $\underset{\sim}{B}_n$。"

则该语句蕴涵的模糊关系为

$$\underset{\sim}{R} = \bigcup_{i=1}^{n} (\underset{\sim}{A}_{i1} \times \underset{\sim}{A}_{i2} \times \cdots \times \underset{\sim}{A}_{im} \times \underset{\sim}{B}_i) \tag{2-31}$$

其隶属函数为

$$\mu_{\underset{\sim}{R}}(u_1, u_2, \cdots, u_m, v) = \bigvee_{i=1}^{n} [\mu_{\underset{\sim}{A}_{i1}}(u_1) \wedge \mu_{\underset{\sim}{A}_{i2}}(u_2) \wedge \cdots \wedge \mu_{\underset{\sim}{A}_{im}}(u_m) \wedge \mu_{\underset{\sim}{B}_i}(v)] \tag{2-32}$$

2.6 模糊推理

知道了语言控制规则中蕴涵的模糊关系后,就可以根据模糊关系和输入情况,来确定输出情况,这就叫做"模糊推理"。模糊推理规则实际是一种模糊变换,它将输入论域的模糊集变换到输出论域的模糊集。

2.6.1 单输入模糊推理

对于单输入的情况,假设两个语言变量 x、y 之间的模糊关系为 $\underset{\sim}{R}$,当 x 的模糊取值为 $\underset{\sim}{A}^*$ 时,与之相对应的 y 的取值 $\underset{\sim}{B}^*$ 可通过模糊推理得出,如下式所示:

$$\underset{\sim}{B}^* = \underset{\sim}{A}^* \circ \underset{\sim}{R} \tag{2-33}$$

(1) Zadeh 法

在 Zadeh 推理方法中,$A \to B$ 的模糊蕴涵关系 R 可以用式(2-22)表示,则上式可以计算如下:

$$\mu_{\underset{\sim}{B}^*}(y) = \bigvee_{x \in X} \{\mu_{\underset{\sim}{A}^*}(x) \wedge \mu_{\underset{\sim}{R}}(x, y)\} = \bigvee_{x \in X} \{\mu_{A^*}(x) \wedge [\mu_A(x) \wedge \mu_B(y) \vee (1 - \mu_A(x))]\} \tag{2-34}$$

例 2-17 在例 2-15 中,已经求出控制规则"如果 u 是小,那么 v 是大"蕴涵的模糊关系为 $\underset{\sim}{R}_1$,现在,已知输入量 u 的模糊取值为"略小",记做 $\underset{\sim}{A}_1$,令 $\underset{\sim}{A}_1 = (1.0 \ 0.89 \ 0.55 \ 0.32 \ 0.0)$,求控制量 v 根据规则相应的取值 $\underset{\sim}{B}_1$。

解:根据式(2-22)得

$$\underset{\sim}{R}_1 = \begin{bmatrix} 0.0 & 0.1 & 0.3 & 0.8 & 1.0 \\ 0.2 & 0.2 & 0.3 & 0.8 & 0.8 \\ 0.7 & 0.7 & 0.7 & 0.7 & 0.7 \\ 0.9 & 0.9 & 0.9 & 0.9 & 0.9 \\ 1.0 & 1.0 & 1.0 & 1.0 & 1.0 \end{bmatrix}$$

$$\underset{\sim}{B}_1 = \underset{\sim}{A}_1 \circ \underset{\sim}{R}_1$$

则根据式(2-34)有

$$\mu_{\underset{\sim}{B}_1}(v_1) = \bigvee_{i=1}^{5} [\mu_{\underset{\sim}{A}_1}(u_i) \wedge \mu_{\underset{\sim}{R}_1}(u_i, v_1)]$$
$$= (1.0 \wedge 0.0) \vee (0.89 \wedge 0.2) \vee (0.55 \wedge 0.7)$$
$$\vee (0.32 \wedge 0.9) \vee (0.0 \wedge 1.0)$$
$$= 0 \vee 0.2 \vee 0.55 \vee 0.32 \vee 0.0$$
$$= 0.55$$

同理，可解得
$$\mu_{\underset{\sim}{B}_1}(v_2) = 0.55,\ \mu_{\underset{\sim}{B}_1}(v_3) = 0.55,\ \mu_{\underset{\sim}{B}_1}(v_4) = 0.8,\ \mu_{\underset{\sim}{B}_1}(v_5) = 1.0$$

所以
$$\underset{\sim}{B}_1 = (0.55 \quad 0.55 \quad 0.55 \quad 0.8 \quad 1.0)$$

（2）Mamdani 推理方法

与 Zadeh 法不同的是，Mamdani 推理方法用 A 和 B 的笛卡儿积来表示 $A \to B$ 的模糊蕴涵关系
$$\underset{\sim}{R} = \underset{\sim}{A} \to \underset{\sim}{B} = \underset{\sim}{A} \times \underset{\sim}{B} \tag{2-35}$$

则对于单输入推理的情况，$\underset{\sim}{B}^* = \underset{\sim}{A}^* \circ \underset{\sim}{R}$。$\underset{\sim}{R}$ 的计算方法为

$$\mu_{\underset{\sim}{B}^*}(y) = \bigvee_{x \in X} \{\mu_{\underset{\sim}{A}^*}(x) \wedge \mu_{\underset{\sim}{R}}(x, y)\} = \bigvee_{x \in X} \{\mu_{A^*}(x) \wedge [\mu_A(x) \wedge \mu_B(y)]\}$$
$$= \bigvee_{x \in X} \{\mu_{A^*}(x) \wedge \mu_A(x)\} \wedge \mu_B(y)$$
$$= \alpha \wedge \mu_B(y) \tag{2-36}$$

式中，$\alpha = \bigvee_{x \in X} \{\mu_{\underset{\sim}{A}^*}(x) \wedge \mu_{\underset{\sim}{A}}(x)\}$ 叫做 $\underset{\sim}{A}^*$ 和 $\underset{\sim}{A}$ 的适配度，它是 $\underset{\sim}{A}^*$ 和 $\underset{\sim}{A}$ 的交集的高度。

根据 Mamdani 推理方法，结论可以看做用 α 对 $\underset{\sim}{B}$ 进行切割，所以这种方法又可以形象地称为削顶法。该方法的图形化描述如图 2-4 所示。

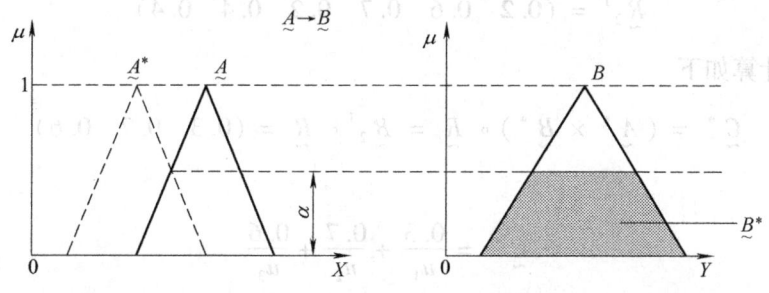

图 2-4　单输入 Mamdani 推理的图形化描述

2.6.2　多输入模糊推理

对于语言规则含有多个输入的情况，假设输入语言变量 $x_1, x_2, \cdots, x_m$ 与输出语言变量 y 之间的模糊关系为 $\underset{\sim}{R}$，当输入变量的模糊取值分别为 $\underset{\sim}{A}_1^*, \underset{\sim}{A}_2^*, \cdots, \underset{\sim}{A}_m^*$ 时，与之相对应的 y 的取值 $\underset{\sim}{B}^*$，可通过模糊推理

$$\underset{\sim}{B}{}^* = (\underset{\sim}{A}{}_1^* \times \underset{\sim}{A}{}_2^* \times \cdots \times \underset{\sim}{A}{}_m^*) \circ R \tag{2-37}$$

得到。该式可以计算如下:

$$\mu_{\underset{\sim}{B}{}^*}(y) = \bigvee_{x_1, x_2, \cdots, x_m} \{\mu_{A_1^*}(x_1) \wedge \mu_{A_2^*}(x_2) \wedge \cdots \wedge \mu_{A_m^*}(x_m) \wedge \mu_R(x_1, x_2, \cdots, x_m, y)\} \tag{2-38}$$

例 2-18 已知 $\underset{\sim}{A}{}^* = \dfrac{0.8}{e_1} + \dfrac{0.4}{e_2}$, $\underset{\sim}{B}{}^* = \dfrac{0.2}{ec_1} + \dfrac{0.6}{ec_2} + \dfrac{0.7}{ec_3}$, 试根据例 2-16 中的语言规则求 "$e$ 是 $\underset{\sim}{A}{}^*$ 并且 ec 是 $\underset{\sim}{B}{}^*$" 时输出 u 的模糊值 $\underset{\sim}{C}{}^*$。

解: 根据式 (2-37) 可知

$$\underset{\sim}{C}{}^* = (\underset{\sim}{A}{}^* \times \underset{\sim}{B}{}^*) \circ \underset{\sim}{R}$$

由例 2-16 的结果可以得到二维语言规则蕴涵的模糊关系为

$$\underset{\sim}{R} = \begin{bmatrix} 0.1 & 0.1 & 0.1 \\ 0.3 & 0.6 & 0.6 \\ 0.3 & 0.7 & 1 \\ 0.1 & 0.1 & 0.1 \\ 0.3 & 0.5 & 0.5 \\ 0.3 & 0.5 & 0.5 \end{bmatrix}$$

令 $\underset{\sim}{R}_2 = \underset{\sim}{A}{}^* \times \underset{\sim}{B}{}^*$, 则有

$$\underset{\sim}{R}_2 = \begin{bmatrix} 0.8 \wedge 0.2 & 0.8 \wedge 0.6 & 0.8 \wedge 0.7 \\ 0.4 \wedge 0.2 & 0.4 \wedge 0.6 & 0.4 \wedge 0.7 \end{bmatrix} = \begin{bmatrix} 0.2 & 0.6 & 0.7 \\ 0.2 & 0.4 & 0.4 \end{bmatrix}$$

把 $\underset{\sim}{R}_2$ 写成行向量形式, 并以 $\underset{\sim}{R}_2^T$ 表示, 则

$$\underset{\sim}{R}_2^T = (0.2 \ \ 0.6 \ \ 0.7 \ \ 0.2 \ \ 0.4 \ \ 0.4)$$

则 $\underset{\sim}{C}{}^*$ 可计算如下

$$\underset{\sim}{C}{}^* = (\underset{\sim}{A}{}^* \times \underset{\sim}{B}{}^*) \circ \underset{\sim}{R} = \underset{\sim}{R}_2^T \circ \underset{\sim}{R} = (0.3 \ \ 0.7 \ \ 0.6)$$

或表示为

$$\underset{\sim}{C}{}^* = \dfrac{0.3}{u_1} + \dfrac{0.7}{u_2} + \dfrac{0.6}{u_3}$$

对于二输入模糊推理, 还可以根据 Mamdani 方法用图形法进行描述。

二维模糊规则 "R: IF x is $\underset{\sim}{A}$ and y is $\underset{\sim}{B}$ THEN z is $\underset{\sim}{C}$" 可以看做两个单维模糊规则的交集

R_1: IF x is $\underset{\sim}{A}$ THEN z is $\underset{\sim}{C}$,

and R_2: IF y is $\underset{\sim}{B}$ THEN z is $\underset{\sim}{C}$。

则当二维输入变量的模糊取值分别为 $\underset{\sim}{A}{}^*$ 和 $\underset{\sim}{B}{}^*$ 时, 根据 R 推理得到的模糊输出 $\underset{\sim}{C}{}^*$ 等于根据 R_1 推理得到的模糊输出 $\underset{\sim}{C}{}_1^*$ 和根据 R_2 推理得到的模糊输出 $\underset{\sim}{C}{}_2^*$ 的交集

$$\underset{\sim}{C}_1^* = \underset{\sim}{A}^* \circ (\underset{\sim}{A} \times \underset{\sim}{C}), \quad \underset{\sim}{C}_2^* = \underset{\sim}{B}^* \circ (\underset{\sim}{B} \times \underset{\sim}{C}) \tag{2-39}$$

$$\underset{\sim}{C}^* = \underset{\sim}{C}_1^* \cap \underset{\sim}{C}_2^* = [\underset{\sim}{A}^* \circ (\underset{\sim}{A} \times \underset{\sim}{C})] \cap [\underset{\sim}{B}^* \circ (\underset{\sim}{B} \times \underset{\sim}{C})] \tag{2-40}$$

其运算法则为

$$\begin{aligned}
\mu_{\underset{\sim}{C}^*}(z) &= \{\bigvee_{x \in X} \mu_{\underset{\sim}{A}^*}(x) \wedge (\mu_{\underset{\sim}{A}}(x) \wedge \mu_{\underset{\sim}{C}}(z))\} \wedge \{\bigvee_{y \in Y} \mu_{\underset{\sim}{B}^*}(y) \wedge (\mu_{\underset{\sim}{B}}(y) \wedge \mu_{\underset{\sim}{C}}(z))\} \\
&= \{\bigvee_{x \in X} (\mu_{\underset{\sim}{A}^*}(x) \wedge \mu_{\underset{\sim}{A}}(x)) \wedge \mu_{\underset{\sim}{C}}(z)\} \wedge \{\bigvee_{y \in Y} (\mu_{\underset{\sim}{B}^*}(y) \wedge \mu_{\underset{\sim}{B}}(y)) \wedge \mu_{\underset{\sim}{C}}(z)\} \\
&= \{\alpha_1 \wedge \mu_{\underset{\sim}{C}}(z)\} \wedge \{\alpha_2 \wedge \mu_{\underset{\sim}{C}}(z)\} \\
&= \{\alpha_1 \wedge \alpha_2\} \wedge \mu_{\underset{\sim}{C}}(z)
\end{aligned} \tag{2-41}$$

式中，α_1 为 $\underset{\sim}{A}^*$ 和 $\underset{\sim}{A}$ 的适配度；α_2 为 $\underset{\sim}{B}^*$ 和 $\underset{\sim}{B}$ 的适配度。

上式的图形化意义在于用 α_1 和 α_2 的最小值对 $\underset{\sim}{C}$ 进行削顶。其图形化描述如图 2-5 所示。

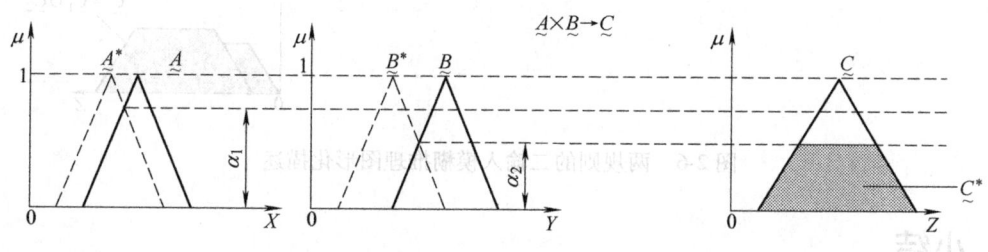

图 2-5 二输入 Mamdani 推理的图形化描述

2.6.3 多输入多规则模糊推理

以二输入为例，对于多规则的情况，规则库 R 可以描述为

R_1: IF x is $\underset{\sim}{A}_1$ and y is $\underset{\sim}{B}_1$ THEN z is $\underset{\sim}{C}_1$；

R_2: IF x is $\underset{\sim}{A}_2$ and y is $\underset{\sim}{B}_2$ THEN z is $\underset{\sim}{C}_2$；

……

R_n: IF x is $\underset{\sim}{A}_n$ and y is $\underset{\sim}{B}_n$ THEN z is $\underset{\sim}{C}_n$。

则当二维输入变量的模糊取值分别为 $\underset{\sim}{A}^*$ 和 $\underset{\sim}{B}^*$ 时，根据 R 推理得到的模糊输出 $\underset{\sim}{C}^*$ 等于所有根据 R_i 推理得到的模糊输出 $\underset{\sim}{C}_i^*$ 的并集

$$\underset{\sim}{C}^* = \bigcup_i \underset{\sim}{C}_i^* \tag{2-42}$$

式中，$\underset{\sim}{C}_i^*$ 可以由上节多输入模糊推理方法得到。则

$$\mu_{C^*}(z) = \bigvee_i \mu_{C_i^*}(z) \tag{2-43}$$

一个包含两规则的二输入模糊推理图形化描述如图 2-6 所示。

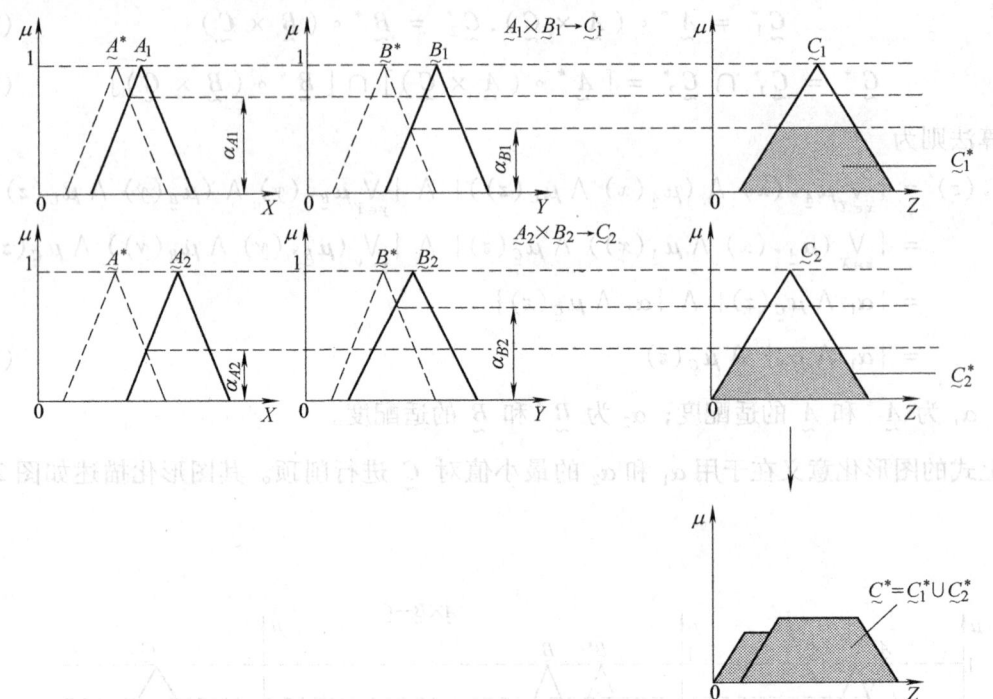

图 2-6 两规则的二输入模糊推理图形化描述

2.7 小结

模糊集合理论是模糊控制的数学基础，是描述模糊性概念的有效的数学工具。模糊集合理论是普通集合理论的拓展，它通过引入隶属函数的概念达到了对模糊概念描述的目的。本章详细地介绍了模糊集合、模糊关系的概念及其与普通集合、普通关系之间的关系，并给出了如何从人类自然语言规则中提取其蕴涵的模糊关系的方法，介绍了如何根据模糊关系进行模糊推理。

第 3 章 模糊控制器的设计方法

在模糊数学创建近十年后，在 1974 年，英国剑桥的 Mamdani 首先将模糊集理论和模糊语言逻辑用于锅炉和蒸汽机的控制，并获得了比传统 DDC 控制更好的效果。宣告了模糊控制的诞生。所谓模糊控制，只是在控制方法上应用了模糊数学知识，其基本原理仍和经典控制理论、现代控制理论一样，没有改变，其核心是利用模糊集合论，把人类专家用自然语言描述的控制策略转化为计算机能够接受的算法语言，从而模拟人类的智能，达到对生产过程进行控制的目的。模糊控制直接依据人类专家的控制经验进行设计，其设计不依赖于被控对象的模型，因此可以有效地实现对复杂、非线性、大滞后、不确定性严重的对象的控制。这也是它与经典控制理论和现代控制理论相比具有的最大优点。本章将着重介绍模糊控制器的工作原理、设计方法、基本特征以及改进方法。

3.1 模糊控制器的工作原理

众所周知，经典控制理论和现代控制理论是根据被控对象的精确数学模型（传递函数或状态方程）来设计控制器的。但随着工业的发展和社会的进步，被控对象越来越复杂，其数学模型的建立也越来越困难。对于很多控制对象有的只能建立起粗糙的模型，有的甚至根本无法建立模型。这类对象往往被称为不确定性系统。对于不确定性系统，很显然用传统的控制方法不能取得满意的控制效果。但是对于这类系统，人类却可以凭借自身的操作经验进行很好的控制。例如，要用传统的控制方法控制一辆无人驾驶汽车沿一定的路线行驶是很困难的，但是人类的驾驶员却可以很轻松地做到。人类驾驶员在驾驶汽车跟踪路线时，用的是很简单的控制规则："如果车子向左偏出了路线，就将方向盘向右打；如果车子向右偏出了路线，就将方向盘向左打；否则，保持方向不变"。由此可见，人类的这些专家控制经验如果能够转换为可以用计算机实现的控制算法，将为解决不确定性系统的控制问题开辟一条新途径。Zadeh 教授创立的模糊数学可以将模糊的人类自然语言转换为精确的数学描述，为解决这一问题奠定了数学基础。而后，控制专家运用模糊数学工具，结合人类的专家控制经验，逐渐建立了一种新型的控制方法——模糊控制。

总的来说，模糊控制的基本思想就是将人类专家对特定对象的控制经验，运用模糊集理论进行量化，转化为可数学实现的控制器，从而实现对被控对象的控制。

下面以人类对热水器水温的调节为例来具体说明人类专家的控制经验是如何转化为数字控制器的。

某人工调节热水器水温的示意图如图 3-1 所示。调节人先用左手来感觉水温，通过大脑来判断水温是否合适，如果水温偏高，就用右手去把燃气阀关小；如果水温偏低，就把燃气阀开大。如此反复调节几次，水温就达到理想值了。在这里，左手就相当于控制系统中的温度传感器，大脑就相当于控制器，右手就相当于执行机构。

根据模仿人类的这种调节经验，可以构造一个模糊控制系统来实现对热水器的控制。

首先，用一个温度传感器来替代左手进行对水温的测量，传感器的测量值经 A/D 转换后送往控制器。然后用电磁燃气阀代替右手和机械燃气阀作为执行机构，电磁燃气阀的开度由控制器的输出经 D/A 转换后控制。最后，构造控制器，使其能够模拟人类的操作经验。人类的操作经验是由模糊的自然语言描述的，在热水器的调节中，人类的操作经验是："如果水温比期望值高，就把燃气阀关小；如果水温比期望值低，就把燃气阀开大。"该规则的输入是水温与期望值的偏差，输出是燃气阀开度的增量。

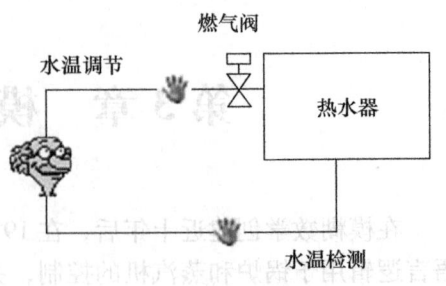

图 3-1 人工调节热水器水温的示意图

在该规则中对这些量进行衡量的是一些模糊词语："高"、"低"、"小"、"大"。根据模糊数学的知识可知，如果知道语言规则以及输入的模糊值，那么通过模糊推理就可以得到输出的模糊值。但是在数字实现的控制系统中，温度传感器的测量值是一个精确量，而作用于执行机构的控制量也必须是精确量。所以为了利用人类的语言规则进行推理，传感器的测量值在输入控制器之后首先需要进行"模糊化"的处理，将精确的测量值转化为相应的模糊值；而模糊推理后得到输出模糊值，也必须经过"清晰化"的处理，转化为精确的控制量。在设计了"模糊化"和"清晰化"的接口之后，就可以利用人类的操作经验来进行推理和控制了。基于这种思想构造的热水器水温模糊控制系统结构如图 3-2 所示。

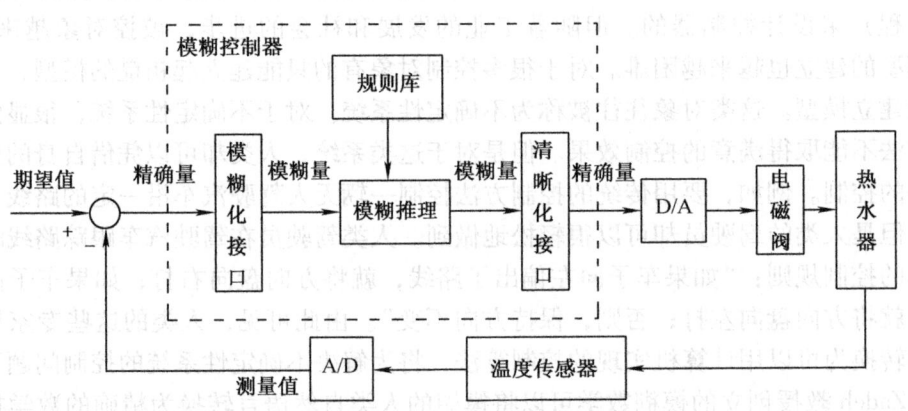

图 3-2 热水器水温模糊控制系统结构

从上面的例子中可以了解到模糊控制器的基本工作原理是：将测量得到的被控对象的状态经过模糊化接口转换为用人类自然语言描述的模糊量，而后根据人类的语言控制规则，经过模糊推理得到输出控制量的模糊取值，控制量的模糊取值再经过清晰化接口转换为执行机构能够接收的精确量。

3.2 模糊控制器的结构和设计

模糊控制器的基本结构如图 3-3 所示，其通常由 4 个部分组成：模糊化接口、规则库、模糊推理、清晰化接口。

下面来分别介绍各部分的功能和设计方法。

3.2.1 模糊化接口

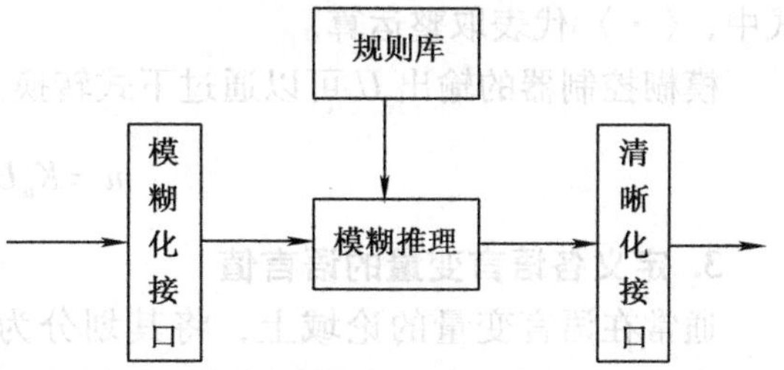

模糊化就是通过在控制器的输入、输出论域上定义语言变量，来将精确的输入、输出值转换为模糊的语言值。模糊化接口的设计步骤事实上就是定义语言变量的过程，可分为以下几步：

1. 语言变量的确定

针对模糊控制器每个输入、输出空间，各自定义一个语言变量。因为人类对控制输出的判断，往往不仅根据误差的变化，而且还根据误差的变化率来进行综合评判。所以，在模糊控制器的设计中，通常取系统的误差值 e 和误差变化率 ec 为模糊控制器的两个输入，则在 e 的论域上定义语言变量"误差 E"，在 ec 的论域上定义语言变量"误差变化 EC"；在控制量 u 的论域上定义语言变量"控制量 U"。

2. 语言变量论域的设计

在定义了语言变量的个数和名称之后，接下来要定义各语言变量的论域。在模糊控制系统在线运行时，为了提高实时性，模糊控制器常常以控制查询表的形式出现。该表反映了通过模糊控制算法求出的模糊控制器输入量和输出量在给定离散点上的对应关系。为了能方便地产生控制查询表，在模糊控制器的设计中，通常就把语言变量的论域定义为有限整数的离散论域。例如，可以将 E 的论域定义为 $\{-m, -m+1, \cdots, -1, 0, 1, \cdots, m-1, m\}$；将 EC 的论域定义为 $\{-n, -n+1, \cdots, -1, 0, 1, \cdots, n-1, n\}$；将 U 的论域定义为 $\{-l, -l+1, \cdots, -1, 0, 1, \cdots, l-1, l\}$。

模糊控制器通过引入量化因子 K_e、K_{ec} 和比例因子 K_u 来实现实际的连续域到有限整数离散域的转换。假设在实际中，误差的连续取值范围是 $e=[e_L, e_H]$，e_L 表示低限值，e_H 表示高限值。则量化因子 K_e 可通过下式确定：

$$K_e = \frac{2m}{e_H - e_L} \tag{3-1}$$

同理，假如误差变化率的连续取值范围是 $ec=[ec_L, ec_H]$，控制量的连续取值范围是 $u=[u_L, u_H]$，则量化因子 K_{ec} 和比例因子 K_u 可分别确定如下：

$$K_{ec} = \frac{2n}{ec_H - ec_L} \tag{3-2}$$

$$K_u = \frac{u_H - u_L}{2l} \tag{3-3}$$

在确定了量化因子和比例因子之后，误差 e 和误差变化率 ec 可通过下式转换为模糊控制器的输入 E 和 EC：

$$E = \left\langle K_e \left(e - \frac{e_H + e_L}{2} \right) \right\rangle \tag{3-4}$$

$$EC = \left\langle K_{ec} \left(ec - \frac{ec_H + ec_L}{2} \right) \right\rangle \tag{3-5}$$

图 3-3 模糊控制器的基本结构

式中，〈·〉代表取整运算。

模糊控制器的输出 U 可以通过下式转换为实际的输出值 u，即

$$u = K_u U + \frac{u_H + u_L}{2} \tag{3-6}$$

3. 定义各语言变量的语言值

通常在语言变量的论域上，将其划分为有限的几档，例如，可将 E、EC 和 U 划分为 {"正大（PB）"、"正中（PM）"、"正小（PS）"、"零（ZO）"、"负小（NS）"、"负中（NM）"、"负大（NB）"} 7 档。选择较多的"档"，即对每一个变量用较多的状态来描述，制定规则时就比较灵活，规则也比较细致，但相应地规则变多了，变复杂了，编制程序比较困难，占用的内存储器容量较多；选择较少的"档"，规则相应变小，规则的实现方便了，但过少的规则会使控制作用变粗而达不到预期的效果，因此在选择模糊状态时要兼顾简单性和控制效果。

4. 定义各语言值的隶属函数

隶属函数的类型通常有以下几种：

（1）正态分布型

例如高斯基函数

$$\mu_{A_i^j}(x) = e^{-\frac{(x-a_i)^2}{b_i^2}} \tag{3-7}$$

式中，a_i 为函数的中心值；b_i 为函数的宽度。假设与 {PB, PM, PS, ZO, NS, NM, NB} 对应的高斯基函数的中心值分别为 {6, 4, 2, 0, -2, -4, -6}，宽度均为2。高斯型隶属函数的形状和分布如图3-4所示。

这种隶属函数的特点是连续且点点可求导，比较适合于自适应、自学习模糊控制的隶属函数修正。

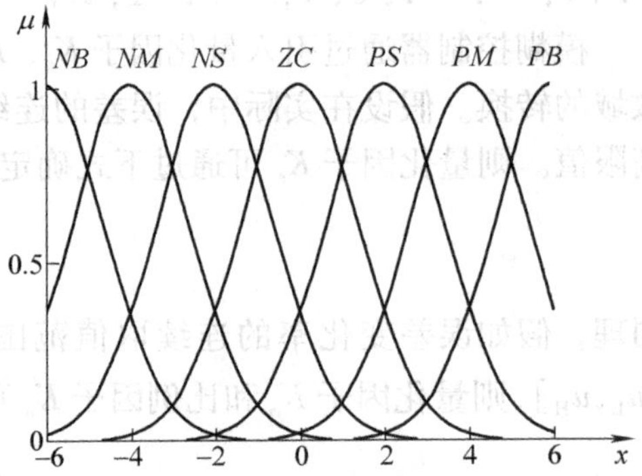

（2）三角形

$$\mu_{A_i^j}(x) = \begin{cases} \frac{1}{b-a}(x-a) & a \leq x < b \\ \frac{1}{b-c}(x-c) & b \leq x \leq c \\ 0 & 其他 \end{cases} \tag{3-8}$$

其形状如图3-5所示。

（3）梯形

$$\mu_{A_i^j}(x) = \begin{cases} \frac{x-a}{b-a} & a \leq x < b \\ 1 & b \leq x \leq c \\ \frac{d-x}{d-c} & c < x \leq d \\ 0 & 其他 \end{cases} \tag{3-9}$$

图3-4 高斯型隶属函数的形状和分布

其形状如图3-6所示。

模糊语言变量的隶属函数确定时有几个问题需要考虑：

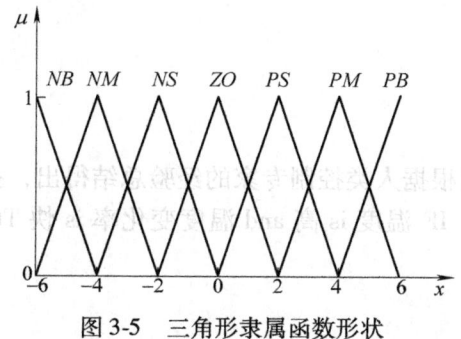
图 3-5 三角形隶属函数形状

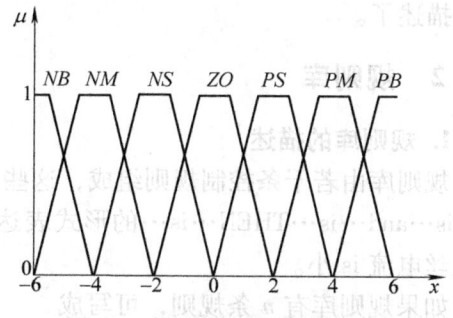
图 3-6 梯形模糊隶属函数形状

（1）隶属函数曲线形状对控制性能的影响

隶属函数曲线的形状较尖时，分辨率较高，输入引起的输出变化比较剧烈，控制灵敏度较高；曲线形状较缓时、分辨率较低，输入引起的输出变化不那么剧烈，控制特性也较平缓，具有较好的系统稳定性。因而，通常在输入较大的区域内采用低分辨率曲线（形状较缓），在输入较小的区域内采用较高分辨率曲线（形状较尖），当输入接近零则选用高分辨率曲线（形状尖）。

（2）隶属函数曲线的分布对控制性能的影响

相邻两曲线交点对应的隶属度 β 值较小时，控制灵敏度较高，但鲁棒性不好；β 值较大时，控制系统的鲁棒性较好，但控制灵敏度将降低。所以在确定隶属函数曲线之间的交叠程度时，应兼顾控制灵敏度和鲁棒性的要求。除此之外，确定隶属函数曲线的分布还要遵循清晰性和完备性的原则。

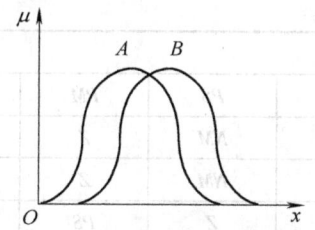
图 3-7 不清晰的隶属函数分布

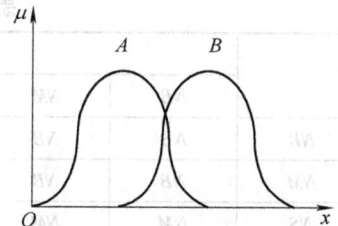
图 3-8 清晰的隶属函数分布

1）清晰性。相邻隶属函数之间的区别必须是明确的。例如，图 3-7 所示的两个隶属函数之间的关系是不清晰的；而图 3-8 所示的两个隶属函数之间的关系则符合清晰性的原则。

2）完备性。隶属函数的分布必须覆盖语言变量的整个论域，否则，将会出现"空档"，从而导致失控。例如图 3-9 所示的不完备的隶属函数分布就具有"空档"，而图 3-4～图 3-6 所示的隶属函数分布就符合完备性的原则。

经过以上 4 步的定义后，模糊控制器输入、输出论域的精确值就可以用模糊的语言

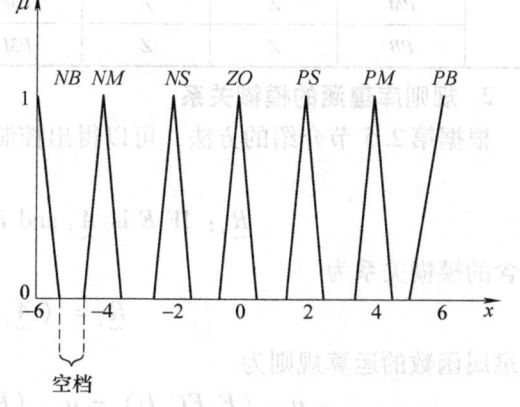
图 3-9 不完备的隶属函数分布

值来描述了。

3.2.2 规则库

1. 规则库的描述

规则库由若干条控制规则组成，这些控制规则根据人类控制专家的经验总结得出，按照 IF…is…and…is…THEN…is…的形式表达。例如，IF 温度 is 高 and 温度变化率 is 快 THEN 电阻丝电流 is 小。

如果规则库有 n 条规则，可写成

$\underset{\sim}{R}_1$: IF E is $\underset{\sim}{A}_1$ and EC is $\underset{\sim}{B}_1$ THEN U is $\underset{\sim}{C}_1$

$\underset{\sim}{R}_2$: IF E is $\underset{\sim}{A}_2$ and EC is $\underset{\sim}{B}_2$ THEN U is $\underset{\sim}{C}_2$

……

$\underset{\sim}{R}_n$: IF E is $\underset{\sim}{A}_n$ and EC is $\underset{\sim}{B}_n$ THEN U is $\underset{\sim}{C}_n$

其中，E、EC 为输入语言变量"误差"，"误差变化率"；U 为输出语言变量"控制量"。$\underset{\sim}{A}_i$、$\underset{\sim}{B}_i$、$\underset{\sim}{C}_i$ 为第 i 条规则中与 E、EC、U 对应的语言值。

规则库也可以用矩阵表的形式进行描述。例如在模糊控制直流电动机调速系统中，模糊控制器的输入为 E（转速误差）、EC（转速误差变化率），输出为 U（电动机的力矩电流值）。在 E、EC、U 的论域上各定义了 7 个语言子集：{"正大（PB）"，"正中（PM）"，"正小（PS）"，"零（ZO）"，"负小（NS）"，"负中（NM）"，"负大（NB）"}，对于 E、EC 可能的每种取值，进行专家分析和总结后，则总结出的控制规则矩阵表如表 3-1 所示。

表 3-1 控制规则矩阵表

	U	EC						
		NB	NM	NS	Z	PS	PM	PB
E	NB	NB	NB	NB	NB	NM	Z	Z
	NM	NB	NB	NB	NB	NM	Z	Z
	NS	NM	NM	NM	NM	Z	PS	PS
	Z	NM	NM	NS	Z	PS	PM	PM
	PS	NS	NS	Z	PM	PM	PM	PM
	PM	Z	Z	PM	PB	PB	PB	PB
	PB	Z	Z	PM	PB	PB	PB	PB

2. 规则库蕴涵的模糊关系

根据第 2.5 节介绍的方法，可以得出控制规则蕴含的模糊关系。规则库中第 i 条控制规则

$\underset{\sim}{R}_i$: IF E is $\underset{\sim}{A}_i$ and EC is $\underset{\sim}{B}_i$ THEN U is $\underset{\sim}{C}_i$

蕴含的模糊关系为

$$\underset{\sim}{R}_i = (\underset{\sim}{A}_i \times \underset{\sim}{B}_i) \times \underset{\sim}{C}_i \tag{3-10}$$

其隶属函数的运算规则为

$$\mu_{\underset{\sim}{R}_i}(E,EC,U) = \mu_{\underset{\sim}{A}_i}(E) \wedge \mu_{\underset{\sim}{B}_i}(EC) \wedge \mu_{\underset{\sim}{C}_i}(U) \tag{3-11}$$

控制规则库中的 n 条规则之间可以看做是"或",也就是"求并"的关系,则整个规则库蕴涵的模糊关系为

$$\underset{\sim}{R} = \bigcup_i \underset{\sim}{R}_i \tag{3-12}$$

其隶属函数的运算规则为

$$\mu_{\underset{\sim}{R}}(E,EC,U) = \bigvee_i [\mu_{\underset{\sim}{R}_i}(E,EC,U)] = \bigvee_i [\mu_{\underset{\sim}{A}_i}(E) \wedge \mu_{\underset{\sim}{B}_i}(EC) \wedge \mu_{\underset{\sim}{C}_i}(U)] \tag{3-13}$$

3. 规则库的产生

模糊控制规则的提取方法在模糊控制器的设计中起着举足轻重的作用,它的优劣直接关系着模糊控制器性能的好坏,是模糊控制器设计中最重要的部分。模糊控制规则的生成方法归纳起来主要有以下几种:

1)根据专家经验或过程控制知识生成控制规则。这种方法通过对控制专家的经验进行总结描述来生成特定领域的控制规则原型,经过反复的实验和修正形成最终的规则库。

2)根据过程的模糊模型生成控制规则。这种方法通过用模糊语言描述被控过程的输入、输出关系来得到过程的模糊模型,进而根据这种关系来得到控制器的控制规则。

3)根据学习算法获取控制规则。应用自适应学习算法(神经网络、遗传算法等)对控制过程的样本数据进行分析和聚类,生成和在线优化较完善的控制规则。

模糊控制规则的总结要注意以下几个问题:

1)规则数量合理。控制规则的增加可以增加控制的精度,但是会影响系统的实时性;控制规则数量的减少会提高系统的运行速度,但是控制的精度又会下降。所以,需要在控制精度和实时性之间进行权衡。

2)规则要具有一致性。控制规则的目标准则要相同。不同的规则之间不能出现相矛盾的控制结果。如果各规则的控制目标不同,会引起系统的混乱。

3)完备性要好。控制规则应能对系统可能出现的任何一种状态进行控制。否则,系统就会有失控的危险。

3.2.3 模糊推理

模糊控制器根据控制规则中蕴涵的输入、输出模糊关系和实际输入的模糊取值,可以通过模糊推理,得到输出的模糊状态。具体的步骤如下:

第一步 将实际检测的系统误差和误差变化率量化为模糊控制器的输入。

假设实际检测的系统误差和误差变化率分别为 e^* 和 ec^*,则根据式(3-4)和式(3-5),可以将其量化为模糊控制器的输入 E^* 和 EC^*

$$E^* = <K_e\left(e^* - \frac{e_H + e_L}{2}\right)> \tag{3-14}$$

$$EC^* = <K_{ec}\left(ec^* - \frac{ec_H + ec_L}{2}\right)> \tag{3-15}$$

第二步 将模糊控制器的精确输入 E^* 和 EC^* 通过模糊化接口转化为模糊输入 $\underset{\sim}{A}^*$ 和 $\underset{\sim}{B}^*$。

根据模糊化接口的定义,将 E^* 和 EC^* 所对应的隶属度最大的模糊值当做当前模糊控制器的模糊输入量 $\underset{\sim}{A}^*$ 和 $\underset{\sim}{B}^*$。例如,假设 $E^* = -6$、$EC^* = -4$,系统误差和误差变化率均

采用图 3-5 所示的三角形隶属函数来进行模糊化，E^* 属于 NB 的隶属度最大（为 1）、EC^* 属于 NM 的隶属度最大（为 1），则此时，相对应的模糊控制器的模糊输入量为

$$\begin{cases} \underset{\sim}{A}^* = NB = \dfrac{1}{-6} + \dfrac{0.5}{-5} + \dfrac{0}{-4} + \dfrac{0}{-3} + \dfrac{0}{-2} + \dfrac{0}{-1} + \dfrac{0}{0} + \dfrac{0}{1} + \dfrac{0}{2} + \dfrac{0}{3} + \dfrac{0}{4} + \dfrac{0}{5} + \dfrac{0}{6} \\ \underset{\sim}{B}^* = NM = \dfrac{0}{-6} + \dfrac{0.5}{-5} + \dfrac{1}{-4} + \dfrac{0.5}{-3} + \dfrac{0}{-2} + \dfrac{0}{-1} + \dfrac{0}{0} + \dfrac{0}{1} + \dfrac{0}{2} + \dfrac{0}{3} + \dfrac{0}{4} + \dfrac{0}{5} + \dfrac{0}{6} \end{cases} \quad (3\text{-}16)$$

对于某些输入精确量，有时无法判断其属于哪个模糊值的隶属度更大，例如当 $E^* = -5$ 时，其属于 NB 和 NM 的隶属度一样大。这时就把该精确量的隶属度取为最大（$\mu = 1$）来处理，得到一个插入的模糊状态。

例如当 $E^* = -5$ 时，认为它对应的模糊值为

$$\underset{\sim}{A}^* = \dfrac{0}{-6} + \dfrac{1}{-5} + \dfrac{0}{-4} + \dfrac{0}{-3} + \dfrac{0}{-2} + \dfrac{0}{-1} + \dfrac{0}{0} + \dfrac{0}{1} + \dfrac{0}{2} + \dfrac{0}{3} + \dfrac{0}{4} + \dfrac{0}{5} + \dfrac{0}{6}$$

第三步 根据模糊输入和规则库中蕴涵的输入输出关系，通过第 2.6 节描述的模糊推理方法得到模糊控制器的输出模糊值 $\underset{\sim}{C}^*$。

根据式（2-37）得

$$\underset{\sim}{C}^* = (\underset{\sim}{A}^* \times \underset{\sim}{B}^*) \circ \underset{\sim}{R} \quad (3\text{-}17)$$

通过以上 3 个步骤可以经过计算来得到对应某个输入状态的控制器输出模糊值。

3.2.4 清晰化接口

由模糊推理得到的模糊输出值 $\underset{\sim}{C}^*$ 是输出论域上的模糊子集，只有其转化为精确控制量 u，才能施加于对象。实行这种转化的方法叫做清晰化/去模糊化/模糊判决。通常采用的清晰化方法有如下两种。

（1）最大隶属度方法

最大隶属度法把 $\underset{\sim}{C}^*$ 中隶属度最大的元素 U^* 作为精确输出控制量。

例如，$\underset{\sim}{C}^* = \dfrac{0}{-6} + \dfrac{0.5}{-5} + \dfrac{1}{-4} + \dfrac{0.5}{-3} + \dfrac{0}{-2} + \dfrac{0}{-1} + \dfrac{0}{0} + \dfrac{0}{1} + \dfrac{0}{2} + \dfrac{0}{3} + \dfrac{0}{4} + \dfrac{0}{5} + \dfrac{0}{6}$ 中，元素 -4 对应的隶属度最大，则根据最大隶属度法得到的精确输出控制量为 -4。

若模糊输出量 $\underset{\sim}{C}^*$ 的元素隶属度有几个相同的最大值，则取相应诸元素的平均值，并进行四舍五入取整，作为控制量。

例如，$\underset{\sim}{C}^* = \dfrac{0}{-6} + \dfrac{0.5}{-5} + \dfrac{1}{-4} + \dfrac{1}{-3} + \dfrac{1}{-2} + \dfrac{0.5}{-1} + \dfrac{0}{0} + \dfrac{0}{1} + \dfrac{0}{2} + \dfrac{0}{3} + \dfrac{0}{4} + \dfrac{0}{5} + \dfrac{0}{6}$ 中，元素 -4、-3、-2 对应的隶属度均为 1，则精确输出控制量为

$$U^* = \dfrac{(-4) + (-3) + (-2)}{3} = -3$$

（2）加权平均法（重心法）

该方法对模糊输出量 $\underset{\sim}{C}^*$ 中各元素及其对应的隶属度求加权平均值，并进行四舍五入取整，来得到精确输出控制量 U^*。用公式可表述为

$$U^* = \left(\dfrac{\sum\limits_i \mu_{\underset{\sim}{C}^*}(U_i) U_i}{\sum\limits_i \mu_{\underset{\sim}{C}^*}(U_i)} \right) \quad (3\text{-}18)$$

式中，<·>代表四舍五入取整操作。

例如，$\underset{\sim}{C}^* = \frac{0}{-6} + \frac{0.5}{-5} + \frac{1}{-4} + \frac{1}{-3} + \frac{1}{-2} + \frac{0.5}{-1} + \frac{0}{0} + \frac{0}{1} + \frac{0}{2} + \frac{0}{3} + \frac{0}{4} + \frac{0}{5} + \frac{0}{6}$，则

$$U^* = \frac{0.5 \times (-5) + 1 \times (-4) + 1 \times (-3) + 1 \times (-2) + 0.5 \times (-1)}{0.5 + 1 + 1 + 1 + 0.5} = -2$$

清晰化处理后得到的模糊控制器的精确输出量 U^*，根据式（3-6）可以转化为实际作用于控制对象的控制量 u^*，即

$$u^* = K_u U^* + \frac{u_H + u_L}{2} \tag{3-19}$$

3.2.5 模糊查询表

经过模糊化接口、规则库、模糊推理、清晰化接口的设计，一个完整的模糊控制器就构建成功了。模糊控制器的工作过程可以描述为以下几个步骤：

1）模糊控制器实时检测系统的误差和误差变化率 e^* 和 ec^*。
2）根据式（3-14）、式（3-15）将 e^* 和 ec^* 量化为控制器的精确输入 E^* 和 EC^*。
3）E^* 和 EC^* 通过模糊化接口转化为模糊输入 $\underset{\sim}{A}^*$ 和 $\underset{\sim}{B}^*$。
4）$\underset{\sim}{A}^*$ 和 $\underset{\sim}{B}^*$ 根据规则库蕴涵的模糊关系进行模糊推理，得到模糊控制输出量 $\underset{\sim}{C}^*$。
5）对 $\underset{\sim}{C}^*$ 进行清晰化处理，得到控制器的精确输出量 U^*。
6）根据式（3-19），将 U^* 转化为实际作用于控制对象的控制量 u^*。

当系统在线运行时，如果对于每次采样，都要根据以上步骤进行一次推理、去模糊化，则运算十分繁琐，将占用大量的计算机资源并影响系统的实时性。所以，通常把上述步骤中的3）~5）步离线进行运算，对于每一种可能出现的 E 和 EC 取值，计算出相应的输出量 U，并以表格的形式储存在计算机内存中，这样的表格称之为模糊查询表。这样，当系统在线运行时，根据实际采样得到的 E^* 和 EC^*，只需通过查表，就可以得到相应的输出值。如果 E^* 和 EC^* 的论域均为 $\{-6, -5, -4, -3, -2, -1, 0, 1, 2, 3, 4, 5, 6\}$，则生成的模糊查询表如表3-2所示。

表3-2 模糊查询表

	U	\multicolumn{13}{c}{EC}
		-6	-5	-4	-3	-2	-1	0	1	2	3	4	5	6
E	-6	-6	-6	-6	-6	-6	-5	-5	-4	-3	-2	0	0	0
	-5	-6	-6	-6	-6	-5	-5	-5	-4	-3	-2	0	0	0
	-4	-6	-6	-6	-5	-5	-5	-5	-3	-3	-2	0	0	0
	-3	-5	-5	-5	-5	-4	-4	-4	-3	-2	-1	1	1	1
	-2	-4	-4	-4	-4	-4	-4	-4	-2	-1	0	2	2	2
	-1	-4	-4	-4	-3	-3	-3	-3	-1	2	2	3	3	3
	0	-4	-4	-4	-3	-3	-1	0	1	3	3	4	4	4
	1	-3	-3	-3	-2	-2	1	3	3	3	3	4	4	4
	2	-2	-2	0	0	1	2	4	4	4	4	4	4	4
	3	-1	-1	0	1	2	3	4	4	5	5	5	5	5
	4	0	0	1	2	3	4	5	5	5	5	6	6	6
	5	0	0	1	2	3	4	5	5	6	6	6	6	6
	6	0	0	1	2	3	4	5	5	6	6	6	6	6

3.2.6 模糊控制器的设计内容

综上所述,模糊控制器设计的内容可以总结如下:
1) 确定模糊控制器的输入变量和输出变量。
2) 确定输入、输出的论域和 K_e、K_{ec}、K_u 的值。
3) 确定各变量的语言取值及其隶属函数。
4) 总结专家控制规则及其蕴涵的模糊关系。
5) 选择推理算法。
6) 确定清晰化的方法。
7) 总结模糊查询表。

3.3 模糊控制的优缺点及改进方法

3.3.1 模糊控制的优缺点

模糊控制的优点:
1) 设计时不需要建立被控对象的数学模型,只要求掌握人类的控制经验。
2) 系统的鲁棒性强,尤其适用于非线性时变、滞后系统的控制。

模糊控制的缺点:
1) 确立模糊化和逆模糊化的方法时,缺乏系统的方法,主要靠经验和试凑。
2) 总结模糊控制规则有时比较困难。
3) 控制规则一旦确定,不能在线调整,不能很好地适应情况的变化。
4) 模糊控制器由于不具有积分环节,因而稳态精度不高。

针对模糊控制的缺点,研究人员对其进行了许多改进,本节将介绍几种常用的改进方法。

3.3.2 模糊比例控制

为了解决模糊控制的离散性对控制质量的影响,在模糊控制查询表的两个离散级之间,插入按偏差量化余数的比例调节,使模糊控制量连续化,即

$$u = \left(K_u U^* + \frac{u_H + u_L}{2}\right) + K_p [(K_e e)\text{的小数部分}] \tag{3-20}$$

3.3.3 模糊—PI 复合控制

模糊控制输入为 E、EC 相当于 PD 控制器,在平衡点附近会产生振荡,稳态精度较差,为了提高稳态精度,可以将模糊控制器与 PI 控制器结合起来构成复合控制器。

(1) 双模控制

如图 3-10 所示,双模复合控制由模糊控制器(FC)和 PI 控制器并联组成。控制开关在系统误差较大时接通模糊控制器,来克服不确定性因素的影响;在系统误差较小时接通 PI 控制器来消除稳态误差。控制开关的控制规则可以描述为

$$u = \begin{cases} FC & |e| > A \\ PI & |e| \leq A \end{cases} \tag{3-21}$$

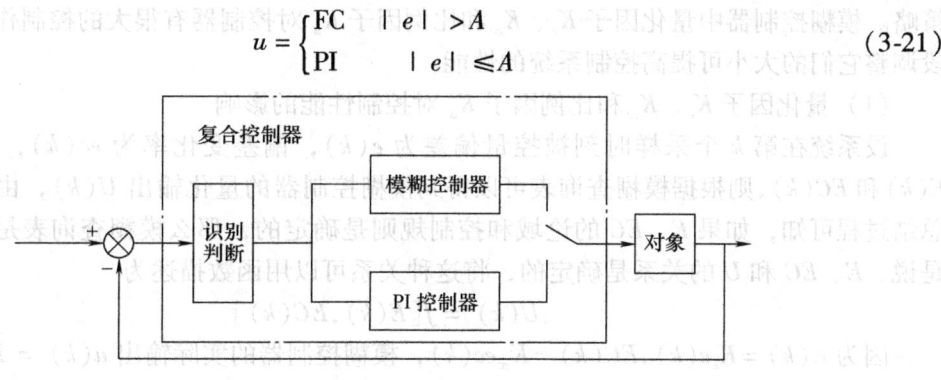

图 3-10 双模复合控制

(2) 串联控制

串联复合控制如图 3-11 所示。当 $|E| \geq 1$ 时，系统的误差 e 与模糊控制器的输出 u 的和作为 PI 控制器的输入，克服不确定性因素的影响，且有较强的控制作用；当 $|E| = 0$ 时，模糊控制器输出断开，仅有 e 加到 PI 控制器的输入，消除稳态误差。

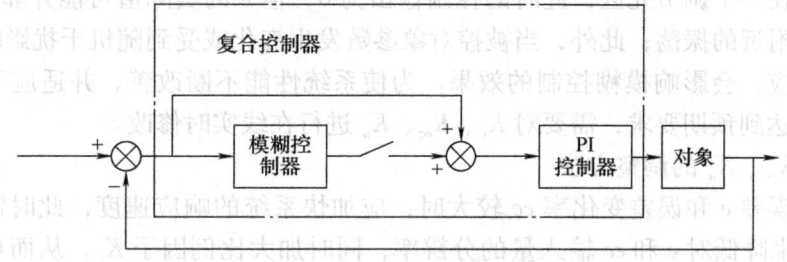

图 3-11 串联复合控制

(3) 并联控制

并联复合控制如图 3-12 所示。当 $|E| \geq 1$ 时，模糊控制器开关闭合，PI 控制器的输出与模糊控制器的输出的和作为被控对象的输入，克服不确定性因素的影响，且有较强的控制作用；当 $|E| = 0$ 时，模糊控制器输出断开，仅有 PI 控制器控制对象，消除稳态误差。

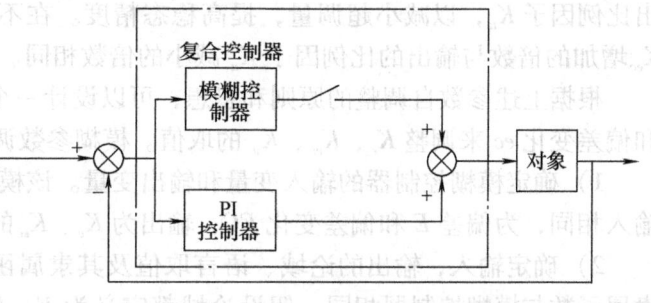

图 3-12 并联复合控制

3.3.4 自校正模糊控制

针对普通模糊控制器的参数和控制规则在系统运行时无法在线调整、自适应能力差的缺陷，自校正模糊控制器可以在线修正模糊控制器的参数或控制规则，从而增强了模糊控制器的自适应能力，提高了控制系统的动、静态性能和鲁棒性。自校正模糊控制器通常分为两种：参数自校正模糊控制器和规则自校正模糊控制器。

1. 参数自校正模糊控制器

由于控制系统在控制的各个阶段呈现出不同的特点，故应对不同的阶段实施不同的控制策略。模糊控制器中量化因子K_e、K_{ec}和比例因子K_u对控制器有很大的控制作用,在不同阶段调整它们的大小可提高控制系统的性能。

(1) 量化因子K_e、K_{ec}和比例因子K_u对控制性能的影响

设系统在第k个采样时刻被控量偏差为$e(k)$,偏差变化率为$ec(k)$,量化后的值为$E(k)$和$EC(k)$,则根据模糊查询表可以得到模糊控制器的量化输出$U(k)$,由模糊查询表的总结过程可知,如果E、EC的论域和控制规则是确定的,那么模糊查询表是确定的,也就是说,E、EC和U的关系是确定的,将这种关系可以用函数描述为

$$U(k) = f[E(k), EC(k)] \tag{3-22}$$

因为$E(k) = K_e e(k)$,$EC(k) = K_{ec} ec(k)$,模糊控制器的实际输出$u(k) = K_u U(k)$,所以式(3-22)可以改写为

$$u(k) = K_u f[K_e e(k), K_{ec} ec(k)] \tag{3-23}$$

由式(3-23)可见,量比因子K_e、K_{ec}和比例因子K_u的选择对于模糊控制器的性能影响很大。在常规模糊控制器中,K_e、K_{ec}、K_u固定,会给系统的控制性能带来一些不利的影响。一方面,在大误差范围时,不能快速地消除误差,动态响应速度受到限制;另一方面,在小偏差范围时存在一个调节死区,此时的控制输出为0,但e的实际值可能并非为0,导致系统轨迹在0区附近的振荡;此外,当被控对象参数发生变化或受到随机干扰影响时,控制器不能很好地适应,会影响模糊控制的效果。为使系统性能不断改善,并适应不断变化的情况,保证控制达到预期要求,需要对K_e、K_{ec}、K_u进行在线实时修改。

(2) K_e、K_{ec}、K_u的调整方法

当系统的误差e和误差变化率ec较大时,应加快系统的响应速度,此时需要降低量化因子K_e和K_{ec}来降低对e和ec输入量的分辨率,同时加大比例因子K_u,从而可以获得较大的控制量,使响应加快。当e和ec较小时,说明系统已经接近稳态,此时要求提高系统精度,减少超调量,所以,要增大量化因子K_e和K_{ec}来提高对输入变化的分辨率,同时减少输出比例因子K_u,以减小超调量,提高稳态精度。在不影响控制效果的前提下,可以取K_e、K_{ec}增加的倍数与输出的比例因子K_u减小的倍数相同。

根据上述参数自调整的原则和思想,可以设计一个模糊参数调整器,在线地根据偏差e和偏差变化ec来调整K_e、K_{ec}、K_u的取值。模糊参数调整器的设计思想描述如下:

1) 确定模糊控制器的输入变量和输出变量。该模糊参数调整器的输入与模糊控制器的输入相同,为偏差E和偏差变化EC;输出为K_e、K_{ec}的增加倍数N(即K_u的减小倍数)。

2) 确定输入,输出的论域、语言取值及其隶属函数。E和EC的论域、语言取值及其隶属函数与模糊控制器相同,假设论域都定义为E、$EC \in \{-6, -5, \cdots, -1, 0, 1, \cdots, 5, 6\}$;语言值定义为{"正大(PB)","正中(PM)","正小(PS)","零(ZO)","负小(NS)","负中(NM)","负大(NB)"}7档;隶属函数分布如图3-5所示。

N的论域、语言取值及其隶属函数可以根据实际需要来确定,假设论域可定义为{1/8, 1/4, 1/2, 1, 2, 4, 8};语言值定义为{CH(高缩)、CM(中缩)、CL(低缩)、OK(不变)、AL(低放)、AM(中放)、AH(高放)}7档;相应的N的隶属函数分布如图3-13所示。

3) 总结专家控制规则及其蕴涵的模糊关系。根据K_e、K_{ec}、K_u的调整规则,总结出N的调整规则表如表3-3所示。

表 3-3 N 的调整规则表

$N \backslash E$ E_L	NB	NM	NS	NZ	PZ	PS	PM	PB
NB	CH	CM	CL	OK	OK	CL	CM	CH
NM	CM	CL	OK	OK	OK	OK	CL	CM
NS	CL	OK	OK	AM	AM	OK	OK	CL
ZO	OK	OK	AL	AH	AH	AL	OK	OK
PS	CL	OK	OK	AM	AM	OK	OK	CL
PM	CM	CL	OK	OK	OK	OK	CL	CM
PB	CH	CM	CL	OK	OK	CL	CM	CH

4）根据规则表蕴涵的模糊关系，经过模糊推理和清晰化操作，可以总结出相应的模糊参数调整查询表。

（3）系统结构和参数调整算法

参数自校正模糊控制系统原理框图如图 3-14 所示。

参数自调整步骤可描述如下：

1）以原始的 K_e 和 K_{ec} 对 e 和 ec 进行量化得到 E、EC。

2）由 E、EC 查模糊参数调整查询表得出调整倍数 N。

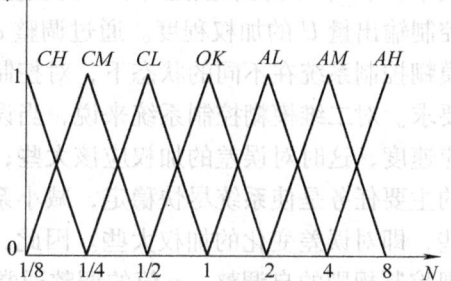

图 3-13 N 的隶属函数分布

3）令 $K_e' = K_e N$，$K_{ec}' = K_{ec} N$，$K_u' = K_u/N$。

4）用调整后的 K_e'、K_{ec}' 对 e 和 ec 重新量化。

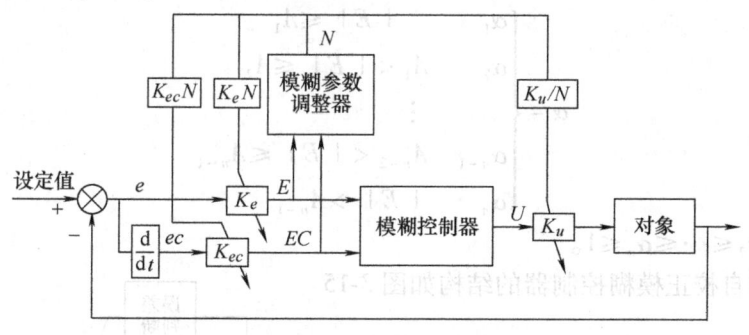

图 3-14 参数自校正模糊控制系统原理框图

5）用重新量化的 E、EC 查模糊控制表，得出控制量 U。

6）用比例因子 K_u' 乘以 U 获得控制量 u。

2. 规则自校正模糊控制器

对于难以精确建立数学模型的复杂工业过程，常规模糊控制取得了较好的效果。模糊控制要有更好的效果，其前提必须具有较完善与合理的控制规则，但控制规则和查询表都是在人工经验的基础上设计出来的，因而难免带有主观因素，使控制规则往往在某种程度上显得精度不高或不完善，并且当对象的动态特性发生变化或受到随机干扰的影响时，都会影响到模糊控制的效果。因此需要对控制规则和查询表不断及时地进行修正。下面就来介绍一种带有自调整因子的规则自校正模糊控制器。

对于一个二维模糊控制器,当输入变量偏差 E、偏差变化 EC 和输出控制量 U 的论域等级划分相同时,则其控制查询表可以近似归纳为

$$\begin{cases} U = (E+EC)/2 & E \text{ 和 } U \text{ 的极性相同时} \\ U = -(E+EC)/2 & E \text{ 和 } U \text{ 的极性相反时} \end{cases} \quad (3-24)$$

由上式所描述的模糊控制器的控制规则关系是固定的,不可调整的。为了使控制规则可根据情况的变化在线调整,在上式的基础上引入一个调整因子,则可得到一种带有调整因子的控制规则

$$\begin{cases} U = \langle \alpha E + (1-\alpha)EC \rangle & E \text{ 和 } U \text{ 的极性相同时} \\ U = \langle -[\alpha E + (1-\alpha)EC] \rangle & E \text{ 和 } U \text{ 的极性相反时} \end{cases} \quad \alpha \in [0,1] \quad (3-25)$$

式中,$\langle \cdot \rangle$ 代表取整运算;α 为调整因子或加权因子,它反映了误差 E 和误差变化 EC 对控制输出量 U 的加权程度。通过调整 α 值,可以达到改变控制规则的目的。在实际控制中,模糊控制系统在不同的状态下,对控制规则中误差 E 与误差变化 EC 的加权程度会有不同的要求。对二维模糊控制系统来说,当误差较大时,控制系统的主要任务是消除误差,加快响应速度,这时对误差的加权应该大些;相反,当误差较小时,此时系统接近稳态,控制系统的主要任务是使系统尽快稳定,减小系统超调,这就要求在控制规则中误差变化起的作用大些,即对误差变化的加权大些。因此,在不同的误差范围时,可以通过调整加权因子 α 来实现控制规则的自调整。α 值的调整通常有以下几种方法:

(1) 分段法

将误差的取值范围划分为几段,每一段对应一个调整因子 α,α 的取值随误差的增大而增大。例如,对于误差等级划分为 n 段的情况,有

$$\alpha = \begin{cases} \alpha_1 & |E| \leq A_1 \\ \alpha_2 & A_1 < |E| \leq A_2 \\ \vdots & \\ \alpha_{n-1} & A_{n-2} < |E| \leq A_{n-1} \\ \alpha_n & |E| > A_{n-1} \end{cases} \quad (3-26)$$

式中,$0 \leq \alpha_1 \leq \alpha_2 \leq \cdots \leq \alpha_n \leq 1$。

此时,规则自校正模糊控制器的结构如图 3-15 所示。

(2) 函数法

通常控制的目标是输出 $y(t)$ 与给定 r 相等,即 $e = r - y(t) = 0$,因此,提出模糊目标 G 是

$\utilde{G}$:"使误差 e 靠近于 0 附近"

其隶属函数

$$\mu_{\utilde{G}}(e) = \exp(-ke^2) \quad (k > 0) \quad (3-27)$$

模糊目标 G 的隶属函数曲线如图 3-16 所示。

当误差较大时,即离模糊目标"使误差 e 靠近于 0 附近"较远,此时,其隶属函数值较小,当误

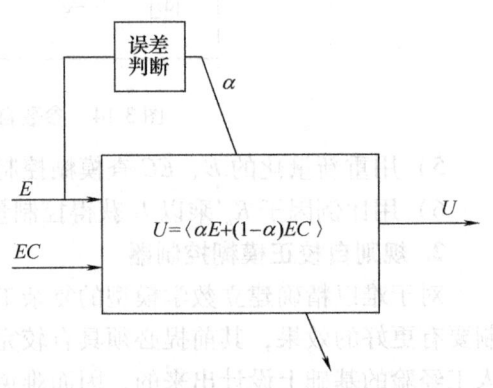

图 3-15 具有分段调整因子的规则自校正模糊控制器的结构

差较小时，即离模糊目标较近，则隶属函数值较大，当误差为零时，隶属函数值为 1。

因此，选择修正系数 α 为

$$\alpha = 1 - \mu_{\tilde{G}}(e) \qquad (3\text{-}28)$$

式（3-28）反映了这样一个特征：偏差大时，α 较大，系统能尽快消除偏差；偏差小时，α 较小，系统能尽快趋于稳态。即根据模糊目标的隶属函数来调节 α 的大小，从而达到调整控制规则的目的。

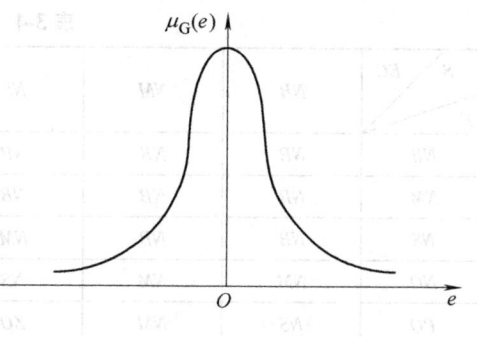

图 3-16　模糊目标 G 的隶属函数曲线

带有自调整函数的规则自校正模糊控制系统结构如图 3-17 所示。

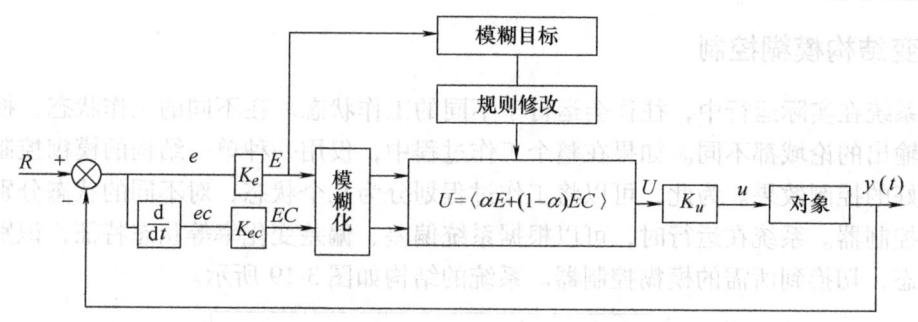

图 3-17　带有自调整函数的规则自校正模糊控制系统结构

（3）模糊推理法

仍然采用 Fuzzy 推理来完成对 α 的调整。带有模糊推理的规则自校正模糊控制系统结构如图 3-18 所示，模糊控制器 1 采用带有调整因子的控制规则，模糊控制器 2 仍然采用常规的模糊推理方法，先离线制定查询表，再放入在线运行。模糊控制器 2 的输入为 E、EC；输出为 α 的调整量 $\Delta\alpha$。

模糊控制器 2 用来完成对 α 调整。E、EC、S 分别为 e、ec 和 $\Delta\alpha$ 的模糊量，其论域均为 $\{-6, -5, -4, -3, -2, -1, 0, 1, 2, 3, 4, 5, 6\}$。$E$ 对应的语言值为 $\{NB, NM, NS, NO, PO, PS, PM, PB\}$，$EC$ 和 S 对应的语言值为 $\{NB, NM, NS, ZO, PS, PM, PB\}$，隶属函数采用高斯基函数。

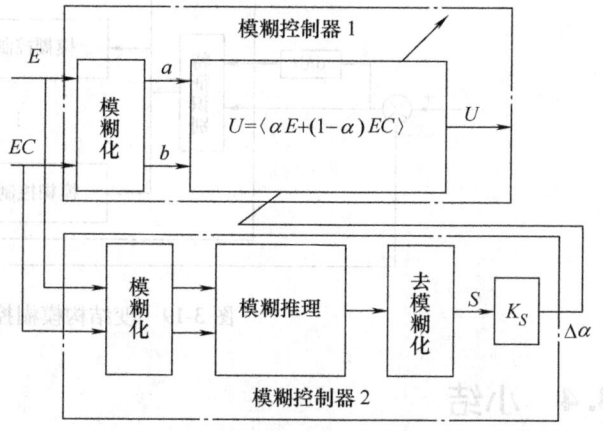

图 3-18　带有模糊推理的规则自校正模糊控制系统结构

根据在校正过程中要遇到的各种可能出现的情况和相应的调整策略得到 S 的模糊调整规则表如表 3-4 所示。

表3-4 S的模糊调整规则表

S＼EC / E	NB	NM	NS	ZO	PS	PM	PB
NB	NB	NB	NB	PB	PB	PM	PS
NM	NB	NB	NB	PM	PM	PS	ZO
NS	NB	NB	NM	PS	PS	ZO	NS
NO	NM	NM	NS	ZO	ZO	NM	NM
PO	NS	NM	ZO	ZO	NS	NM	NM
PS	NS	ZO	PS	PS	NM	NB	NB
PM	ZO	PS	PM	PM	NB	NB	NB
PB	PS	PM	PB	PB	NB	NB	NB

3.3.5 变结构模糊控制

控制系统在实际运行中，往往会运行于不同的工作状态。在不同的工作状态，控制的规则、输入输出的论域都不同。如果在整个工作过程中，仅用一种单一结构的模糊控制器则不能达到良好的控制效果。为此，可以将工作过程划分为几个状态，对不同的状态分别设计不同的模糊控制器。系统在运行时，可以根据系统偏差、偏差变化率等状态特征，识别出系统所处的状态，切换到所需的模糊控制器。系统的结构如图3-19所示。

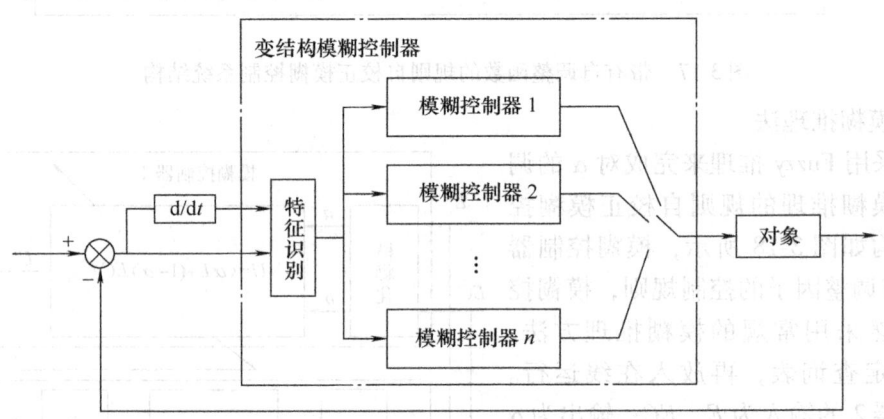

图3-19 变结构模糊控制系统结构

3.4 小结

模糊控制器模拟人类专家控制经验对被控对象进行控制，具有不依赖对象模型、鲁棒性强和实时性好的特点，在工业控制中有着广泛的应用。本章首先介绍了模糊控制器的工作原理、基本思想和组成结构，而后对模糊控制器的设计内容和方法给出了详细的描述，最后针对模糊控制器存在的一些缺点，给出了几种常用的模糊控制改进方法。

第 4 章 神经网络的基本理论

人工神经网络的研究是人工智能、认知科学、神经生理学、非线性动力学等学科的交叉热点。近二十年来，针对神经网络的学术研究不断深入，取得了引人瞩目的进展，新的神经网络模型不断推出，现有的神经网络模型已达近百种。神经网络是高度非线性动力学系统，又具有自适应、自组织、并行信息处理的能力，因此在智能信息处理、智能控制等领域得到了大量的应用。它的发展必将使电子科学和信息科学发生革命性的变化。本章着重介绍神经网络的基本理论和相关模型。

4.1 人工神经元模型

人工神经元是对人或其他生物的神经元细胞的若干基本特性的抽象和模拟。人体内神经元的结构形式之间存在着很大的差异，但它们都具有图 4-1 所示的一些共同形式。

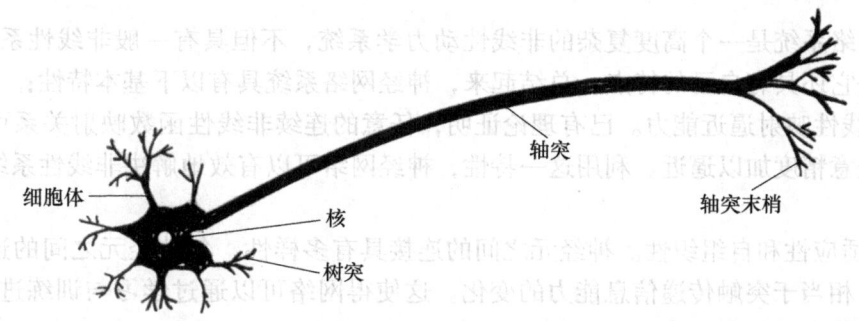

图 4-1 人体神经元的解剖

神经元的主体部分为细胞体，每个细胞体都有一个细胞核，它埋藏在细胞体之中，在这里进行着呼吸和新陈代谢等许多生化过程。整个细胞的外部叫做细胞膜。从细胞体伸出很多树突和一条长的轴突，树突和轴突分别负责为细胞体传入和传出兴奋或信息。

神经元末端的轴突部分分为许多分支，叫轴突末梢，每一末梢顶端有一个末梢小球，其内有可传递信息的化学物质。各神经元在物质上并不相连，而是被极小但可分辨出的距离分隔开来，这个连接处叫做突触。突触的形式主要有轴突—树突突触、轴突—细胞体突触。轴突的起端到末端包有一个外套，叫做髓鞘，它起绝缘作用，由许旺氏细胞组成，并有规律地间隔排列着朗飞氏结。朗飞氏结能增加信息的传递速度。

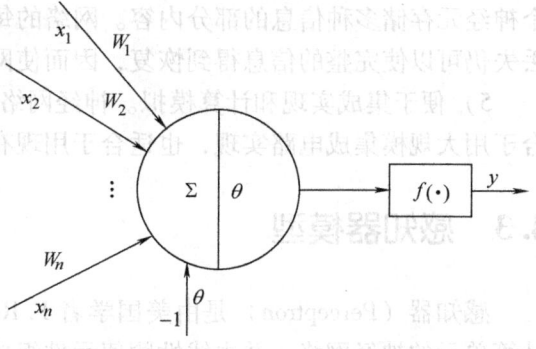

图 4-2 简单人工神经元数学模型

神经元细胞内信息的传递和处理是一种电化学活动，树突和细胞体内的这种活动体现为突轴电位。轴突中的这种活动则形成神经脉冲或动作电位，刺激强度信息的传递就是以每秒钟的脉冲数来进行编码的。突触传递的化学过程尚待进一步研究。

当一个兴奋性的冲动神经到达突触前膜持续约 0.5ms，电流反应可以在突触后膜上记录下来，叫做兴奋性突触后电位（EPSP），它随突触后膜接触的质量增加而增加其幅度，因此又称做等级电位。突触后神经元的兴奋性对其刺激作用是增高的，与此相反，抑制性突触后电位（IPSP）使突触后神经元对于后续刺激的兴奋性降低。EPSP 和 IPSP 在时空上可进行代数累积，叫做中枢累积。一旦这种累积的代数和超过某个阈值，神经元的休止膜电位就会被消除，发生神经冲动或动作电位。

在对神经元的主要功能和特性进行抽象的基础上，图 4-2 给出了一个典型的简单人工神经元数学模型。图中 $[x_1,\cdots,x_n]^T$ 为输入向量，y 为输出，$f(\cdot)$ 为激发函数，θ 为阈值。

4.2 神经网络的定义和特点

神经网络系统是由大量的神经元，通过广泛地互相连接而形成的复杂网络系统。虽然每个神经元的结构和功能十分简单，但由大量神经元构成的网络系统的行为却是丰富多彩和十分复杂的。

神经网络系统是一个高度复杂的非线性动力学系统，不但具有一般非线性系统的共性，更主要的是它还具有自己的特点，总结起来，神经网络系统具有以下基本特性：

1) 非线性映射逼近能力。已有理论证明，任意的连续非线性函数映射关系可由多层神经网络以任意精度加以逼近。利用这一特性，神经网络可以有效地解决非线性系统的建模问题。

2) 自适应性和自组织性。神经元之间的连接具有多样性，各神经元之间的连接强度具有可塑性，相当于突触传递信息能力的变化。这使得网络可以通过学习与训练进行自组织，以适应不同信息处理的要求。

3) 并行处理性。网络的各单元可以同时进行类似的处理过程，整个网络的信息处理方式是大规模并行的。传统数字计算机则是信息处理算法串行的。网络的大规模并行处理能力，可以大大加快对信息处理的速度。

4) 分布存储和容错性。信息在神经网络内的存储按内容分布于许多神经元中，而且每个神经元存储多种信息的部分内容。网络的每部分对信息的存储具有等势作用，部分的信息丢失仍可以使完整的信息得到恢复，因而使网络具有容错性和联想记忆功能。

5) 便于集成实现和计算模拟。神经网络在结构上是相同神经元的大规模组合，特别适合于用大规模集成电路实现，也适合于用现有计算技术进行模拟实现。

4.3 感知器模型

感知器（Perceptron）是由美国学者 F. Rosenblatt 于 1957 年提出的，它是一个具有单层计算单元的神经网络，并由线性阈值元件组成。如图 4-3 所示。

当其输入的加权和大于或等于阈值时，输出为 1，否则为 0 或 -1。它的权系 W 可变，这样它就可以学习。原始的 Perceptron 算法只有一个输出节点，它相当于单个神经元。它在神经网络研究中有着重要的意义和地位。它不但引起了众多学者对神经网络研究的兴趣，推动了神经网络研究的发展，而且后来的许多神经网络模型都是在这种指导思想下建立的，或者是这种模型的改进和推广。下面来讨论感知器学习算法。

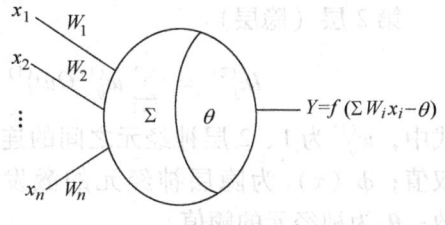

图 4-3 感知器

为方便起见，将阈值 θ（它也同样需要学习）并入 W 中，令 $W_{n+1} = -\theta$，X 向量也相应地增加一个分量 $x_{n+1} = 1$，这样输出 $Y = f(\sum_{i=1}^{n+1} W_i x_i)$。具体算法如下：

1）给定初始值：赋给 $W_i(0)$ 各一个较小的随机非零值，这里 $W_i(t)$ 为 t 时刻第 i 个输入的权 $(1 \le i \le n)$，$W_{n+1}(t)$ 为 t 时刻的阈值。

2）输入一样本 $X = (x_i, \cdots, x_n, 1)$ 和它的希望输出 d。

3）计算实际输出

$$Y(t) = f(\sum_{i=1}^{n+1} W_i(t) x_i) \tag{4-1}$$

4）修正权 W

$$W_i(t+1) = W_i(t) + \eta[d - Y(t)]x_i \quad i = 1, 2, \cdots, n+1 \tag{4-2}$$

式中，$0 < \eta \le 1$ 用于控制修正速度。通常 η 不能太大，因为太大会影响 $W_i(t)$ 的稳定，η 也不能太小，因为太小会使 $W_i(t)$ 的收敛速度太慢；若实际输出与已知的输出值相同，$W_i(t)$ 不变。

5）转到 2）直到 W 对一切样本均稳定不变或稳定在一个精度范围内为止。

4.4 多层前向 BP 神经网络

多层前向神经网络及其反传学习理论（Back-Propagation，BP）最早是由韦伯斯（Werbos）在 1974 年提出来的。鲁梅尔哈特（Bumelhart）等在 1985 发展了反传网络学习算法，实现了明斯基（Minsky）的多层网络设想。网络不仅有输入层节点、输出层节点，而且有隐层节点。隐层可以是一层，也可以是多层。当信号输入时，首先传到隐节点，经过作用函数后，再把隐节点的输出信号传播到输出层节点。经过处理后给出输出结果。

4.4.1 多层前向神经网络的结构

多层前向神经网络由输入层、隐层（不少于 1 层）、输出层组成，信号沿输入→输出的方向逐层传递，以 3 层网络（只有 1 个隐层）为例，多层前向 BP 神经网络的结构如图 4-4 所示。

假设神经网络的输入层、隐层和输出层的神经元数量分别为 n、l 和 m，沿信息的传播方向，用 $In_j^{(i)}$、$Out_j^{(i)}$ 表示第 i 层第 j 个神经元的输入和输出，则各层的输入、输出关系可描述为

第 1 层（输入层）将输入引入网络

$$Out_i^{(1)} = In_i^{(1)} = x_i \quad i = 1,2,\cdots,n \quad (4\text{-}3)$$

第 2 层（隐层）

$$In_j^{(2)} = \sum_{i=1}^{n} w_{ij}^{(1)} Out_i^{(1)} - \theta_j, Out_j^{(2)} = \phi(In_j^{(2)}) \quad j = 1,2,\cdots,l \quad (4\text{-}4)$$

式中，$w_{ij}^{(1)}$ 为 1、2 层神经元之间的连接权值；$\phi(x)$ 为隐层神经元的激发函数；θ_j 为神经元的阈值。

第 3 层（输出层）

$$y_k = Out_k^{(3)} = In_k^{(3)} = \sum_{j=1}^{l} w_{jk}^{(2)} Out_j^{(2)}$$

$$k = 1,2,\cdots,m \quad (4\text{-}5)$$

式中，$w_{jk}^{(2)}$ 为隐层与输出层之间的连接权值。

则一个 3 层神经网络的整个输入、输出关系可以描述为

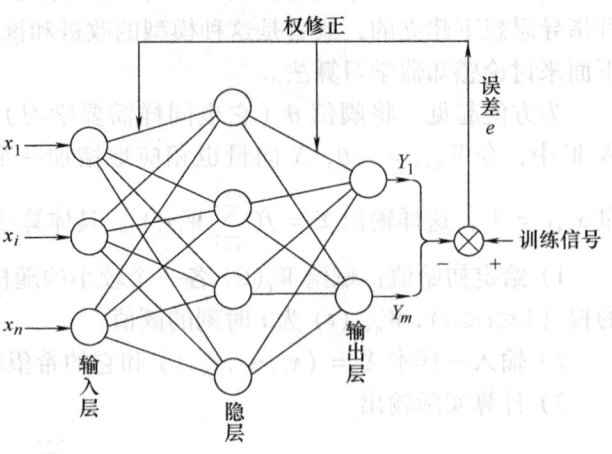

图 4-4 多层前向 BP 神经网络的结构

$$y_k = \sum_{j=1}^{l} w_{jk}^{(2)} \phi\left(\sum_{i=1}^{n} w_{ij}^{(1)} x_i - \theta_j\right)$$

$$k = 1,2,\cdots,m \quad (4\text{-}6)$$

多层前向网络的输入和输出之间的关系，可以看成是一个映射关系，这个映射是一个高度非线性的映射，如果输入节点数为 n，输出节点数为 m，网络是从 n 维欧氏空间到 m 维欧氏空间的映射。

定理 4-1 令 $\phi(x)$ 为非常量，有界单调递增连续函数，K 为 R 的紧致子集（有界闭子集），$f(x) = f(x_1, x_2, \cdots, x_n)$ 为 K 上的实值连续函数，则称任意 $\varepsilon > 0$，存在整数 N 和实数 c_i，$\theta_i (i = 1, \cdots, N)$，$w_{ij} (i = 1, \cdots, N, j = 1, \cdots, N)$，使得

$$\hat{f}(x_1, \cdots, x_n) = \sum_{i=1}^{N} c_i \phi\left(\sum_{j=1}^{N} w_{ij} x_j - \theta_i\right) \quad (4\text{-}7)$$

满足

$$\max | \hat{f}(x, \cdots, x_n) - f(x_1, \cdots, x_n) | < \varepsilon \quad (4\text{-}8)$$

就是说对任意 $\varepsilon > 0$ 存在一个 3 层网络，其隐单元之输出函数为 $\phi(x)$，输入及输入单元之输出函数为线性的，此 3 层网络之总输入、输出关系为 $f(x_1, \cdots, x_n)$，使得

$$\max_{x \in K} | \hat{f}(x, \cdots, x_n) - f(x_1, \cdots, x_n) | < \varepsilon \quad (4\text{-}9)$$

定理 4-2 令 $\phi(x)$ 为非常量，有界单调递增连续函数，K 为 R^n 的紧致子集（有界闭子集），固定层数 $k \geq 3$，则任何连续映射 $f: K \to R^m$，定义为

$$X = (x_1, \cdots, x_n) \to [f_1(X), \cdots, f_m(X)]$$

可由一个 k 层（$k-2$ 个隐层）网络的输入到输出的映射来逼近，此网络之隐单元之输出关系是 $\phi(x)$，而输入及输出单元之输出则是线性的。也就是说，对任何连续映射 $f: K \to R$ 和任意 $\varepsilon > 0$，存在一个 k 层网络（$k \geq 3$），可一致逼近此映射 f。

神经网络是通过学习算法来修正网络的参数进而实现对函数的逼近的。下面介绍常用的

BP 学习算法。

4.4.2 BP 学习算法

BP 学习算法的基本思想是：通过一定的算法调整网络的权值，使网络的实际输出尽可能接近期望的输出。在本网络中采用误差反传（BP）算法来调整权值。

假设有 m 个样本 $(\hat{X}_h, \hat{Y}_h)$，$h = 1, 2, \cdots, m$。将第 h 个样本的 $\hat{X}_h$ 输入网络，得到的网络输出为 Y_h，则定义网络训练的目标函数为

$$J = \frac{1}{2} \sum_{h=1}^{m} \| \hat{Y}_h - Y_h \|^2 \tag{4-10}$$

网络训练的目标是使 J 最小，其网络权值 BP 训练算法可描述为

$$w(t+1) = w(t) - \eta \frac{\partial J}{\partial w(t)} \tag{4-11}$$

式中，η 为学习率。针对 $w_{jk}^{(2)}$ 和 $w_{ij}^{(1)}$ 的具体情况，训练算法可分别描述为

$$w_{jk}^{(2)}(t+1) = w_{jk}^{(2)}(t) - \eta_1 \frac{\partial J}{\partial w_{jk}^{(2)}(t)} \tag{4-12}$$

$$w_{ij}^{(1)}(t+1) = w_{ij}^{(1)}(t) - \eta_2 \frac{\partial J}{\partial w_{ij}^{(1)}(t)} \tag{4-13}$$

令 $J_h = \frac{1}{2} \| \hat{Y}_h - Y_h \|^2$，则

$$\frac{\partial J}{\partial w} = \sum_{h=1}^{m} \frac{\partial J_h}{\partial w} \tag{4-14}$$

$$\frac{\partial J_h}{\partial w_{jk}^{(2)}} = \frac{\partial J_h}{\partial Y_{hk}} \frac{\partial Y_{hk}}{\partial w_{jk}^{(2)}} = -(\hat{Y}_{hk} - Y_{hk}) Out_j^{(2)} \tag{4-15}$$

式中，Y_{hk} 和 $\hat{Y}_{hk}$ 分别为第 h 组样本的网络输出和样本输出的第 k 个分量

$$\frac{\partial J_h}{\partial w_{ij}^{(1)}} = \sum_k \frac{\partial J_h}{\partial Y_{hk}} \frac{\partial Y_{hk}}{\partial Out_j^{(2)}} \frac{\partial Out_j^{(2)}}{\partial In_j^{(2)}} \frac{\partial In_j^{(2)}}{\partial w_{ij}^{(1)}} = -\sum_k (\hat{Y}_{hk} - Y_{hk}) w_{jk}^{(2)} \phi' Out_i^{(1)} \tag{4-16}$$

上述训练算法可以总结如下：

1) 依次取第 h 组样本 $(\hat{X}_h, \hat{Y}_h)$，$h = 1, 2, \cdots, m$，将 $\hat{X}_h$ 输入网络，得到网络输入 Y_h。

2) 计算 $J = \frac{1}{2} \sum_{h=1}^{m} \| \hat{Y}_h - Y_h \|^2$，如果 $J < \varepsilon$，退出训练；否则，进行第 37~57 步。

3) 计算 $\frac{\partial J_h}{\partial w}$，$h = 1, 2, \cdots, m$。

4) 计算 $\frac{\partial J}{\partial w} = \sum_{h=1}^{m} \frac{\partial J_h}{\partial w}$。

5) $w(t+1) = w(t) - \eta \frac{\partial J}{\partial w(t)}$，修正权值，返回 1)。

4.5 Hopfield 神经网络

Hopfield 神经网络是得到最充分研究和广泛应用的神经网络模型之一。在众多的研究者

之中,美国科学家 J. J Hopfield 的工作具有特别重要的意义,他为这一类网络引入了一种稳定过程,即提出了人工神经网络能量函数的概念,使网络的运行稳定性判断有了可靠而简便的依据。Hopfield 神经网络在联想存取及优化计算等领域得到了成功的应用,拓宽了神经网络的应用范围。另外,Hopfield 神经网络还有一个显著的特点,即它与电子电路存在明显的对应关系,使得该网络易于理解和便于实现。

Hopfield 神经网络及其成功的应用是当前神经网络的研究工作引人注目的原因之一。通常 Hopfield 神经网络有两种实用形式,即离散型 Hopfield 神经网络及连续型 Hopfield 神经网络。

4.5.1 离散型 Hopfield 神经网络

离散 Hopfield 神经网络的基本结构如图 4-5 所示,$N_1, N_2, \cdots, N_n$ 表示网络的 n 个神经元,其转移特性函数为 $f_1, f_2, \cdots, f_n$,阈值为 $\theta_1, \theta_2, \cdots, \theta_n$。对于离散型 Hopfield 神经网络,各节点一般选相同的转移特性函数,且为符号函数,即有

$$f_1(x) = f_2(x) = \cdots = f_n(x) = \text{sgn}(x) \tag{4-17}$$

为以后分析方便,所选各节点阈值相等,且等于 0,即有

$$\theta_1 = \theta_2 = \cdots = \theta_n = 0 \tag{4-18}$$

同时,$x = (x_1, x_2, \cdots, x_n), x \in \{-1, +1\}^n$ 为网络的输入;$y = (y_1, y_2, \cdots, y_n), y \in \{-1, +1\}^n$ 为网络的输出;$v(t) = (v_1(t), v_2(t), \cdots, v_n(t)), v(t) \in \{-1, +1\}^n$ 为网络在时刻 t 的状态,其中 $t \in \{0, 1, 2, \cdots\}$ 为离散时间变量;w_{ij} 为从 N_i 到 N_j 的连接权值。Hopfield 神经网络是对称的,即有

$$w_{ij} = w_{ji} \quad i,j \in \{1, 2, \cdots, n\} \tag{4-19}$$

整个网络所有 n 个节点之间的连接强度用矩阵 W 来表示。W 称网络连接权矩阵,显然 W 为 $n \times n$ 方阵。

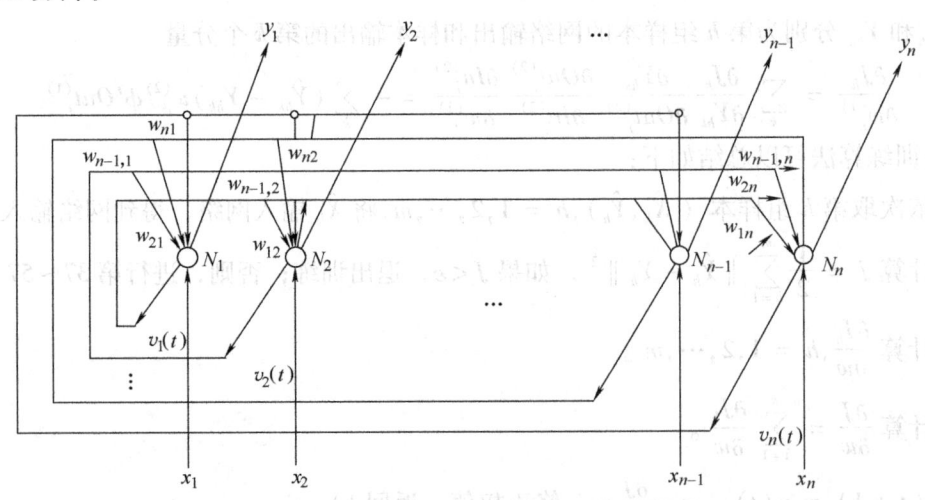

图 4-5 离散 Hopfield 神经网络的基本结构

由图 4-5 可以看出,Hopfield 神经网络为一层结构的反馈网络,能处理双极型离散数据(即输入 $x \in \{-1, +1\}$)及二进制数据($x \in \{0, 1\}$)。当网络经过适当训练后,可以认为网络处于等待工作状态。而对网络给定初始输入 x 时,网络就处于特定的初始状态。由此初始

状态开始运行,可得到网络输出(即网络的下一状态)。然后这个输出状态通过反馈连接回送到网络的输入端,作为网络下一级运行的输入信号,而该输入信号可能与初始输入信号 x 不同。由这个新的输入又可得到下一步的输出,该输出也可能与上一步的输出不同。如此下去,网络的整个运行过程就是上述反馈过程的重复。如果网络是稳定的,那么随着多次反馈运行,网络状态的变化逐渐减少,最后不再变化,达到稳态。这时由输出端可得到网络的稳定输出。用公式表达为

$$\begin{cases} v_j(0) = x_j \\ v_j(t+1) = f_j\left(\sum_{i=1}^n w_{ij}v_i(t) - \theta_j\right) \end{cases} \tag{4-20}$$

式中,f_j 由式(4-17)定义,为方便起见,θ_j 常取 0 值。若有某个时刻 t,从此后网络状态不再变迁,即有 $v(t+1) = v(t)$,则有输出

$$y = v(t) \tag{4-21}$$

在网络运行过程中,网络神经元状态的演变有以下两种形式:

(1)异步更新

在任一时刻 t,只有某一神经元 N_j 的状态依式(4-20)更新,而其余神经元状态保持不变,即

$$v_j(t+1) = \text{sgn}\left(\sum_{i=1}^n w_{ij},v_i(t)\right) \quad 对某个特定的 j \tag{4-22}$$

$$v_i(t+1) = v_i(t) \quad i \in \{1,2,\cdots,n\} \text{ 但 } i \neq j \tag{4-23}$$

若以某种确定性的次序来选择神经元 N_j,使其按式(4-22)变化,则称顺序更新;若按照某种预先设定的概率来选择神经元 N_j,则称随机更新。

(2)同步更新

在任一时刻 t,按式(4-20)更新的神经元数目多于一个,称同步更新。特殊情况下,所有神经元都同时依式(4-20)更新,称全并行工作方式,即

$$v_j(t+1) = \text{sgn}\left(\sum_{i=1}^n w_{ij}v_i(t)\right) \quad j \in \{1,2,\cdots,n\} \tag{4-24}$$

这时,也可把状态转移方程写成矢量形式

$$v(t+1) = \text{sgn}(v(t)W) \tag{4-25}$$

4.5.2 连续型 Hopfield 神经网络

模仿生物神经元及其网络的主要特性,Hopfield 利用模拟电路构造了反馈人工神经网络的电路模型,图 4-6 给出了 Hopfield-Tank 连续神经网络模型。组成此电路的基本元件如下:

1)具有正、反相输出的运算放大器用来模仿神经元的非线性函数关系。第 i 个神经元输出电压 V_i 与输入电压 u_i 之间的转移特性呈 Sigmoid 函数曲线,表达式为

$$V_i = f_i(u_i) = \frac{1}{2}\left[1 + \tanh\left(\frac{u_i}{u_0}\right)\right] \tag{4-26}$$

式中,u_0 为归一化基准值。当 $u_0 \to 0$ 时,f_i 成为硬限幅函数。

2)放大器的输入电容 C_i 和输出电阻 R_i 对放大器的输出与输入信号之间产生延时作用,以此模仿神经元的时间常数,构成神经元的动态特性。

3) 电阻 R_{ij} 表示突触电导 w_{ij}，$R_{ij} = 1/w_{ij}$。

4) 外加偏置电流以 I 表示，相当于神经网络的阈值 θ。

神经网络电路产生的作用电动势与电路相似。N 个神经元相互作用的动力学性质可以用下面的微分方程表示

$$C_i(\mathrm{d}u_i/\mathrm{d}t) = \sum_{j=1}^{N} w_{ij}V_j - u_i/R_i + I_i \tag{4-27}$$

式中，V_j 为放大器 j 的输出电压，且

$$V_j = g_j(u_j) \tag{4-28}$$

电阻 R_i 满足

$$1/R_i = 1/e_i + 1/R_{ij} \tag{4-29}$$

为了简单起见，假设与 i 无关，即 $g_i = g$，$R_i = R$ 和 $C_i = C$。分别除以 C，w_{ij}/C，I_i/C 为 w_{ij} 和 I_i，运动方程式变成

$$\begin{cases} \dfrac{\mathrm{d}u_i}{\mathrm{d}t} = -\dfrac{u_i}{\tau} + \sum_{j=1}^{N} w_{ij}V_j + I_i \quad (\tau = RC) \\ V_j = g(u_j) \end{cases} \tag{4-30}$$

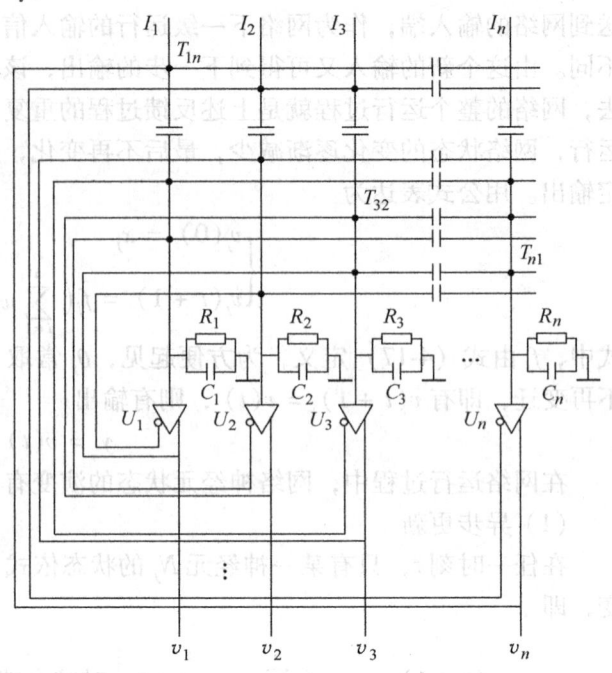

图 4-6 Hopfield-Tank 连续神经网络模型

在给定初始条件下，这个运动方程式完全描述电路的性质。如果方程的解为一组确定值，表明系统演变的最终结果是一个稳定状态。霍普菲尔特证明，对称连接的网络的运动方程将收敛到稳定状态。这里，对称连接是指 $w_{ij} = w_{ji}$。系统的能量计算为

$$E = -\frac{1}{2}\sum_{i=1}^{N}\sum_{j=1}^{N} w_{ij}V_iV_j - \sum_{i=1}^{N} V_iI_i + \sum_{i=1}^{N} \frac{1}{R_i}\int_0^{V_i} g^{-1}(V)\mathrm{d}V \tag{4-31}$$

在高增益情况下，网络建立的能量函数表达式为

$$E = -\frac{1}{2}\sum_{i=1}^{N}\sum_{j=1}^{N} w_{ij}V_iV_j - \sum_{i=1}^{N} V_iI_i \tag{4-32}$$

能量函数 E 取决于神经元数目 N、连接强度 w_{ij} 和外部输入 I_i。为了求得 $\mathrm{d}E/\mathrm{d}t$，可引用

$$\frac{\mathrm{d}E}{\mathrm{d}t} = \sum_i \frac{\partial E}{\partial V_i} \frac{\mathrm{d}V_i}{\mathrm{d}t} \tag{4-33}$$

利用网络的对称性 $w_{ij} = w_{ji}$，可以求得

$$\frac{\partial E}{\partial V_i} = -\sum_j w_{ij}V_j + \frac{u_i}{R_i} - I_i \tag{4-34}$$

与式（4-27）比较得到

$$\frac{\partial E}{\partial V_i} = -C_i\left(\frac{\mathrm{d}u_i}{\mathrm{d}t}\right) \tag{4-35}$$

所以有

$$\frac{\mathrm{d}E}{\mathrm{d}t} = -\sum_i \frac{\mathrm{d}V_i}{\mathrm{d}t} C_i\left(\frac{\mathrm{d}u_i}{\mathrm{d}t}\right)$$

$$= -\sum_i C_i \frac{dV_i}{dt}\frac{du_i}{dV_i}\frac{dV_i}{dt}$$

$$= -\sum_i C_i \left(\frac{dV_i}{dt}\right)^2 \frac{d}{dt}f_i^{-1}(V_i) \tag{4-36}$$

由于 $C_i > 0$，并且 $f_i^{-1}(V_i)$ 函数单调增长，所以得到

$$\frac{dE}{dt} \le 0$$

而且当 $dV_i/dt = 0$ 时有

$$\frac{dE}{dt} = 0$$

以上结果表明，随着时间的演变，网络总是朝着能量函数 E 减少的方向运动，网络达到稳定状态时 E 取极小值。对于理想放大器可得到

$$E = -\frac{1}{2}\sum_i \sum_i w_{ij}V_iV_j - \sum_i I_iV_i \tag{4-37}$$

4.6 自组织神经网络

多层感知器的学习和分类是以已知一定的先验知识为条件的，即网络权值的调整是在监督情况下进行的。而在实际应用中，有时并不能提供所需的先验知识，这就需要网络具有自学习的功能。Kohomen 提出的自组织特征映射图就是这种具有自学习功能的神经网络。这种网络是基于生理学和脑科学研究成果提出的。脑神经科学研究表明：传递感觉的神经元排列是按某种规律有序进行的，这种排列往往反映所感受的外部刺激的某些物理特征。例如，在听觉系统中，神经细胞和纤维是按照其最敏感的频率分布而排列的。为此，Kohomen 认为，神经网络在接受外界输入时，将会分成不同的区域，不同的区域对不同的模式具有不同的响应特征，即不同的神经元以最佳方式响应不同性质的信号激励，从而形成一种拓扑意义上的有序图，这种有序图也称之为特征图，它实际上是一种非线性映射关系，它将信号空间中各模式的拓扑关系几乎不变地反映在这张图上，即各神经元的输出响应上。由于这种映射是通过无监督的自适应过程完成的，所以也称它为自组织特征图。

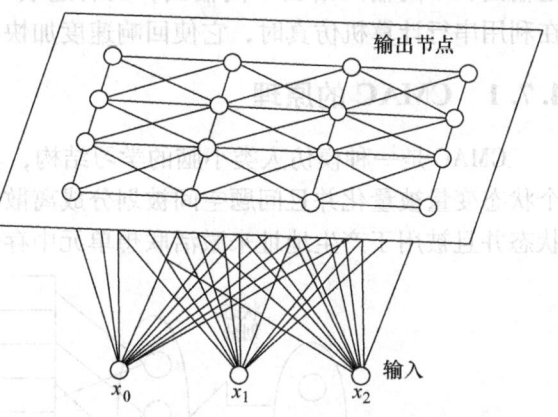

图 4-7 自组织神经网络

自组织神经网络如图 4-7 所示。在这种网络中，输出节点与其邻域其他节点广泛相连，并互相激励。输入节点和输出节点之间通过强度 $w_{ij}(t)$ 相连接。通过某种规则，不断地调整 $w_{ij}(t)$，使得在稳定时，每一邻域的所有节点对某种输入具有类似的输出，并且这种聚类的概率分布与输入模式的概率分布相接近。

完成自组织特征映射的算法较多。下面给出一种常用的自组织算法：

1）权值初始化并选定邻域的大小。

2）输入模式。
3）计算空间距离

$$d_j = \sum_{i=0}^{N-1} [x_i(t) - w_{ij}(t)]^2$$

式中，$x_i(t)$ 为 t 时刻 i 节点的输入；$w_{ij}(t)$ 为输入节点 i 与输出节点 j 的连接强度；N 为输入节点的数目。

4）选择节点 j^*，它满足 $\min\limits_{j} d_j$。

5）按下式改变 j^* 和其领域节点的连接强度：

$$w_{ij}(t+1) = w_{ij}(t) + \eta(t)[x_i(t) - w_{ij}(t)] \quad j \in j^* \text{ 的邻域} \quad 0 \leq i \leq N-1 \quad (4-38)$$

式中，$\eta(t)$ 为衰减因子。

6）返回到第2）步，直至满足 $[x_i(t) - w_{ij}(t)]^2 < \varepsilon$（$\varepsilon$ 为给定的误差）。

通过这种无导师的学习，稳定后的网络输出就对输入模式生成自然的特征映射，从而达到自动聚类的目的。

4.7 小脑神经网络

小脑模型关节控制器（CMAC）是由 Albus 最初于1975年基于神经生理学提出的，它是一种基于局部逼近的简单快速的神经网络，类似于 Perceptron 的相联记忆方法，能够学习任意多维非线性映射。迄今已广泛用于许多领域。特别是 Miller 等的突破性应用研究，已使 CMAC 受到越来越多的关注。

与 BP 网络之类的全局逼近方法不同，CMAC 具有许多优点，它具有局部逼近能力，每次修正的权值极少，学习速度快，适合于在线学习；具有一定的泛化能力，相近输入给出相近输出，不同输入给出不同输出；具有连续（模拟）输入输出能力；具有寻址编程方式，在利用串行计算机仿真时，它使回响速度加快。

4.7.1 CMAC 的原理

CMAC 是一种模仿人类小脑的学习结构，其一般结构如图 4-8 所示。在这种技术里，每个状态变量被量化并且问题空间被划分成离散状态。量化的输入构成的向量指定了一个离散状态并且被用于产生地址来激活联想单元中存储的联想强度从而恢复这个状态的信息。

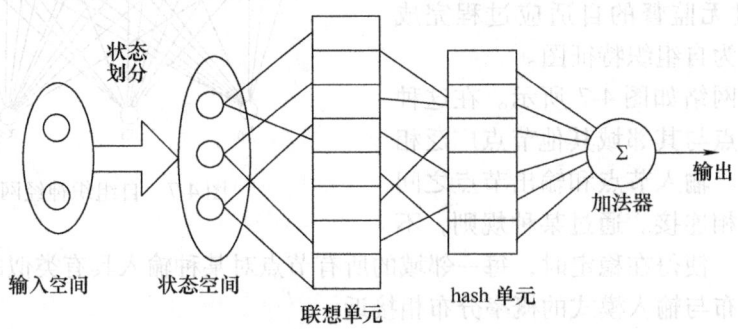

图 4-8 CMAC 的一般结构

对于输入空间大的情况，联想单元数量巨大，为了节省存储空间，Albus 提出了 hash 编码，将联想强度存于数量大大少于联想单元的 hash 单元中，联想单元中只存储 hash 单元的散列地址编码。

图 4-9 描述了双变量 CMAC 的空间划分和量化机制。这个简单的例子有两个状态变量（v_1 和 v_2），每个变量在论域上被划分为两个离散的区域叫做"块"。块的宽度影响 CMAC 的概括能力。为了能够用较简洁的矩阵形式来描述 CMAC 的机制和特性，在这里将块的数量限定为 2。譬如，v_1 被划分为 A、B；v_2 被划分为 a、b。区域 Aa、Ab、Ba 和 Bb 被称做"超立方体"（Hypercubes）。通过将每个变量以相同的方式平移一小段间隔（称为"元素"，如图 4-9 中 1、2、3、4），可以获得不同的超立方体。例如，v_1 通过平移后的区域 C、D 和 v_2 的 c、d 组成一层新的超立方体 Cc、Cd、Dc、Dd。规定相同的划分方式组成一层超立方体，例如 v_1 的第 p 种划分方式与 v_2 的第 p 种划分方式对应组成第 p 层超立方体。用上述方法分解，可以得到一共有 N_e 层（在图 4-9 中为 3 层）的超立方体，其中每一层对应一种划分方式。图 4-9 中可看出，两变量的每一种状态组合（1，2，…，16）在每一层都被一个超立方体覆盖，则对应所有的划分方式，一共被 N_e 个不同的超立方体覆盖。也就是说，两变量的每一种状态将激活 N_e 个不同的超立方体，而 N_e 的大小则由每个输入论域上的块的数量和块中包含的元素数决定。CMAC 为每个超立方体分配一个物理的存储单元（联想单元），每个联想单元中存储着相应的超立方体对于输出的影响强度（联想强度），这样，两变量的每一种状态将激活 N_e 个不同的联想单元，这被激活的 N_e 个联想单元又以不同的联想强度影响输出。

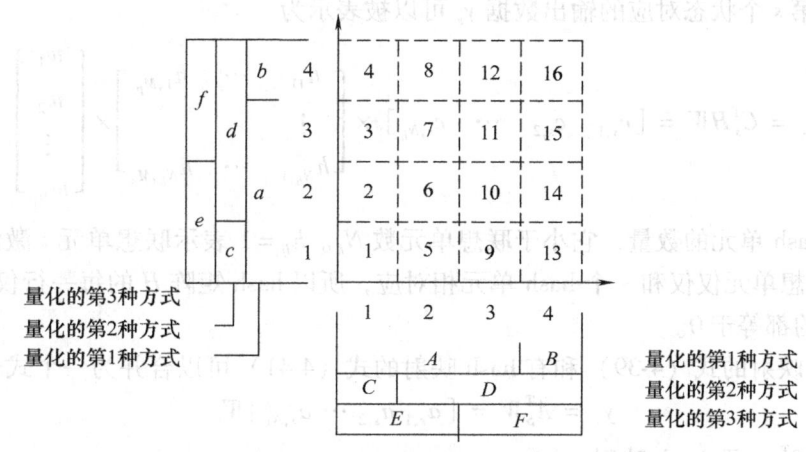

图 4-9 双变量 CMAC 的空间划分和量化机制

对于输入空间较大的情况，为了减少存储空间，几个联想单元可以通过 hash 映射被分配同一个存储单元（hash 单元）。这时，联想单元中只存储 hash 单元的散列地址编码，而 hash 单元中才存储真正的联想强度。由于 hash 映射增加了分析 CMAC 行为的难度，所以只有当存储器空间不够时才使用 hash 映射。

4.7.2 CMAC 学习的数学推导

前面已经简要介绍了 CMAC 的原理，下面将给出 CMAC 技术的数学公式。

(1) 无 hash 映射的 CMAC

在 CMAC 中，每个量化的状态对应 N_e 个联想单元。假设 N_h 是总的联想单元的数量，该数量与没有 hash 映射时的物理存储空间大小一致。用 CMAC 技术，第 s 个状态对应的输出数据 y_s 可以被表示为

$$y_s = C_s^T W = [c_{s,1}\, c_{s,2}\, \cdots\, c_{s,N_h}] \begin{bmatrix} w_1 \\ w_2 \\ \vdots \\ w_{N_h} \end{bmatrix} = \sum_{j=1}^{N_h} c_{s,j} w_j \qquad (4\text{-}39)$$

式中，W 为代表存储内容（联想强度）的向量；C_s 为存储单元激活向量，该向量包含 N_e 个 1。在决定了空间的划分方式后，对于指定的状态，单元激活向量 C_s 也随之确定。例如，对于图 4-9 中的 CMAC，有 16 个离散状态，并且安排了标号。有 12 个联想单元分别对应超立方体 Aa、Ab、Ba、Bb、Cc、Cd、Dc、Dd、Ee、Ef、Fe 和 Ff，这些单元从 1 到 12 按升序排列。则第 1 个状态被超立方体 Aa、Cc、Ee 覆盖，将激活与这 3 个超立方体相对应的联想单元，对应于该状态的激活向量因此为

$$C_1^T = [1\ 0\ 0\ 0\ 1\ 0\ 0\ 0\ 1\ 0\ 0\ 0] \qquad (4\text{-}40)$$

（2）有 hash 映射的 CMAC

hash 映射将几个联想单元和一个物理存储位置（hash 单元）相对应。hash 单元中存储联想强度，而此时的联想单元是虚拟的存储空间，只存储 hash 单元的散列地址编码。有 hash 映射的 CMAC 特别适用于存储空间小于超立方体数量时的情况。用有 hash 映射的 CMAC 技术，第 s 个状态对应的输出数据 y_s 可以被表示为

$$y_s = C_s^T H W = [c_{s,1}\ c_{s,2}\ \cdots\ c_{s,N_h}] \times \begin{bmatrix} h_{11} & \cdots & h_{1,M_p} \\ \vdots & & \vdots \\ h_{N_h,1} & \cdots & h_{N_h,M_p} \end{bmatrix} \times \begin{bmatrix} w_1 \\ w_2 \\ \vdots \\ w_{M_p} \end{bmatrix} \qquad (4\text{-}41)$$

式中，M_p 为 hash 单元的数量，它小于联想单元数 N_h。$h_{ij} = 1$ 表示联想单元 i 激活 hash 单元 j。由于每个联想单元仅仅和一个 hash 单元相对应，所以 hash 矩阵 H 的每一行仅有一个单元等于 1，其余的都等于 0。

没有 hash 映射的式（4-39）和有 hash 映射的式（4-41）可以合并为一个式子

$$y_s = A_S^T W = [a_{s,1}\ a_{s,2}\ \cdots\ a_{s,N_h}] W \qquad (4\text{-}42)$$

式中，$A_s^T = \begin{cases} C_s^T & \text{无 hash 映射} \\ C_s^T H & \text{有 hash 映射} \end{cases}$。

4.7.3 CMAC 的学习

CMAC 用迭代算法来训练联想强度。在学习中，将 N_s 个训练数据重复用于学习。在第 i 次迭代中用第 s 个样本学习的迭代算法为

$$W_s^{(i)} = W_{s-1}^{(i)} + \Delta W_{s-1}^{(i)} = W_{s-1}^{(i)} + \frac{\alpha}{N_e} A_{s-1}(\hat{y}_{s-1} - A_{s-1}^T W_{s-1}^{(i)}) \qquad (4\text{-}43)$$

式中，下标 $s-1$ 和 s 为样本数；上标 i 为迭代次数；α 为学习率；$\hat{y}_{s-1}$ 为样本 $s-1$ 的目标

值;$\hat{y}_{s-1} - A_{s-1}^{\mathrm{T}} W_{s-1}^{(i)}$ 为样本 $s-1$ 的误差;$W_s^{(i)}$ 为向量,它给出了在第 i 次迭代时用第 s 个样本进行学习的联想强度。

4.8 小结

神经网络技术是智能控制和智能信息处理领域被广泛使用的新兴技术,它模拟了人体神经元细胞的信息处理方式和学习方式,具有自组织、自学习的特点。本章系统地介绍了神经网络的基本原理和特征,并详细给出了几种常用的神经网络模型的结构描述和学习算法。

第5章 神经网络在控制中的应用

传统的基于模型的控制方法，是根据被控对象的数学模型及对控制系统要求的性能指标来设计控制器，并对控制规律加以数学解析描述从而对系统进行控制。而现代复杂生产中的控制对象和过程大多具有非线性、时变性、变结构、不确定性、多层次、多因素等特点，难以建立精确的数学模型，用传统的控制方法难以取得很好的控制效果。

神经网络虽然不善于显式表达知识，但它具有很强的学习能力和自适应能力，能够充分逼近任意复杂的非线性系统，能够学习和适应严重不确定系统的动态特性。由于大量神经元之间广泛连接，即使少量神经元连接损坏，也不影响系统的整体功能，在控制中可以表现出很强的鲁棒性和容错性。因此神经网络在解决高度非线性和严重不确定性系统的控制方面具有良好效果。

5.1 神经网络系统辨识

系统辨识是自适应控制的关键所在，它通过测量对象的输入输出状态来估计对象的数学模型，使建立的数学模型和对象具有相同的输入输出特性。复杂控制系统大多具有很强的不确定性，使得它的数学模型在控制的过程中会发生变化，可以用系统辨识方法来在线估计其准确的数学模型，进而调整控制器，来达到提高系统性能的目的。

神经网络对非线性函数具有任意逼近和自学习能力，为系统的辨识，尤其是非线性动态系统的辨识提供了一条十分有效的途径。神经网络系统辨识实质上是选择一个适当的神经网络模型来逼近实际系统的数学模型。它通过直接学习系统的输入输出数据，使所要求的误差函数达到最小，来归纳出隐含在系统输入输出数据中的关系。只要神经网络的输出能够逼近同样输入信号激励的输出，则认为神经网络已充分体现实际系统特性，完成了对系统的辨识。神经网络用于系统辨识的关键在于网络中神经元连接强度等参数的确定。这些参数通常是通过某种学习算法，并利用被辨识的输入输出数据进行训练得到的。

5.1.1 神经网络系统辨识的原理

系统辨识的原理如图 5-1 所示，给对象和辨识模型施加相同的输入，得到对象的输出 y 和模型的输出 $\hat{y}$，两者的误差为 $e = y - \hat{y}$。系统辨识的原理就是通过调整辨识模型的结构来使 e 最小。

在神经网络系统辨识中，神经网络用做辨识模型，将对象的输入输出状态 u、y 看做神经网络的训练样本数据，以 $J = (1/2)e^2$ 作为网络训练的目标，则通过用一定的训练算法来训练网络，使 J 足够小，就可以达到辨识对象模型的目的。

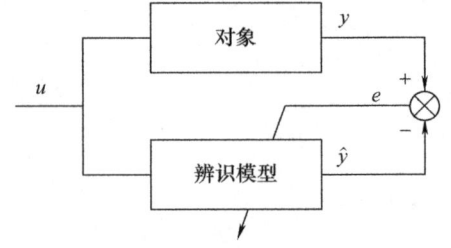

图 5-1 系统辨识的原理

5.1.2 多层前向 BP 神经网络的系统辨识

假设非线性对象的数学模型可以表示为

$$y(t) = f(y(t-1), y(t-2), \cdots, y(t-n), u(t), u(t-1), \cdots, u(t-m)) \quad (5-1)$$

式中,$f(\cdot)$ 为描述系统特征的未知非线性函数;m,n 分别为输入输出的阶次。则可以利用多层前向 BP 神经网络来逼近非线性函数 $f(\cdot)$,进而估计对象的模型。

用多层前向 BP 神经网络来辨识上述模型的系统结构如图 5-2 所示。在图中,将式(5-1) 中的 $y(t-1), \cdots, y(t-n), u(t), u(t-1), \cdots, u(t-m)$ 看做网络的输入,$y(t)$ 看做网络的期望输出,通过利用 BP 算法对网络进行训练,则网络可以逼近对象的输入输出关系。

令 $X = [x_1, x_2, \cdots, x_{n+m+1}] = [y(t-1), y(t-2), \cdots, y(t-n), u(t), u(t-1), \cdots, u(t-m)]$,则网络的输出可以通过下式计算得到:

$$\hat{y}(t) = \sum_{j=1}^{l} [w_j^{(2)} H(\sum_{i=1}^{n+m+1} w_{ij}^{(1)} x_i)] \quad (5-2)$$

式中,$H(\cdot)$ 为隐层神经元的激发函数;$w_{ij}^{(1)}$、$w_j^{(2)}$ 分别为网络第 1~2 层和 2~3 层的连接权值。

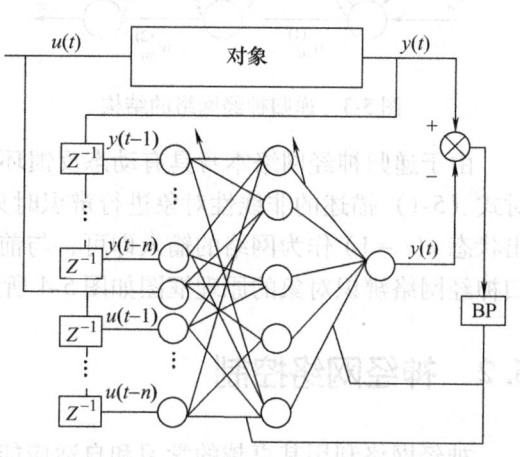

图 5-2 多层前向 BP 神经网络系统辨识的系统结构

通过定义网络训练的目标函数为 $J = 1/2(y(t) - \hat{y}(t))^2$,则网络训练的 BP 算法可以描述为

$$w_j^{(2)}(t+1) = w_j^{(2)}(t) - \eta_1 \frac{\partial J}{\partial w_j^{(2)}} \quad (5-3)$$

式中,$\frac{\partial J}{\partial w_j^{(2)}} = \frac{\partial J}{\partial \hat{y}} \frac{\partial \hat{y}}{\partial w_j^{(2)}} = -(y - \hat{y}) H(\sum_{i=1}^{n+m+1} w_{ij}^{(1)} x_i)$。

$$w_{ij}^{(1)}(t+1) = w_{ij}^{(1)}(t) - \eta_2 \frac{\partial J}{\partial w_{ij}^{(1)}} \quad (5-4)$$

式中,$\frac{\partial J}{\partial w_{ij}^{(1)}} = -(y - \hat{y}) w_j^{(2)} H' x_i$。

5.1.3 递归神经网络系统辨识

递归神经网络的结构与前向多层神经网络相似(见图 5-3),不同的是,递归神经网络在某层上的神经元对于自身有一个反馈。由于反馈的存在,网络本身构成了一个动态的动力学系统,能够较好地反应系统的动态特性。递归神经网络的输入输出关系可以描述为

$$y_k = \sum_{j=1}^{l} w_{jk}^{(2)} H\{\sum_{i=1}^{n} w_{ij}^{(1)}(x_i(t) + w_i^{(0)} x_i(t-1))\}$$
$$k = 1, 2, \cdots, m \quad (5-5)$$

式中,$H(\cdot)$ 为隐层神经元的激发函数;$w_{ij}^{(1)}$、$w_{jk}^{(2)}$ 分别为网络第 1~2 层和 2~3 层的连接权值;$w_i^{(0)}$ 为第一层的递归权值。

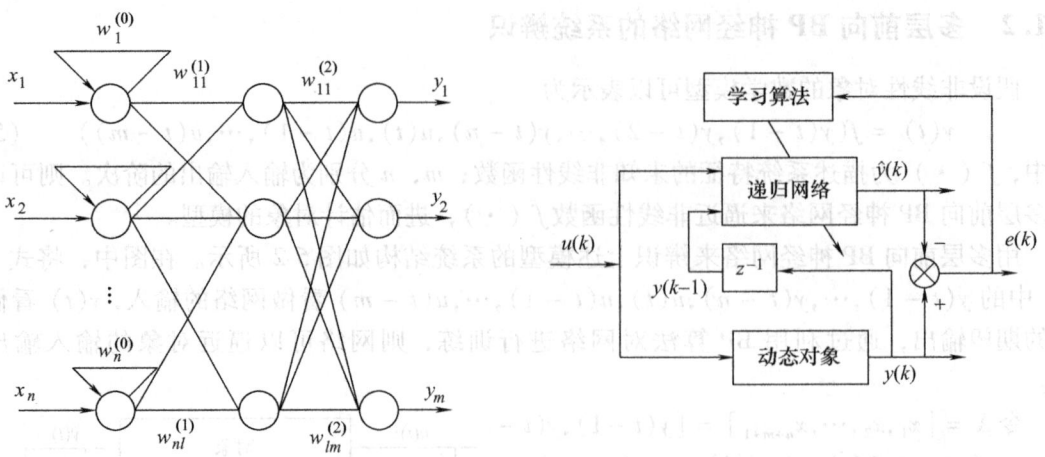

图 5-3　递归神经网络的结构　　　　图 5-4　递归网络辨识动态对象的原理框图

由于递归神经网络本身具有动态反馈环,可以记录以前的状态,因此用递归神经网络来对式(5-1)描述的非线性对象进行辨识时只需以对象当前的输入状态 $u(t)$ 和前一时刻的输出状态 $y(t-1)$ 作为网络的输入即可,与前向多层神经网络相比,网络的结构较为简单。递归神经网络辨识对象的原理框图如图 5-4 所示。

5.2　神经网络控制

神经网络利用其卓越的学习和自适应能力,在控制中主要起以下作用:
1) 基于精确模型的各种控制结构中充当对象的模型。
2) 在反馈控制系统中直接充当控制器的作用。
3) 在传统控制系统中起优化计算作用。
4) 在与其他智能控制方法和优化算法相融合中,为其提供对象模型、优化参数、推理模型及故障诊断等。

5.2.1　神经网络直接反馈控制系统

在这种控制系统中,神经网络直接用做误差闭环系统的反馈控制器,神经网络控制器首先利用其他已有的控制样本进行离线训练,而后以系统的误差的均方差为评价函数进行在线学习。该控制系统的结构如图 5-5 所示。

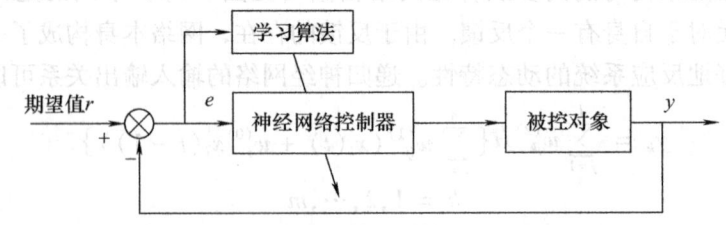

图 5-5　神经网络直接反馈控制系统的结构

5.2.2 神经网络逆控制

自适应逆控制的基本思想就是用被控对象传递函数的逆模型作为串联控制器对控制对象实施开环控制，从而避免可能因反馈引起的不稳定问题。采用逆控制对给定动态响应的实现比较容易，可以实现一些特殊的响应要求。

在神经网络自适应逆控制系统中（见图5-6），神经网络先离线学习被控对象的逆动力学模型，然后用神经网络控制器（NNC）做对象的前馈串联控制器。由于开环控制缺乏稳定性，所以神经网络还需要根据系统的反馈误差在线继续学习逆动力学模型。如果神经网络充分逼近对象的逆动力学模型，则从神经网络的输入端至对象的输出端的传递函数近似为1。

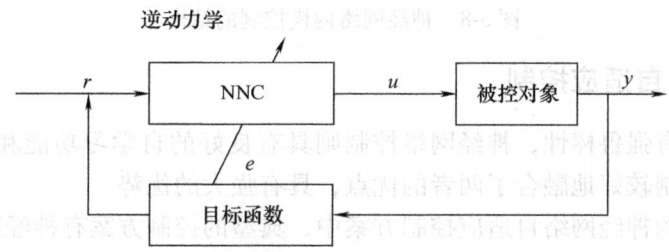

图 5-6 神经网络自适应逆控制系统

5.2.3 神经网络内模控制

内模控制是一种基于模型逆的控制方法，其设计思路是将对象模型与实际对象相并联，控制器逼近模型的动态逆，对单变量系统而言内模控制器取为模型最小相位部分的逆，并通过附加低通滤波器以增强系统的鲁棒性。与传统的反馈控制相比，它能够清楚地表明调节参数和闭环响应及鲁棒性的关系，从而兼顾系统的性能和鲁棒性。

内模控制结构如图5-7所示，其中P为控制对象，M为模型，C为内模控制器，F为滤波器，r、u、y、$\hat{y}$分别为给定输入、控制量、对象输出和模型输出，d为外界干扰。内模控制系统具有下述3个基本性质：

1) 当模型精确时，对象和控制器同时稳定就意味着闭环系统稳定。

2) 当闭环系统稳定时，若控制器取为模型逆，则不论有无外界干扰d，均可实现理想控制$y = r$。

3) 当闭环系统稳定时，只要控制器和模型的稳态增益乘积为1，则系统对于阶跃输入及阶跃干扰均不存在输出静差。

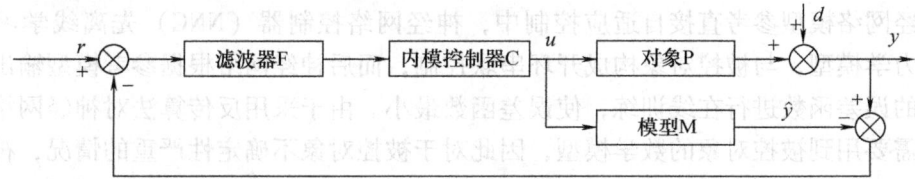

图 5-7 内模控制结构

对象逆模型的建立是内模控制的前提，神经网络内模控制方法充分利用了神经网络强大的函数逼近能力来解决对象建模的困难。神经网络内模控制的结构如图 5-8 所示，一般有两种方法：

1) 两个神经网络分别逼近模型和模型的逆。
2) 采用神经网络逼近模型，然后用非线性优化方法计算内模控制量。

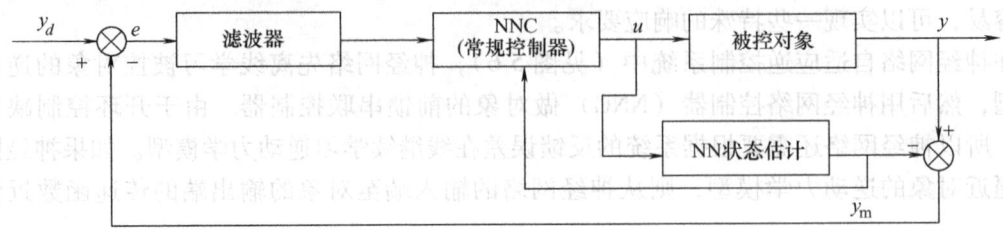

图 5-8　神经网络内模控制的结构

5.2.4　神经网络自适应控制

自适应控制具有强鲁棒性，神经网络控制则具有良好的自学习功能和良好的容错能力，神经网络自适应控制较好地融合了两者的优点，具有强大的优势。

目前已经出现的神经网络自适应控制方案中，典型的控制方案有神经网络模型参考自适应控制（NNMRAC）和神经网络自校正控制（NNSTC）等。

（1）神经网络模型参考自适应控制

在常规模型参考自适应控制器基础上采用神经网络作为辨识器和控制，就组成了模型参考神经网络自适应控制系统。神经网络模型参考自适应控制，分为直接型和间接型两种结构，分别如图 5-9a 和 b 所示。

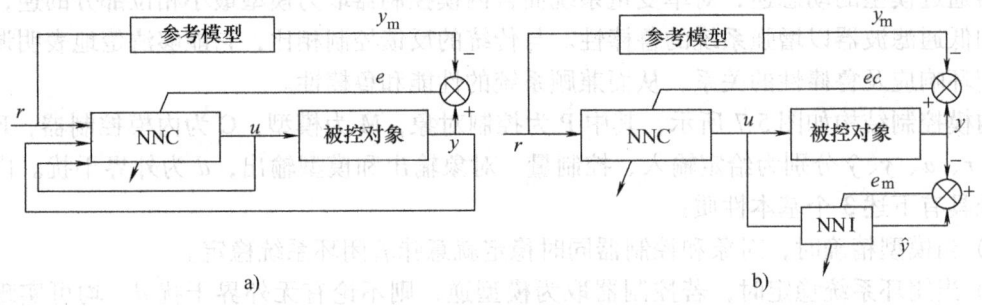

图 5-9　神经网络模型参考自适应控制的结构

模型参考自适应控制的目的是：系统在相同输入激励 r 的作用下，使被控对象的输出 y 与参考模型的输出 y_m 达到一致。这样通过调整参考模型，可以调整系统的动态特性。

在神经网络模型参考直接自适应控制中，神经网络控制器（NNC）先离线学习被控对象的逆动力学模型，与被控对象构成开环串联控制，而后神经网络根据参考模型输出与被控对象输出的误差函数进行在线训练，使误差函数最小。由于采用反传算法对神经网络进行在线训练时需要用到被控对象的数学模型，因此对于被控对象不确定性严重的情况，神经网络的训练会出现偏差，在这种情况下，往往采用神经网络模型参考间接自适应控制。

神经网络模型参考间接自适应控制在直接自适应控制的基础上，引入了一个神经网络辨识器（NNI）来对被控对象的数学模型进行在线辨识，这样可以及时地将对象模型的变化传递给 NNC，使 NNC 可以得到及时有效的训练。

（2）神经网络自校正控制

自校正调节器的目的是在控制系统参数变化的情况下，自动调整控制器参数，消除扰动的影响，以保证系统的性能指标。在这种控制方式中，神经网络（NN）用做过程参数或某些非线性函数的在线估计器。该方案的结构如图 5-10 所示。

假设被控对象的模型为

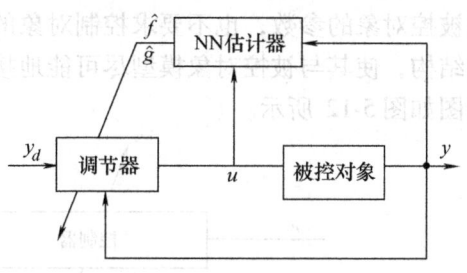

图 5-10 神经网络自校正控制的结构

$$y_{k+1} = f(y_k) + g(y_k)u_k \tag{5-6}$$

则用神经网络对非线性函数 $f(y_k)$ 和 $g(y_k)$ 进行辨识，假设其在线计算估计值为 $\hat{f}(y_k)$ 和 $\hat{g}(y_k)$，则调节器的自适应控制律为

$$u_k = (y_d - \hat{f}(y_k))/\hat{g}(y_k) \tag{5-7}$$

此时系统的传递函数为 1。

5.2.5 神经网络学习控制

神经网络需要一个过程来进行学习，如果未经学习而直接用于系统，则系统的初始响应不能令人满意。为提高系统的初始鲁棒性，神经网络学习控制系统将神经网络与常规误差反馈控制结合起来，首先用神经网络学习对象的逆动力学模型，然后用神经网络控制器作为前馈控制器与误差反馈控制器构成复合控制器来控制对象。系统以反馈控制器的输出作为评价函数来调节神经网络的权值。这样，在控制之初，反馈控制器的作用较强，而随着控制过程的进行，神经网络得到越来越多的学习，反馈控制器的作用越来越弱，神经网络控制器的作用越来越强。神经网络学习控制系统的结构如图 5-11 所示。

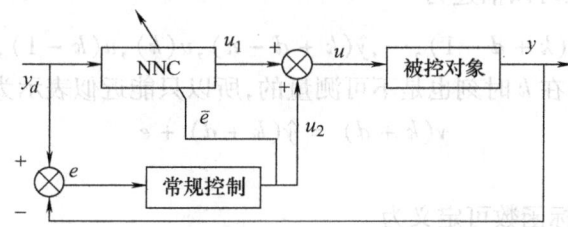

图 5-11 神经网络学习控制系统的结构

5.2.6 神经网络预测控制

在工业控制过程中，被控过程往往存在着不同程度的纯滞后。对于存在纯滞后的系统，许多补偿方法从理论上讲可以克服纯滞后对控制品质的影响，如 Smith 预估控制等。但这需要掌握对象的准确模型。而实际工业控制过程中存在着很多不确定性，所以其准确的数学模型是很难建立的。

神经网络预测控制（NPC）就是先用神经网络预测模型根据过去的输入序列和输出序列及当前的输入来预测被控对象的未来输出值，再利用控制算法在线校正和优化被控对象的动态行为，最终使被控对象的输出跟踪期望轨迹稳定在设定值上。神经网络预测控制可以不知道被控对象的参数,也不要求控制对象的参数恒定,它会根据得到的信息在线调整预测模型的结构,使其与被控对象模型尽可能地接近,并在期望轨迹的约束下达到稳定输出,其结构框图如图 5-12 所示。

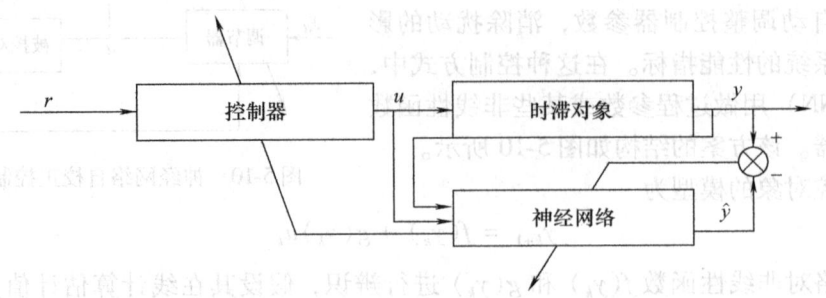

图 5-12　神经网络预测控制结构框图

一般带有时滞的单输入单输出控制对象模型可以描述为

$$y(k+d) = f(y(k+d-1),\cdots,y(k+d-n),u(k),u(k-1),\cdots,u(k-m)) \quad (5\text{-}8)$$

式中,$y(k)$、$u(k)$ 为对象在 k 时刻的输出和输入变量;n 和 m 分别为其阶次;d 为系统的时滞。

在神经网络预测控制中,神经网络是用来逼近式(5-8)所代表的对象模型。根据神经网络辨识的原理可以知道:假设用 $y(k+d-1),\cdots,y(k+d-n),u(k),u(k-1),\cdots,u(k-m)$ 作为网络的输入,以 $\hat{y}(k+d)$ 表示网络的输出,则以 $J = (1/2)(y(k+d)-\hat{y}(k+d))^2$ 作为性能指标函数对网络进行训练可以使网络的输入输出关系 $\hat{f}$ 逼近式(5-8)中的函数关系 f。但是对于时滞系统而言,$y(k+d-1),\cdots,y(k+d-n)$ 在 k 时刻是不可测量的。因此只能以 $\hat{y}(k+d-1),\cdots,\hat{y}(k+d-n)$ 来代替 $y(k+d-1),\cdots,y(k+d-n)$ 构成网络的输入。此时网络的输入、输出关系可以描述为

$$\hat{y}(k+d) = \hat{f}(\hat{y}(k+d-1),\cdots,\hat{y}(k+d-n),u(k),u(k-1),\cdots,u(k-m)) \quad (5\text{-}9)$$

同样,由于 $y(k+d)$ 在 k 时刻也是不可测量的,所以只能近似表示为

$$y(k+d) = \hat{y}(k+d) + e \quad (5\text{-}10)$$

式中,$e = y(k) - \hat{y}(k)$

这样网络的训练目标函数可定义为

$$J = (1/2)(y(k+d)-\hat{y}(k+d))^2 = (1/2)(y(k)-\hat{y}(k))^2 \quad (5\text{-}11)$$

根据式(5-11)对网络式(5-9)进行训练,则可以得到时滞对象的估计数学模型 $\hat{f}$。图 5-12 中的控制器如果设计为 $\hat{f}^{-1}$,则控制系统的开环模型传递函数近似为 1,可以实现输出对期望的跟踪。

5.2.7　神经网络 PID 控制

PID 控制是最早发展起来的应用经典控制理论的控制策略之一,由于算法简单,鲁棒性好和可靠性高,被广泛应用于工业过程并取得了良好的控制效果。随着工业的发展,控制对象的复杂程度不断加深,尤其对于大滞后、时变的、非线性的复杂系统,常规 PID 控制显得无能为力。因此常规 PID 控制的应用受到很大的限制和挑战。

神经网络在控制系统中的应用提高了整个系统的信息处理能力和适应能力,提高了系统的智能水平。此外,神经网络具有逼近任意连续有界非线性函数的能力,对于非线性系统和不确定性系统,无疑是一种解决问题的有效途径。将常规 PID 控制与神经网络控制相结合,可以发挥各自的优势,形成所谓的智能 PID 控制。采用 BP 神经网络方法设计的控制系统具有更快的速度(实时性)、更强的适应性和更好的鲁棒性。

基于神经网络的 PID 控制系统结构如图 5-13 所示,控制器由两部分构成:

1)经典的 PID 控制器。直接对被控对象进行闭环控制,并且 3 个参数 K_p、K_i、K_d 为在线整定。

2)神经网络(NN)。根据系统的运行状态,调节 PID 控制器的参数,以期达到某种性能指标的最优化。即使输出层神经元的输出状态对应于 PID 控制器的 3 个可调参数 K_p、K_i、K_d,通过神经网络的自学习、调整权系数,从而使其稳定状态对应于某种最优控制下的 PID 控制器参数。

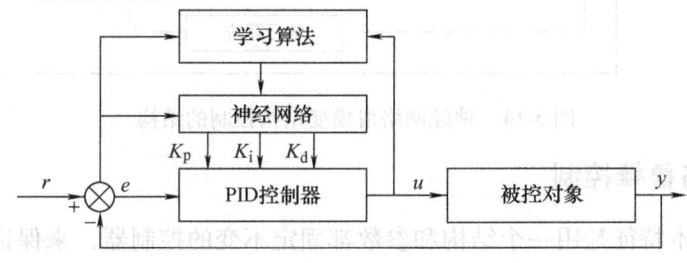

图 5-13 基于神经网络的 PID 控制系统结构

经典增量式数字 PID 的控制算法为

$$u(k) = u(k-1) + K_p(e(k) - e(k-1)) + K_i e(k) + K_d(e(k) - 2e(k-1) + e(k-2))$$
(5-12)

设 BP 神经网络(NN)是一个 3 层 BP 网络,有 M 个输入节点、N 个隐含节点、3 个输出节点。输入节点对应所选的系统运行状态量,输出节点分别对应 PID 控制器的 3 个可调参数 K_p、K_i、K_d。如果网络根据性能指标 $J = (1/2)(r-y)^2$ 进行在线学习,则可以及时更新 PID 控制器的参数,使系统误差在不确定严重的情况下保持最小。

5.2.8 神经网络滑模控制

滑模变结构控制(Sliding Mode Variable Structure Control, SMVSC)是一种能用来实现线性和非线性系统鲁棒控制的方法。由于滑模变结构系统中的滑动模态对系统参数摄动及外部干扰具有不变性,因此在不确定性系统中得到了迅速发展。SMVSC 最主要的特点是反馈信号不连续,在状态空间中一个或多个平面间不断地切换。在实际应用中,单纯采用 SMVSC 存在一定的不足和缺陷。首先,存在抖振问题,这是由滑模带内的高频切换引起的控制器输出的高频振荡现象。高频抖振可能会激起系统的未建模动态特性,使得系统不稳定。其次,SMVSC 容易受到测量噪声的影响。因为控制器的输入依赖于一个接近于零的被测变量的符号。再次,需要较大的控制信号以克服参数的不确定性。

人工神经网络与滑模控制的结合,主要是利用神经网络的逼近非线性函数的能力来降低系统的不确定性因素的影响,以使系统在保持对摄动和外部干扰强鲁棒性的同时,尽量消除抖振的发生。

图 5-14 给出了一种神经网络滑模变结构控制的结构。在该系统中，神经网络用于逼近被控对象由于建模误差和外部扰动造成的不确定性，而后将神经网络的逼近误差看做一个有界的不确定性，由滑模变结构控制率给予补偿和控制。由于神经网络具有以任意精度逼近非线性函数的能力，所以用神经网络逼近不确定性，可以大大降低不确定性的量级，从而使滑模的切换更为平滑。在神经网络滑模控制中，神经网络的学习算法和滑模控制器的设计都是根据 Lyapunov 等稳定性理论进行，以保证系统的稳定性。

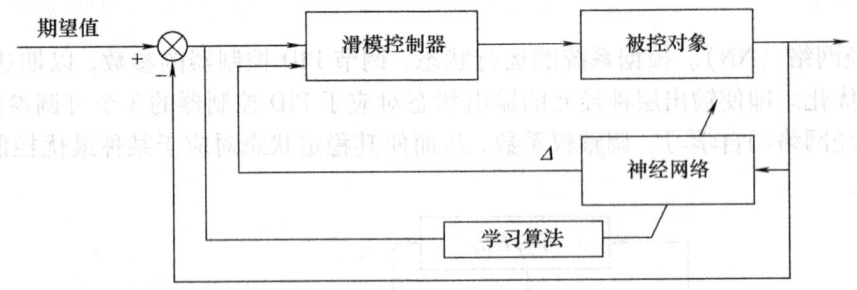

图 5-14　神经网络滑模变结构控制的结构

5.2.9　神经网络鲁棒控制

鲁棒控制的基本特征是用一个结构和参数都固定不变的控制器，来保证即使不确定性对系统的性能品质影响最恶劣的时候也能够满足设计要求。一般被控对象的不确定性分为两大类：不确定的外部干扰 d 和模型误差 Δ。显然，Δ 受系统本身状态的激励，同时又反过来作用于系统的动态。系统的各种参数误差、各种降阶处理以及建模时忽略的动态特性等，都可以用 Δ 来描述。一般假设 Δ 是属于一个可描述集，比如增益有界，且上界已知等。对于不确定的干扰信号也是如此，d 可以是不可检测的信号，但必须属于可描述集。鲁棒控制器就是基于这些不确定性的描述参数和标称系统的数学模型设计的。一般来说，鲁棒控制是比较保守的控制策略。也就是说，对于所考虑集合内的个别元素，该系统不是最佳控制。但是，它能以固定的控制器，保证在不确定性最严重时系统也能满足设计要求，这正是实际现场所期望的。但是它也有自身的缺点，它基于系统不确定性的上界来设计控制器，虽然可以保证系统的稳定性，但是不能得到获得良好的暂态性能。并且由于外部的干扰有时是难以测量的，所以不确定性的上界有时难以获知。

众所周知，神经网络（NN）能够以任意的精度逼近任意的连续函数。基于神经网络的这种特性，如果能够将鲁棒控制和神经网络结合起来构成自适应控制系统，利用神经网络来

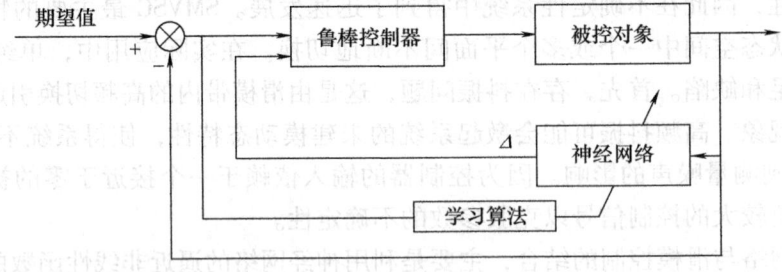

图 5-15　神经网络鲁棒控制系统

实时地逼近系统的不确定,然后再将神经网络的逼近误差当做系统的外部干扰由鲁棒控制器来消除,则可以使系统的不确定程度大大降低,从而使鲁棒控制系统获得较好的暂态性能而无须获知不确定性的上界。

与神经网络滑模控制系统的结构相似,神经网络鲁棒控制系统(见图5-15)也是利用神经网络来逼近系统的不确定性,降低系统的不确定程度。

5.3 小结

本章主要介绍了神经网络技术在自动控制中的应用,重点阐述了神经网络系统辨识技术、神经网络控制技术以及神经网络与其他控制技术的融合。目前神经网络在控制中的应用主要利用了神经网络强大的非线性函数逼近能力。而神经网络优异的容错性和并行处理能力由于硬件技术方面的限制还远未发挥出来,此外人们对生物神经系统的研究与了解还很少,因此神经网络模型无论从结构还是网络规模,都是真实神经网络的极简单的模拟。有理由相信,随着神经网络理论研究的深入以及网络计算能力的不断提高,神经网络在自动控制系统的应用水平将会不断提高。

第 6 章　模糊神经网络

模糊系统和神经网络控制是智能控制领域内的两个重要分支，有各自的基本特性和应用范围。它们在对信息的加工处理过程中均表现出很强的容错能力。模糊系统是仿效人的模糊逻辑思维方法设计的一类系统，这一方法本身就明确地说明了系统在工作过程中允许定性知识的存在。另一方面，神经网络在计算处理信息的过程中所表现出的学习能力和容错性来自于其网络自身的结构特点。而人脑思维正是源于这两个方面的综合——思维方法上的模糊性以及大脑本身的结构特点。

模糊神经网络是一种集模糊逻辑推理的强大结构性知识表达能力与神经网络的强大自学习能力于一体的新技术，它是模糊逻辑推理与神经网络有机结合的产物。一般来讲，模糊神经网络主要是指利用神经网络结构来实现模糊逻辑推理，从而使传统神经网络没有明确物理含义的权值被赋予了模糊逻辑中推理参数的物理含义。

本章着重讨论神经网络与模糊系统的融合技术，论述了神经网络与模糊系统相结合的几种形式。

6.1　模糊控制与神经网络的结合

模糊控制系统与神经网络的共同特点，就是它们在处理和解决问题时，不需要对象的精确数学模型。神经网络是通过其结构和参数的可变性，逐步适应外部环境的各种因素的作用，不断地挖掘出研究对象之间内在的因果联系，以达到最终解决问题的目的。这种因果联系，不是表现为一种精确的数学解析式描述，而是直接表现为一种不很精确的输入输出值描述。模糊系统在处理和解决问题时所依据的也不是精确的数学模型，它是依据一些由人们总结出来的描述各种因素之间相互关系的模糊性语言经验规则，并将这些经验规则上升为简单的数值运算，以便让机器代替人在相应问题面前具体地实现这些规则。这些经验规则的形成，往往不是基于对各种因素之间的关系作定量而严格的数学分析，而是基于对它们所进行的定性的、大致精确的观察和总结。正因如此，实现这些语言性经验规则的数值运算也就无需严格准确地反映出上述因素之间的精确的数学关系，无须基于它们精确数学模型的数值运算。从数学的角度来看，指导人们日常生活中各种行为反应的，不是一些复杂而严格的数学公式，而只是一些简单的甚至是很不精确的加减乘除。

在一般的模糊系统设计中，规则是由对所解决的问题持有丰富经验的专业人员以语言的方式表达出来的。专业人员对于问题认识的深度和综合能力，直接影响到模糊系统工作性能的好坏。对于某些问题，不同的专业人员持有的见解存在着一定的差异，那么能否以一种简单的数值运算方式来综合这些不同的语言性经验呢？另外，还有一些问题，即使是很有经验的专业人员也很难将经验总结归纳为一些比较明确而简化的规则，并以语言的形式表达出来，即所谓只可意会，不可言传。在这种情况下，能否为模糊系统建立起行之有效的决策规则呢？应用人工神经网络方法，这两个问题均可得到肯定的答复：采用模糊 C 均值聚类

（FCM）结构，可以通过数值运算的形式实现对结构性语言经验的综合推理；而利用单层前向网络输入输出积空间的聚类方法，则能够直接从原始的工作数据中归纳出若干条规则，并最后以语言的方式表示出来。另外，由于神经网络的自学习特点，在模糊系统的规则形成部分采用神经网络，还可得到一类新颖的自适应模糊系统——基于神经网络的自适应模糊系统。

一般地，神经网络不能直接处理结构化的知识。它需用大量训练数据，通过自学习的过程，并借助其并行分布结构来估计输入到输出的映射关系。它将输入—输出样本对 $(x_1, y_1), (x_2, y_2), \cdots, (x_m, y_m)$ 放在一个"黑箱"式的树突网阵上，使人很难掌握和揣摩"黑箱"内部到底发生了什么，难怪有人感到这一过程是那么的"微妙"和"深不可测"。所以，除非检查所有输入—输出对，否则难以知道神经网络已经学到什么，忘掉什么。但是，模糊系统可以直接处理结构知识，也即由专家给出的"规则"。它之所以能够这样，关键就在于它巧妙地引入了"隶属度"的概念，使"规则"数值化。它的这一特点往往比设计一个纯模糊系统要简单很多。将神经网络与模糊控制结合起来组成模糊神经网络，能够较好地克服两者各自的缺点，既可以使模糊控制具有自学习的能力，又可以赋予神经网络推理归纳的能力，同时还能够使网络的结构、权值具有明确的物理意义，使得网络的设计和初始化都十分容易。

目前神经元网络与模糊技术的结合方式，大致有下列3种：

1) 神经元、模糊模型。该模型以模糊控制为主体，应用神经元网络，实现模糊控制的决策过程，以模糊控制方法为"样本"，对神经网络进行离线训练学习。"样本"就是学习的"教师"。所有样本学习完以后，这个神经元网络，就是一个聪明、灵活的模糊规则表，具有自学习、自适应功能。如图6-1所示。

2) 模糊、神经模型。该模型以神经网络为主体，将输入空间分割成若干不同形式的模糊推论组合，对系统先进行模糊逻辑判断，以模糊控制器输出作为神经元网络的输入。后者具有自学习的智能控制特性。如图6-2所示。

3) 神经与模糊模型。该模型根据输入量的不同性质分别由神经元网络与模糊控制直接处理输入信息，并作用于控制对象，更能发挥各自的控制特点。如图6-3所示。

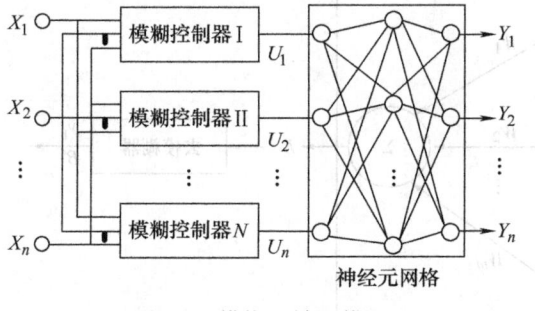

图6-2 模糊、神经模型

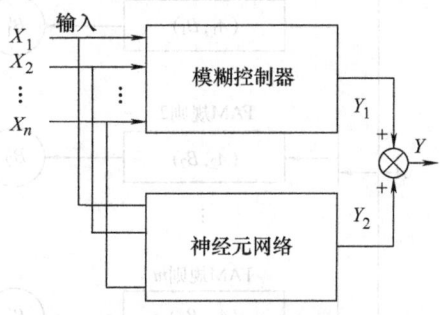

图6-3 神经与模糊模型

4) 从结构上将模糊技术与神经网络融为一体，构成模糊神经网络，使该网络同时具备模糊控制的定性知识表达和神经网络的自学习能力。

6.2 模糊神经网络模型

6.2.1 模糊联想存储器

在模糊控制中，模糊规则 $A_i \rightarrow B_i$ 代表了一条推理依据，它是蕴涵句"如果 A_i，则 B_i"的缩写形式。所有控制规则的集合构成该模糊控制器的控制策略。

$A_i \rightarrow B_i$ 可以描述为模糊控制输入输出空间的一种映射关系

$$R_i = (A_i \rightarrow B_i) = A_i \times B_i \tag{6-1}$$

所有模糊控制规则的集合蕴涵的模糊映射关系可以描述为

$$R = \bigcup_i R_i = \bigcup_i A_i \times B_i \tag{6-2}$$

对于一个模糊输入 A，可以根据模糊规则库进行模糊推理来得到其相应的模糊输出为

$$B = A \circ R = A \circ \bigcup_i R_i = \bigcup_i A \circ R_i \tag{6-3}$$

式中，$\circ$ 代表合成运算。

如果采用相关—乘积法来进行合成运算，则式（6-3）可以表示为

$$B = \sum_i A \circ R_i = \sum_i B_i \tag{6-4}$$

从上式可以看出 B 等于 A 对于每条规则的结果 B_i 的和。在式（6-4）中所有规则对于输出的影响看做是平等的，但是在实际中，规则往往会随着控制过程的变化而对输出产生不同的影响，所以可以在式（6-4）中对每条规则引入权因子 W_i 来表示各规则对输出的影响。则式（6-4）可以改写为

$$B = \sum_i W_i B_i \tag{6-5}$$

在控制过程中，可以根据情况的变化通过改变权因子 W_i 来改变各规则对输出的影响，从而达到调整模糊控制性能的目标。模糊联想存储器（FAM）就是实现这种机理的一种模糊神经网络，其结构如图 6-4 所示。

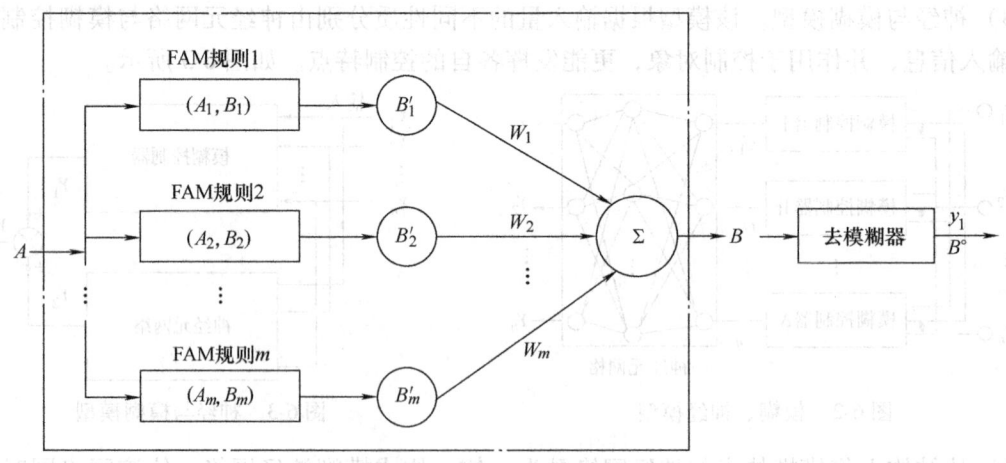

图 6-4 模糊联想存储器结构

通过以系统误差均方差为目标函数对模糊联想存储器进行训练，调整权值 W_i，就可以达到自学习的目的。

6.2.2 模糊推理神经网络

神经网络可以由神经元构成任意形式的拓扑结构，因此可以用神经网络在结构上直接模拟模糊推理，而后通过神经网络的学习能力来优化模糊推理的参数。下面将以二输入单输出模糊推理神经网络的设计为例来说明该模糊神经网络的思想和原理。

1. 模糊推理的简化

要用神经网络直接实现模糊推理，需要对模糊推理的形式做一些简化。

假设模糊控制器有两个输入 x、y 和一个输出 z。x、y 的论域为连续集，其上分别定义的模糊语言词集为 $\{A_{x1}, \cdots, A_{xm}\}$ 和 $\{B_{y1}, \cdots, B_{yn}\}$。输出 z 的论域定义为离散集 $\{z_1, \cdots, z_n\}$，其上定义的模糊语言词集 $\{C_{z1}, \cdots, C_{zl}\}$ 为单点集。x、y、z 的模糊词集隶属函数形状如图 6-5 所示。

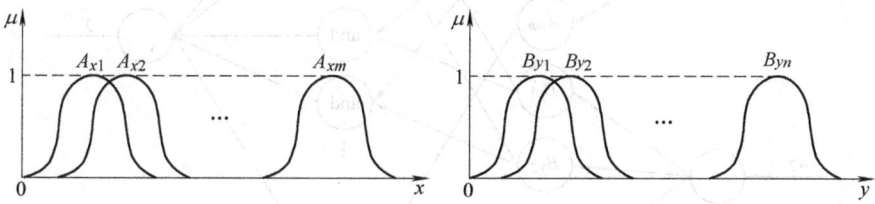

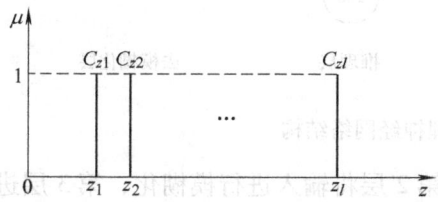

图 6-5 x、y、z 的模糊词集隶属函数形状

假设第 i 条模糊控制规则可以描述为

$$R_i: \text{IF } x \text{ is } A_i \text{ and } y \text{ is } B_i \text{ THEN } z \text{ is } C_i$$

式中，A_i、B_i、C_i 为第 i 条规则中对应输入和输出的语言词集。

则根据第 i 条模糊控制规则进行推理可以得到某时刻输入 x^*、y^* 对应的模糊输出 C_i^* 为

$$\mu_{C_i^*}(z) = \mu_{A_i}(x^*) \wedge \mu_{B_i}(y^*) \wedge \mu_{C_i}(z) \tag{6-6}$$

则对于所有的规则，x^*、y^* 对应的模糊输出 C^* 为

$$\mu_{C^*}(z) = \bigvee_i \mu_{C_i^*}(z) = \bigvee_i (\mu_{A_i}(x^*) \wedge \mu_{B_i}(y^*) \wedge \mu_{C_i}(z)) \tag{6-7}$$

用乘积—求和运算替代式（6-7）中的求小—求大运算，则式（6-7）可以修改为

$$\mu_{C^*}(z) = \sum_i \mu_{C_i^*}(z) = \sum_i \mu_{A_i}(x^*) \mu_{B_i}(y^*) \mu_{C_i}(z) \tag{6-8}$$

由于 C_i 为单点集，假设只有对应于 z_i 时，其隶属度为 1，而对应于其他 z 的取值，其隶属度均为 0。则式（6-8）可以写为

$$\mu_{C^*}(z) = \begin{cases} \sum_i \mu_{A_i}(x^*)\mu_{B_i}(y^*) & z = z_i \\ 0 & \text{其他} \end{cases} \quad (6\text{-}9)$$

采用加权平均法进行去模糊化，则输出的精确量 z^* 为

$$z^* = \frac{\sum z\mu_{C^*}(z)}{\sum \mu_{C^*}(z)} = \frac{\sum_i z_i\mu_{C^*}(z_i)}{\sum_i \mu_{C^*}(z_i)} = \frac{\sum_i z_i\mu_{A_i}(x^*)\mu_{B_i}(y^*)}{\sum_i \mu_{A_i}(x^*)\mu_{B_i}(y^*)} \quad (6\text{-}10)$$

2. 模糊推理神经网络设计

可以根据前面介绍的简化的模糊推理模型构造神经网络，其结构如图 6-6 所示。

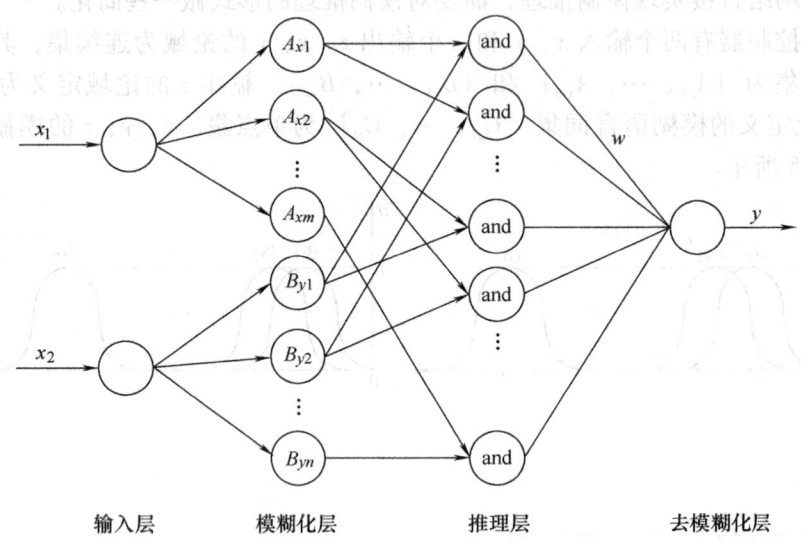

图 6-6 模糊推理神经网络结构

在图 6-6 中，网络的第 1 层代表输入层，第 2 层将输入进行模糊化，第 3 层进行模糊推理，第 4 层进行去模糊化操作。用 $I_i^{(j)}$ 和 $O_i^{(j)}$ 分别表示第 j 层第 i 个神经元的输入和输出，则整个网络的输入输出映射关系如下：

第 1 层（输入层）：在输入层，神经元仅仅是将外部输入引入网络，不执行任何的信息处理

$$O_i^{(1)} = I_i^{(1)} = x_i \quad (6\text{-}11)$$

第 2 层（模糊化层）：本层根据图 6-5 定义的模糊隶属函数对输入进行模糊化处理。假设隶属函数采用的是高斯函数，则

$$I_{ik}^{(2)} = -(O_i^{(1)} - a_{ik})^2/b_{ik}^2, \quad O_{ik}^{(2)} = \exp(I_{ik}^{(2)}) \quad (6\text{-}12)$$

式中，a_{ik}、b_{ik} 分别为第 i 个输入对应的第 k 个模糊词集高斯隶属函数的中心值和宽度。

第 3 层（推理层）：每个神经元代表一条模糊规则，执行"and"操作，与式 (6-9) 一样，用乘积代替取小运算

$$O_i^{(3)} = I_i^{(3)} = \mu_{A_i}(x_1)\mu_{B_i}(x_2) \quad (6\text{-}13)$$

如果第 i 条规则对应的 x_1 的输入词集为第 m 个，x_2 的输入词集为第 n 个，则式 (6-13) 可以写为

$$O_i^{(3)} = I_i^{(3)} = O_{1m}^{(2)} O_{2n}^{(2)} \tag{6-14}$$

第 4 层（去模糊化层）：根据式（6-10）执行去模糊化操作

$$I^{(4)} = \sum_i W_i O_i^{(3)}, \quad y = O^{(4)} = \frac{I^{(4)}}{\sum_i O_i^{(3)}} \tag{6-15}$$

式中，W_i 为网络的连接权值，对应式（6-10）中的 z_i。

3. 模糊推理神经网络的学习算法

在模糊推理神经网络结构中，有许多量是要预先设定的。假如，每个输入的模糊词集个数，隶属函数形式的选取（正态分布、三角形分布、梯形分布…），还有一些参数是可以通过学习来加以调整的，如 a_i、b_i、W_j 等。这里假定 $a_i(0)$、$b_i(0)$ 已根据先验知识预先给定，剩下的问题是如何训练和修正 W_j、$a(k)$、$b(k)$。也就是利用在线自适应的学习来调整 $a_i(k)$、$b_i(k)$ 和 $W_j(k)$，达到对模糊规则前提和结论中的参数进行训练和修改的目的，给出适应环境变化的控制量 u^*。

一般在线学习要求学习算法的收敛速度快、稳定性好，而用常规神经网络学习算法（BP），收敛速度慢，学习率 η 不易选取，只能试凑，造成初始训练权值时稳定性差，训练的权值只能是局部最优。为加快学习速度，这里提出一种基于变尺度（DFP）优化学习算法的改进型学习算法（MDFP），可解决上述问题。

定义在线学习误差函数的性能指标为

$$J(W) = \sum_{i=1}^{M} E_i^2(W) = \sum_{i=1}^{m} (y_m - y_k)^2 \tag{6-16}$$

式中，W 为网络权值向量；$W \in R^n$；E_i 为实际系统输出 y_k 与期望输出 y_m 之间的误差。

MDFP 算法的基本思想是，在极小点附近用二阶 Taylor 多项式近似目标函数 $J(W)$，进而求出极小点的估计值，具体推导过程如下：

由函数极值理论知：函数 $J_k(W)$ 在极小点附近的二次近似性能指标为

$$g_k(W) = \alpha_k + (W - W_k)^T H_k^{-1}(W - W_k) \tag{6-17}$$

式中，α_k 为二次近似函数的极小值；W_k 为 $g_k(W)$ 的极小点；H^{-1} 为正定的 Hessian 矩阵，$H_k^{-1} \in R^{n \times n}$。

式（6-16）在 W_k 点附近取 $E(W)$ 的一阶 Taylor 多项式逼近

$$E_i(W) = E_i(W_k) + (W - W_k)^T \nabla E_i(W_k) + HoT \tag{6-18}$$

将式（6-18）忽略高阶项 HoT 后，代入式（6-16）得性能函数的一阶近似

$$J_k(W) \approx \sum_{i=1}^{m} [E_i(W_k) + (W - W_k)^T \nabla E_i(W_k)]^2 \tag{6-19}$$

式中，$\nabla E_i(W_k)$ 为 $E_i(W_k)$ 对 W_k 的梯度。

在 MDPF 算法中，$J(W)$ 的二次近似可由式（6-19）展开得

$$J_{k+1}(W) = [E_i(W_k) + (W - W_k)^T \nabla E_i(W_k)]^2 + \lambda J_k(W) \tag{6-20}$$

式中，$0 < \lambda < 1$ 为遗忘因子。为了导出递归学习算法，可将式（6-17）代入式（6-20）式中的 $J_k(W)$，得

$$J_{k+1}(W) = [E_i(W_k) + (W - W_k)^T \nabla E_i(W_k)]^2 \\ + \lambda [\alpha_k + (W - W_k)^T H_k^{-1}(W - W_k)] \tag{6-21}$$

上式展开，整理得

$$J_{k+1}(W) = E_i^2(W_k) + 2E_i(W_k)(W - W_k)^T \nabla E_i(W_k)$$
$$+ (W - W_k)^T \nabla E_i(W_k) \nabla E_i^T(W_k)(W - W_k) + \lambda \alpha_k$$
$$+ \lambda (W - W_k)^T H_k^{-1}(W - W_k)$$
$$= E_i^2(W_k) + \lambda \alpha_k + 2E_i(W_k)(W - W_k)^T \nabla E_i(W_k)$$
$$+ (W - W_k)^T [\lambda H_k^{-1} \nabla E_i(W_k) \nabla E_i^T(W_k)](W - W_k)^T \quad (6-22)$$

令

$$J_{k+1}(W) = g_{k+1}(W) \quad (6-23)$$

由式（6-17）得

$$g_{k+1}(W) = \alpha_{k+1} + (W - W_{k+1})^T H_{k+1}^{-1}(W - W_{k+1})$$
$$= \alpha_{k+1} + [(W - W_k) + (W_k - W_{k+1})]^T H_{k+1}^{-1}[(W - W_k) + (W_k - W_{k+1})]$$
$$= [\alpha_{k+1} + (W_k - W_{k+1})^T H_{k+1}^{-1}(W_k - W_{k+1})]$$
$$+ 2(W - W_k)^T H_{k+1}^{-1}(W_k - W_{k+1}) + (W - W_k)^T H_{k+1}^{-1}(W - W_k) \quad (6-24)$$

将式（6-22）与式（6-24）相同系数进行比较得

$$E_i^2(W_k) + \lambda \alpha_k = \alpha_{k+1} + (W_k - W_{k+1})^T H_{k+1}^{-1}(W_k - W_{k+1}) \quad (6-25)$$
$$H_{k+1}^{-1} = \lambda H_k^{-1} + \nabla E_i(W_k) \nabla E_i^T(W_k) \quad (6-26)$$
$$E_i(W_k) \nabla E_i(W_k) = H_{k+1}^{-1}(W_k - W_{k+1}) \quad (6-27)$$

由式（6-26）得

$$H_{k+1} = (\lambda H_k^{-1} + \nabla E_k(W_k) \nabla E_i^t(W_k))^{-1} \quad (6-28)$$

利用矩阵逆定理

$$(A + BCD)^{-1} = A^{-1} - A^{-1}B(C^{-1} + DA^{-1}B)^{-1}DA^{-1}$$

令 $A = \lambda H_k^{-1}, B = \nabla E_i(W_k), C = I, D = \nabla E_i^T(W_k)$，则

$$H_{k+1} = \lambda^{-1}H_k - \lambda^{-1}H_k \nabla E_i^T(W_k)$$
$$\times [1 + \nabla E_i^T(W_k)\lambda^{-1}H_k \nabla E_i(W_k)]^{-1} \nabla E_i^T(W_k)\lambda^{-1}H_k$$
$$= \lambda^{-1}\left[H_k - \frac{H_k \nabla E_i(W_k) \nabla E^T(W_k)H_k}{\lambda + \nabla E_i^T(W_k)H_k \nabla E_i(W_k)}\right] \quad (6-29)$$

令 $\beta_k = \lambda + \nabla E_i^T(W_k)H_k \nabla E_i(W_k)$，上式改写成

$$H_{k+1} = \lambda^{-1}\left[H_k - \frac{H_k \nabla E_i(W_k) \nabla E^T(W_k)H_k}{\beta_k}\right] \quad (6-30)$$

式（6-30）表示 Hessian 矩阵的递推公式。

为了导出 W_k 的修正公式，在式（6-26）中两边同乘以 H_k 得

$$H_k H_{k+1}^{-1} = H_k[\lambda H_k^{-1} + \nabla E_i(W_k) \nabla E_i^T(W_k)]$$
$$= \lambda + H_k \nabla E_i(W_k) \nabla E_i^T(W_k) = \beta_k \quad (6-31)$$

解式（6-31）得

$$H_{k+1}^{-1} = \beta_k H_k^{-1} \quad (6-32)$$

把式（6-32）代入式（6-27）得

$$E(W_k) \nabla E_i(W_k) = \beta_k H_k^{-1}(W_k - W_{k+1}) \quad (6-33)$$

解出式（6-33）中的 W_{k+1}，即得到最终神经网络权值的 MDPF 学习算法

$$\begin{cases} W_{k+1} = W_k - \dfrac{1}{\beta_k} H_k E(W_k) \nabla E(W_k) \\ H_{k+1} = \lambda^{-1}\left[H_k - \dfrac{\nabla E(W_k) \nabla E^{\mathrm{T}}(W_k) H_k}{\beta_k} \right] \\ \beta_k = \lambda + \nabla E^{\mathrm{T}}(W_k) H_k \nabla E(W_k) \\ H_1 = I(\text{单位阵}) \end{cases} \quad (6\text{-}34)$$

式中，$\nabla E(W_k)$ 为 E 对 W_k 的梯度，$0 < \lambda < 1$。

因为 H_k 是正定的，从式（6-34）可知，H_{k+1} 也是正定阵，β_k 总是正数，修正公式 W_{k+1} 总是保持沿 $E(W_k)$ 的负梯度方向收敛，保证了算法的收敛性。

下面计算 FBNC 网络权值和参数的梯度：

$$\nabla E_k(W_k) = \frac{\partial E}{\partial W_k} = \frac{\partial E}{\partial y_k} \frac{\partial y_k}{\partial u_k^*} \frac{\partial u_k^*}{\partial W_k}$$

$$= -(y_m - y_k)\left(\frac{\partial y_k}{\partial u_k^*}\right)\frac{\partial}{\partial W_k}\left(\frac{\sum_{k=1}^m O_k^{(3)} W_k}{\sum_{k=1}^m O_k^{(3)}}\right)$$

$$= -(y_m - y_k)\left(\frac{O_k^{(3)}}{\sum_{k=1}^m O_k^{(3)}}\right)\left(\frac{\partial y_k}{\partial u_k}\right) \quad (6\text{-}35)$$

高斯基函数参数 (a_i, b_i) 的梯度计算如下：

$$\nabla E_i(a_{ik}) = \frac{\partial E_i}{\partial y_k} \frac{\partial y_k}{\partial u^*} \frac{\partial u^*}{\partial a_i}$$

$$= -(y_m - y_k)\left(\frac{\partial y_k}{\partial u^*}\right)\frac{\partial u^*}{\partial O_k^{(3)}} \frac{\partial O_k^{(3)}}{\partial a_i}$$

$$= -(y_m - y_k)\left(\frac{\partial y_k}{\partial u^*}\right)\left[\frac{W_k \sum_{j=1}^m O_j^{(3)} - (\sum_{j=1}^m O_j^{(3)} W_j)}{(\sum_{j=1}^m O_j^{(3)})^2}\right] \times 2(x_i - a_{ik}) O_k^{(3)}/b_{ik}^2$$

$$= -2(y_m - y_k)\left[W_k \sum_{j=1}^m O_j^{(3)} - \sum_{j=1}^m (O_j^{(3)} W_j) \right](x_i - a_{ik}) O_k^{(3)}/\left[b_{ik}^2 (\sum_{j=1}^m O_j^{(3)})^2\right] \times \left(\frac{\partial y_k}{\partial u^*}\right) \quad (6\text{-}36)$$

$$\nabla E_i(a_{ik}) = \frac{\partial E_i}{\partial y_k} \frac{\partial y_k}{\partial u^*} \frac{\partial u^*}{\partial b_{ik}}$$

$$= -(y_m - y_k)\left(\frac{\partial y_k}{\partial u^*}\right)\frac{\partial u^*}{\partial O_k^{(3)}} \frac{\partial O_k^{(3)}}{\partial b_{ik}}$$

$$= -(y_m - y_k)\left(\frac{\partial y_k}{\partial u^*}\right)\left[\frac{W_k \sum_{j=1}^m O_j^{(3)} - (\sum_{j=1}^m O_j^{(3)} W_j)}{(\sum_{j=1}^m O_j^{(3)})^2}\right] \times 2 O_k^{(3)} (x_i - a_{ik})^2/b_{ik}^3$$

$$= -2(y_m - y_k)[W_k \sum_{j=1}^{m} O_j^{(3)} - \sum_{j=1}^{m}(O_j^{(3)}W_j)]O_k^{(3)}(x_i - a_{ik})^2 / [b_{ik}^3 (\sum_{j=1}^{m} O_j^{(3)})^2] \times$$

$$\left(\frac{\partial y_k}{\partial u^*}\right) \tag{6-37}$$

综上所述，整个 FBNC 网络的在线学习算法为

$$\begin{cases} a_{k+1} = a_k - H_k E_k(a_{ik}) \ \nabla E_k(a_{ik})/\beta_k \\ b_{k+1} = b_k - H_k E_k(b_{ik}) \ \nabla E_k(b_{ik})/\beta_k \\ W_{k+1} = W_k - H_k E_k(W_k) \ \nabla E_k(W_k)/\beta_k \\ H_{k+1} = \lambda^{-1}(H_k - H_k \ \nabla E_k \ \nabla E_k^T H_k/\beta_k) \\ \beta_{k+1} = \lambda + \nabla E_k^T + H_k \ \nabla E_k \end{cases} \tag{6-38}$$

式中，$E_k = y_m - y_k$，∇E_k 分别表示 $\nabla E(a_{ik})$、$\nabla E(b_{ik})$、$\nabla E(W_k)$ 的梯度，$H_1 = I$。上述式（6-35）~式（6-37）中偏导数（$\partial y_k / \partial u_k$）在未知对象模型情况下，不能直接求出，需采用系统辨识方法得到。

6.3 小结

神经网络技术和模糊控制技术的结合可以很好地互补两者的优缺点，已经成为智能控制领域的一个重要的分支。本章论述了神经网络与模糊系统相结合的几种形式，并详细介绍了两种模糊神经网络的模型，给出了利用神经网络实现模糊化、模糊规则表达、模糊逻辑推理、逆模糊化和自学习的过程。

第 7 章　专家控制技术

专家控制技术是一种基于知识的控制方法，它利用专家系统的推理机制来决定控制方法的灵活选用，实现解析规律与启发式逻辑的结合、知识模型与控制模型结合；它模仿人的智能行为，采取有效的控制策略，从而使控制性能的满意实现成为可能。

专家控制的设计与实现关键在于复杂、多样的控制知识获取和组织方法及其实时推理的技术。一方面，专家控制的进展要引入知识工程的方法；另一方面，专家控制系统的开发与实用化要借助于专家系统辅助开发软件和快速的计算机硬件。本章主要介绍基于知识的专家系统、专家控制的知识表示和推理方法、专家控制系统基本原理与方法。

7.1 专家系统概述

专家系统是一个具有大量专门知识与经验的程序系统，它应用人工智能技术，根据某个领域一个或多个人类专家提供的知识和经验进行推理和判断，模拟人类专家的决策过程，以解决那些需要专家决定的复杂问题。专家系统的主要功能取决于大量知识。设计专家系统的关键是知识表达和知识的运用。专家系统与传统的计算机程序最本质的区别在于：专家系统所要解决的问题一般没有算法解，并且往往要在不完全、不精确或不确定的信息基础上做出结论。

一般专家系统由知识库、数据库、推理机、解释器及知识获取器 5 个部分组成，它的结构如图 7-1 所示。

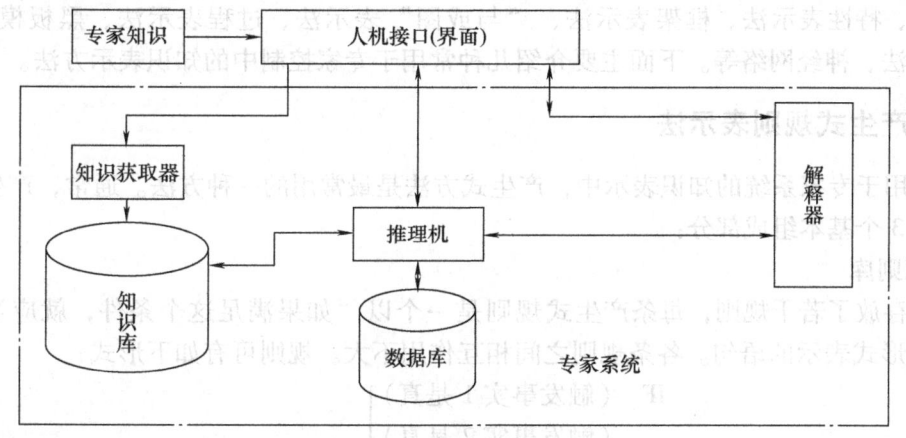

图 7-1　专家系统结构

（1）知识库

知识库用于存取和管理所获取的专家知识和经验，供推理机利用，具有知识存储、检索、编辑、增删、修改和扩充等功能。

（2）数据库

用来存放系统推理过程中用到的控制信息、中间假设和中间结果。

（3）推理机

用于利用知识进行推理，求解专门问题，具有启发推理、算法推理；正向、反向或双向推理；串行或并行推理等功能。

（4）解释器

解释器用于作为专家系统与用户之间的"人—机"接口，其功能是向用户解释系统的行为，包括：

1）咨询理解。对用户的提问进行"理解"，将用户输入的提问及有关事实、数据和条件转换为推理机可接受的信息。

2）结论解释。向用户输出推理的结论或答案，并且根据用户需要对推理过程进行解释，给出结论的可信度估计。

为完成以上工作，通常要利用数据库中的中间结果、中间假设和知识库中的知识。

（5）知识获取器

知识获取是专家系统与专家的"界面"。知识库中的知识一般都是通过"人工移植"方法获得，"界面"就是知识工程师（专家系统的设计者），采用"专题面谈"、"口语记录分析"等方式获取知识，经过整理以后，再输入知识库。为了提高知识工程师获得专家知识的效率，知识工程师可以借助于"知识获取辅助工具"来辅助专家整理知识或辅助扩充和修改知识库。

7.2 专家系统的知识表示方法

知识表示就是知识的形式化，就是研究用机器表示知识的可行的、有效的、通用的原则和方法。目前常用的知识表示方法有逻辑表示法、语义网络法、产生式规则表示法、状态空间表示法、特性表示法、框架表示法、"与或图"表示法、过程表示法、黑板模型结构、Petri 网络法、神经网络等。下面主要介绍几种常用于专家控制中的知识表示方法。

7.2.1 产生式规则表示法

目前用于专家系统的知识表示中，产生式方法是最常用的一种方法。通常，产生式系统包含下述 3 个基本组成部分：

1. 规则库

该库存放了若干规则，每条产生式规则是一个以"如果满足这个条件，就应当采取这个操作"形式表示的语句。各条规则之间相互作用不大。规则可有如下形式：

$$
\begin{aligned}
\text{IF} \quad &\left.\begin{array}{l}（触发事实 1 是真）\\（触发事实 2 是真）\\ \vdots \\（触发事实 n 是真）\end{array}\right\} \text{条件部分} \\
\text{THEN} \quad &\left.\begin{array}{l}（结论事实 1）\\（结论事实 2）\\ \vdots \\（结论事实 n）\end{array}\right\} \text{操作部分}
\end{aligned}
$$

在产生式系统的执行过程中,如果一条规则的条件部分都被满足,那么,这条规则就可以被应用,即系统的控制部分可以执行规则的操作部分。

2. 数据库

数据库是产生式规则的中心,每个产生式的左边表示在启用这一规则之前数据库内必须准备好的条件。执行产生式规则的操作会引起数据库的变化,这就使得其他产生式规则的条件可能被满足。

3. 控制器

其作用是说明下一步应该选用什么规则,也就是如何运用规则。通常从选择规则到执行规则分成3步:匹配、冲突解决和操作。

1)匹配。把数据库和规则的条件部分相匹配。如果两者完全匹配,则把这条规则称为触发规则。当按规则的操作部分去执行时,把这条规则称为被启用规则。被触发的规则不一定总是被启用的规则。因为可能同时有几条规则的条件部分被满足。

2)冲突解决。当有一个以上的规则条件部分和当前数据库相匹配时,就需要决定首先使用哪一条规则,这称为冲突解决。

3)操作。操作就是执行规则的操作部分,经过操作以后,当前数据库将被修改。然后,其他的规则有可能被使用。

产生式系统的基本结构如图 7-2 所示。

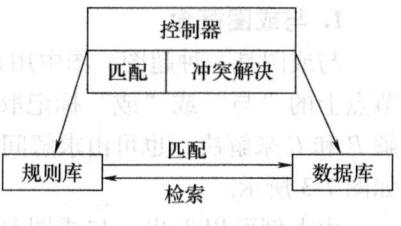

图 7-2 产生式系统的基本结构

7.2.2 状态空间表示法

状态空间表示法是知识表达的基本方法。所谓"状态"是用来表示系统状态、事实等叙述性知识的一组变量或数组,即

$$Q = \{q_1, q_2, \cdots, q_n\} \tag{7-1}$$

所谓"操作"就是用于表示引起状态变化的过程性知识的一组关系或函数

$$F: \{f_1, f_2, f_3, \cdots, f_m\} \tag{7-2}$$

状态空间是利用状态变量和操作符号,表示系统或问题的有关知识的符号体系,通常可以用三元组来表示

$$\langle \{Q_s\}, F, \{Q_g\} \rangle \tag{7-3}$$

式中,Q_s 为初始状态;Q_g 为目标状态;F 为操作。

7.2.3 框架表示法

框架是一个嵌套的连接表,用于表达问题的状态和操作过程及其相互联系。框架系统的嵌套式结构便于表达不同层次的知识。通过扩充子框架,可以进一步描述问题的细节。

一个框架由唯一的一个框架名字进行标识,一个框架可以拥有任意数目的槽,每个槽又可以拥有任意多个的侧面,每个侧面可以拥有任意数目的值,把它们放到一起就得到

(〈框架名〉(〈槽1〉(〈侧面1〉(〈值1〉)
 (〈值2〉)
 ⋮)

```
                    (〈侧面2〉(〈值1〉)
                             (〈值2〉)
                                  ⋮  )
                                   ⋮  )
            (〈槽2〉(〈侧面1〉(〈值1〉)
                                  ⋮  )
                                   ⋮  )
                                    ⋮  )
```

利用框架中的槽,可以填入相应的说明,补充新的事实、条件、数据或结果,修改问题的表达形式和内容,便于表达对行为和系统状态的预测和猜想。

7.2.4 "与或图"表示法

1. 与或图概念

与或图是一种超图,图中用几条超弧线连接一个父节点和它的一组后继节点,加到一个节点上的"与"或"或"标记取决于该节点对其父节点的关系。例如,设问题 A 既可由求解 B 和 C 来解决,也可由求解问题 D、E 和 F,或者单独由求解问题 H 来解决。这一关系,如图 7-3 所示。

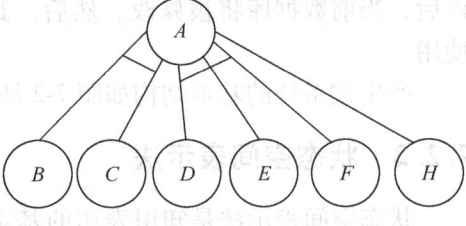

图 7-3 说明问题 A 的子问题替换集合的结构图

由上例可以看出,与或图是人们在求解问题时的两种思维方法:

(1) 分解"与"树

将复杂的大问题分解成一组简单的小问题,将总问题分解为子问题。若所有子问题都解决了,则总问题也解决了。这是"与"的逻辑关系。而子问题又可以分为子子问题,如此类推可以形成问题分解的树图,称为"与"树。"与"树问题分解如图 7-4 所示。

(2) 变换"或"树

将较难的问题变换为较易的等价问题。若一个难问题可以等价变换为几个容易问题,则任何一个容易问题解决了,也就解决了原有的难问题,这是"或"的逻辑关系。而这些容易问题还有可能变换为若干更容易的问题,如此下去,可以形成问题变换的"或"树。"或"树问题变换如图 7-5 所示。

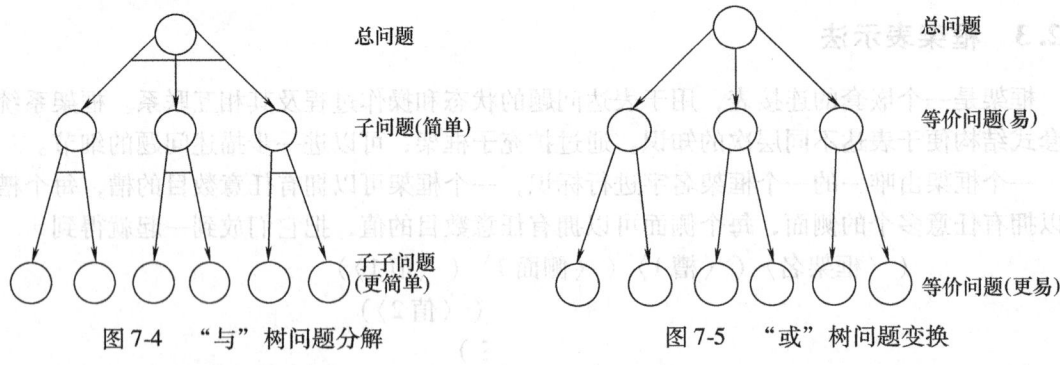

图 7-4 "与"树问题分解   图 7-5 "或"树问题变换

在实际问题求解中，常常是兼用"分解"和"变换"方法，因而可用"与"树与"或"树相结合的图——与或图来表达。

2. 与或图构成规则

首先定义一个概念：本原问题——可以直接解答的问题叫本原问题。

与或图的构成规则如下：

1) 与或图中的每个节点代表一个要解决的单一问题或问题集合，图中的起始节点对应总问题。

2) 对应于本原问题的节点为叶节点，它没有后裔。

3) 对于把算符（与操作/或操作）应用于问题 A 的每种可能情况，都把问题变换为一个子问题集合；有向弧线自 A 指向后继节点，表示所求得的子问题集合。

一个与或图如图7-6所示，问题 A 变换为3个不同的子问题集合：N、M 和 H。如果集合 N、M 和 H 中有一个能够解答，那么问题 A 就得到了解答，把 N、M 和 H 称为或节点。

4) 图7-6进一步表示了集合 N、M 和 H 的组成情况，图中 $N=\{B,C\}$，$M=\{D,E,F\}$，而 H 由单一问题构成。一般对于代表两个或两个以上子问题集合的每个节点，有向弧线从此节点指向此子问题集合中的各个节点。由于只有当集合中所有的项都有解时，这个子问题的集合才能获得解答，所以这些子问题节点叫做与节点。为了区别或节点，把具有共同父辈的与节点后裔的所有弧线用另外一段小弧线连接起来。

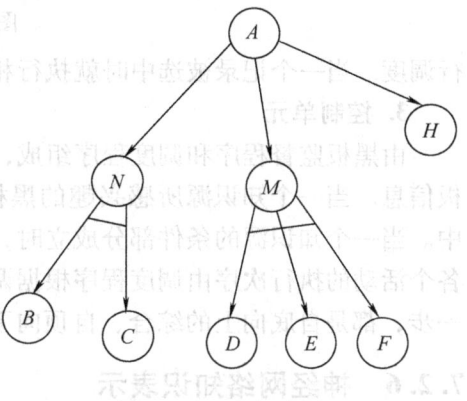

图7-6 一个与或图

7.2.5 黑板模型结构

黑板模型是通过抽取口语理解系统 HEARSAY-Ⅱ 的特点而形成的，是一种功能较强的问题求解模型，能处理大量不同表达的知识，并能提供组织、协调、应用这些知识的手段。黑板模型结构如图7-7所示，这种模型把求解过程看做是一个产生部分解并由部分解组合出一个满意的解的过程，其主要优点在于控制灵活，并能综合不同的知识表达和推理技术。

1. 黑板数据结构（简称黑板）

它是全局性的数据结构，用于组织问题求解数据，处理知识源之间的通信。黑板模型可分为若干信息层，每一层用于描述关于问题的某一类信息。信息层之间形成层次结构，高层中的黑板元素可以看成是下一级若干个黑板元素的抽象。黑板上存放的可以是输入数据、部分结果、假设、候选方案，也可以是最终解。黑板只能由知识源来修改。

2. 知识源

问题求解所需的领域知识划分为知识源。知识源可具有"条件—动作"的形式。条件描述了知识源可用于求解的情形，动作则描述了知识源的行为。当条件满足时，知识源被触发，其动作部分对黑板进行操作，增加或修改解元素。各个知识源是相互独立的，它们通过黑板进行通信。当黑板上的事件满足知识源触发条件时，就触发一个或多个知识源。对每一个被触发的知识源，建立一个知识源活动记录，放到一个待执行的动作表中，由控制单元进

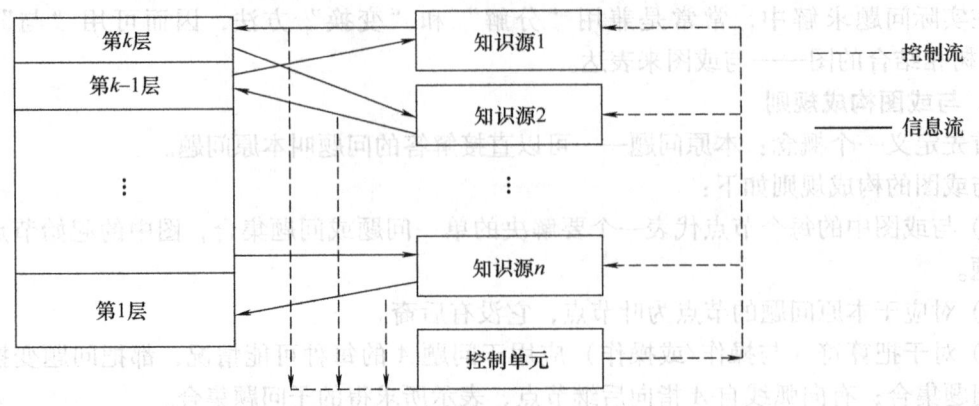

图 7-7 黑板模型结构

行调度。当一个记录被选中时就执行相应知识源的动作。

3. 控制单元

由黑板监督程序和调度程序组成,其作用就是决定下一步需激活的知识源或需处理的黑板信息。当一个知识源所感兴趣的黑板变化类型出现时,它的条件部分即被放入调度队列中。当一个知识源的条件部分成立时,它的动作部分即被放入调度队列中。而调度队列中的各个活动的执行次序由调度程序根据调度原则计算出的优先级确定。因此,在问题求解的每一步,都是自底向上的综合、自顶向下的目标生成、假说评价等活动。

7.2.6 神经网络知识表示

神经网络的知识表示采用与传统 AI 完全不同的意思。传统的知识表示,不管是产生式系统,还是语义网络,都可以看做是知识的一种显式表示,而神经网络的知识表示可看做是一种隐式表示,在这里知识并不像在产生式系统中那样独立表示每一规则,而是将某一问题的若干知识在同一网络中表示。图 7-8 的 3 层神经网络表示了逻辑代数中的"异或"逻辑。

其邻接权矩阵可以表示为

$$\begin{bmatrix} 0 & 0 & 1.004 & 1.070 & 0 \\ 0 & 0 & 1.135 & 1.100 & 0 \\ 0 & 0 & 0 & 0 & 2.102 \\ 0 & 0 & 0 & 0 & -3.121 \\ 0 & 0 & 0 & 0 & 0 \end{bmatrix} \quad (7\text{-}4)$$

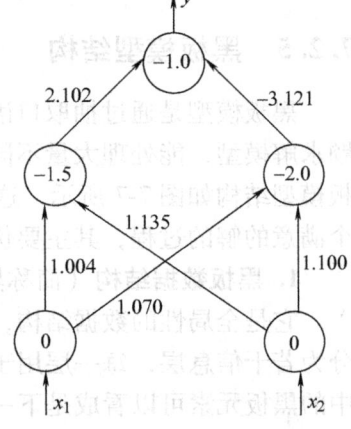

图 7-8 "异或"逻辑的神经网络表示

如以产生式规则来描述,该网络代表了下述 4 条规则:

IF $(x_1=0)$ and $(x_2=0)$ THEN $(y=0)$
IF $(x_1=0)$ and $(x_2=1)$ THEN $(y=1)$
IF $(x_1=1)$ and $(x_2=0)$ THEN $(y=1)$
IF $(x_1=1)$ and $(x_2=1)$ THEN $(y=0)$

基于神经网络的知识表示方法具有如下优点:

1) 具有统一的内部知识表示形式，通过学习程序即可获得网络的相关参数如分块邻接权矩阵、节点偏移矢量等。任何知识规则都可变换成数字形式，便于知识库的组织和管理，通用性强。

2) 便于实现知识的自动获取。

3) 利于实现并行联想推理和自适应推理。

4) 能够表示事物的复杂关系如模糊因果关系。

7.3 专家系统的自动推理机制

推理是指依据一定的原则从已有的事实推出结论的过程，这个原则就是推理的核心。专家系统中的自动推理是知识推理，而知识推理是指在计算机或智能机器中，在知识表达的基础上，进行机器思维，求解问题，实现知识推理的智能控制过程。

专家系统要以知识表示、知识推理、知识获取为基础。其中，知识表示和知识获取是必要的前提条件，而推理则是专家系统中问题求解的主要手段，是使问题从初始状态转移到目标状态的方法和途径，推理的过程就是问题求解的过程。

根据知识表示的特点，知识推理方法可分为图搜索方法和逻辑论证方法两类：

1) 图搜索方法。基于图的知识表达，问题求解的知识推理过程，就是从图中相当于初始状态的出发节点到相当于目标状态的终止节点的路线搜索过程，即搜索从初始状态有效地转移到目标状态所经历的最优的或最经济的路线，相应的知识推理方法即图搜索方法。例如，对于具有树状的状态空间图，称为"问题树"，基本的图搜索方法有宽度优先搜索、深度优先搜索等。

2) 逻辑论证方法。当知识表示采用谓词逻辑或其他形式逻辑方法时，知识推理也可以采取逻辑论证方法。在这种情况下，求解一个问题相应于证明一个定理或几个定理，问题求解的知识推理过程，相应于用数理逻辑方法进行定理证明的过程。知识推理方法即逻辑论证方法。

根据问题求解的推理过程中是否运用启发性知识，知识推理方法可分为启发推理和非启发推理两类：

1) 启发推理。在问题求解的过程中，运用与问题有关的启发性知识，即解决问题的策略、技巧，对解的特性及其规律的估计等实践经验或知识，以加快推理过程，提高搜索效率，这种推理过程称为"启发式推理"。例如，在图搜索的推理方法中，利用启发性知识改进的深度优先搜索法，如局部择优搜索法、最好优先搜索法等，只需要对部分状态空间进行搜索，可提高搜索效率。

2) 非启发推理。在问题求解的推理过程中，不运用启发性知识，只按照一般的逻辑法则和控制性知识，进行通用性的推理。这种方法缺乏对求解问题的针对性，需要进行全状态空间的搜索，而没有选择最优的搜索途径，所以推理效率低。例如宽度优先搜索法，它虽然是完备的算法，但其搜索效率低。

根据问题求解的推理过程中特殊和一般的关系，知识推理方法可分为演绎推理、归纳推理两类：

1) 演绎推理。所谓演绎推理是指由一组前提必然地推导出某个结论的过程。三段论法是演绎法的核心。归结原理是演绎推理的典型实例。

2) 归纳推理。归纳推理是以某命题为前提，推论出与其有归纳关系的其他命题的过程。归纳推理一般包括由特殊到一般的归纳、由特殊到特殊的归纳和统计三段论方法。在目前的专家系统中，主要采用演绎推理，而归纳推理主要用在系统的学习方面。

根据问题求解的推理过程中推理的方向，知识推理方法可分为正向推理、反向推理和正反向混合推理三类：

1) 正向推理。正向推理是由原始数据出发，按照一定策略，运用知识库中专家的知识，推断出结论的方法。这种推理方式，由于是由数据到结论，也叫数据驱动策略。

正向推理的步骤是，首先由用户提供一批事实，存放到数据库中去，然后：

① 用这批事实与知识库中规则的前提事实进行匹配。

② 把匹配成功的规则的结论部分的事实作为新的事实加到数据库中去；

③ 再用更新后的数据库中的所有事实，重复①、②两步骤，如此反复进行，直到结论（答案）出现或不再有新的事实加到数据库中为止。

根据上述推理步骤，正向推理设计示意图如图7-9所示。图中 K 为规则的总数目。

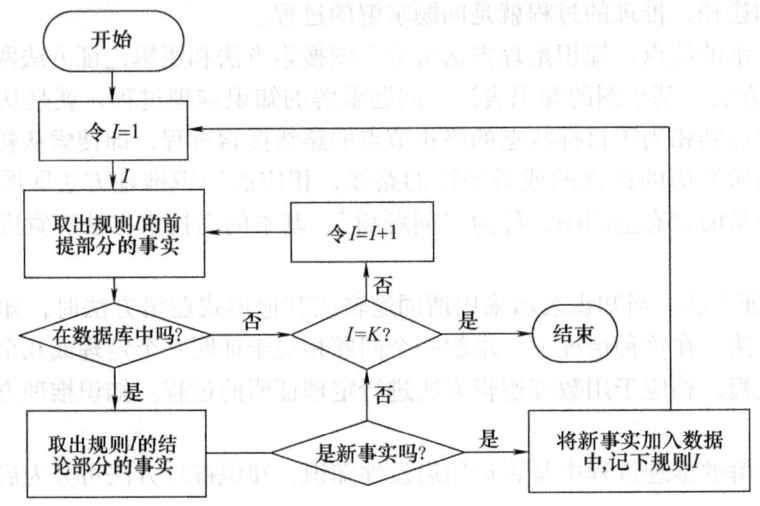

图7-9　正向推理设计示意图

2) 反向推理。反向推理是先提出假设（结论），然后去找支持这个结论的证据的方法。这种由结论到数据的策略称为目标驱动策略。反向推理的步骤是：

① 先验证假设是否在数据库中，若在，则假设成立，推理过程结束或验证下一个假设；否则，进行下一步；

② 判断所验证的假设是否证据节点，若是，系统就提问用户，让用户来回答；否则就进行下一步；

③ 找出结论部分包含这个假设的那些规则，把它们的所有前提部分的事实都作为新的假设；

④ 重复①、②、③步骤直到某一个假设成立为止，或所有假设都不成立，系统回答FAIL。根据上述推理步骤，反向推理设计的示意图如图7-10所示。

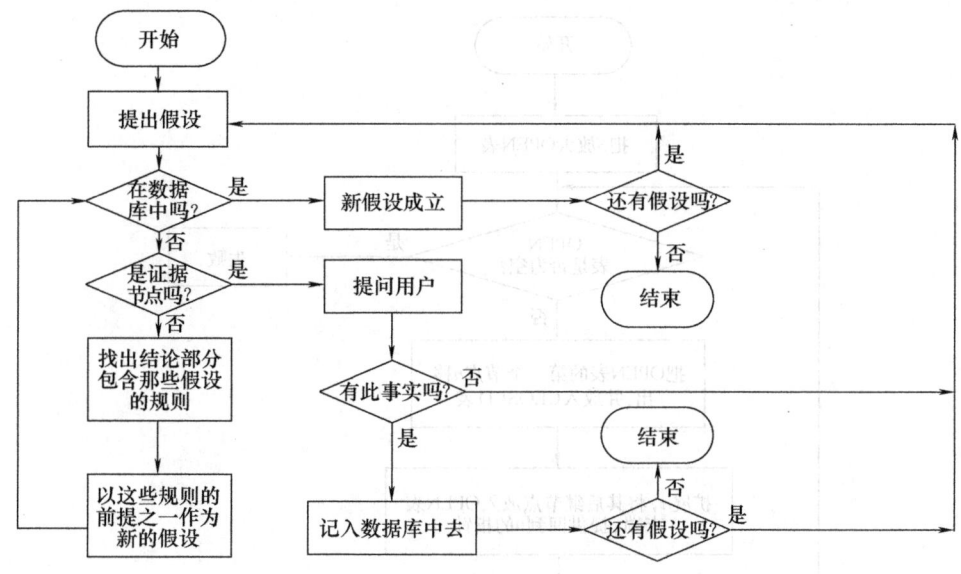

图 7-10 反向推理设计示意图

7.3.1 宽度优先搜索

宽度优先搜索方法是按"最早产生的节点优先扩展"的搜索方法。具体地说，搜索的节点是一层一层地检查的，只有在上一层的每一个节点都检查完毕之后，这一层的节点才能开始检查，也就是说，节点的扩展是按它们接近起始节点的程度依次进行的。这种方法是考虑了每一种可能，所以这种搜索可能是一种非常长的过程，但如果存在任何解答的话，它能保证最终找到最短的解答序列，其示意图如图 7-11 所示。图中虚线表示搜索顺序。

宽度优先的遍历算法如下：

1）把起始节点放到 OPEN 表中（如果该起始节点为一目标节点，则求得一个解答）。

2）如果 OPEN 是一个空表，则没有解，失败退出；否则继续。

3）把 OPEN 表中的第一个节点 n 移出，并将其放入 CLOSED 扩展点表中。

4）扩展节点 n，如果没有后继节点，则转上述第 2) 步。

5）把节点 n 的所有后继节点放到 OPEN 表的末端，提供从后继节点回到 n 的指针。

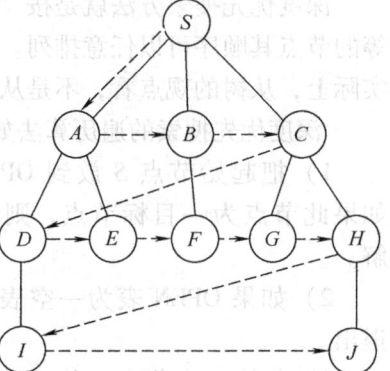

图 7-11 宽度优先搜索法示意图

6）若节点 n 的一后继节点是目标节点，则找到一个解，成功退出；否则转第 2) 步。

此算法的程序框图如图 7-12 所示。宽度优先搜索方法有 3 个主要问题：

1）存储量大。

2）工作量大。

3）多余或无关操作符将大大增加要开发的节点数。

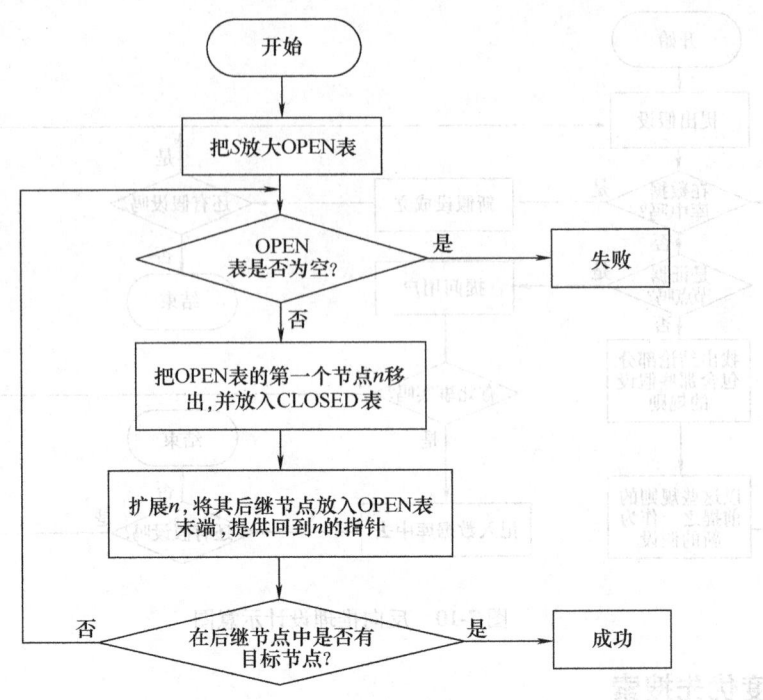

图 7-12 宽度优先搜索算法程序框图

宽度优先搜索特别不适用于有多条路径通向解,且其中每条路径都具有很多节点的情况。对这类情况用下面所叙述的"深度优先搜索"方法求解可能更快。

7.3.2 深度优先搜索

深度优先搜索方法就是按"最晚产生(最深的)节点优先扩展"的搜索方法,深度相等的节点其顺序可以任意排列。总是向亲代到子代方向进行,直到不得不返回追踪的搜索。实际上,从树的观点看,不是从左枝开始,就是从右枝开始。它们的示意图如图 7-13。

深度优先搜索的遍历算法如下:

1) 把起始节点 S 放到 OPEN 表中,如果此节点为一目标节点,则得到一个解。

2) 如果 OPEN 表为一空表,则失败退出。

3) 把第一个节点 n 从 OPEN 表移到 CLOSED 表。

4) 如果节点 n 的深度等于最大深度,则转向 2)。

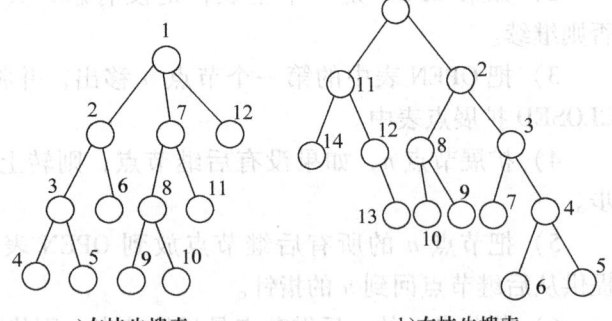

a) 左枝先搜索   b) 右枝先搜索

图 7-13 深度优先搜索法示意图

5) 扩展节点 n,产生子节点,并将其放入 OPEN 表的前头。若无子节点,则转向 2)。

6) 如果后继节点中有任一个为目标节点,则求得一解,成功退出;否则,转向 2)。

对深度优先算法，在实际问题中，往往采取一个深度限制度。比方说限制搜索为 4，那么到深度 4 之后，则进行回溯。

7.3.3 不精确推理

专家系统中把领域知识表示成必然的因果关系、逻辑关系，推理的结论是肯定的，这种推理称为精确推理。除此以外，更重要的是以专家的经验知识对不确定的事实，根据不充分的证据和不完全的知识进行推理，这种推理称为不精确推理。不精确推理不是要使推理变得不精确，而是提供一种推理方式，以便得到更加精确的推理结论。不精确推理又称非精确性推理，其核心问题是处理在推理过程中专家知识的不精确性和推理证据的不精确性，并给出这些不精确性在推理过程中的传播规则。

7.4 专家控制系统

7.4.1 专家控制系统原理

专家系统与控制理论相结合，尤其是启发式推理与反馈控制理论相结合，形成了专家控制系统。专家控制系统是智能控制的一个分支。与一般专家系统相比，专家控制系统在控制领域中特别强调实时性，要求实时控制专家系统做到：

1) 能确切地表达与时间有关的知识。
2) 存储可显示，能方便地在线修改基本的控制知识。
3) 能进行时序推理、并行推理、非单调推理。
4) 能控制任意的随时间变化的非线性过程。
5) 具有中断处理能力，可处理可能发生的异步事件。
6) 允许交互对话，及时获得动态和静态信息，以便实时、在线诊断。
7) 与常规的控制器和其他应用软件有良好的接口。

实时控制专家系统的知识表示应包括：①时间知识；②深层知识；③通用知识；④元知识。

虽然专家控制系统是基于专家系统建立起来的，但它与专家系统的主要区别是，专家控制系统在实时控制时必须：

1) 将操作人员从系统的环路中撤走（一般专家系统中操作人员是作为系统的组成部分，通过人机对话完成）。
2) 建立自动的实时数据采集子系统，需将传感器的输出信息作预处理。
3) 根据可利用的环境信息（对象模型），综合适当的控制算法。被控对象的模型可以是预知的，也可以在线辨识。推理机制要求做到离线和在线推理，并具有递阶结构的推理过程。

一般控制专家系统的基本结构如图 7-14 所示。

(1) 知识库

由事实集和经验数据、经验公式、规则等构成。事实集包括对象的有关知识，如结构、类型及特征等。控制规则有自适应、自学习、参数自调整等方面的规则。经验数据包括对象

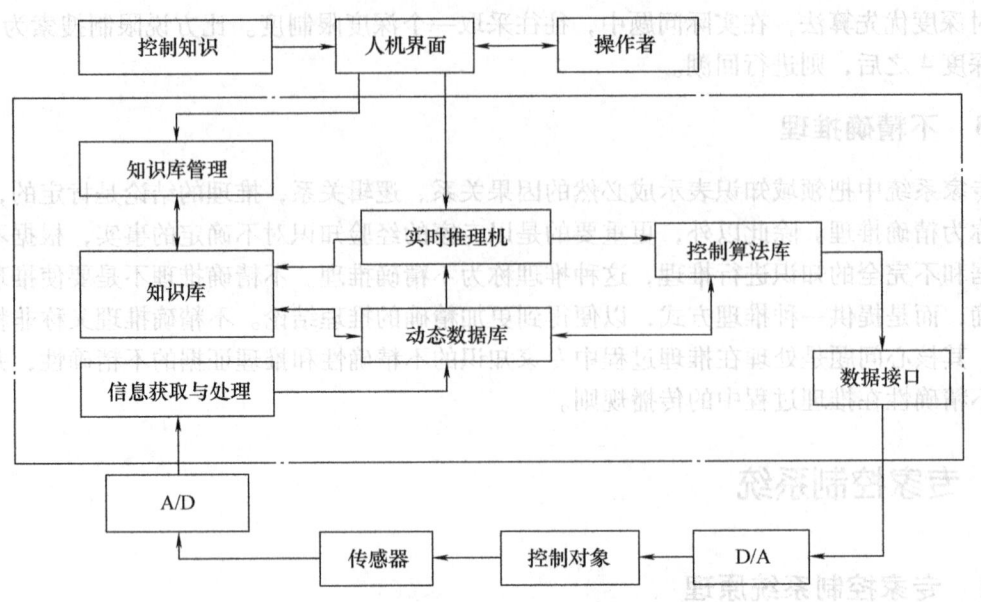

图 7-14 一般控制专家系统的基本结构

的参数变化范围、控制参数的调整范围及其限幅值、传感器特性、系统误差、执行机构特征、控制系统的性能指标，以及由控制专家给出或由实验总结出的经验公式。

（2）控制算法库

存放控制策略及控制方法，如 PID、PI、Fuzzy、神经控制（NC）、预测控制算法等，是直接基本控制方法集。

（3）实时推理机

根据一定的推理策略（正向推理）从知识库中选择有关知识，对控制专家提供的控制算法、事实、证据以及实时采集的系统特性数据进行推理，直到得出相应的最佳控制决策，由决策的结果指导控制作用。

（4）信息获取与处理

信息获取是通过闭环控制系统的反馈信息及系统的输入信息，获取控制系统的误差及误差变化量、特征信息（如超调量、上升时间等）。信息处理包括特征识别、滤波等。

（5）动态数据库

动态数据库用来存放系统推理过程中用到的数据、中间结果、实时采集与处理的数据。

在智能控制系统中，专家控制系统有时也通称为基于知识的控制系统。根据专家系统方法和原理设计的控制器称之为基于知识控制器。按照基于知识控制器在整个智能控制系统中的作用，专家控制系统分成直接专家控制系统和间接专家控制系统两类。

不论哪种专家控制器的设计都必须解决以下几个问题：

1）用什么知识表示方法描述一个系统的特征知识？
2）怎样从传感器数据中获取和识别定性的知识？
3）如何把定性推理的结果量化成执行器定量的控制信号？
4）怎样分析和保证系统的稳定性？
5）怎样获取控制知识和学习规则？

7.4.2 直接专家控制

在直接专家控制中,专家系统直接给出控制信号,影响被控过程。直接专家控制系统根据测量到的过程信息及知识库中的规则,导出每一采样时刻的控制信号。很明显,在这种情况下,专家系统直接包括在控制回路中,每一采样时刻必须由专家系统给出控制信号,系统方可正常运行。直接专家控制的结构如图 7-15 所示。

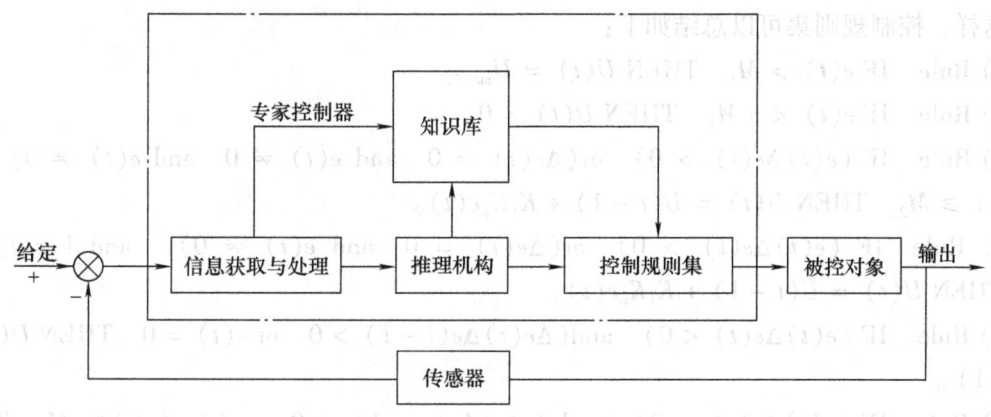

图 7-15 直接专家控制的结构

下面介绍设计直接专家控制的一般方法。

1. 知识库建立

一般根据工业控制的特点及实时控制要求,采用产生式规则描述过程的因果关系,并通过带有调整因子的模糊控制规则建立控制规则集。

直接专家控制知识模型可用如下形式表示:

$$U = f(E, K, I)$$

式中,f 为智能算子。其基本形式为

$$\text{IF } E \text{ and } K \text{ THEN (IF } O \text{ THEN } U)$$

式中,$E = \{e_1, e_2, \cdots, e_m\}$ 为控制器输入信息集;$K = \{k_1, k_2, \cdots, k_n\}$ 为知识库中的经验数据与事实集;$O = \{O_1, O_2, \cdots, O_p\}$ 为推理机构的输出集;$U = \{u_1, u_2, \cdots, u_n\}$ 为控制规则输出集。

智能算子 f 的含义是:根据输入信息和知识库中的经验数据与规则进行推理,然后根据推理结果 O,输出相应的控制行为 U。f 算子是可解析型和非解析型的结合。

2. 控制知识的获取

控制知识是从控制专家或专门操作人员的操作过程基础上概括、总结归纳而成的。例如一个温度专家控制规则的获取过程如下:

系统误差曲线如图 7-16 所示,由图可得到:

$e(t)\Delta e(t) > 0, t \in (t_0, t_1)$ 或 (t_2, t_3);

$e(t)\Delta e(t) < 0, t \in (t_1, t_2)$ 或 (t_3, t_4);

$e(t)\Delta e(t-1) < 0$,极值点处在 t_1, t_3 处,

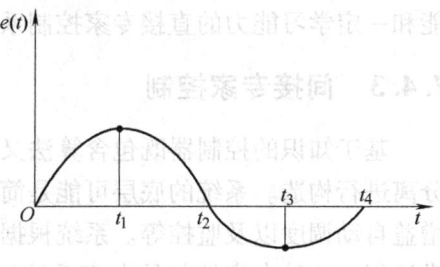

图 7-16 系统误差曲线

$\Delta e(t)\Delta e(t-1) > 0$，无极值点处。

根据以上分析，在系统响应远离设定值区域时，可采用开关模式进行控制，使系统快速向设定值回归；在误差趋势增大时，采取比例模式，加大控制量以尽快校正偏差；在极值附近时减少控制量，直到误差趋势渐小时，保持控制量，靠系统惯性回到平衡点。此外，采用强比例控制作为起动阶段的过渡。控制输入量为温度曲线（给定值）与热电偶测量量反馈信号，输出量为调功双向晶闸管导通率。选取 $\{e(t), e(t)\Delta e(t), \Delta e(t)\Delta e(t-1)\}$ 作为特征量。这样，控制规则集可以总结如下：

1) Rule IF $e(t) > M_1$ THEN $U(t) = U_{\max}$。

2) Rule IF $e(t) < -M_1$ THEN $U(t) = 0$。

3) Rule IF $(e(t)\Delta e(t) > 0)$ or$(\Delta e(t) = 0$ and $e(t) \neq 0$ and $e(t) \neq 0)$ and $|e(t)| \geqslant M_2$ THEN $U(t) = U(t-1) + K_1 K_p e(t)$。

4) Rule IF $(e(t)\Delta e(t) > 0)$ or$(\Delta e(t) = 0$ and $e(t) \neq 0)$ and $|e(t)| < M_2$ THEN $U(t) = U(t-1) + K_1 K_p e(t)$。

5) Rule IF $(e(t)\Delta e(t) < 0)$ and$(\Delta e(t)\Delta e(t-1) > 0$ or $e(t) = 0$ THEN $U(t) = U(t-1)$。

6) Rule IF $(e(t)\Delta e(t) < 0)$ and $\Delta e(t)\Delta e(t-1) < 0$ and $|e(t)| \geqslant M_2$ THEN $U(t) = U(t-1) + K_1 K_2 K_p e_m(t)$。

7) Rule IF $e(t)\Delta e(t) < 0$ and $\Delta e(t)\Delta e(t-1) < 0$ and $|e(t)| \geqslant M_2$ THEN $U(t) = U(t-1) + K_1 K_2 K_p e_m(t)$。

8) Rule IF $M_2 < e(t) < M_1$ THEN $U(t) = K_3 e(t)$。

其中，M_1、M_2 为误差界限；K_p、K_3 为比例增益；K_1、K_2 为增益系数（可以在线调整）。

3. 推理方法的选用

在实时控制中，必须要在有限的采样周期内将控制信号确定出来。直接专家控制可以采用一种逐步改善控制信号精度的推理方式。逐步推理是把专家知识分成一些知识层，不同的知识层用于求解不同精度的解，这样就可以随着知识层的深入逐步改善问题的解。对于简单的知识结构，可采用以数据驱动的正向推理方法，逐次判别各规则的条件，若满足条件执行该规则，否则继续搜索。

直接专家控制一般用于高度非线性或过程描述困难的场合。这些场合，传统控制器设计方法很难适用。必须指出，直接专家控制系统目前还缺乏一些分析性能的方法，如控制回路的稳定性、一致性分析等。但只要通过基于监控专家系统的严密监控，具有可接受的控制性能和一定学习能力的直接专家控制系统是可以实现的。

7.4.3 间接专家控制

基于知识的控制器既包含算法又包含逻辑，在这种情况下，系统自然可以按算法和逻辑分离进行构造。系统的底层可能是简单的 PID、Fuzzy 等算法，然后将这种算法配上自校正、增益自动调度以及监控等。系统根据一些用规则实现的启发性知识，使不同功能算法都能正常运行。这种专家控制是专家系统间接地对控制信号起作用，因而被称为间接专家控制系统。一个典型的间接专家控制系统的框图如图 7-17 所示。

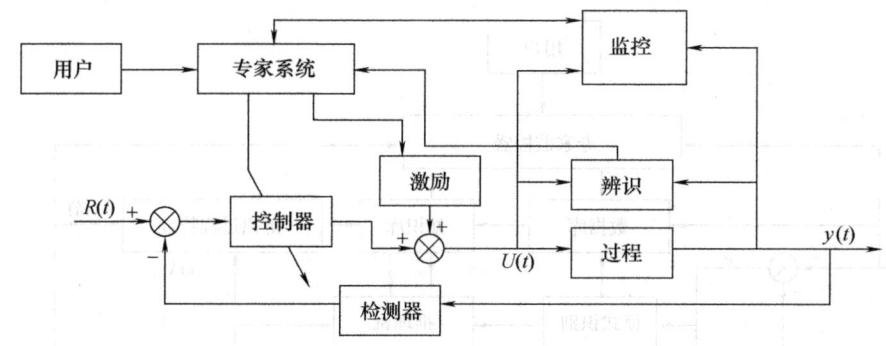

图 7-17 间接专家控制系统的框图

图 7-17 中的控制器由一系列的控制算法和估计算法组成,如 PID、PID 校正器、极点配置自校正算法、模型参考自适应算法、Fuzzy 算法等。专家系统可用来协调所有算法,根据现场过程响应情况和环境条件,利用知识库中的专家经验规则,决定什么时候使用什么参数启动什么算法。根据知识库中的专家规则,可以调整 PID 参数及增益等,还可以调整控制器的结构。间接专家系统结构形式越来越多,使用范围也越来越广,下面介绍一种有代表性的系统——实时专家智能 PID 控制系统。

实时专家智能 PID 控制系统是一种采用知识表达技术建立知识模型和知识库,利用知识推理制定控制决策,知识模型与常规 PID 控制理论的数学模型相结合,模仿专家的智能行为制定有效的控制策略的智能控制器,有较强的自适应能力和鲁棒性。

1. 专家系统 PID 控制结构的设计

用专家系统实现智能 PID 控制器,就是模拟操作人员调节 PID 参数,是将数字 PID 控制方法与专家系统融合起来,利用实时控制信息和系统输出信息,将归纳为一系列整定规则,并分成预整定和自整定两部分,预整定运用于系统初始投入运行且无法给出 PID 初始参数的场合,自整定运用于系统正常运行时,不必辨识对象特性和控制参数,只需随对象特性的变化而进行迭代优化的场合。

整个系统分成两级控制,由推理机、知识库、数据库、模式识别,辨识过程特性、实时控制两部分组成,其实时控制系统的结构如图 7-18 所示。

整个系统的工作过程是:系统采集输入、输出信息并传递给知识库,推理机根据知识库所得信息计算出实际性能指标,并与期望的指标相比较,判断是否需要整定,若需要整定,推理机构根据采集的信息判断对象的类型,告知知识库启用相应的参数整定算法,计算出新的 PID 参数后投入控制,使控制性能向期望的指标逼近。

2. 知识模型和知识库的建立

(1) PID 参数的预整定算法

参数预整定是基于对象动态特性的辨识,估测对象的数学模型,在某种指标下,得到参数 (K_p、T_i、T_d),以此作为专家系统投入运行的初始参数,对预整定,采用改进的 Ziegler-Nichols 算法如下:

设受控过程参数估计离散传递函数模型为

$$G_p(z^{-1}) = \frac{b_1 z^{-1} + b_2 z^{-2} + \cdots + b_m z^{-m}}{1 + a_1 z^{-1} + \cdots + a_m z^{-m}} z^{-d} = \frac{B(z^{-1})}{A(z^{-1})} z^{-d} = \frac{y(z)}{u(z)} \quad (7\text{-}5)$$

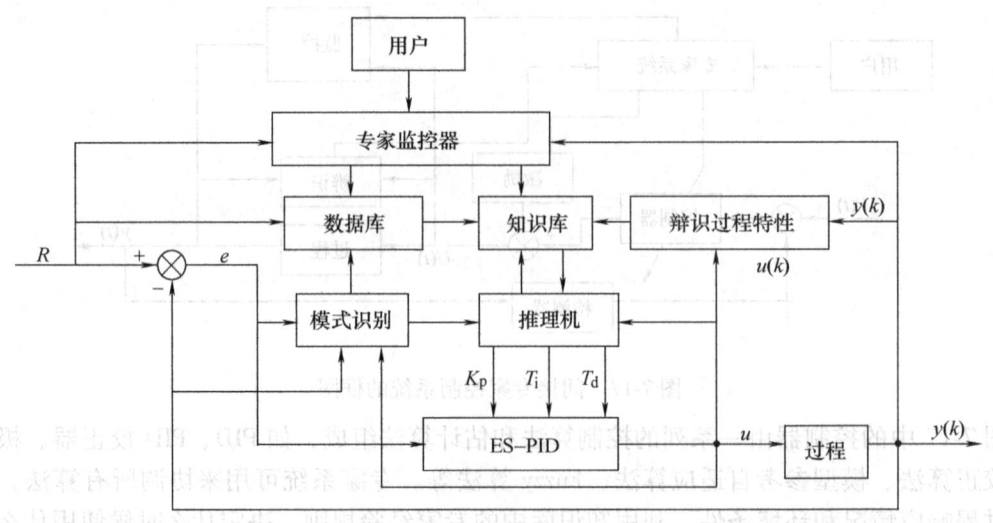

图 7-18 实时控制系统的结构

相应的差分方程为

$$y(k) = -a_1 y(k-1) \cdots a_m y(k-m) + b_1 u(k-d-1) \cdots$$
$$b_m u(k-d-m) + n(k) = \psi^T(k)\hat{\theta}(k) + n(k) \tag{7-6}$$
$$\hat{\theta}(k) = [\hat{a}_1, \cdots, \hat{a}_m, \hat{b}_1, \cdots, \hat{b}_m]$$
$$\psi^T(k) = [-y(k-1), \cdots, -y(k-m), u(k-d-1), \cdots, u(k-d-m)]$$

式中,$d = T_t/T_0$ 为滞后步数;T_0 为采样周期。

过程参数 $\hat{\theta}(k)$ 采用递推最小二乘法辨识求得,其算法为

$$\begin{cases} \hat{\theta}(k+1) = \hat{\theta}(k) + r(k)e(k+1) \\ e(k+1) = [y(k+1) - \psi^T(k+1)\hat{\theta}(k)] \\ r(k+1) = p(k)\psi(k+1)[\psi^T(k+1)p(k)\psi(k+1) + \lambda]^{-1} \\ p(k+1) = [1 - r(k+1)\psi^T(k+1)]p(k)/\lambda \end{cases} \tag{7-7}$$

式中,λ 为遗忘因子,取 $0.9 < \lambda \leq 1.0$;$r(k)$ 为权因子;$p(k)$ 为模型协方差矩阵。

接着在闭环比例控制下,利用上面估计求出的过程模型参数 ($\hat{a}_i$, $\hat{b}_i$) 找出系统的临界增益和振荡频率,然后按 Ziegler-Nichols 方法(简称 Z-N 法)预整定。

设闭环特征方程为

$$N(z^{-1}) = 1 + K_p \frac{B(z^{-1})}{A(z^{-1})} z^{-d} = 0 \tag{7-8}$$

即

$$A(z^{-1}) + K_p B(z^{-1}) z^{-d} = 0 \tag{7-9}$$

上式两边同乘 z^{m+d} 得

$$N(z^{-1}) = z^{m+d} + c_{m+d-1} z^{m+d-1} + \cdots + c_1 z + c_0 = 0 \tag{7-10}$$

式中,$c_i = (a_{m+d-i} + K_p b_{m-i})$, $i = 0, 1, \cdots, m+d-1$。

根据根轨迹共轭复数极点与单位圆的交点即为临界振荡点,解下列方程:

$$\det(x - y) = 0 \tag{7-11}$$

式中 $x_{m+d-1} = \begin{bmatrix} 1 & c_{m+d-1} & \cdots & c_2 \\ & & & c_3 \\ & & & \vdots \\ & & & c_{m+d-1} \\ 0 & & & 1 \end{bmatrix}$, $y_{m+d-1} = \begin{bmatrix} & & & c_0 \\ 0 & & \ddots & \\ & \ddots & & c_1 \\ & \ddots & & \vdots \\ c_0 & c_1 & \cdots & c_{m+d-2} \end{bmatrix}$

$\det(x-y)$ 必须利用方程式 (7-10) 的 c_i 进行计算，简化为

$$\det(x-y) = f(k) = f_0 + f_1 k + \cdots + f_{m+d-1} k^{m+d-1} = 0 \tag{7-12}$$

解方程式 (7-12)，找出所有解中最小正值，该最小值即为闭环振荡的临界增益 K_c，将 $K_p = K_c$ 代入式 (7-10)，可找出对应该方程的复数解 $z_c = x_c + jy_c$。根据 z 变换定义 $z^{T_s} = e^T(\delta + jw) = e^{T_s}e^{jTw}$ 在稳定极限振荡情况下 $\delta = 0$，则

$$z = e^{jTw} = \cos\omega T + j\sin\omega T \tag{7-13}$$

将方程式 (7-13) 和复数解 z_c 比较可得临界振荡频率

$$\omega_c = \frac{1}{T}\arctan\frac{Y_c}{Z_c} \tag{7-14}$$

相应的临界振荡周期为

$$T_c = \frac{2\pi}{\omega_c} = \frac{2\pi T}{\arctan\dfrac{Y_c}{X_c}} \tag{7-15}$$

根据方程式 (7-12) 和式 (7-15) 得出的临界增益 K_c 和临界周期 T_c，作为调节器的初始预整定值，至此得到一组预整定参数如表 7-1 所示。

表 7-1 预整定参数

控制方案	K_p	T_i	T_d
PI	$0.45K_c$	$0.85T_c$	—
PID	$0.6K_c$	$0.5T_c$	$0.12T_c$

（2）实时控制规则和参数调整规则的建立

正确处理控制模态的选择与决策推理之间关系是实现理想智能控制的关键，因此，根据人们在 PID 控制应用积累的控制理论和经验知识，为专家智能控制系统的知识库构造出一种广义知识模型（数学模型 + 知识模型），归纳出控制规则集和参数自校正规则集，以建立起知识库。

定义 7-1 设控制规则、参数规则集表示为

$$F_i\{r_i, k_i\} \to Q_i \Leftrightarrow P_i \quad i = 1, 2, \cdots, n$$

式中，r_i 为第 i 条规则；k_i 为专家知识表达；Q_i 为规则产生的结果；P_i 为规则所选择的数学模型；F_i 为广义知识模型算子。

按定义归纳出如下控制规则：

Rule1：$\{e(t) > M_1 R\} \to u(t) = u_{\max}$

Rule2：$\{e(t) \leq -M_1 R\} \to u(t) = u_{\min}$

Rule3：$\{(-R < e(t) < R) \cap (e(t)\dot{e}(t) < 0) \cap (|e(t)/\dot{e}(t)| > a_1)\} \to u(t) = u(t-1) + K_p(t)e(t)$

Rule4: $\{M_2 < |e(t)| \leq M_3\} \cap \{(e(t)\dot{e}(t) < 0)\} \to \begin{bmatrix} K_p(t) = 0.4K_c \\ T_i(t) = 0.85T_c \\ T_d(t) = 0.12T_c \end{bmatrix}$

Rule5: $\{M_3 < |e(t)| \leq M_4\} \cap \{(e(t)\dot{e}(t) < 0)\} \to \begin{bmatrix} K_p(t) = 0.6K_c \\ T_i(t) = T_i(t-1) \\ T_d(t) = T_d(t-1) \end{bmatrix}$

Rule6: $\{|e(t)| < M_5\} \cap \{(|e(t)e(t-1)| < \varepsilon_1)\} \to \begin{bmatrix} K_p(t) = 0.89K_p(t-1) \\ T_i(t) = T_i(t-1) \\ T_d(t) = T_d(t-1) \end{bmatrix}$

Rule7: $\{|e(t)| \leq M_5\} \cap \{(|e(t)e(t-1)| > \varepsilon_1)\} \to \begin{bmatrix} K_p(t) = 0.35K_p(t-1) \\ T_i(t) = 0.5T_i(t-1) \\ T_d(t) = T_d(t-1) \end{bmatrix}$

Rule8: $\{|e(t)| \leq M_6\} \cap \{(|e(t)e(t-1)| < \varepsilon_2)\} \to \begin{bmatrix} K_p(t) = K_p(t-1) \\ T_i(t) = 0.5T_i(t-1) \\ T_d(t) = T_d(t-1) \end{bmatrix}$

Rule9: $\{|e(t)| \leq M_6\} \cap \{(e(t)e(t-1) < \varepsilon_2)\} \to \begin{bmatrix} K_p(t) = K_p(t-1) \\ T_i(t) = 0.85T_i(t-1) \\ T_d(t) = T_d(t-1) \end{bmatrix}$

Rule10: $\{|e(t)| \leq M_6\} \cap \{(|e(t)| > |e(t-1)|)\} \to \begin{bmatrix} K_p(t) = K_p(t-1) \\ T_i(t) = T_i(t-1) \times 0.2 \\ T_d(t) = 0.12T_d(t-1) \end{bmatrix}$

Rule11: $\{(-R < e(t) \leq R) \cap (e(t)\dot{e}(t) < 0) \cap (b_1 > |e(t)/\dot{e}(t)|)\} \to u(t) = \mathrm{PI}(K_p(t), T_i, T_d(t))$

Rule12: $\{(e(t)\dot{e}(t) > 0) \cap (-R < e(t) < R)\} \to u(t) = \mathrm{PID}(K_p(t), T_i(t), T_d(t))$

Rule13: $\{(|\dot{e}(t)| < a_1) \cap (|\dot{e}(t)| < \varepsilon_1)\} \to u(t) = u(t-1) + K_p(t)e(t) + T_d(t)\sum_{j=1}^{i} e_j(t)$

Rule14: $\{(u(t-1) > u_{\max}) \cap (e(t) > 0) \cup (u(t-1) < u_{\min}) \cap (e(t) < 0)\} \to u(t) = \mathrm{PD}(K_p(t), T_d(t))$

$\vdots$

Rule22: $\{(u(t-1) > u_{\max}) \cap (e(t) < 0) \cup (u(t-1) < u_{\min}) \cap (e(t) < 0)\} \to u(t) = u(t-1) + K_p(t)e(t) + T_d(t)\dot{e}(t) + T_i\sum_{j=1}^{i} e_j(t)$

规则中：$e(t)$ 表示系统误差，$\dot{e}(t)$ 表示误差变化率，对于常数 R、$M_{1\sim6}$、$\varepsilon_{1\sim2}$、$a_{1\sim3}$、$b_{1\sim3}$ 及参数均根据要求的性能指标和专家知识确定，并在调试过程中修改，以达到期望值。

3. 推理机制策略

系统在线运行时采取正向推理，它从原始数据出发向控制目标方向推理，系统首先采集信息模式识别预处理器和知识库提供的一组前提条件事实,然后搜索知识库中与此前提条件相匹配的控制规则,若匹配成功,并是状态目标,就完成该规则结论的一系列控制动作;若不匹配则继续搜索可以匹配的规则,直到达到目标状态为止。

实时搜索的任务是系统在一个目标指导下,搜索使目标成立的途径,最后综合选择问题的最佳解,本系统采用"宽度优先搜索法",最早满足目标条件的节点先启用,搜索中形成的决策"树叶子"很多,但生长得并不高,这样在搜索该树时,推理深度较浅,关键是迅速"剪枝"。采用这种搜索算法速度快,不失控,适合实时推理控制,控制策略的实时搜索过程如图7-19所示。

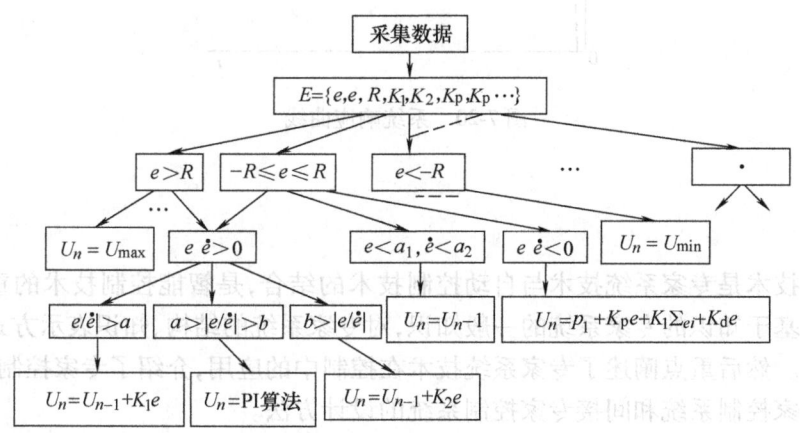

图 7-19　实时搜索过程

4. 系统仿真实例

设一个二阶惯性纯滞后过程控制对象传递函数为

$$G_p(s) = \frac{2e^{-s\tau}}{(2.2s+1)(4.5s+1)} \tag{7-16}$$

离散化

$$G_p(z^{-1}) = z\left[\frac{1-e^{Ts}}{s}\frac{2e^{-s\tau}}{(2.2s+1)(4.5s+1)}\right] = \frac{z^{-2}(0.0740+0.0643z^{-1})}{1-1.45939z^{-1}+0.8285z^{-2}} \tag{7-17}$$

根据式(7-10)得比较控制下闭环特征方程为

$$N(z^{-1}) = z^3 - 1.45939z^2 + (0.5285+0.0704K_p)z + 0.06432K_p = 0 \tag{7-18}$$

$$\det(x-y) = f(k) = K_p^2 + 40.5926K_p - 114.0404 = 0 \tag{7-19}$$

解式(7-19)得最小正值临界增益 $K_c = 2.638$,将 $K_p = K_c$ 代入式(7-18)可得 $T_c = 12.38$。

$$\begin{cases} T_c = 12.38 \\ K_p = 2.638 \end{cases}$$ 可作为表(7-1)的PID调节器的初始预整定值。

经实时专家PID控制得出仿真结果系统响应曲线如图7-20所示。曲线1为专家PID控制结果,曲线2为预整定PID控制结果。

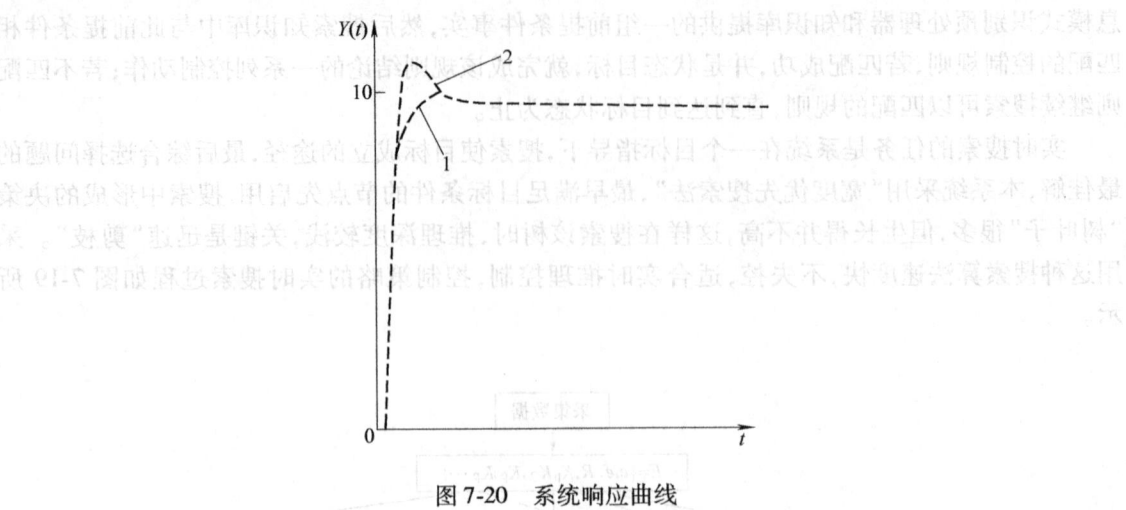

图 7-20 系统响应曲线

7.5 小结

专家控制技术是专家系统技术与自动控制技术的结合，是智能控制技术的重要分支。本章首先概述了基于知识的专家系统的一般知识，对专家系统的结构、知识表示方式以及推理机制进行了介绍。然后重点阐述了专家系统技术在控制中的应用，介绍了专家控制技术的原理，给出了直接专家控制系统和间接专家控制系统的设计方法。

第 8 章 遗 传 算 法

遗传算法（Genetic Algorithm，GA）作为一种解决复杂问题的优化搜索方法，是由美国密执安大学的 John Holland 教授首先提出来的。遗传算法是以达尔文的生物进化论为启发而创建的，是一种基于进化论中优胜劣汰、自然选择、适者生存和物种遗传思想的优化算法。遗传算法广泛应用于人工智能、机器学习、知识工程、函数优化、自动控制、模式识别、图像处理、生物工程等众多领域。目前，遗传算法正在向其他学科和领域渗透，正在形成遗传算法、神经网络和模糊控制相结合，从而构成一种新型的智能控制系统整体优化的结构形式。本章将介绍遗传算法的基本原理及其在智能控制系统中的一些应用。

8.1 遗传算法基本原理

8.1.1 遗传算法的由来

遗传算法的基本思想来源于 Darwin 的进化论和 Mendel 的遗传学说。Darwin 的进化论认为每一物种在不断的发展过程中都是越来越适应环境。物种的每个个体的基本特征被后代所继承，但后代又不完全与父代相同，这些新的变化，若适应环境，则被保留下来。在某一环境中也是那些更能适应环境的个体特征能被保留下来，这就是适者生存的原理。Mendel 的遗传学说认为遗传是作为一种指令遗传码封装在每个细胞中，并以基因的形式包含在染色体中，每个基因有特殊的位置并控制某个特殊的性质，每个基因产生的个体对环境有一定的适应性，基因杂交和基因突变可能产生对环境适应性强的后代，通过优胜劣汰的自然选择，适应值高的基因结构就保存下来。

遗传算法的产生受到了自然界生物进化现象的启发，它最初是对自然进化过程的一个简单的模拟。所以，遗传算法从生物学里借用了一些术语，"个体"表示问题的一个可能解；"种群"表示一组"个体"的集合。遗传算法是将问题的求解表示成"染色体"（用编程计算时，一般用二进制编码串表示），从而构成一群"染色体"。将它们置于问题的"环境"中，根据适者生存的原则，从中选择出适应环境的"染色体"进行复制，即再生（Reproduction，Selection），通过交叉（Crossover）、变异（Mutation）两种基因操作产生出新的一代更适应环境的"染色体"群，这样一代代地不断进化，最后收敛到一个最适合环境的个体上，求得问题的最优解。

遗传算法的出发点是一个简单的群体遗传模型，该模型基于如下假设：
1) 染色体（基因型）由一固定长度的字符串组成，其中的每一位具有有限数目的等位基因。
2) 群体由有限数目的基因型组成。
3) 每一基因型有一相应的适应度（Fitness），表示该基因型生存与复制的能力。适应度为大于零的实数，适应度越大表示生存能力越强。

8.1.2 遗传算法的基本操作

设字符串的长度为 l,等位基因数为 2,用 0 和 1 表示。则基因型可表示为

$$A = a_1 a_2 \cdots a_l \tag{8-1}$$

式中,$a_i \in \{0, 1\}$,$i = 1, 2, \cdots, l$。群体中有 n 个基因型,用 A_j 表示第 j 个,$j = 1, 2, \cdots, n$。各基因型均具有相应的大于零的适应度 f_i。

1. 复制

复制(Reproduction)(又称繁殖),是从一个旧种群(Old Population)中选择生命力强的个体位串(或称字符串)产生新种群的过程。或者说,复制是个体位串根据其目标函数 f(即适应度函数)复制自己的过程。根据位串的适应度值复制位串意味着,具有较高适应度值的位串更有可能在下一代中产生一个或多个后代。显然,这个操作是模仿自然选择现象,将达尔文的适者生存理论应用于位串的复制,适应度值是该位串被复制或被淘汰的决定因素。

按 $Nf_i/\sum f_i$(f_i 是 x_i 的适应度(值),即 x_i 的对象函数值,$\sum f_i$ 是串群的适应度之和,N 为种群数目)决定第 i 个个体 x_i 在下一代中应复制其自身的数目。再生意味着适应度越高的个体,在下一代中复制自身的个数越多。

2. 交叉

交叉(Crossover)是在两个基因型之间进行的,指其中部分内容进行了互换。例如有两个串

$$A = a_1 a_2 \cdots a_l \tag{8-2}$$
$$B = b_1 b_2 \cdots b_l \tag{8-3}$$

若在位置 i 交换,则产生两个新的串

$$A' = a_1 \cdots a_i b_{i+1} \cdots b_l \tag{8-4}$$
$$B' = b_1 \cdots b_i a_{i+1} \cdots a_l \tag{8-5}$$

式中,$1 \leq i \leq l-1$,是随机产生的。交叉是最重要的遗传算子,对搜索过程起决定作用。

3. 变异

若基因型中某个或某几个位置上的等位基因从一种状态跳变到另一种状态(0 变为 1 或 1 变为 0),则称该基因型发生了变异(Mutation)。其中变异的位置也是随机的。

例如基因型

$$a_1 \cdots a_i a_{i+1} \cdots a_j a_{j+1} \cdots a_l \tag{8-6}$$

中的 a_i 位上变异为 b_i,产生基因型

$$a_1 \cdots b_i a_{i+1} \cdots a_j a_{j+1} \cdots a_l \tag{8-7}$$

遗传算法就是对这群串进行基因操作:复制、交叉和变异,产生出新的一代串群,比父代更适应"环境",这样不断重复,直至搜索到问题的最优解。设群体由 n 个串组成,第 i 个串的适应度为 f_i,则遗传算法由以下基本步骤实现:

1) $k=0$,随机产生 n 个串,构成初始群体。
2) 计算各串的适应度(值)f_i,$i = 1, 2, \cdots, n$。
3) 以下列步骤产生新的群体,直到新群体中串的总数达到 n:
   ① 以概率 $f_i/\sum f_i$、$f_j/\sum f_j$ 从群体中选出两个串 S_i、S_j。
   ② 以概率 P_c 对 S_i、S_j 进行交换,得到新的串 S'_i、S'_j。

③ 以概率 P_m 使 S_i'、S_j' 中的各位产生变异。

4) $k = k+1$ 返回 2)。

图 8-1 描述了遗传算法的基本步骤。

8.1.3 遗传算法的特点

遗传算法包含了生物进化和遗传的思想，因而具有一些与传统优化算法不同的特点：

1) 遗传算法是对问题参数的编码（染色体）进行操作，而不是参数本身。

遗传算法要求将优化问题的参数编码成长度有限、代码集有限（一般为 $\{0, 1\}$）的串。遗传算法是在求解问题的决定因素和控制参数的编码串上进行操作，从中找出高适应值的串，而不是对函数和它们的控制参数直接操作。

2) 遗传算法计算简单，便于计算机编程，功能强。

3) 遗传算法是从问题解的串集开始搜索，而不是从单个解开始，更有利于搜索到全局最优解。

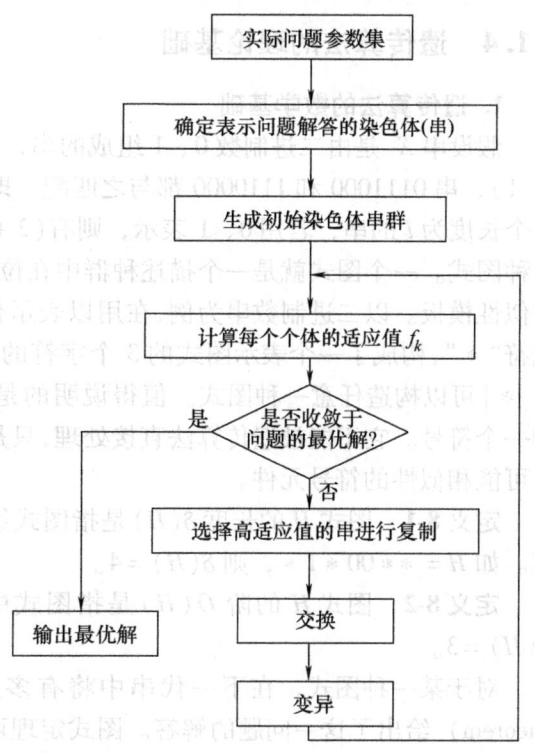

图 8-1 遗传算法的基本步骤

4) 遗传算法使用对象函数值（即适应值）这一信息进行搜索，而不需导数等其他信息。

传统优化算法需要一些辅助信息，如梯度算法需要求导数，当这些信息不存在时，这些算法就失败了。而遗传算法只需对象函数和编码串，不受函数约束条件（如连续性、导数存在、单极值等）的限制，因此，遗传算法的适用范围更加广泛。

5) 遗传算法的复制、交叉、变异这 3 个算子都是由概率决定的，而非确定性的。

遗传算法使用随机操作，但并不意味着遗传算法是简单的随机搜索。遗传算法是使用随机工具来指导搜索向着一个最优解前进。

6) 遗传算法具有隐含的并行性，因而可通过大规模并行计算来提高计算速度。

11011001 这个串是 11 ****** 区域的成员，它同时属于 1 ****** 1 和 ** 0 ** 00 * 等区域。对于那些较大的区域，也就是含有许多不确定位的区域，串的群体中表示它们的串较多。所以遗传算法在搜索空间里使用相对少的串，就可以检验表示数量极大的区域，这种特性叫做隐含并行性（Implicit Parallelism）。隐含并行性与并行性含义不同，它不是指串群可以并行地同时操作（当然遗传算法具有并行性），而是指虽然每一代只对 N 个操作，但实际上处理了大约 $O(N^3)$ 个图式，换句话说，虽然只执行了 N 个串的计算量，但好像在没有占用多于 N 个串的内存的情况下，并行地得到了 $O(N^3)$ 个图式的处理。这种隐含的并行性是遗传算法优于其他求解过程的关键所在。

7) 遗传算法更适合大规模复杂问题的优化，但解决简单问题时效率并不高。

8.1.4 遗传算法的理论基础

1. 遗传算法的数学基础

假设串 X_i 是由二进制数 0、1 组成的串,那么对于图式(Schema) $H = *11*0**$ ($*$ 为 0,1),串 0111000 和 1110000 都与之匹配。即这两个串在某些位上相似(Similarity)。对于一个长度为 l 的串,若用 0、1 表示,则有 $(2+1)^l$ 个图式。在一个 N 个串的群中最多有 $N \times 2^l$ 种图式。一个图式就是一个描述种群中在位串的某些确定位置上具有相似性的位串子集的相似性模板。以二进制数为例,在用以表示位串的两个字符的字母表 $\{0,1\}$ 中加入一个通配符"$*$",构成了一个表示图式的 3 个字符的字母表 $\{0,1,*\}$,这样就用 3 元素字母表 $\{0,1,*\}$ 可以构造任意一种图式。值得说明的是,"$*$"只是一个元符号,即用于代表其他符号的一个符号。它不能被遗传算法直接处理,只是用于描述特定长度和特定字母表的位串的所有可能相似性的符号元件。

定义 8-1 图式 H 的长度 $\delta(H)$ 是指图式第一个确定位置和最后一个确定位置之间的距离。如 $H = **00*1*$,则 $\delta(H) = 4$。

定义 8-2 图式 H 的阶 $O(H)$ 是指图式中固定串位的个数。如 $H = **00*1*$,则 $O(H) = 3$。

对于某一种图式,在下一代串中将有多少串与这种图式匹配呢?图式定理(Schema Theorem)给出了这一问题的解答。图式定理可表达为

$$m(H,t+1) \geq m(H,t) \frac{\overline{f}(H)}{\overline{f}} \left(1 - P_c \frac{\delta(H)}{l-1} - O(H) P_m \right) \tag{8-8}$$

式中,$m(H,t)$ 为在 t 代群体中存在图式 H 的串的个数;$\overline{f}(H)$ 为在 t 代群体中包含图式 H 的串的平均适应值;$\overline{f}$ 为 t 代群体中所有串的平均适应值;l 为串的长度;P_c 为交换概率;P_m 为变异概率。

图式定理是遗传算法的理论基础,它说明高适应值、长度短、阶数低的图式在后代中至少以指数增长包含该图式 H 的串的数目。原因在于再生使高适应值的图式复制更多的后代,而简单的交换操作不易破坏长度短、阶数低的图式,而变异概率很小,一般不会影响这些重要图式。

用这种方式处理相似性,遗传算法减少了问题的复杂性,在某种意义上这些高适应值、长度短、低价的图式成了问题的一部分解(又叫积木块 Building Blocks)。遗传算法是从父代最好的部分解中构造出越来越好的串,而不是去试验每一个可能的组合。长度短的、低阶的、高适应值的图式(积木块)通过遗传操作复制、交叉、变异、再复制、再交叉、再变异的逐渐变化,形成潜在的适应性较高的串,这就是积木假说。遗传算法通过积木块的并置,寻找接近最优的特征。

2. 应用遗传算法的几个要点

在应用遗传算法求解优化问题时,需要考虑以下几个关键问题:

(1) 问题编码

问题编码就是如何将优化问题描述成串的形式,需要考虑编码方法和串长等。最小字母表原则是一种应用最广泛的遗传算法编码原则。最小字母表原则要求选择一个使问题得以自然表达的最小字母表进行编码。根据遗传算法的图式理论,遗传算法能有效工作的根本原因

在于其能有效地处理种群中的大量图式,尤其是那些定义长度短、确定位数少、适应度值高的图式(即建筑块)。因此,编码应使确定规模的种群中包含尽可能多的图式。编码中还需要考虑的一个因素是串长,这对于问题求解的精度和遗传算法收敛时间会有很大影响。在参数优化等问题中,一般将各参数用二进制编码,构成子串,再将子串拼接起来构成"染色体"串。对于复杂问题如变结构控制器、神经网络等,如何将问题描述成串的形式就不那么简单,而且同一问题可以有二进制编码、实数编码等不同的编码方法。

(2) 对象函数的确定

对象函数用于评价各串的性能。函数优化问题可直接将函数本身作为对象函数。复杂系统的对象函数一般不那么直观,往往需要研究者自己构造出能对解的性能进行评价的函数。

(3) 遗传算法本身参数的确定

种群数目 N:种群数目影响遗传算法的有效性。N 太小,遗传算法会很差或根本找不出问题的解。因为太小的种群数目不能提供足够的采样点;N 太大,会增加计算量,使收敛时间增长。一般各群数目在 30~160 之间比较适合。

交换概率 P_c:控制着交换操作的频率,P_c 太大,会使高适应值的结构很快被破坏掉,P_c 太小搜索会停滞不前,一般 P_c 取 0.25~0.75。

变异概率 P_m:是增大种群多样性的第二个因素,P_m 太小会产生新的基因块,P_m 太大,会使遗传算法变成随机搜索,一般 P_m 取 0.01~0.2。

8.1.5 用于优化问题的遗传算法

1. 一类非线性优化问题的遗传算法

考虑如下的一类非线性优化问题

$$\begin{cases} \max f(x_1,\cdots,x_r) \\ \text{s.t.} \quad a_i \leqslant x_i \leqslant b_i \quad i=1,\cdots,r \end{cases} \tag{8-9}$$

式中,x_i 为未知变量;a_i、b_i 为实常量;f 为非线性目标函数。

利用遗传算法来解决一个具体的优化问题,一般分 3 个步骤:

1) 找到有效且通用的编码方法,将问题的可能解编码成有限位的字符串。根据编码方法定义一个适应度函数,用以测量和评价各解的性能。确定遗传算法各个参数的取值,如群体规模 n、交叉概率 P_c、变异概率 P_m。

2) 由遗传算法寻找最佳串:

① $t=0$,随机产生几个串,构成初始群体 G_t。

② 计算各串的适应度 F_i,$i=1,\cdots,n$。

③ 根据 F_i 对群体进行复制操作,以概率 P_c 对群体进行交叉操作;以概率 P_m 对群体进行变异操作。经过 3 种操作产生新的群体。

④ $t=t+1$,计算各串的适应度 F_i。

⑤ 终止条件是否满足,若不满足,返回③。

⑥ 找出最佳串 S_m,结束。

3) 根据最佳串 S_m,给出实际问题最优解。

事实上,遗传算法是通过复制、交叉和变异来分别模拟自然选择和自然遗传过程中发生的繁殖、交配和基因突变现象。复制是指每一字符串按照适应度值进化到新群体的过程,其中具有适应度相对好的个体,在下一代中得到更多的繁殖机会,产生更多的后代,而适应度低的个体则产生的后代数目少,甚至被性能更好的后代个体所替代。交叉分 3 步进行,首先对复制的串随机配对,其次对每一对字符随机地选取一整数 k,最后按照交叉概率 P_c 对配对的字符串在整数位置 k 进行交叉。变异则是指把某个体中的每一位以概率 P_m 进行取反运算,同自然界一样,P_m 是很小的,变异消除了误取局部最小的可能性,增强了搜索能力。

下面对模型式(8-9)的算法实现做一些讨论。

(1) 问题编码

对于每个 x_i,将其取值与一长 p 位的由 0 和 1 组成的字条串 str(i) 做如下对应:

$$x_i = a_i + \frac{\text{binrep}(i)}{2^p - 1}[b_i - a_i] \tag{8-10}$$

式中,binrep(i) 为 str(i) 字符串所表示的二进制整数,即若 str(i) 为字符串

$$11011$$

则对应的 binrep(i) 是

$$1 \times 2^4 + 1 \times 2^3 + 0 \times 2^2 + 1 \times 2^1 + 1 \times 2^0$$

对于 $(x_1, \cdots, x_r)$,其对应字符串由每个 x_i 对应字符串级联而成,长度为 p_r。

(2) 适应度函数

对于一个长 p_r 的具体的字符串,可分解为 r 个长 p 的字符串,通过式(8-9)得其对应的 $(x_1, \cdots, x_r)$,即可定义 $f(x_1, \cdots, x_r)$ 为该字符串的适应度。考虑到当 $f(\cdot)$ 有负值时无法作为适应度,并且即使 $f(\cdot)$ 非负,但若 $f(\cdot)$ 对某一代群体相对变化范围不大,如 $1000 < f(\cdot) < 1100$,则算法收敛速度很慢,因此有必要对 $f(\cdot)$ 作适当浮动。在实际计算时,采用了对每一代作如下的相对浮动:

设第 t 代规模为 n 的群体对应的目标值为 F_i,$i = 1, \cdots, n$,取修正值

$$F'_i = F_i - F_{\min} + \frac{1}{n}(F_{\max} - F_{\min}) \tag{8-11}$$

其中

$$F_{\min} = \min_{1 \leq i \leq n} F_i \qquad F_{\max} = \min_{1 \leq i \leq n} F_i$$

计算结果说明效果很好。

(3) 初始群体与群体规模

群体规模 n 选得过小,容易造成成熟前收敛;n 选得过大,则每一代的运算量很大,收敛速度慢。对不同的优化问题,由于变量个数不同,不宜使用相同的规模。经过实际运算比较发现,取 n 为编码长度的两倍即 $2p_r$ 较好。初始群体的选取,考虑到对于同一问题的交互过程,各次计算变化不大,因此上次的计算结果可作为先验带入下次的初始群体中。经过实际比较,保留上次适应度值较大的 20%,再随机产生 80% 的初始群体效果较好。

(4) 复制操作

为了防止已经搜寻到的最优结果的丢失,通常把上一代群体中适应度最大的 10%,不参加复制、交叉、变异 3 种操作,直接带入下一代群体。另外的 90% 由 3 种操作产生。每一个体复制比例如下

$$\frac{F_i}{\sum_{i=1}^{n} F_i} \times 0.9 \qquad i = 1, \cdots, n \tag{8-12}$$

(5) 交叉操作与交叉概率

交叉只对由复制产生的 $0.9n$ 个个体进行。交叉概率 P_c 越大，产生新个体的机会越大，搜索效率越高，但 P_c 过大，则搜索的较好的个体将会丢失。比较结果是，一般以 0.85 为佳。由于采取了 10% 个体直接进入下一代的做法，此时 0.95 较好。

(6) 变异操作与变异概率

遗传算法的探索能力主要是由复制和交叉赋予的，但若无变异操作，则有可能丢失有用的可能解，而变异操作保证了算法能搜索到问题解空间的每一点，使算法具有全局收敛性。和交叉概率一样，变异概率过大或过小都不好，对于我们的问题，经过实际运算，取 0.03 较为适宜。

(7) 停止条件

我们选用的停止条件为 N 代内最佳适应度值无显著提高。N 太大则收敛时间太长，N 太小则所求得结果与最优值误差太大，因此 N 过大过小都不好。参考群体规模 n 来确定 N，若 n 大则 N 小，若 n 小则 N 大。取 n 为 $2p_r$ 时选取 N 为 30。

2. 约束最优化的遗传算法

考虑如下的带有不等式约束的非线性优化问题

$$\begin{cases} \max f(x_1, \cdots, x_r) \\ \text{s.t.1} \quad g(x_1, \cdots, x_r) \leq 0 \\ \text{s.t.2} \quad a_i \leq x_i \leq b_i \quad i = 1, \cdots, r \end{cases} \tag{8-13}$$

定义适应度如下：

设第 t 代规模为 n 的群体对应的目标值为 F_i，$i = 1, \cdots, n$，取修正

$$F'_i = F_i - F_{\min} + \frac{1}{n}(F_{\max} - F_{\min}) \tag{8-14}$$

其中

$$F_{\min} = \min_{1 \leq i \leq n} F_i \qquad F_{\max} = \max_{1 \leq i \leq n} F_i$$

再次修正

$$\tilde{F}_i = \begin{cases} F'_i & \text{第 } i \text{ 个个体满足 s.t.1} \\ 0 & \text{否则} \end{cases}$$

模型式（8-13）即可化为 8.1.5 小节中 1. 所述标准问题的处理。

对等式约束问题

$$\begin{cases} \max f(x_1, \cdots, x_r) \\ \text{s.t.1} \quad g(x_1, \cdots, x_r) = 0 \\ \text{s.t.2} \quad a_i \leq x_i \leq b_i \quad i = 1, \cdots, r \end{cases} \tag{8-15}$$

可以利用罚函数法予以处理，下面讨论罚函数的构造问题。有 3 种想法可供参考。

(1) 加法形式

构造

$$\begin{cases} \max f(x_1, \cdots, x_r) + P(g(x_1, \cdots, x_r)^2) \\ \text{s.t.2} \quad a_i \leq x_i \leq b_i \end{cases} \tag{8-16}$$

式中，$P(\cdot)$ 为单调减函数。例如二次型

$$P(y) = -cy^2 \quad c > 0 \tag{8-17}$$

或钟形

$$P(y) = \frac{1}{\sqrt{2\pi}}\exp\left\{-\frac{y^2}{2\delta^2}\right\} \quad \delta > 0 \tag{8-18}$$

c 或 δ 越大，式（8-16）的解从理论上讲，越能使条件 $g(x_1,\cdots,x_r)$ 接近于 0。但是，由于遗传算法的特点，当 c 或 δ 很大时，某一代的各适应度值完全由 $P(\cdot)$ 所控制，$f(\cdot)$ 几乎不起作用，使遗传算法无法收敛。c 或 δ 取得较小时，条件 s.t.1 误差太大。

（2）乘法形式

构造

$$\begin{cases}\max f(x_1,\cdots,x_r)P(g(x_1,\cdots,x_r)^2) \\ \text{s.t.2} \quad a_i \le x_i \le b_i\end{cases} \tag{8-19}$$

$P(\cdot)$ 类型同加法形式。但是式（8-19）的构造必须满足条件 $f(\cdot)\ge 0$ 和 $P(\cdot)\ge 0$。$P(\cdot)\ge 0$ 的条件在构造时容易满足，如式（8-18）。$f(\cdot)\ge 0$ 因事先对 $f(*)$ 的取值范围不好掌握，难以处理。可以加上一个很大的数，对 $f(\cdot)$ 做修正：$f(\cdot)=f(\cdot)+M$。但这样做，将使遗传算法收敛很慢。

（3）浮动乘法形式

对目标 $f(\cdot)$，对某一代的群体，利用式（8-14）获得 F_i'，$i=1,\cdots,n$，再对该群体分别得到 $f(\cdot)$ 函数的值 P_i，$i=1,\cdots,n$，然后取适应度值为 $F_i'P_i$。试验证明，对于形如式（8-18）的 $P(\cdot)$ 应适当选取 δ。若 δ 较大时，s.t.1 条件误差较大，若取 δ 非常小时，算法收敛速度太慢，几乎难以收敛。实际可选取 δ 为 $g(\cdot)$ 平均取值的 0.1，此时 s.t.1 相对误差为 0.02% 左右。

8.2 基于遗传算法的参数辨识

用遗传算法进行系统辨识，适应面广，鲁棒性强，计算稳定和辨识精度高。因为遗传算法是同时估计参数空间中的许多点，并利用遗传信息和适者生存的策略来指导搜索方向，所以它具有全局优化的能力，而且不需要假定搜索空间是可微的或连续的。

利用遗传算法建模，可同时确定模型结构及参数。对于线性模型，可同时获得系统的阶、时滞及参数值。只要将相关参数组合成相应的基因型，并定义好相应的适应度函数即可，实现起来方便。

这里，将模型结构及参数组成染色体串，将拟合误差转换成相应的适应度，于是系统建模问题就转化为利用遗传算法搜索最佳基因型结构问题。下面以一个线性系统的建模为例进行说明。

设模型具有如下形式：

$$y(k) = a_1y(k-1) + \cdots + a_ny(k-n) + q^{-d}[b_0u(k) + \cdots + b_mu(k-m)] \tag{8-20}$$

式中，n，m，d，a_i，b_i 均未知。将这些未知参数编码后串接起来，组成基因型。具体来说，基因型的结构可呈如下的形式：

$$n\ m\ d\ a_1\cdots a_n\ b_0\ b_1\cdots b_m$$

为方便起见，均采用二进制编码。每个参数所占的位数，可根据其取值范围或分辨率来确定。设模型输出与对象输出之差为 e。由于遗传算法是搜寻适应度最大的串结构，故适应度函数 f_i 可通过下式进行变换：

$$f_i = M - |e_i| \quad i = 1,2,\cdots,n \tag{8-21}$$

式中，$M \geq \max|e_i|$。

8.2.1 遗传算法辨识系统参数

考虑描述系统的 ARMAX 模型为

$$A(q^{-1})y(k) = B(q^{-1})u(k-d) + \xi(k) \tag{8-22}$$

其中

$$\begin{cases} A(q^{-1}) = 1 + a_1 q^{-1} + \cdots + a_{n_a} q^{-n_a} \\ B(q^{-1}) = b_0 + b_1 q^{-1} + \cdots + b_{n_b} q^{-n_b} \end{cases}$$

式中，q^{-1} 为单位后移算子，$q^{-1}y(k) = y(k-1)$；d 为时滞；$g(k)$ 为噪声。

对于第 k 次观测。实际观测值 $y(k)$ 与估计模型计算值 $\hat{y}(k)$ 之间的偏差为

$$e(k) = y(k) - \hat{y}(k) \tag{8-23}$$

式中，e 称为残差。$\hat{y}(k)$ 由下式计算：

$$\hat{A}(q^{-1})\hat{y}(k) = \hat{B}(q^{-1})u(k-d) \tag{8-24}$$

其中

$$\begin{cases} \hat{A}(q^{-1}) = 1 + \hat{a}_1 q^{-1} + \cdots + \hat{a}_{n_a} q^{-n_a} \\ \hat{B}(q^{-1}) = \hat{b}_0 + \hat{b}_1 q^{-1} + \cdots + \hat{b}_{n_b} q^{-n_b} \end{cases}$$

式中，$\hat{a}_1, \hat{a}_2, \cdots, \hat{a}_n$ 和 $\hat{b}_1, \hat{b}_2, \cdots, \hat{b}_{n_b}$ 为第 k 次满足下列目标函数为最小的参数估计值

$$J = e^T e \tag{8-25}$$

采用遗传算法辨识系统参数值，应将系统参数用二进制数串表示，假定系统参数的分量均在预定的范围 $[P_{minij}, P_{maxij}]$ 内变化，那么参数串的表示值和实际参数值之间的关系为

$$P_{ij} = P_{minij} + \frac{\text{binrep}}{2^l - 1}(P_{maxij} - P_{minij}) \tag{8-26}$$

式中，binrep 为一个 l 位字符串所表示的二进制整数。

在遗传算法中，P_c 和 P_m 的选取非常重要，直接影响算法的收敛性。一般选取范围 P_c 为 $0.5 \sim 1.0$，P_m 为 $0.005 \sim 0.05$，针对不同的优化问题，需要反复实验来确定，但很难找到适应于每个优化问题的最佳值。在自适应 P_c 和 P_m 中，它们是根据解的适应值变化而变化。对于适应值高的解，相对应于低的 P_c 和 P_m，使该解得以保护进入下一代。而低于平均适应值的解，相对应于高的 P_c 和 P_m，被淘汰掉，因此，自适应 P_c 和 P_m 能够提供相对某个解的最佳 P_c 和 P_m，有效地提高了遗传算法的优化能力。

自适应 P_c 和 P_m 的表达式为

$$P_c = \begin{cases} K_1(f_{max} - f')/(f_{max} - \bar{f}) & f' \geq \bar{f} \\ K_2 & f' < \bar{f} \end{cases} \tag{8-27}$$

$$P_m = \begin{cases} K_3(f_{max} - f)/(f_{max} - \bar{f}) & f \geq \bar{f} \\ K_4 & f < \bar{f} \end{cases} \tag{8-28}$$

式中，K_1、K_2、K_3、$K_4 \leq 1.0$ 为常数；f_{max} 为每一代群体的最大适应值；$\bar{f}$ 为每一代的平均适应值；f' 为要交叉的两个串中适应值大的；f 为要变异的串的适应值。

利用遗传算法来辨识系统参数的主要步骤：

1) 随机产生 N 个二进制数字符串，每一个字符串表示一组系统参数，从而形成第零代群体。

2) 根据式（8-26）将各个二进制数字符串译码成系统的各参数值，然后根据下式计算每一组参数的适应值

$$F(k) = \sum_{i=0}^{m} C_{max} - [e(k-i)]^2 \qquad (8-29)$$

式中，C_{max} 为正常数，用于保证适应函数为非负；m 为第 k 次采样之前的采样步数。

3) 应用复制、交叉、变异算子对群体进行进化操作。

4) 重复2）和3）步骤，直至算法收敛或达到预先设定的世代数。

5) 群体中适应度最好的字符串所表示的参数就是所要辨识的系统参数。

8.2.2 数字仿真

描述系统的数字模型为

$$y(k) - 1.5y(k-1) + 0.7y(k-2) = u(k-1) + 0.5u(k-2) + g(k) \qquad (8-30)$$

式中，$g(k)$ 为随机白噪声序列，它满足均值为零，方差 $\sigma^2 = 0.1$。

遗传算法使用的参数：群体大小 $N = 90$，假设辨识参数均在 $[-1, 2]$ 内变化，并用 10 位长度的二进制数字符串表示。系统中共有 4 个参数需要辨识，个体长度 $L = 4 \times 10 = 40$ 位。自适应交叉和变异概率参数为 $K_1 = K_2 = 1.0$，$K_3 = K_4 = 0.05$。

输入实验信号分别用长度为 127 的伪随机码序列（PRBS）和正弦 $\sin t$。每采样一次数据，遗传进化 3 代。适应函数中的 m 取值为 30。输入为 PRBS 时，遗传算法经过 1139 代进化，输入为 $\sin t$ 时，遗传算法经过 1199 代进化。辨识结果如表 8-1 所示，同时，也列出了最小二乘法的辨识结果。

表 8-1 遗传算法（GA）和最小二乘法（LS）辨识的系统参数

输入	算法	a_1	a_2	b_1	b_2
PRBS	GA	1.492669	-0.709677	0.979472	0.498534
	LS	1.487490	-0.686200	0.968150	0.496220
$\sin t$	GA	1.486804	-0.700880	1.061584	0.4985434
	LS	2.025833	-1.301157	2.055974	-0.829127
精度值		1.5	-0.7	1.0	0.5

可见在正弦输入时，噪声比为 10%，最小二乘法辨识的结果是面目皆非，而遗传算法辨识的结果精度高，为无偏估计。

利用遗传算法进行非线性系统的建模与此类似。由于非线性系统没有统一的表达形式，建模时需事先确定采用哪一类结构形式。将有关参数构成相应的基因型，便可通过遗传算法确定其最佳取值。

用遗传算法建模特别适合对给定的数据进行离线拟合。非常适合于多峰值的复杂函数。不需要参数空间的具体信息，只需一个评价值。由于其操作是在编码后的空间进行的，因而对

噪声不太敏感。

8.3 基于遗传算法的控制参数优化

控制系统的任务主要是选择合适的控制器结构,然后优化其参数以满足特定实际应用的性能要求。在控制系统设计中,几乎所有的控制器都或多或少有一些需事先知道或在线确定的参数,如 PID 控制器的 P、I、D 参数,极点配置方法中零极点的选择等。这些量的确定,要么根据对象的数学模型通过某种方法计算出来,要么根据经验来确定。在设计或运行过程中,这些参数取值的好坏,直接影响到系统运行的品质。实际上,控制系统的建模和设计都是在具有噪声情况下的多模空间中的多维优化任务,传统优化方法都不能轻易或准确地进行这一多维多模优化任务。遗传算法是一种成熟的具有鲁棒性和广泛适应性的全局优化算法,在解决控制系统优化方面具有较大的潜力。

说到优化,需要有某种事先确定的性能指标来衡量,这可根据实际要求来选取。性能指标通常与控制器参数具有密切的关系。这种关系一般难于以显式表达出来,但可以测量出来。由遗传算法的特点可以看出,只要将控制器参数构成基因型,将性能指标构成相应的适应度,便可利用遗传算法确定控制器的最佳参数值。关键的问题是如何进行染色体串的性能评价。一般来说,控制参数与性能指标之间存在着复杂的非线性关系,其精确的表达很难获得。

设性能指标与控制参数之间的代数关系为

$$Z = F(\theta) \tag{8-31}$$

对任意两点 (θ_1, Z_1),(θ_2, Z_2) 有

$$Z_2 = IZ_1 + \frac{\partial F(\theta_1)}{\partial \theta_1}\Delta\theta_1 + o(\|\Delta\theta_1\|) \tag{8-32}$$

式中,I 为单位阵,$\Delta\theta_1 = \theta_2 - \theta_1$;$o(\cdot)$ 为高阶项。上式可近似为

$$Z(k+1) = AZ(k) + B\Delta\theta(k) \tag{8-33}$$

可通过辨识方法对 A 和 B 进行辨识。若能以上面的方法获得性能指标与参数间的近似表达,则用遗传算法进行在线参数优化就极为方便了。

另一方面,一个控制器性能的好坏,可通过被控对象的输出响应来评价。例如可用偏差绝对值的某种积分形式来进行评价。但群体中各基因型都是平等的并行关系,如果直接通过实际对象的输出来评价这些基因型,虽说不难做到,却带来一些问题。这样做可能会引起系统输出的较大波动,因为群体中各个串的组成具有一定随机性,有的串所对应的参数可能会导致系统失稳。而且每一代所花的时间很长,特别是当系统的动态响应较慢时。

如果这个评价过程不是通过实际对象进行,而是通过对象的模型进行的,则问题可得以部分解决。由一个辨识环节获得对象的模型,群体中各个串的评价都通过模型进行。将群体中适应度最高的基因型所对应的参数值送入控制器。由于评价是通过模型进行的,不会对主回路产生不良影响。由遗传算法的特性可知,系统的性能只会越来越改善。

对模型的评价和对实际对象的评价毕竟不是一回事,但两者还是具有某种内在关系的。设对象的性能指标为 J,对象模型的性能指标为 J_m,作以下定义:

定义 8-3 设有两组控制器参数 α_1 和 α_2,对应于 α_1 有 J_1 和 J_{m1},对应于 α_2 有 J_2 和 J_{m2},如果当 $J_{m1} \geq J_{m2}$ 时有 $J_1 \geq J_2$,或者当 $J_{m1} \leq J_{m2}$ 时有 $J_1 \leq J_2$,则对这两组参数而言,模型的性

能变化体现了实际对象的性能变化。

对于一类具有误差绝对值线性积分形式的性能指标，如 IAE、ITAE 等，可得到如下的结论：

定理 8-1 设 $\max_k |y(k) - y_m(k)| = \varepsilon \geq 0$，则对于一类 $|e|$ 的线性积分性能指标而言，模型的性能体现实际对象性能的充分条件为

$$|\Delta J_m| \geq 2\varepsilon T \tag{8-34}$$

式中，T 为积分时间，ΔJ_m 表示两组控制器参数对应的模型的性能指标变化量。

证明： 以 $J = \int_0^T |e| dt, J_m = \int_0^T |e_m| dt$ 为例。设 r 为参考输入，得

$$\begin{aligned}
\Delta J = J_2 - J_1 &= \int_0^T (|r - y_2| - |r - y_1|) dt \\
&\geq \int_0^T (|r - y_{m2} - \varepsilon| - |r - y_{m1} + \varepsilon|) dt \\
&\geq \int_0^T (|r - y_{m2}| - |\varepsilon| - |r - y_{m1}| - |\varepsilon|) dt \\
&= \int_0^T |r - y_{m2}| - \int_0^T |r - y_{m1}| - 2\varepsilon T \\
&= \Delta J_m - 2\varepsilon T
\end{aligned} \tag{8-35}$$

又

$$\begin{aligned}
\Delta J &= \int_0^T (|r - y_2| - |r - y_1|) dt \\
&\leq \int_0^T (|r - y_{m2} + \varepsilon| - |r - y_{m1} - \varepsilon|) dt \\
&\leq \int_0^T (|r - y_{m2}| + |\varepsilon| - |r - y_{m1}| + |\varepsilon|) dt \\
&= \Delta J_m + 2\varepsilon T
\end{aligned} \tag{8-36}$$

所以模型与对象就性能指标 J 而言等价的充分条件为

$$\Delta J_m \geq 2\varepsilon T \tag{8-37}$$

或

$$\Delta J_m \leq -2\varepsilon T \tag{8-38}$$

也就是

$$|\Delta J_m| \geq 2\varepsilon T \tag{8-39}$$

这可作为一判别条件，判断是否将模型评价所获得的参数值代入实际控制器。当当前群体与上一代群体中最大适应值之差满足上述条件时，对应的参数即可代入。为增加灵敏度，该条件可作适当放松，即 $\Delta J_m \geq 2\sigma\varepsilon T$，其中 $0 < \sigma < 1$，可根据噪声水平适当选取。

利用遗传算法进行控制器在线寻优的系统构成如图 8-2 所示。

仍采用上例中的对象及 PID 控制器，基因型结构和遗传算法参数相同，采用最小二乘方法在线辨识，性能指标为 ITAE，效果还是令人满意的。

由于遗传算法固有的并行性，在目前的串行计算机上运行始终存在效率不高的问题，特别是当群体较大、评价过程计算量较大时。但对适当大小的群体而言，这个问题也不是太突出。在线参数优化时，可把集中评价过程加以分散。还可采用渐进遗传算法（Fogarty，1989）。参数优化可定时进行，也可根据对象输出的性能好坏来确定，这样可充分利用有限的计算资源。

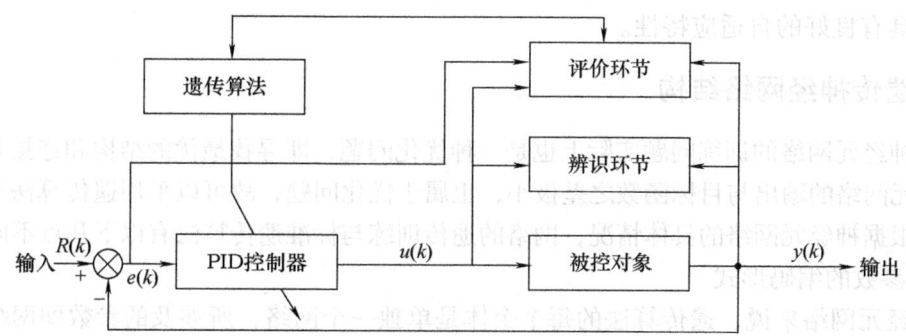

图 8-2　利用遗传算法进行控制器在线寻优的系统构成

8.4　基于遗传算法的神经网络学习方法

人工神经元网络的研究已经走过了一个相当长的阶段，到目前为止，已有的各种神经网络结构中研究和应用最多的是多层前向网络，这不仅是由于它提出较早，结构简单，而且 Kosmogorov 从理论上证明了 3 层前向神经元网络可以任意精度逼近任一连续函数。对于前向网络的训练算法，以 Rumelhart 等首先提出并成功加以应用的误差反向传播（BP）算法最为著名，以至于人们又将多层前向神经元网络称为 BP 网络。但进一步的研究很快发现 BP 算法存在的缺陷：由于该算法采用误差导数指导学习过程，从本质上来说属于局部寻优算法，在存在较多局部极小的情况下很容易陷入局部极小点。而且，它不可避免地存在着学习精度与学习速度之间的矛盾：当学习速度较快的时候，学习过程容易产生振荡，难以得到精确的结果；而当学习速度较慢时，虽然结果可以得到较高的精度，但学习周期太长，也不实用。针对这些问题，虽然国内外研究人员进行了不懈的努力，提出了许多改进算法和新的算法，但到目前为止，前向网络的训练问题还远没有得到解决。

人工神经元网络作为一个由多个非线性元件大规模互连构成的动力系统，其系统的行为由两方面因素决定：其一为拓扑结构，包括网络节点个数和相互连接方式；其二是节点间连接权值。Kosmogorov 定理说明在有合理的结构和恰当的权值的条件下，3 层前向网络可以满意地再现任意连续函数，但定理没有给出如何确定该合理结构的方法。对于 3 层前向网络来说，输入输出层的节点个数由目标函数结构确定，而连接方式是固定的，因此这里的结构即隐层节点个数 BP 算法以及绝大多数现有算法均是在固定结构下的参数学习算法，也就是说，学习只针对连接的权值进行，而隐节点的选取由于缺乏理论指导，只能采用经验估计或凑试的方法。这样固定结构学习的方法在网络训练之前已经破坏了 Kosmogorov 定理的条件，降低了前向网络的学习能力，针对某一特定问题也许是可行的，但作为一般的训练算法，特别在具有时变的系统内很难取得好的学习效果。

遗传算法是一种基于自然选择和自然遗传的全局优化算法，具有本质的并行计算特点，采用从自然选择机理中抽象出来的几种算子对参数编码字符串进行操作，这种操作是针对多个可行解构成的群体进行，故在其世代更替中可以并行地对参数空间的不同区域进行搜索，并使得搜索朝着更有可能找到全局最优的方向进行且不至于陷入局部极小。本节采用遗传算法训练前向网络，可同时对网络的连接权值和结构进行学习，可得到更好的学习效果，所得到的网络具有良好的自适应特性。

8.4.1 遗传神经网络结构

前向神经元网络的训练问题实际上也是一种优化问题,即寻找最优的结构和连接权值,使所得神经元网络的输出与目标函数之差极小,也属于优化问题,故可以采用遗传算法来训练前向网络。根据神经元网络的具体情况,网络的遗传训练与标准遗传算法有以下几点不同。

(1) 参数的编码形式

对神经元网络来说,遗传算法的每个个体是单独一个网络,所涉及的参数即网络节点之间的连接权值均为实数,而标准遗传算法的参数是可直接二进制编码的整数,虽然可以采用二进制编码再转化为实数,但这样引入了量化误差,使参数变化为步进,如果目标函数值在最优点附近变化较快,则可能错过最优点。有鉴于此,这里采用实数编码的方式。这样 3 种基本算子的形式及意义均有所变化,因而引出了下一个问题。

(2) 3 种基本算子的形式及意义

在实数编码的情况下,标准遗传算法 3 种基本算子中的选择复制算子不发生变化,而其余两种均有所变化。原来的交叉算子即编码字符串之间交换部分子字符串已经失去了意义,无法进行原来意义上的交叉运算,其实就遗传算法的本意来说,交叉算子是试图使群体个体之间互相交换有效基因,通过结构上的变化来寻找更好的解的个体结构,反映一种质变的过程。这里的有效基因应当是一种有效的基因功能团,而非任意位的组合。对前向神经元网络而言,有效基因显然应该是其隐节点的个数包括其相应的权值。因此定义遗传神经元网络中的交叉算子为神经元网络个体之间交换其隐节点的过程。这里参与交叉操作的两个个体交叉点可以不同,相互交换的基因数即隐节点个数也不同,这样交叉操作可引起基因数即网络规模的改变,使得在实现权值学习的同时实现了网络结构的学习。交叉算子在遗传神经元网络中的作用如图 8-3 所示。

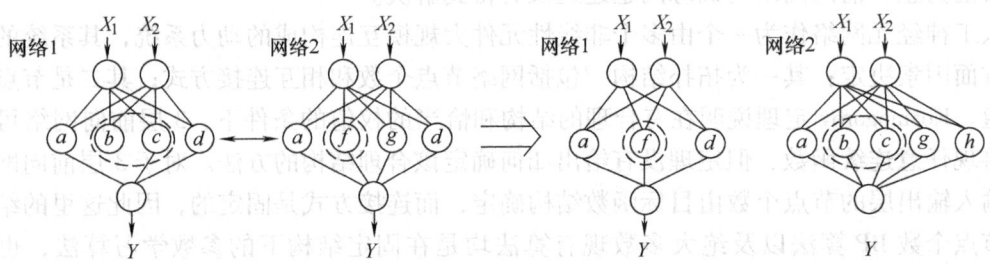

图 8-3　交叉算子在遗传神经元网络中的作用

突变算子的功能是在一定的结构下向现有可行解加入随机扰动,以此寻找更优解,对应于神经网络的常规学习算法。本文采用一种称为趋化性的算法,其基本原理是对网络的连接权值加入零均值的白噪声扰动,检查所得到的网络,如果新的权值能得到更小的误差则认可;否则取消本次的结果,重新加入扰动。当然,也可以采用 BP 算法进行权值的学习。

(3) 3 种算子关系讨论

一般的遗传算法在代与代之间进行一次选择复制、交叉和突变运算,对于遗传神经元网络而言,它通过选择复制传递优秀个体,通过交叉产生新的学习初值,通过突变算子学习权值。如果交叉操作与其他算子的作用频率相同,则交叉算子所产生的能得到潜在最优解的初值可能在它未来得及显示其优势的情况下就被淘汰了。为此突变算子与交叉算子不应同时发生,突变操作是一个不断发生的过程,而交叉操作应当间隔进行。由此得到遗传神经网络的训练算法如下:

1) 根据问题,任选一组初始解。
2) 采用趋化性算法对每个网络进行多次学习。
3) 选择部分个体进行交叉操作。
4) 根据优化的终止条件,如果满足则结束,否则转2)。

8.4.2 用遗传算法训练神经网络权值

如图8-4所示的神经网络拓扑结构,设任一层(除输入层以外)第i个节点的总输入为

$$U_i = \sum_j W_{ij} V_j \tag{8-40}$$

式中,V_j为前一层第j个节点的输出;W_{ij}为网络的连接权值。第i个节点的输出表示为

$$V_i = g(U_i) \tag{8-41}$$

式中,$g(\cdot)$为激励函数,表示为

$$V_j = \frac{1}{1 + \exp(-(U_j - \theta_j))} \tag{8-42}$$

式中,θ_j为节点的阈值。

定义的训练网络权值的误差函数为

$$E_k = \sum_j (t_{kj} - V_{kj})^2 \tag{8-43}$$

在T个训练集内,总的误差表示为

$$E = \frac{1}{K} \sum_l E_k = \frac{1}{K} \sum_k \sum_j (t_{kj} - V_{kj})^2 \tag{8-44}$$

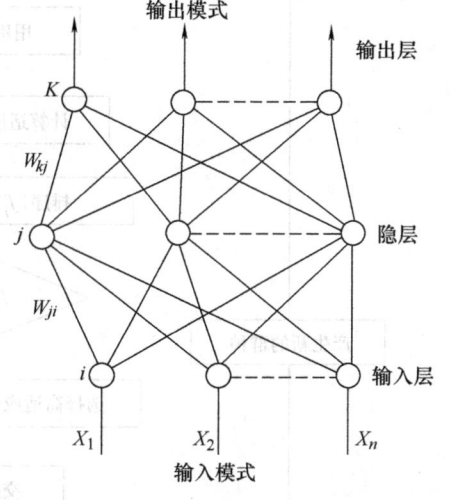

图8-4 神经网络拓扑结构

式中,$K(=|T|)$为训练样本数。

如果多层前向网络有L层,其中包括一个输入层和一个输出层,P_i表示第i层的节点数,每个节点含有一个阈值(θ_j),那么,每个网络具有参数为

$$P = \sum_{i=1}^{l-1} P_{i+1}(P_i + 1) \tag{8-45}$$

例如,若一个二层网络$L=2$,每层有两个节点($P_1 = P_2 = 2$),那么,网络的参数是$P = 2 \times (2+1) = 6$。

1. 编码策略

一般每一个网络用一个二进制数串的染色体表示。网络中的每一个连接权用10个二进制位的基因表示,如上述的二层网络有6个参数,可随机编码成

$$\underbrace{1100010101}_{W_{11}} \quad \underbrace{0100011010}_{W_{12}} \cdots \underbrace{0111110001}_{W_{ij}}$$

2. 适应度函数的选择

遗传算法优化神经网络权值的一个重要问题是如何定义合理的目标函数,一般可用误差

函数 E 来衡量，即

$$F(E) = E_{max} - E \tag{8-46}$$

式中，E_{max} 为误差函数的最大值。由此可得到用遗传算法训练神经网络权值的步骤，如图 8-5 所示。

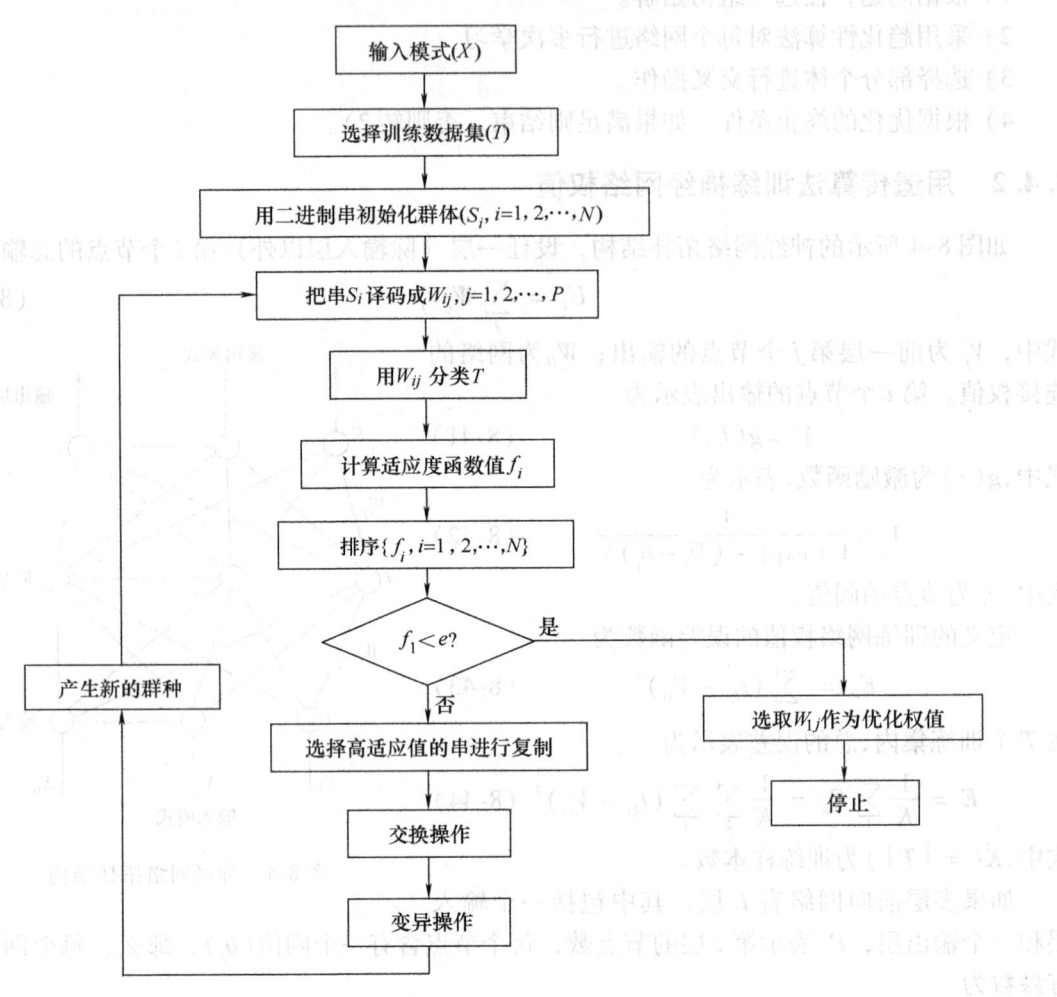

图 8-5　遗传算法训练神经网络权值的步骤

8.5　小结

遗传算法是一种基于达尔文进化论提出的优化搜索方法，具有全局优化的特点。当其应用于控制系统中，既可以用于系统辨识，也可以用于优化常规控制器或者智能控制器的参数。本章对遗传算法的由来、基本操作、特点、理论基础进行了介绍，对遗传算法应用于优化问题的求解方法进行了阐述。在此基础上，给出了遗传算法在参数辨识和控制参数优化中的应用。最后，介绍了遗传算法和神经网络的结合。

第9章 智能控制的应用实例

智能控制模拟人类的专家经验和学习能力进行控制,有效地解决了复杂对象的控制问题,本章将通过介绍智能控制在电气传动、过程控制、电力系统、机器人中的应用,进一步阐述智能控制的机理。

9.1 智能控制在电气传动中的应用

9.1.1 基于模糊控制的交流伺服系统

交流伺服系统由交流电动机组成,交流电动机的数字模型不是简单的线性模型,而具有非线性、时变、耦合等特点,用传统的基于对象模型的控制方法难以进行有效的控制。模糊控制完全是根据操作人员操作经验实现对系统的控制,不依赖于对象的数学模型,具有较强的鲁棒性,对被控对象参数的变化不敏感,可以很好地用于克服交流伺服系统中非线性、时变、耦合等因素的影响。本节将模糊控制用于交流伺服系统的位置控制,针对模糊控制稳态精度不高的缺点,将 PI 控制与模糊控制相结合以提高系统的性能。

1. 系统结构

模糊控制交流伺服系统结构如图 9-1 所示。图中 θ^* 为给定角位移,θ 为电动机转轴的实际角位移,e 为 θ^* 和 θ 进行比较的偏差,ec 为偏差的变化率。有

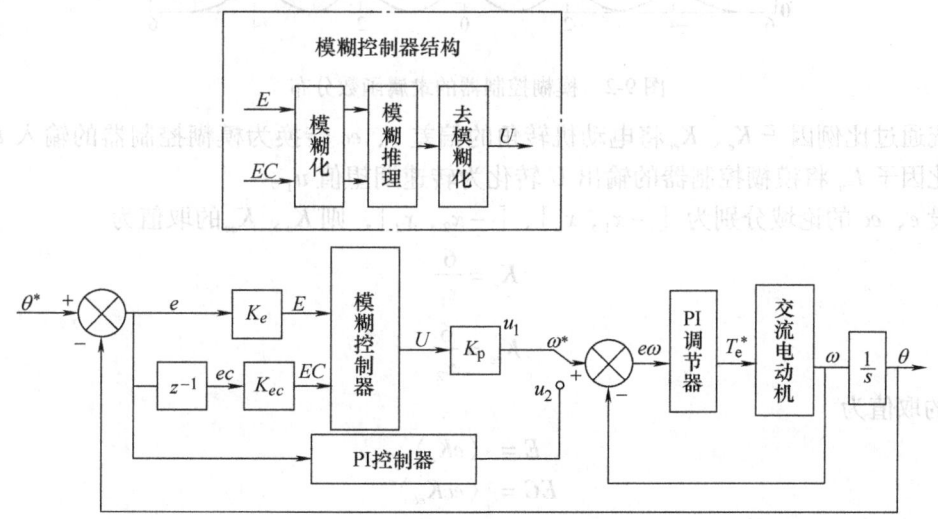

图 9-1 模糊控制交流伺服系统结构

$$e(t) = \theta^*(t) - \theta(t) \tag{9-1}$$

$$ec(t) = \frac{\mathrm{d}e(t)}{\mathrm{d}t} \approx \frac{e(t) - e(t-1)}{\Delta t} \tag{9-2}$$

式中，Δt 为采样周期。

由于模糊控制有稳态精度低的缺点，所以在系统中加入 PI 控制器，当误差小于某个范围时，采用 PI 控制来消除系统稳态静差。图 9-1 中 u_1、u_2 分别为模糊控制和 PI 控制得出的转速期望值。E、EC、U 分别为模糊控制器的输入、输出。ω^* 为期望电动机转速，ω 为实际电动机转速，ω^* 与 ω 的偏差 $e\omega$ 经过转速调节器产生期望的电动机电磁转矩 T_e^*。由于内环的不足可由外环控制来弥补，所以转速调节器采用一般的 PI 调节器即可，而电动机的电磁转矩控制则采用直接转矩控制方法。

2. 控制规则的设计

偏差较大时，系统采用模糊控制；偏差较小时，采用 PI 控制来提高系统的稳态精度。

（1）模糊控制

当 $|e(t)| > A$ 时，采用模糊控制。Fuzzy 控制器的输入为 E 和 EC，输出为 U。设定 E、EC、U 的论域均为 $\{-6, -5, -4, -3, -2, -1, 0, 1, 2, 3, 4, 5, 6\}$。对应的模糊语言子集为 $\{NB（负大）、NM（负中）、NS（负小）、ZO（零）、PS（正小）、PM（正中）、PB（正大）\}$。隶属函数采用正态分布函数 $\exp\left\{-\left(\dfrac{x - a_i}{b_i}\right)^2\right\}$，如图 9-2 所示。

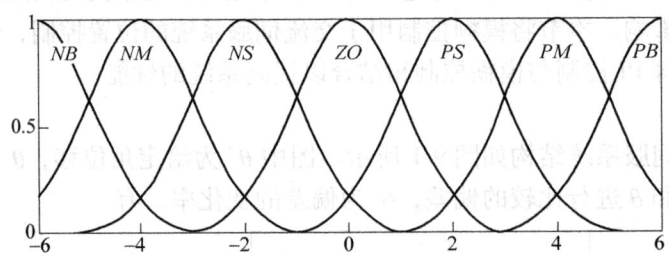

图 9-2　模糊控制器的隶属函数分布

系统通过比例因子 K_e、K_{ec} 将电动机转角的偏差 e、ec 转换为模糊控制器的输入 E、EC；通过量化因子 K_u 将模糊控制器的输出 U 转化为转速期望值 u_1。

假设 e、ec 的论域分别为 $[-x_1, x_1]$、$[-x_2, x_2]$，则 K_e、K_{ec} 的取值为

$$K_e = \frac{6}{x_1} \tag{9-3}$$

$$K_{ec} = \frac{6}{x_2} \tag{9-4}$$

E、EC 的取值为

$$E = \langle eK_e \rangle \tag{9-5}$$

$$EC = \langle ecK_{ec} \rangle \tag{9-6}$$

式中，$\langle \cdot \rangle$ 为取整运算。

假设 u_1 的取值范围为 $[-y, y]$，则 K_u 的取值为

$$K_u = \frac{y}{6} \tag{9-7}$$

u_1 的取值为

$$u_1 = K_u U \tag{9-8}$$

根据专家经验，总结出模糊控制器的模糊控制规则表如表 9-1 所示。

表 9-1　模糊控制规则表

E \ EC / U	NB	NM	NS	ZO	PS	PM	PB
NB	NB	NB	NB	NB	NM	ZO	ZO
NM	NB	NB	NB	NB	NM	ZO	ZO
NS	NM	NM	NM	NM	ZO	PS	PS
ZO	NM	NM	NS	ZO	PS	PM	PM
PS	NS	NS	ZO	PM	PM	PM	PM
PM	ZO	ZO	PM	PB	PB	PB	PB
PB	ZO	ZO	PM	PB	PB	PB	PB

根据表 9-1 的控制规则，按式 (9-9)、式 (9-10) 进行模糊推理

$$\mu_{R_k}(U) = \min\{\mu_{E_i}(E), \mu_{EC_j}(EC), \mu_{U_k}(U)\} \tag{9-9}$$

$$\mu_{\underset{\sim}{R}}(U) = \max_k \{\mu_{R_k}(U)\} \tag{9-10}$$

采用如式 (9-11) 所示的加权平均法，对每个模糊子集 $\underset{\sim}{R}$ 进行去模糊化，得出对应于每组 E、EC 的 U

$$U = \left(\frac{\sum_U \mu_{\underset{\sim}{R}}(U)U}{\sum_U \mu_{\underset{\sim}{R}}(U)}\right) \tag{9-11}$$

由式 (9-9) ~ 式 (9-11) 计算得出判决表，根据 E、EC 即可由表中查出相应的 U，进而求出相应的 u_1。

(2) PI 控制

当 $|e(t)| \leq A$ 时，采用 PI 控制，控制器输出为

$$u_2(k) = K_p\left(e(k) + \frac{1}{T_i}\sum_{i=0}^{k} e(i)\right) \tag{9-12}$$

3. 仿真实验

用于仿真研究的电动机参数为：$P_n = 2.2\text{kW}$，$U_n = 220\text{V}$，$I_n = 5\text{A}$，$n_n = 1440\text{r/min}$，$r_1 = 2.91\Omega$，$r_2 = 3.04\Omega$，$l_s = 0.45694\text{H}$，$l_r = 0.45694\text{H}$，$l_m = 0.44427\text{H}$，$T_{en} = 14\text{N}\cdot\text{m}$，$n_p = 2$，$J = 0.002276\text{ kg}\cdot\text{m}^2$，$\Psi_n = 0.96\text{Wb}$，数字采样频率仍为 10kHz。图 9-3 给出了系统在空载情况下转角的阶跃响应曲线。图中曲线 1 为模糊控制下系统的响应曲线，曲线 2 为 PI 控制 ($K_p = 250$，$T_i = 25$) 的响应曲线。图 9-4 给出当系统处在转角为 1rad 的稳定状态时，给电动机突加 7N·m 负载，系统的扰动响应曲线。

图 9-3、图 9-4 说明了模糊控制交流伺服系统的动、静态性能和抗干扰能力都优于传统的 PI 控制。

为了测试模糊控制器对于电动机参数变化的鲁棒性，将模糊控制交流伺服系统中的电动机参数进行改变。改变后的电动机参数为：$P_n = 2.2\text{kW}$，$U_n = 220\text{V}$，$r_1 = 0.87\Omega$，$r_2 = 1.4\Omega$，

$l_s = l_r = 0.165\text{H}$,$l_m = 0.16\text{H}$,$n_p = 2$,$J = 0.00567\text{kg}\cdot\text{m}^2$。则图9-5给出了电动机参数变化前后系统的阶跃响应曲线,图9-6给出了电动机参数变化前后系统的扰动响应曲线。

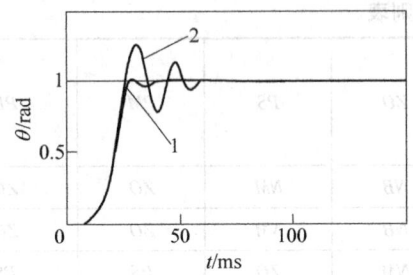

图9-3 系统的阶跃响应曲线
1—模糊控制交流伺服系统阶跃响应
2—PI控制交流伺服系统阶跃响应

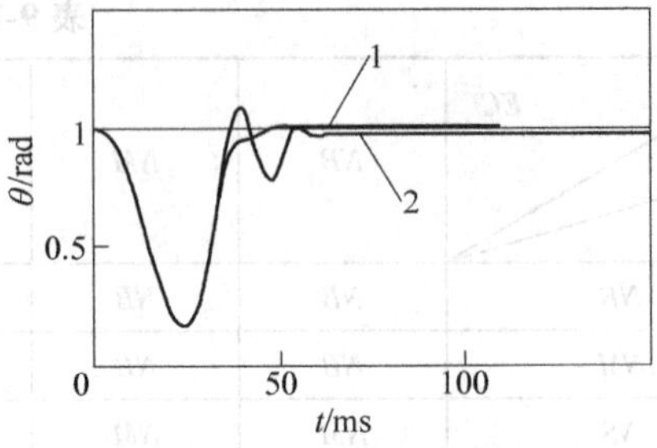

图9-4 系统的扰动响应曲线
1—模糊控制交流伺服系统扰动响应
2—PI控制交流伺服系统扰动响应

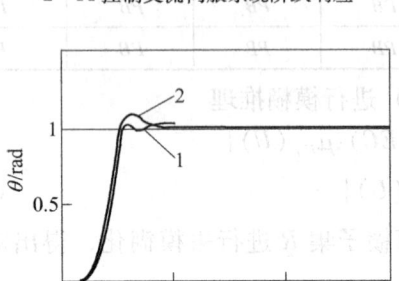
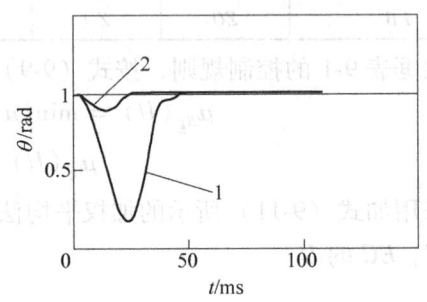

图9-5 电动机参数变化前后系统的阶跃响应曲线
1—电动机参数变化前系统的阶跃响应
2—电动机参数变化后系统的阶跃响应

图9-6 电动机参数变化前后系统的扰动响应曲线
1—电动机参数变化前系统的扰动响应
2—电动机参数变化后系统的扰动响应

从图9-5、图9-6中可以看出,电动机参数变化后系统仍然具有很好的动、静态性能,从而说明模糊控制交流伺服系统能够很好地克服电动机参数变化带来的影响,具有较强的鲁棒性。

9.1.2 基于小波神经网络定子电阻估计器的模糊直接转矩控制

直接转矩控制是一种快速的瞬时转差控制法,它通过快速改变电动机的磁场对转子的瞬时转差速度,来直接控制异步电动机的转矩和转矩增长率,获得电动机的快速响应。它用空间矢量的分析方法直接在定子坐标系中计算电动机的磁通和转矩,由磁通和转矩的Band-Band控制产生PWM信号,对逆变器的开关状态进行最佳控制。它省掉了复杂的矢量变换,没有通常的PWM信号发生器,控制手段直接,控制结构简单。该控制系统的转矩响应迅速,限制在一拍以内,且无超调,是一种高性能的交流电动机转矩控制方案。

1. 直接转矩控制原理

当保持异步电动机的定子磁链幅值$|\Psi_1|$为常数时,电磁转矩大小由此时的转差角频率ω_s唯一确定。并且电磁转矩相对于ω_s的阶跃响应为指数曲线,$t=0$时的$|dT_e/dt|$取决于该瞬间$|\omega_s|$的大小。$|\omega_s|$越大,$|dT_e/dt|\,t=0$也越大。而在一定大小的电动机运动

速度 ω_r 下，ω_s 的大小由磁链 Ψ_1 的旋转角速度 ω_1 唯一确定，因此，如何来迅速地控制磁场的转速就成为转矩直接控制的关键。

异步电动机的定子磁链可以通过控制电动机的定子输入电压来加以控制，图 9-7 所示为 PWM 型逆变器对三相异步电动机的控制原理。

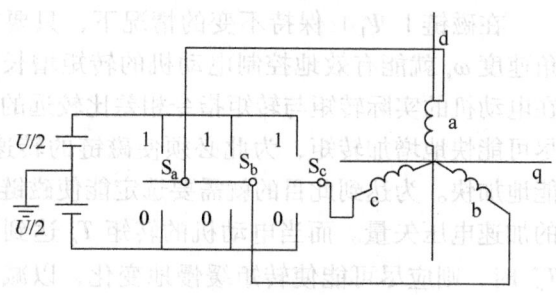

图 9-7 PWM 型逆变器对三相异步电动机的控制原理

电动机的定子输入电压是靠 3 个无触点开关 S_a、S_b、S_c 以不同的方式接到电源来实现的。所以电动机的定子输入电压完全取决于 3 个开关的切换模式。开关接正电源时，S 端输入电压为 1，开关接负电源时，S 端输入电压为 0。根据 3 个开关的不同接通模式，电动机定子电压的综合矢量为

$$U_1(S_a, S_b, S_c) = \sqrt{\frac{2}{3}} U [S_a + S_b e^{j\frac{2\pi}{3}} + S_c e^{j\frac{4\pi}{3}}] \tag{9-13}$$

S_a、S_b、S_c 3 个开关可能有 8 种不同的配置模式：$U(0,0,0)$、$U(1,0,0)$、$U(1,1,0)$、$U(0,1,0)$、$U(0,1,1)$、$U(0,0,1)$、$U(1,0,1)$ 和 $U(1,1,1)$。其中模式 $(0,0,0)$ 和 $(1,1,1)$ 表示三相同时接到正电源或负电源，电动机的输入电压实际为零，所以输入电压只有 6 种非零模式，其综合矢量如图 9-8 所示，它们是 6 个依次相隔 60°电角度的综合矢量。在上述电压综合矢量的作用下，在每次开关切换以后的一段时间里，输入电压综合矢量是保持不变的常数，而定子绕组的磁链和端电压之间有下列关系：

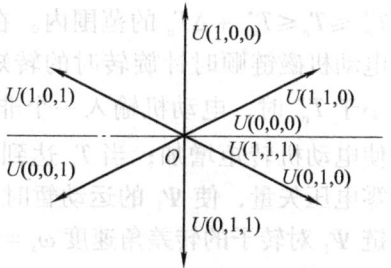

$$\Psi_1 = \int (U_1 - r_1 i_1) dt \tag{9-14}$$

图 9-8 输入电压的综合矢量

把式 (9-13) 代入式 (9-14) 中，可得在两次开关切换之间时间内，磁通的综合矢量为

$$\Psi_1 = \sqrt{\frac{2}{3}} U_1 [S_a + S_b e^{j\frac{2\pi}{3}} + S_c e^{j\frac{4\pi}{3}}] t - r_1 \int i_1 dt + \Psi_{1|t=0} \tag{9-15}$$

式 (9-15) 表明，当输入电压为一个非零的综合矢量时，定子磁链的综合矢量 Ψ_1 将沿着输入综合电压矢量的方向，以正比于输入电压的速度移动。例如当电动机上施加的输入电压为 $U(0,1,0)$ 时，在这个输入电压的作用下，电动机的定子磁链 Ψ_1 的综合矢量的顶端就从开关刚切换时的初始位置 $\Psi_{1|t=0}$ 逐渐沿着输入电压 $U(0,1,0)$ 所指的方向移动，改变着综合矢量 Ψ_1 的大小和旋转速度 ω_1，如图 9-9 所示。如输入电压为零矢量 $U(0,0,0)$ 或 $U(1,1,1)$，那么磁链的综合矢量 Ψ_1 在空间基本不动。如果适当地选择开关切换频率和施加于电动机端的输入电压，可以使磁链 Ψ_1 的运动轨迹纳入一定的范围。例如图 9-10 所示是一个使 Ψ_1 保持恒定的电压矢量选择的典型例子。它通过适当选择各段时间里的输入电压矢量，使磁链矢量的幅值只在给定值 Ψ_1 和允许的偏差 $\pm \Delta \Psi_1 / 2$ 的范围内变化，使其平均值基本保持不变。而它的转速可以通过改变施加非零电压和零电压的时间比例来加以调整。

(1) 转矩控制

在磁链 $|\Psi_1|$ 保持不变的情况下，只要控制转差角速度 ω_s 就能有效地控制电动机的转矩增长率。所以在电动机的实际转矩与转矩指令相差比较远的时候，要尽可能快地增加转矩，为此必须使磁链的转速 ω_1 尽可能地加快。为达到此目的就需要选定能使磁链加速最快的加速电压矢量。而当电动机的转矩 T_e 达到了给定值 T_e^* 时，则应尽可能使转矩缓慢地变化，以减少逆变器开关的切换频率。必要时，可以选用零电压矢量，使磁链的运动暂时停顿，让电动机进入再生制动状态，于是转矩将迅速下降。在电动机运行过程中，在具体选择定子输入电压矢量 $U(S_a, S_b, S_c)$ 时要同时兼顾保持转矩 T_e 在偏差 ΔT_e 之内和保持磁链 Ψ_1 的幅值在偏差 $\Delta|\Psi_1|/2$ 之内。

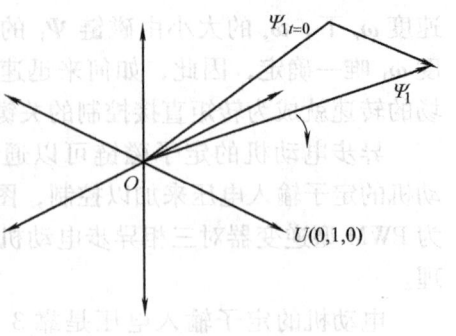

图 9-9　磁链矢量顶端在输入电压作用下的运动轨迹

考虑到电动机在正反转时选用的电压矢量不同，一般在 Ψ_1 正转时使转矩 T_e 保持在 $T_e^* - \Delta T_e \leq T_e \leq T_e^*$ 的范围内；而在 Ψ_1 反转时，使 T_e 保持在 $T_e^* \leq T_e \leq T_e^* + \Delta T_e$ 的范围内。在图 9-11 中示出了电动机磁链顺时针旋转时的转矩控制方法。当 T_e 小于 T_e^* 时，电动机输入一个非零电压加速矢量，使电动机转矩增加；当 T_e 达到 T_e^* 时，选择一个零电压矢量，使 Ψ_1 的运动暂时陷于停滞。这时磁链 Ψ_1 对转子的转差角速度 $\omega_s = -\omega_r < 0$。这个负转差角速度所产生的转矩是制动转矩，它使电动机的转矩迅速减少。但当转矩下降到 $T_e^* - \Delta T_e$ 时电动机又将输入一个使磁场加速的电压矢量，使电动机的转矩再度上升。

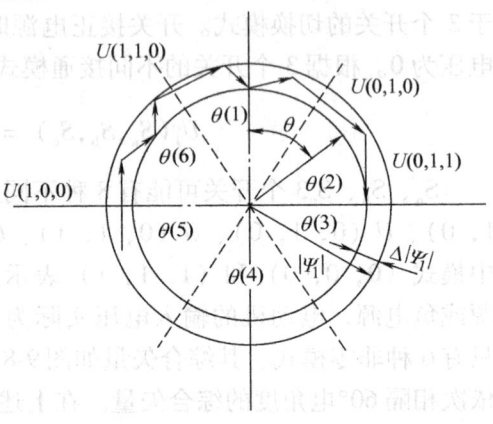

图 9-10　使 Ψ_1 保持恒定的电压矢量选择

在磁链旋转过程中，每一个阶段，具体加什么电压，不但要根据磁链偏差和转矩偏差的大小，同时还要考虑磁链的具体方向。由于逆变器的输出电压矢量依次相差 60°，为了便于选取，把空间分成 6 个区域，如图 9-12 所示，用 $\theta(N)$ 表示之，其中 $N = 1, 2, \cdots, 6$。每个区域所包含的范围为

$$(2N-3)\frac{\pi}{6} \leq \theta(N) \leq (2N-1)\frac{\pi}{6} \tag{9-16}$$

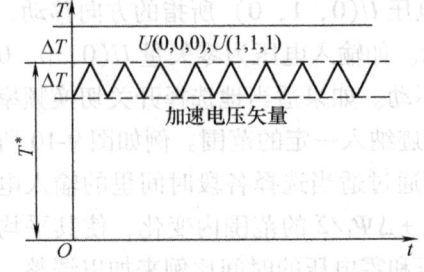

图 9-11　磁链顺时针旋转时的转矩控制

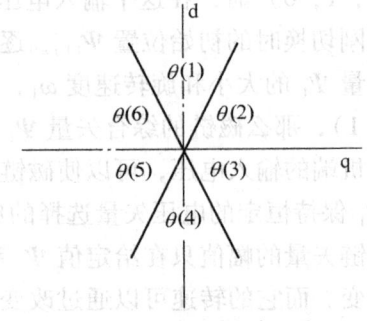

图 9-12　空间区域划分

根据不同的区域，事先选定宜选用的电压综合矢量。以区域 $\theta(1)$ 为例，各综合电压矢量对转矩 T_e 和磁链幅值 $|\Psi_1|$ 的作用如表 9-2 所示。

表 9-2 $\theta(1)$ 区域电压矢量作用

矢量号	调节作用
$U(0,0,0)$	使 T_e 减小，$|\Psi_1|$ 自由衰减
$U(1,0,0)$	使 $|\Psi_1|$ 增大，对 T_e 影响不大
$U(1,1,0)$	使 $|\Psi_1|$ 增大，T_e 增大
$U(0,1,0)$	使 T_e 增大，$|\Psi_1|$ 减小
$U(0,1,1)$	使 $|\Psi_1|$ 减小，对 T_e 影响不大
$U(0,0,1)$	使 T_e 减小，$|\Psi_1|$ 减小
$U(1,0,1)$	使 T_e 减小，$|\Psi_1|$ 增大
$U(1,1,1)$	使 T_e 减小，$|\Psi_1|$ 自由衰减

根据定子磁链幅值 $|\Psi_1|$ 和转矩 T_e 的偏差情况及定子磁链综合矢量所处的区域 $\theta(N)$，可以事先制定出一个优化的开关切换表，如图 9-13 中所示，寄存于计算机的存储器中，通过两个简单的带滞环的转矩调节器和磁链调节器检测出实际偏差的状况，进行数字化处理以后，会同区域信号 $\theta(N)$ 一起，从存储器中读出应该加到电动机端的输入电压矢量 $U(S_a, S_b, S_c)$，以对电动机的转矩进行及时的控制。

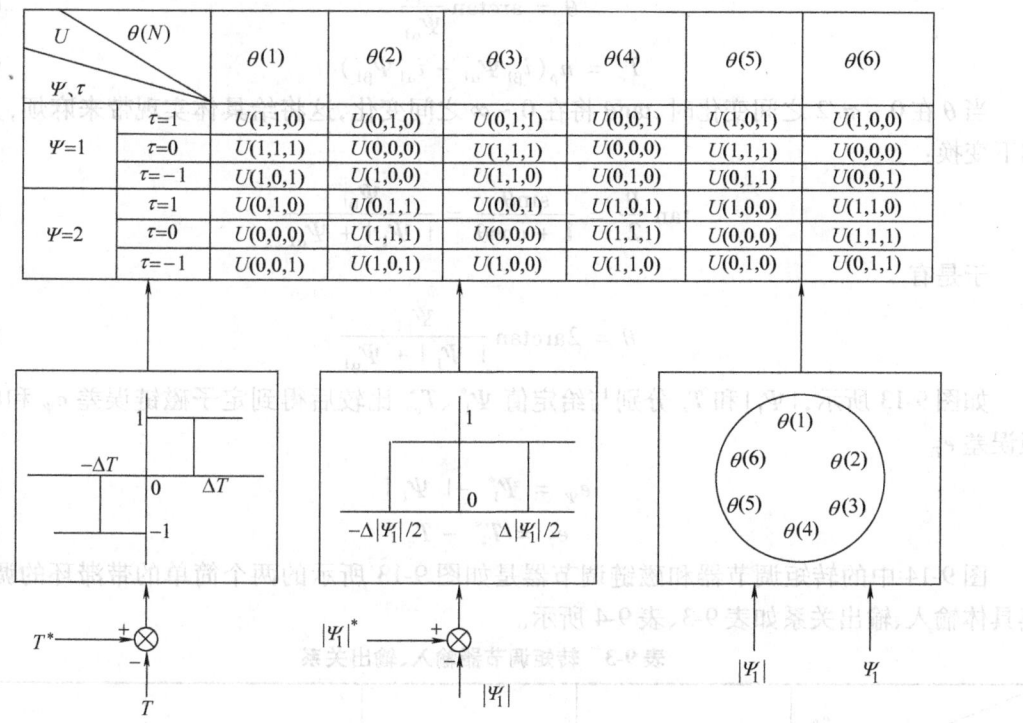

图 9-13 电动机端电压的优化控制

（2）直接转矩控制系统结构

直接转矩控制系统结构如图 9-14 所示，图中定子磁链和转矩观测器用于完成定子电流和

定子电压的三相/二相坐标变换及定子磁链和转矩计算，以便从定子电流和定子电压测量值 i_A、i_B、u_A、u_B 获得定子磁链矢量 Ψ_1 的幅值 $|\Psi_1|$、位置角 θ 以及电磁转矩 T_e，有

$$\begin{bmatrix} i_{\alpha 1} \\ i_{\beta 1} \end{bmatrix} = \begin{bmatrix} \sqrt{\dfrac{3}{2}} & 0 \\ \dfrac{1}{\sqrt{2}} & \sqrt{2} \end{bmatrix} \begin{bmatrix} i_A \\ i_B \end{bmatrix} \tag{9-17}$$

$$\begin{bmatrix} u_{\alpha 1} \\ u_{\beta 1} \end{bmatrix} = \begin{bmatrix} \sqrt{\dfrac{3}{2}} & 0 \\ \dfrac{1}{\sqrt{2}} & \sqrt{2} \end{bmatrix} \begin{bmatrix} u_A \\ u_B \end{bmatrix} \tag{9-18}$$

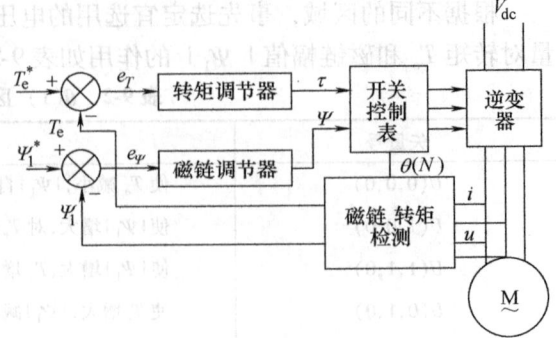

图 9-14 直接转矩控制系统结构

$$\Psi_{\alpha 1} = \int (u_{\alpha 1} - i_{\alpha 1} r_1) \mathrm{d}t \tag{9-19}$$

$$\Psi_{\beta 1} = \int (u_{\beta 1} - i_{\beta 1} r_1) \mathrm{d}t \tag{9-20}$$

$$|\Psi_1| = \sqrt{\Psi_{\alpha 1}^2 + \Psi_{\beta 1}^2} \tag{9-21}$$

$$\theta = \arctan \frac{\Psi_{\beta 1}}{\Psi_{\alpha 1}} \tag{9-22}$$

$$T_e = n_p (i_{\beta 1} \Psi_{\alpha 1} - i_{\alpha 1} \Psi_{\beta 1}) \tag{9-23}$$

当 θ 在 $0 \sim \pi/2$ 之间变化时，$\tan\theta$ 将在 $0 \sim \infty$ 之间变化，这将给具体实现带来麻烦，为此做如下变换：

$$\tan \frac{\theta}{2} = \frac{\sin\theta}{1 + \cos\theta} = \frac{\Psi_{\beta 1}}{|\Psi_1| + \Psi_{\alpha 1}} \tag{9-24}$$

于是有

$$\theta = 2\arctan \frac{\Psi_{\beta 1}}{|\Psi_1| + \Psi_{\alpha 1}} \tag{9-25}$$

如图 9-13 所示，$|\Psi_1|$ 和 T_e 分别与给定值 Ψ_1^*、T_e^* 比较后得到定子磁链误差 e_Ψ 和电磁转矩误差 e_T

$$e_\Psi = \Psi_1^* - |\Psi_1| \tag{9-26}$$

$$e_T = T_e^* - T_e \tag{9-27}$$

图 9-14 中的转矩调节器和磁链调节器是如图 9-13 所示的两个简单的带滞环的调节器。其具体输入、输出关系如表 9-3、表 9-4 所示。

表 9-3 转矩调节器输入、输出关系

旋转方向 τ $\diagdown$ e_T	$e_T < -\Delta T$	$-\Delta T \leqslant e_T < 0$	$0 \leqslant e_T \leqslant \Delta T$	$e_T = \Delta T$
正转	-1	0	1	1
反转	-1	-1	0	1

表 9-4 磁链调节器输入输出关系

旋转方向 Ψ \ e_Ψ	$e_\Psi < -\Delta|\Psi_1|/2$	$-\Delta|\Psi_1|/2 \leq e_\Psi < \Delta|\Psi_1|/2$	$e_\Psi > \Delta|\Psi_1|/2$
正转	0	1	1
反转	0	0	1

e_T、e_Ψ 经过转矩调节器和和磁链调节器后产生数字信号 τ 和 Ψ,根据 τ、Ψ 以及 θ 所在区域 $\theta(N)$ 对图 9-13 中所在的控制决策表进行查表,就可以得到适当的开关状态,开关状态作用于变频器,改变电动机的定子电压就可以把磁链纳入圆形轨迹并使转矩迅速达到给定值。

2. 基于小波神经网络定子电阻估计器的模糊直接转矩控制

直接转矩控制方法简单、受电动机参数变化影响较小,是一种很有前途的控制方法。但图 9-14 中所示的直接转矩控制中转矩调节器和磁链调节器均采用简单的施密特触发器,其容量的大小关系到系统性能,而容量大小本身就是一个模糊的语言变量,如用模糊控制器实现,则系统性能可能获得进一步提高。

此外,由式(9-14)知,采用直接转矩控制的电动机在高速运转时,由于电压与电流不在同一数量级,定子电阻的影响可忽略。但在低速运转时,电压与电流在同一数量级,定子电阻则不可忽略。而定子电阻往往会随着电动机电流、运行频率、运行时间等因素的变化而变化,采用传统的方法往往难以准确地进行在线估计。所以直接转矩控制系统在低速运行时性能会变差。为了提高直接转矩控制的低速性能,本节根据小波变换优异的局部性能,给出了一种基于小波神经网络的定子电阻估计器,来在线准确地辨识定子电阻的变化。并设计了一种自组织算法来构造小波神经网络,这种算法根据训练数据的稀疏性来决定小波元的数量,它可以在很大程度上简化小波神经网络的结构,提高其信息处理的实时性。

(1) 小波变换的基本概念

下面简要地介绍一下有关小波变换的一些基本概念和结论。

1) 连续小波变换。连续小波变换是最早被研究的小波变换,下面将总结出一些关于定义在空间 $L^2(\boldsymbol{R}^d)$ 上的连续小波的结论,其中上角标 d 代表维数。

条件 9-1:函数 $\Psi(x) \in \boldsymbol{R}^d$ 可以用做小波母函数,如果它能够满足

$$C_\Psi = (2\pi)^d \int_0^{+\infty} |\hat{\Psi}(\omega)|^2 |\omega|^{-1} d\omega < +\infty \tag{9-28}$$

定义 9-1:如果函数 Ψ 满足条件 9-1,则任意函数 $f \in L^2(\boldsymbol{R}^d)$ 的连续小波变换定义为

$$w_f(a,b) = a^{-d/2} \int_{\boldsymbol{R}^d} f(x) \Psi\left(\frac{x-b}{a}\right) dx \tag{9-29}$$

并且 $f(x)$ 可以通过小波逆变换来进行重构,如下式所示:

$$f(x) = \frac{1}{C_\Psi} \int_0^\infty \int_{\boldsymbol{R}^d} w_f(a,b) a^{-d/2} \Psi\left(\frac{x-b}{a}\right) \frac{dadb}{a^{(d+1)}} \tag{9-30}$$

在上述两式中,$a \in \boldsymbol{R}_+$ 和 $b \in \boldsymbol{R}^d$ 被分别称做伸缩系数和平移系数。

2) 离散小波变换。连续小波变换和它的逆变换不能在数字计算机上直接进行计算,它们必须被离散化。目前有许多种方法来离散化小波变换,其中一种常用的方法是寻找一组 (a_m, b_n),使得小波基

$$\left\{ a_m^{-d/2} \Psi\left(\frac{x - b_n}{a_m}\right) : m \in \mathbf{Z}, n \in \mathbf{Z}^d \right\} \tag{9-31}$$

构成一组函数空间 $L^2(\mathbf{R}^d)$ 的正交基

令

$$a_m = a_0^m, \quad b_n = na_0^{-m}b_0, \quad m \in \mathbf{Z}, n \in \mathbf{Z}^d \tag{9-32}$$

则式(9-31)中的小波基可以重新表示为

$$\Psi_{mn} = a_m^{-d/2}\Psi\left(\frac{x-b_n}{a_m}\right) = a_0^{-md/2}\Psi(a_0^{-m}x - nb_0) \quad m \in \mathbf{Z}, n \in \mathbf{Z}^d \tag{9-33}$$

式中,标量参数 a_0 和 b_0 定义了伸缩和平移的步长(通常 $a_0 = 2, b_0 = 1$)。

根据式(9-32)的定义,式(9-30)中描述的小波逆变换也可以被离散化为

$$f(x) = \sum_{m \in \mathbf{Z}} \sum_{n \in \mathbf{Z}^d} \omega_{mn} \Psi_{mn} \tag{9-34}$$

正交小波基具有很快的速度来估计式(9-34)中的重构系数 ω_{mn},但是,为了产生正交基,小波母函数 Ψ 必须满足许多苛刻的约束条件。因此,必须在规则性和简洁性之间做出一些妥协。对于这种情况,还有另一种方法来离散化小波变换,在这种方法中,式(9-31)中的小波基在特定的窗口内不必构成正交基。这种方法通过放宽正交性的约束而获得更大的自由来选择小波函数,但是也随之失去了正交小波基的快速算法。

(2)利用自组织算法构造小波神经网络定子电阻估计器

为了简化小波神经网络的结构,提高其在线计算的实时性,下面设计了一种自组织算法来构造小波神经网络。这种算法根据训练数据的稀疏性来决定小波元的数量,它可以在很大程度上对小波神经网络进行优化。

1)小波神经网络的结构。通常认为影响定子电阻 r_1 变化的因素主要有定子电流 i_1、定子频率 f_1 和运行时间 t。将它们之间的关系定义为一个未知函数

$$\Delta r_1 = h(i_1, f_1, t) \tag{9-35}$$

小波神经网络定子电阻估计器的任务就是辨识式(9-35)所示的三输入单输出的未知非线性函数关系。所以小波神经网络定子电阻估计器也具有3个输入和1个输出,设计的小波神经网络结构如图9-15所示。

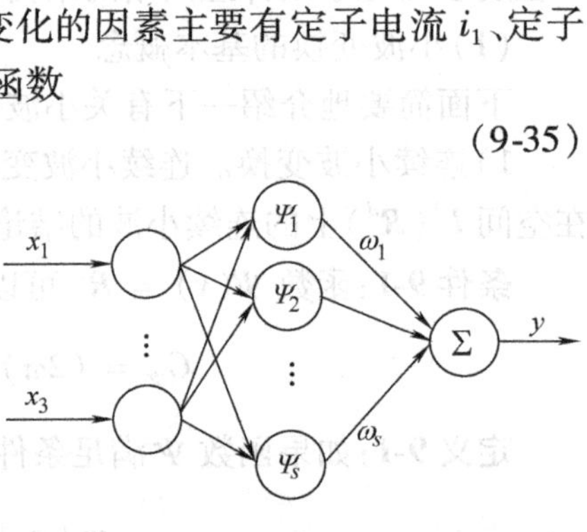

用 $I_i^{(j)}$,$O_i^{(j)}$ 代表第 j 层网络的第 i 个输入和输出,则网络各层的输入输出关系可以表示如下:

第1层将输入引入网络

$$O_i^{(1)} = I_i^{(1)} = x_i \quad i = 1,2,\cdots,3 \tag{9-36}$$

图9-15 小波神经网络结构

第2层(隐层)由小波元构成。这些小波元如式(9-33)所示,与序列对 (m,n) 相对应,构成了一个非正交小波基。之所以选择非正交小波基,是因为在空间 $L^2(\mathbf{R}^d)$ 要产生一个单尺度的正交小波基需要 $2^d - 1$ 个小波母函数,但是要产生一个非正交小波基,仅仅只需要一个小波母函数。假设小波元的数量为 s,第2层的输入输出关系为

$$\begin{cases} I_i^{(2)} = [O_1^{(1)}, \cdots, O_3^{(1)}]^T \\ O_i^{(2)} = \Psi_i(I_i^{(2)}) = a_0^{-m_id/2}\Psi(a_0^{-m_i}I_i^{(2)} - n_ib_0) \end{cases} \quad i = 1,2,\cdots,s \tag{9-37}$$

第 3 层得到网络的输出

$$y = O^{(3)} = I^{(3)} = \sum_{i=1}^{s} \omega_i O_i^{(2)} \tag{9-38}$$

式中,ω_i 为权值。

根据式(9-36)~式(9-38)可以得到每层网络的输入输出之间的关系。但是,怎样定义隐层中的小波元还没有确定。我们知道小波基中的小波元的数量会随着维数的增加而剧增,这样就要耗费巨大的资源来构造和存储这些小波元。在下面,将设计一种自组织算法,通过分析训练样本数据的稀疏性来减少小波元的数量。

2) 利用自组织算法确定小波元的数量。在大多数实际问题中,可获得的样本数据是有界和稀疏的。在小波基中,也许一些小波元根本就没有覆盖到任何的样本数据。根据式(9-34)可知,这些小波元对于重构函数是没有任何帮助的,可以被删节掉。因此,第一步,将删除不覆盖任何样本数据的小波元。

假设网络中的小波函数是紧支集的或者近似紧支集的,则其支集中不包含任何样本数据的小波元将被去掉。

如果函数 $\Psi_i(x)$ 是紧支集的,则它的支集 S_i 可以表示为

$$S_i = \{x \in \mathbf{R}^d : \Psi_i(x) \neq 0\} \tag{9-39}$$

如果函数 $\Psi_i(x)$ 不是紧支集的,但是迅速趋于零,则称之为近似紧支集的,它的支集 S_i 可以表示为

$$S_i = \{x \in \mathbf{R}^d : |\Psi_i(x)| > \varepsilon \max_x |\Psi_i(x)|\} \tag{9-40}$$

式中,ε 为一个预定义的很小的正数。

用 $(\hat{X}, \hat{Y})$ 表示样本数据集,其中包含 N 对样本数据。则对于每个 $x_k \in \hat{X}$,在支集中包含 x_k 的小波元的序号的集合可以用 I_k 来表示

$$I_k = \{i : x_k \in S_i\} \tag{9-41}$$

则所有 $I_k, k = 1, 2, \cdots, N$ 的并集中包含的序号所对应的小波元的支集至少覆盖一个样本数据。这样,小波元的数量就被精简为

$$W = \{\Psi_i : i \in I_1 \cup I_2 \cup \cdots \cup I_N\} \tag{9-42}$$

假设 L 是 W 中的小波元的数量,则

$$W = \{\Psi_1, \cdots, \Psi_L\} \tag{9-43}$$

按照上述方法,小波基可以被删节为 W,但是实际上,在 W 中仍然有一些项对于重构 f 是没有用处的。这是因为,在构造 W 的时候仅仅只考虑了输入样本数据 $\hat{X}$,而没有考虑输出样本数据 $\hat{Y}$。所以下面第二步,将去除 W 中没用的项。这个问题就等于在 W 中选择一个子集,使得它跨越的空间离输出矢量 y 最近。这个问题可以被分为两个子问题,一个是怎样确定子集的大小,另一个是怎样选择子集中的项。对于第一个子问题,稍后再做解答,在这里,先假设子集的大小已知是 s。下面来解答第二个子问题,将给出一种算法从 W 中选择 s 个项。

这种算法首先在 W 中选择一个最适合样本数据的项,然后重复地在剩余的项中再选择最适合的项。为了计算的方便,后选出的项与先选出的项正交,这个过程具体描述如下:

首先令

$$\boldsymbol{y} = \begin{bmatrix} y_1 \\ \vdots \\ y_N \end{bmatrix} \quad y_k \in \hat{Y} \quad k=1,\cdots,N \tag{9-44}$$

$$\boldsymbol{\Psi}_j = \xi_j \begin{bmatrix} \Psi_j(x_1) \\ \vdots \\ \Psi_j(x_N) \end{bmatrix} \tag{9-45}$$

式中，$\Psi_j \in W, j=1,2,\cdots,L; x_k \in \hat{X}, k=1,2,\cdots,N; \xi_j$ 是一个标量，其作用是使 $\boldsymbol{\Psi}_j^T \boldsymbol{\Psi}_j = 1$。

在第 i 次迭代中，用 $\boldsymbol{\Psi}_{l_i}$ 来表示要从 W 中选出的项，用 $\boldsymbol{\Psi}_{l_1}, \boldsymbol{\Psi}_{l_2}, \cdots, \boldsymbol{\Psi}_{l_{i-1}}$ 表示在前面的迭代中已经选出的项，定义

$$\boldsymbol{q}_{l_1} = \boldsymbol{\Psi}_{l_1} \tag{9-46}$$

$$\boldsymbol{p}_{l_j} = \boldsymbol{\Psi}_{l_j} - [(\boldsymbol{\Psi}_{l_j}^T \boldsymbol{q}_{l_1})\boldsymbol{q}_{l_1} + \cdots + (\boldsymbol{\Psi}_{l_j}^T \boldsymbol{q}_{l_{j-1}})\boldsymbol{q}_{l_{j-1}}] \quad j=2,3,\cdots,i-1 \tag{9-47}$$

$$\boldsymbol{q}_{l_j} = (\boldsymbol{p}_{l_j}^T \boldsymbol{p}_{l_j})^{-1/2} \boldsymbol{p}_{l_j} \quad j=2,3,\cdots,i-1 \tag{9-48}$$

则 $\boldsymbol{q}_{l_j}$ 是 $\boldsymbol{\Psi}_{l_j}$ 的正交形式。下面再用 $\boldsymbol{q}_{l_1},\cdots,\boldsymbol{q}_{l_{i-1}}$ 正交化剩余的向量 $\boldsymbol{\Psi}_j$

$$\boldsymbol{p}_j = \boldsymbol{\Psi}_j - [(\boldsymbol{\Psi}_j^T \boldsymbol{q}_{l_1})\boldsymbol{q}_{l_1} + \cdots + (\boldsymbol{\Psi}_j^T \boldsymbol{q}_{l_{i-1}})\boldsymbol{q}_{l_{i-1}}] \tag{9-49}$$

则向量 $\boldsymbol{\Psi}_{l_1}, \boldsymbol{\Psi}_{l_2}, \cdots, \boldsymbol{\Psi}_{l_{i-1}}, \boldsymbol{\Psi}_j$ 跨越的空间和 $\boldsymbol{q}_{l_1}, \boldsymbol{q}_{l_2}, \cdots, \boldsymbol{q}_{l_{i-1}}, \boldsymbol{p}_j$ 跨越的空间是相同的。由于 $\boldsymbol{q}_{l_1}, \boldsymbol{q}_{l_2}, \cdots, \boldsymbol{q}_{l_{i-1}}, \boldsymbol{p}_j$ 是正交的，则只要选择出与 $\boldsymbol{y}$ 最近的 $\boldsymbol{p}_j$，就可以选出与 $\boldsymbol{y}$ 最近的 $\boldsymbol{\Psi}_j$。用 l_i 表示与 $\boldsymbol{y}$ 最近的 $\boldsymbol{p}_j$ 的下标，则

$$l_i = \arg\max_j \frac{\boldsymbol{p}_j^T \boldsymbol{y}}{(\boldsymbol{p}_j^T \boldsymbol{p}_j)^{1/2}} \tag{9-50}$$

令 $\boldsymbol{\Psi} = [\boldsymbol{\Psi}_{l_1},\cdots,\boldsymbol{\Psi}_{l_s}], \boldsymbol{Q} = [\boldsymbol{q}_{l_1},\cdots,\boldsymbol{q}_{l_s}]$，则正交化的过程等于分解因式

$$\boldsymbol{\Psi} = \boldsymbol{Q}\boldsymbol{A} \tag{9-51}$$

式中，$\boldsymbol{A}$ 为一个上三角矩阵。

经过 s 次迭代，$\boldsymbol{\Psi}_{l_1}, \boldsymbol{\Psi}_{l_2}, \cdots, \boldsymbol{\Psi}_{l_s}$ 被选了出来，这样小波神经网络中的小波神经元也就确定了。网络的输出可以表示为

$$\hat{f}_s(x) = \sum_{i=1}^{s} \omega_i \Psi_{l_i}(x) \tag{9-52}$$

式中，$\omega_1,\omega_2,\cdots,\omega_s$ 为下式的最小方差解

$$\boldsymbol{y} = \boldsymbol{\Psi}\boldsymbol{\omega} \tag{9-53}$$

式中，$\boldsymbol{\Psi} = [\boldsymbol{\Psi}_{l_1},\cdots,\boldsymbol{\Psi}_{l_s}], \boldsymbol{\omega} = [\omega_1,\cdots,\omega_s]^T$。

将式(9-51)代入上式得

$$\boldsymbol{Q}^{-1}\boldsymbol{y} = \boldsymbol{A}\boldsymbol{\omega} \tag{9-54}$$

因为 $\boldsymbol{Q}$ 中各列彼此正交，所以 $\boldsymbol{Q}^{-1} = \boldsymbol{Q}^T$，上式可以写为

$$\boldsymbol{Q}^T \boldsymbol{y} = \boldsymbol{A}\boldsymbol{\omega} \tag{9-55}$$

用式(9-55)可以较容易地计算出 $\boldsymbol{\omega}$ 的值。

综上所述，从 W 中选择出 s 个项的算法可以被总结如下：

算法 9-1

$I = \{1,2,\cdots,L\}$;

for all $j \in I$,

$$p_j = \Psi_j; l_0 = 0, q_{l_0} = 0;$$
end
for $i = 1 : s$
    for all $j \in I$,
$$p_j = p_j - (\Psi_j^T q_{l_{i-1}}) q_{l_{i-1}}; I = I - \{j: p_j = 0\};$$
    end
    if I is empty,
        $s = i - 1$ and break the loop;
    else
$$l_i = \underset{j \in I}{\arg\max}(p_j^T y)^2 / p_j^T p_j;$$
    for $j = 1 : i - 1$
$$\alpha_{ji} = \Psi_{l_i}^T q_{l_j};$$
    end
$$\alpha_{ii} = \sqrt{p_{l_i}^T p_{l_i}}; q_{l_i} = \alpha_{ii}^{-1} p_{l_i}; \tilde{\omega}_i = q_{l_i}^T y; I = I - \{l_i\};$$
    end
end.

根据这个算法，小波神经网络中的权值 ω_i 为

$$\begin{bmatrix} \omega_1 \\ \vdots \\ \omega_s \end{bmatrix} = A^{-1} \begin{bmatrix} \tilde{\omega}_1 \\ \vdots \\ \tilde{\omega}_s \end{bmatrix} \tag{9-56}$$

其中

$$A = \begin{bmatrix} \alpha_{11} & \alpha_{12} & \cdots & \alpha_{1s-1} & \alpha_{1s} \\ 0 & \alpha_{22} & \cdots & \alpha_{2s-1} & \alpha_{2s} \\ \vdots & \vdots & & \vdots & \vdots \\ 0 & 0 & \cdots & \alpha_{s-1s-1} & \alpha_{s-1s} \\ 0 & 0 & \cdots & \alpha_{ss-1} & \alpha_{ss} \end{bmatrix} \tag{9-57}$$

到此为止，已经解决了在假设子集的大小为 s 的情况下，如何从 W 中选择 s 个项的问题。下面将解决如何确定 s 的问题。

W 的大小为 L，所以 s 的值可能是 $1 \sim L$。对每一个可能的值都进行测试，对每一个可能的 s，都用算法9-1选择出 s 个小波元来构成小波神经网络，然后用最小均方差法(MSE)来评估网络的性能，网络输出和样本输出之间的均方差最小的那个网络对应的 s，就是所要得到的。网络的均方差定义为

$$MSE_s = \frac{1}{N} \sum_{k=1}^{N} (\hat{f}_s(x_k) - y_k)^2 \tag{9-58}$$

则期望的小波元的数量为

$$\hat{s} = \underset{s=1,\cdots,L}{\arg\min} MSE_s \tag{9-59}$$

根据式(9-58)和式(9-59)，可以确定小波神经网络中的小波元的数量。至此，关于小波神

经网络的两个子问题都已经得到了解决。按照这种方法构造的网络可以被描述为

$$\hat{f}_{\hat{s}}(x) = \sum_{i=1}^{\hat{s}} \omega_i \Psi_{l_i}(x) \tag{9-60}$$

式(9-47)、式(9-48)中的 s 和 i 分别对应式(9-60)中的 $\hat{s}$ 和 i。

3) 小波神经网络的训练。在利用自组织算法构造完小波神经网络之后,就必须对它进行训练以使它逼近式(9-35)描述的函数 h。在本节,将采用 BP 算法来训练小波神经网络。训练的目的是通过调整权值 ω_i 来最小化网络输出和样本输出之间的平方差。

用 J 来表示目标函数,则

$$J = \sum_{k=1}^{N} (y_k - \hat{y}_k)^2$$

式中,y_k 为第 k 个样本的输出;$\hat{y}_k$ 为对应的网络输出。

在第 j 次迭代中,ω_i 的修正量应该为

$$\Delta\omega_i(j) = \frac{\partial J}{\partial \omega_i} = \frac{\partial J}{\partial \hat{y}_k} \frac{\partial \hat{y}_k}{\partial \omega_i}$$

$$= -2(y_k - \hat{y}_k) O_i^{(2)} = -2(y_k - \hat{y}_k) \Psi_i(X_k) \tag{9-61}$$

式中,X_k 为第 k 个样本的输入向量。

则 ω_i 可以按下式来进行调整

$$\omega_i(j+1) = \omega_i(j) - \eta \Delta\omega_i(j) \tag{9-62}$$

式中,η 为学习率。

(3) 模糊转矩及磁链控制器的设计

1) 模糊化。根据传统直接转矩控制已有的经验,下面选取 3 个输入模糊变量,分别叙述如下:

① 转矩误差 E_{T_e}

$$E_{T_e} = T_e^* - T_e \tag{9-63}$$

其论域为 $-0.01 \sim 0.01$,在其论域上定义了 5 个模糊集,相应的语言变量为:正大(PL)、正小(PS)、零(Z)、负小(NS)、负大(NL)。E_{T_e} 上的模糊语言词集分布如图 9-16 所示。

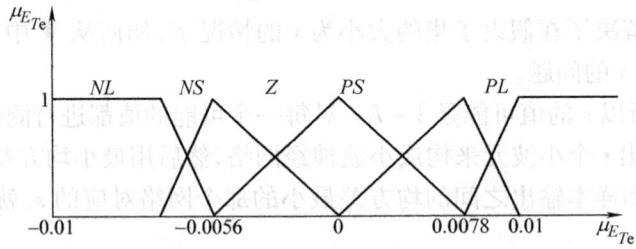

图 9-16 E_{T_e} 上的模糊语言词集分布

② 磁链误差 E_{Ψ_s}

$$E_{\Psi_s} = \Psi_s^* - |\Psi_s| \tag{9-64}$$

其论域为 $-0.01 \sim 0.01$,在其论域上定义了 3 个模糊集,相应的语言变量为:正(P)、零

(Z)、负(N)。E_{Ψ_s}上的模糊语言词集分布如图 9-17 所示。

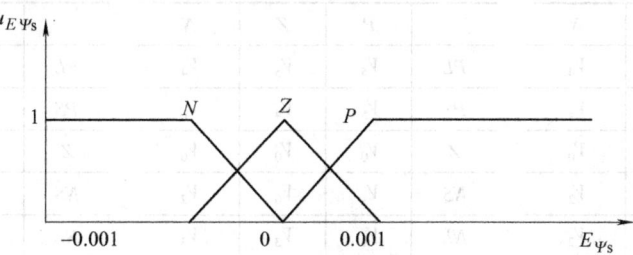

图 9-17 E_{Ψ_s} 上的模糊语言词集分布

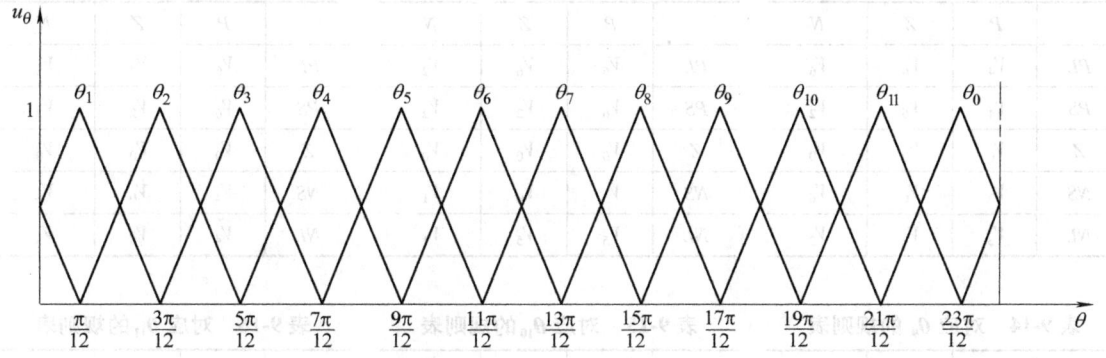

图 9-18 θ 的隶属度函数分布

③ 磁链角 θ。磁链角 θ 在 $[0,2\pi]$ 的论域上定义了 12 个模糊子集($\theta_0 \sim \theta_{11}$),隶属函数分布如图 9-18 所示。

模糊控制器的控制变量取逆变器的开关状态 V,它是 8 个($V_0 \sim V_7$)独立变量,模糊集合为独点集。各种开关状态下的电压矢量图如图 9-19 所示。

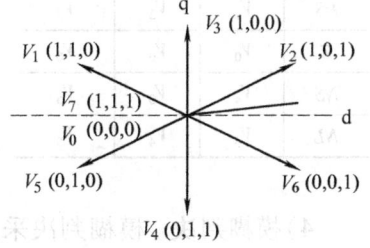

图 9-19 电压矢量图

2) 模糊控制规则。根据已有的控制经验和不同的状态变量来确定控制变量,可得 180 条控制规则。模糊控制规则表如表 9-5 ~ 表 9-16 所示。

3) 模糊推理。采用 Max-Min 法对模糊规则进行推理,算法如下

$$U_V(v) = \bigvee_{i=1}^{180} [U_{Ai}(E_{Te}) \wedge U_{Bi}(E_{\Psi_s}) \wedge U_{\theta_i}(\theta) \wedge U_{Vi}(v)] \quad (9\text{-}65)$$

表 9-5 对应 θ_0 的规则表

	P	Z	N
PL	V_3	V_1	V_1
PS	V_3	V_1	V_5
Z	V_0	V_0	V_0
NS	V_2	V_0	V_4
NL	V_2	V_6	V_6

表 9-6 对应 θ_1 的规则表

	P	Z	N
PL	V_1	V_1	V_5
PS	V_1	V_5	V_5
Z	V_0	V_0	V_0
NS	V_2	V_0	V_6
NL	V_2	V_2	V_6

表 9-7 对应 θ_2 的规则表

	P	Z	N
PL	V_1	V_5	V_5
PS	V_1	V_5	V_4
Z	V_0	V_0	V_0
NS	V_3	V_0	V_6
NL	V_3	V_2	V_2

表 9-8 对应 θ_3 的规则表

	P	Z	N
PL	V_5	V_5	V_4
PS	V_5	V_4	V_4
Z	V_0	V_0	V_0
NS	V_3	V_0	V_2
NL	V_3	V_3	V_2

表 9-9 对应 θ_4 的规则表

	P	Z	N
PL	V_5	V_5	V_4
PS	V_5	V_4	V_6
Z	V_0	V_0	V_0
NS	V_1	V_0	V_2
NL	V_1	V_3	V_3

表 9-10 对应 θ_5 的规则表

	P	Z	N
PL	V_4	V_4	V_6
PS	V_4	V_6	V_6
Z	V_0	V_0	V_0
NS	V_5	V_0	V_1
NL	V_5	V_1	V_1

表 9-11 对应 θ_6 的规则表

	P	Z	N
PL	V_4	V_6	V_6
PS	V_4	V_6	V_2
Z	V_0	V_0	V_0
NS	V_3	V_0	V_6
NL	V_3	V_5	V_5

表 9-12 对应 θ_7 的规则表

	P	Z	N
PL	V_6	V_6	V_2
PS	V_6	V_2	V_2
Z	V_0	V_0	V_0
NS	V_5	V_0	V_1
NL	V_5	V_5	V_1

表 9-13 对应 θ_8 的规则表

	P	Z	N
PL	V_6	V_2	V_2
PS	V_6	V_2	V_3
Z	V_0	V_0	V_0
NS	V_4	V_0	V_1
NL	V_4	V_5	V_5

表 9-14 对应 θ_9 的规则表

	P	Z	N
PL	V_2	V_2	V_3
PS	V_2	V_2	V_3
Z	V_0	V_0	V_0
NS	V_4	V_0	V_5
NL	V_4	V_4	V_5

表 9-15 对应 θ_{10} 的规则表

	P	Z	N
PL	V_2	V_3	V_3
PS	V_2	V_3	V_1
Z	V_0	V_0	V_0
NS	V_6	V_0	V_4
NL	V_6	V_4	V_4

表 9-16 对应 θ_{11} 的规则表

	P	Z	N
PL	V_3	V_3	V_1
PS	V_3	V_1	V_1
Z	V_0	V_0	V_0
NS	V_6	V_0	V_4
NL	V_6	V_6	V_4

4) 模糊判决。模糊判决采用最大隶属度法,取最大隶属度对应的输出量为逆变器的开关量输出。

(4) 系统总体结构

所设计的基于小波神经网络定子电阻估计器的模糊直接转矩控制系统如图 9-20 所示。在该系统中,小波神经网络根据定子电流 i_1、定子频率 f_1 和运行时间 t 在线估计定子电阻的变化 Δr_1,并将它提供给磁链、转矩检测器,磁链、转矩检测器根据式(9-19)~式(9-27)计算出定子磁链 Ψ_1、电磁转矩 T_e 和位置角 θ。模糊控制器则根据转矩误差 E_{T_e}、磁链误差 E_{Ψ_s} 和位置角 θ 得到控制电压矢量 V,并

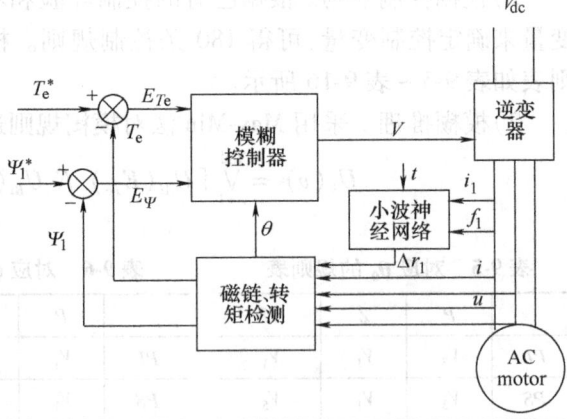

图 9-20 基于小波神经网络定子电阻估计器的模糊直接转矩控制系统

作用于变频器,从而控制电动机的转矩和磁链。

(5) 仿真实验

基于 MATLAB 仿真实验平台,采用变频器拖动 AC 220V 交流电动机的方法,在定子频率 f_1 为 10、25、50Hz 及电流 i_1 为 2、3、4A 的情况下分别进行了 120min 定子电阻测试,每隔 5min 读数一次,所测得的值作为网络的训练样本。则可以根据这些样本数据的稀疏性,利用所设计的自组织算法来确定小波神经网络定子电阻估计器(见图 9-15)的小波元数量 s,以及网络参数 m_i、n_i、ω_i 的初值。

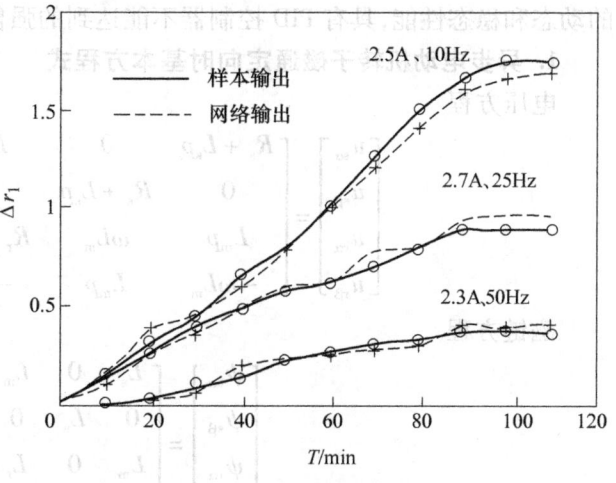

图 9-21 小波神经网络定子电阻估计器的 MSE 曲线

首先,对于网络初始选出 125 个小波元。而后,第一步,根据样本数据的横坐标的稀疏性(式(9-40)~式(9-42))对小波元进行粗选,得到 73 个小波元。第二步,根据算法 9-1 和式(9-58)、式(9-59)得到精选的小波元的数量和相应的参数。在图 9-22 中,给出了对应于 s 的 MSE 曲线,从曲线可以看出,当 $s=3$ 时,MSE 最小,所以小波元的数量应是 3。用算法 9-1 选出的相应的小波元的参数为:$m_1=0$,$n_1=[-1,0]^T$,$m_2=1$,$n_2=[0,-1]^T$;$m_3=1$,$n_3=[2,0]^T$。再根据式(9-55)、式(9-56)可计算出网络的初始权值为:$\omega_1(0)=0.139058$,$\omega_2(0)=0.047623$,$\omega_3(0)=0.068519$。

在确定了图 9-15 中小波神经网络的结构和权值初值后,用式(9-61)~式(9-63)所示的 BP 算法对网络进行训练。图 9-22 给出了训练后网络对样本数据的定子电阻辨识结果。

图 9-22 定子电阻辨识结果

采用所设计的基于小波神经网络定子电阻估计器的模糊直接转矩控制方法,图 9-23、图 9-24 给出了电动机低速运转时,给定转矩为 $10\text{N}\cdot\text{m}$、给定定子磁链为额定磁链(0.96Wb)时电动机起动过程的电磁转矩响应曲线及直接转矩控制下定子磁链的轨迹。

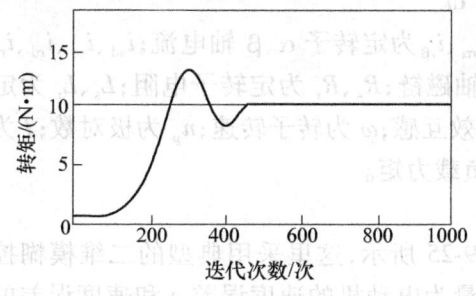

图 9-23 电磁转矩响应曲线

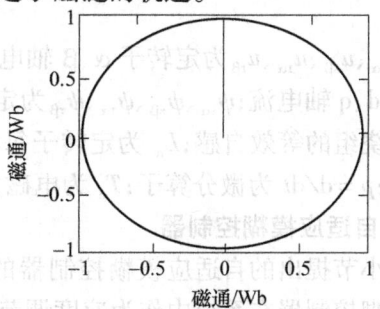

图 9-24 电动机的磁链轨迹

由仿真实验结果可以看出,所提出的带有小波神经网络定子电阻估计器的模糊直接转矩控制系统具有结构简单、辨识准确的优点,可以有效地提高直接转矩控制的低速性能。

9.1.3 无速度传感器异步电动机矢量控制系统的自适应模糊控制

交流异步电动机的无速度传感器矢量控制一直是一个研究热点。无速度传感器驱动有很多优点,如降低系统成本、方便安装与维护、增强系统可靠性、更加适应于在恶劣环境下工作等。然而传统的矢量控制系统需要电动机的精确数学模型,当由于磁饱和或电动机绕组温度变化引起电动机内部参数变化时,会影响系统的控制效果,而把模糊控制引入矢量控制系统就有助于解决这个问题。模糊控制不需要被控对象的精确数学模型,而根据人工控制规则组织控制决策表,对调节对象参数不敏感。

一般用于交流传动上的模糊控制器在模糊化和解模糊时使用的比例因子的选取对系统的性能影响很大,很难同时满足动态响应和稳态精度的要求。为此,本小节设计了一种自适应模糊控制器,可以根据系统的转速给定和负载转矩信息调整模糊控制器的比例因子,提高了系统的动态和稳态性能,具有 PID 控制器不能达到的强鲁棒性。

1. 异步电动机转子磁通定向时基本方程式

电压方程

$$\begin{bmatrix} u_{s\alpha} \\ u_{s\beta} \\ u_{r\alpha} \\ u_{r\beta} \end{bmatrix} = \begin{bmatrix} R_s + L_s p & 0 & L_m p & 0 \\ 0 & R_s + L_s p & 0 & L_m p \\ L_m p & \omega L_m & R_r + L_r p & \omega L_r \\ -\omega L_m & L_m p & -\omega L_r & R_r + L_r p \end{bmatrix} \times \begin{bmatrix} i_{s\alpha} \\ i_{s\beta} \\ i_{r\alpha} \\ i_{r\beta} \end{bmatrix} \quad (9\text{-}66)$$

磁链方程

$$\begin{bmatrix} \psi_{s\alpha} \\ \psi_{s\beta} \\ \psi_{r\alpha} \\ \psi_{r\beta} \end{bmatrix} = \begin{bmatrix} L_s & 0 & L_m & 0 \\ 0 & L_s & 0 & L_m \\ L_m & 0 & L_r & 0 \\ 0 & L_m & 0 & L_r \end{bmatrix} \times \begin{bmatrix} i_{s\alpha} \\ i_{s\beta} \\ i_{r\alpha} \\ i_{r\beta} \end{bmatrix} \quad (9\text{-}67)$$

转矩方程

$$T_e = n_p L_m (i_{s\beta} i_{r\alpha} - i_{r\alpha} i_{r\beta}) \quad (9\text{-}68)$$

电动机运动方程

$$T_e - T_l = \frac{J}{n_p} \frac{d\omega}{dt} \quad (9\text{-}69)$$

式中,$u_{s\alpha}$、$u_{s\beta}$、$u_{r\alpha}$、$u_{r\beta}$ 为定转子 α、β 轴电压;$i_{s\alpha}$、$i_{s\beta}$、$i_{r\alpha}$、$i_{r\beta}$ 为定转子 α、β 轴电流;i_{sd}、i_{sq}、i_{rd}、i_{rq} 为定转子 d、q 轴电流;$\psi_{s\alpha}$、$\psi_{s\beta}$、$\psi_{r\alpha}$、$\psi_{r\beta}$ 为定转子 α、β 轴磁链;R_s、R_r 为定转子电阻;L_s、L_r 为定转子每相绕组的等效自感;L_m 为定转子每相绕组的等效互感;ω 为转子转速;n_p 为极对数;J 为转动惯量;$p = d/dt$ 为微分算子;T_e 为电磁力矩;T_l 为负载力矩。

2. 自适应模糊控制器

本小节提出的自适应模糊控制器的结构如图 9-25 所示,这里采用典型的二维模糊控制器。模糊控制器在系统中作为速度调节器,输入变量为电动机的速度误差 e 和速度误差的变化率 e_c,输出控制变量为在同步旋转坐标系下的 q 轴电流的给定值 i_{sqref},两者分别对应的模糊控制器中的模糊变量为 E、E_C 和 I_{qref}。

设定偏差 E 的模糊集合为 $\{NB,NS,NZ,PZ,PS,PB\}$，其论域为 $\{-3,-2,-1,-0,0,1,2,3\}$；偏差变化 E_C 和输出电流 I_{qref} 均用 $\{NB,NS,ZO,PS,PB\}$，论域为 $E_C = \{-3,-2,-1,0,1,2,3\}$，$I_{qref} = \{4,-3,-2,-1,0,1,2,3,4\}$，在确定了模糊变量的隶属函数之后，就可以对模糊变量赋值了。

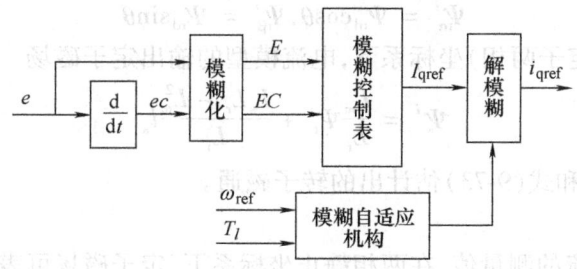

图 9-25　自适应模糊控制器的结构

控制规则可以写成如下条件语句形式

$$\text{IF } E = A_i \text{ and } E_C = B_i \text{ THEN } I_{qref} = C_i$$

式中，$i = 1,2,\cdots,p$，p 为控制规则数；A_i、B_i、C_i 为定义在误差、误差变化率和输出电流的论域上的模糊集。根据这些规则制作成模糊控制表。

输入变量的模糊化需要引入比例因子 K_e 和 K_{ec}，将 e 和 ec 从基本论域映射到模糊论域。例如，设偏差的基本论域为 $[-e_m, e_m]$，模糊论域为 $[-E_m, E_m]$，则偏差比例因子为由下式确定

$$K_e = \frac{E_m}{e_p} \quad E_m \leq e_p \leq e_m \tag{9-70}$$

确定了比例因子之后，就可以将精确值模糊化为模糊量。

由于输出变量的最终稳定值在基本论域中不等于零，即相对于坐标轴不是对称的，就不能用输入变量的模糊化的方法来解模糊，则比例因子可以按下面的方法确定：设输出电流的基本论域为 (p,q)，其模糊论域为 (a,b)，则 I_{qref} 的清晰量为

$$i_{qref} = p + \frac{(q-p)}{(b-a)}(I_{qref} - a) \tag{9-71}$$

由于在不同的条件下，例如速度给定 ω_{ref} 或负载 T_l 不同，I_{qref} 的最终稳定值不同，而模糊控制表的输出模糊变量 I_{qref} 的解模糊需要 i_{qref} 的最终稳定值，所以在不同的条件下，固定的比例因子显然难以满足系统的动态和稳态性能，甚至出现了失稳。

本小节根据在不同的 ω_{ref} 和 T_l 条件下的 i_{qref} 值，预先制成自适应控制表。每次由 ω_{ref} 和 T_l 查询自适应控制表，得到相应的解模糊的比例因子，然后就可以对输出变量的模糊值进行解模糊了。

3. 转子磁链估算模型

本小节给出的磁场估算器是一个全阶的定转子自适应磁通观测器（见图 9-26）。它由开环电流模型和自适应电压模型组成：前者可以提供比较准确的值，后者有比较宽的速度调节范围。

(1) 电流模型

使 d 轴与转子磁场方向重合,此时转子 q 轴分量为零,可得在同步旋转坐标系下的转子磁场为

$$\Psi_{rd} = \frac{L_m}{1 + sT_r} i_{sd} \quad \Psi_{rq} = 0 \tag{9-72}$$

再得到转子在两相静止坐标系的转子磁场

$$\Psi_{r\alpha}^i = \Psi_{rd}\cos\theta, \quad \Psi_{r\beta}^i = \Psi_{rd}\sin\theta \tag{9-73}$$

因此可得在 α-β(定子两相)坐标系下,电流模型的输出定子磁场

$$\Psi_s^i = \frac{L_m}{L_r}\Psi_r^i + \frac{L_s L_r - L_m^2}{L_r} i_s \tag{9-74}$$

式中,Ψ_r^i 为由式(9-72)和式(9-73)估计出的转子磁通。

(2)电压模型

使用定子电压、电流的测量值,在两相静止坐标系下,定子磁场可表示为

$$\Psi_s = \frac{1}{s}(U_s - R_s i_s - U_{comp}) \tag{9-75}$$

其中,U_{comp} 是考虑到纯积分器引起的误差以及低速时定子电阻测量误差所加的补偿分量,该补偿分量可根据两个模型输出的定子磁链之差估算出来

$$U_{comp} = \left(K_p + K_i \frac{1}{s}\right)(\Psi_s - \Psi_s^i) \tag{9-76}$$

从而推得两相静止坐标系下的转子磁场

$$\Psi_r = \frac{L_r}{L_m}\Psi_s - \frac{L_s L_r - L_m^2}{L_m} i_s \tag{9-77}$$

又有

$$\theta = \arctan(\Psi_{r\alpha}/\Psi_{r\beta})$$

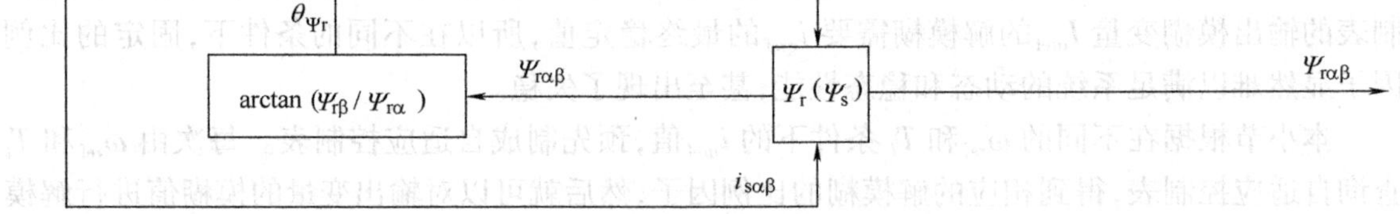

图 9-26 自适应磁通观测器

4. 转速估计

本系统采用动态转速估计器来估算速度。

由电动机的基本原理可以知道,电动机在对称运行的条件下,定子和转子的磁场为圆形旋转磁场并均以同步角速度 ω_1 进行旋转,转子以 ω 旋转,以转差 ω_s 切割旋转磁场,产生电磁转矩。通过磁通观测器,可以观测到转子磁通,进而得到同步转速,而由定子 d-q 轴电流又可得

到转差速度,从而得到转子的旋转速度,即

$$\omega = \omega_1 - \omega_s \quad (9-78)$$

根据转子磁通 $\Psi_{r\alpha}$、$\Psi_{r\beta}$ 的变化就可以得到转子磁通旋转角

$$\theta = \arctan(\Psi_{r\alpha}/\Psi_{r\beta}) \quad (9-79)$$

式中,θ 的积分即为同步转速 ω_1。

在磁场定向的矢量控制中,将转子磁场定向于以同步速度旋转的 d-q 坐标系的 d 轴上,即 $\Psi_{rd} = \Psi_2$,$\Psi_{rq} = 0$,转差角速度可由下式得到:

$$\omega_s = \frac{L_m R_r i_{sq}}{L_r \Psi_2} = \frac{R_r i_{sq}}{L_r i_{sd}} \quad (9-80)$$

根据式(9-78)可得到电动机的估计转速。由于电动机定子端的电压是阶跃性的,计算得到的转速波动较大。电动机的机械时间常数较大,转速是连续变化的,不可能突变,所以可以对估计转速进行数字滤波,有文献提出加入一个一阶惯性滤波环节,这样系统的性能会得到很大的改善。

5. 系统构成及仿真试验

转子磁场定向的异步电动机无速度传感器矢量控制系统框图如图9-27所示。该系统采用自适应磁链观测器估算转子磁链,用动态转速估计器估算速度,其中速度调节器采用自适应模糊控制器,转矩调节器和磁通调节器使用 PID 控制器控制。

采用 MATLAB 软件对系统进行了仿真,采样周期为 500μs,仿真时间为 1.4s。仿真所用到的参数为 $P_n = 500W$,$V_n = 127V$,$I_n = 2.9A$,$R_s = 4.495\Omega$,$R_r = 5.365\Omega$,$L_s = 165mH$,$L_r = 162mH$,

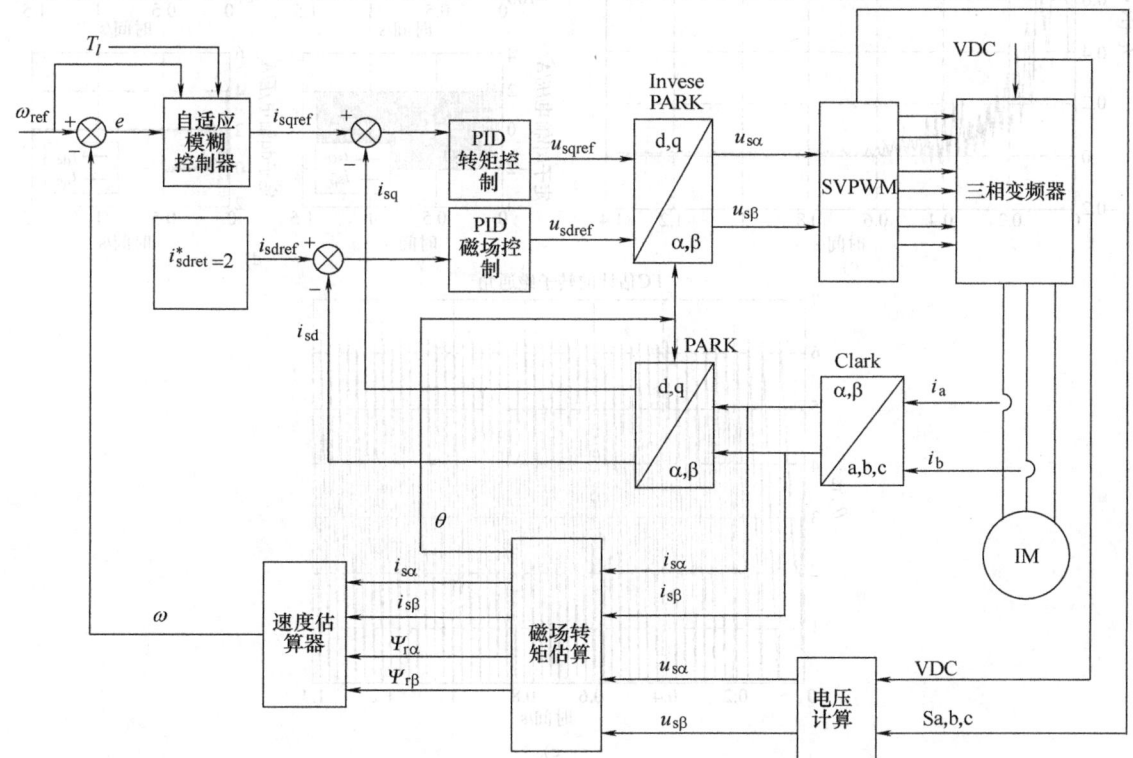

图 9-27 感应电动机无速度传感器矢量控制系统框图

$L_m = 149\text{mH}, n_p = 2, J = 0.95 \times 10^3 \text{ kg} \cdot \text{m}^2$。

图 9-28 为速度给定为 1200r/min 电动机空载起动的转子速度、转子磁通、转矩、电流电压和转子磁通角曲线。从图中可以看出速度估计精度已经达到较好的性能指标,转矩收敛比较

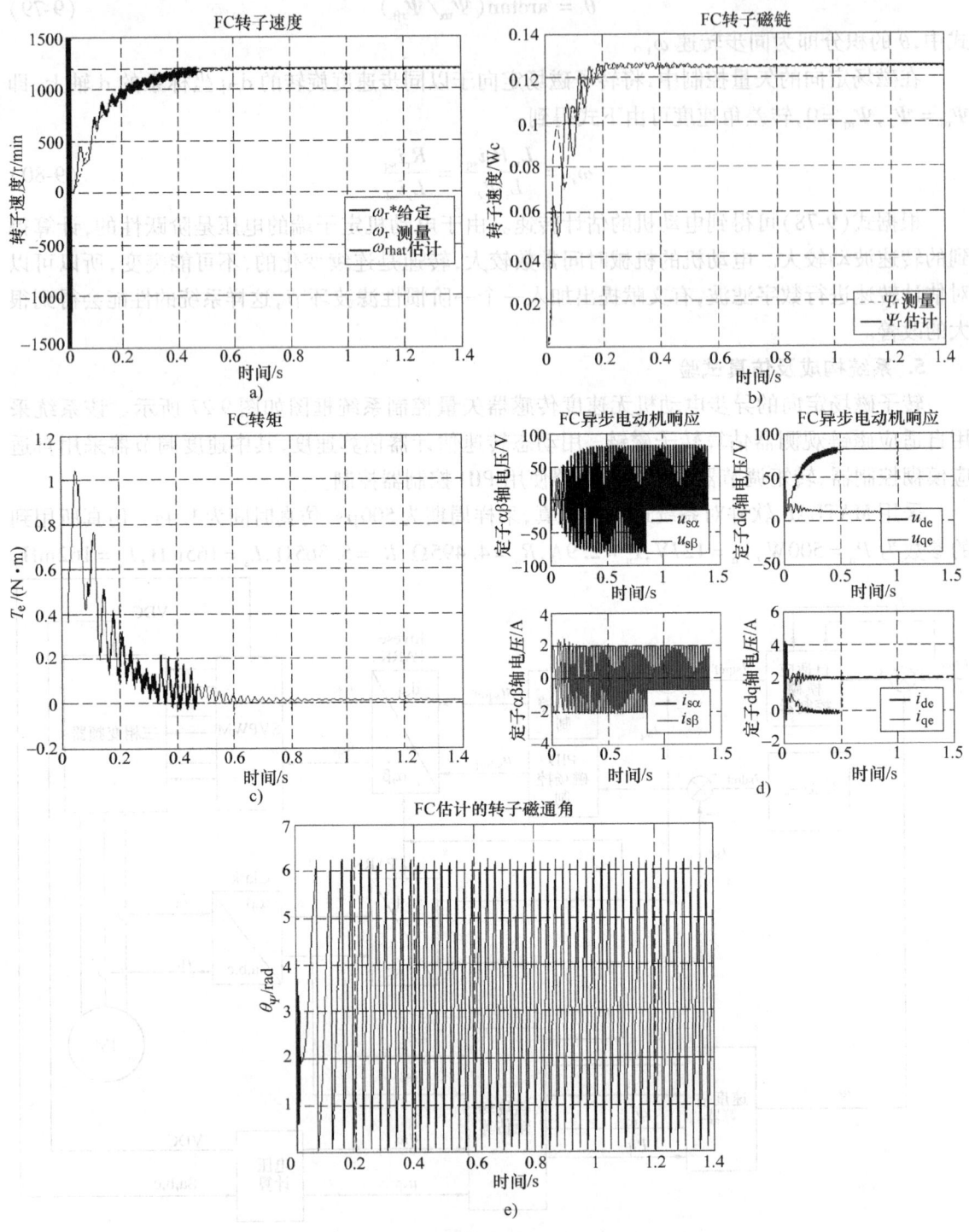

图 9-28 速度给定为 1200r/min 电动机空载起动的响应曲线

快,曲线较平滑。

图9-29为速度给定为1200r/min,电动机分别在PID控制和自适应模糊控制(FC)下的空载起动的转子速度、转子磁通和转矩的曲线。从图中可以看出FC基本没有超调,响应时间短,动态性能比PID好。

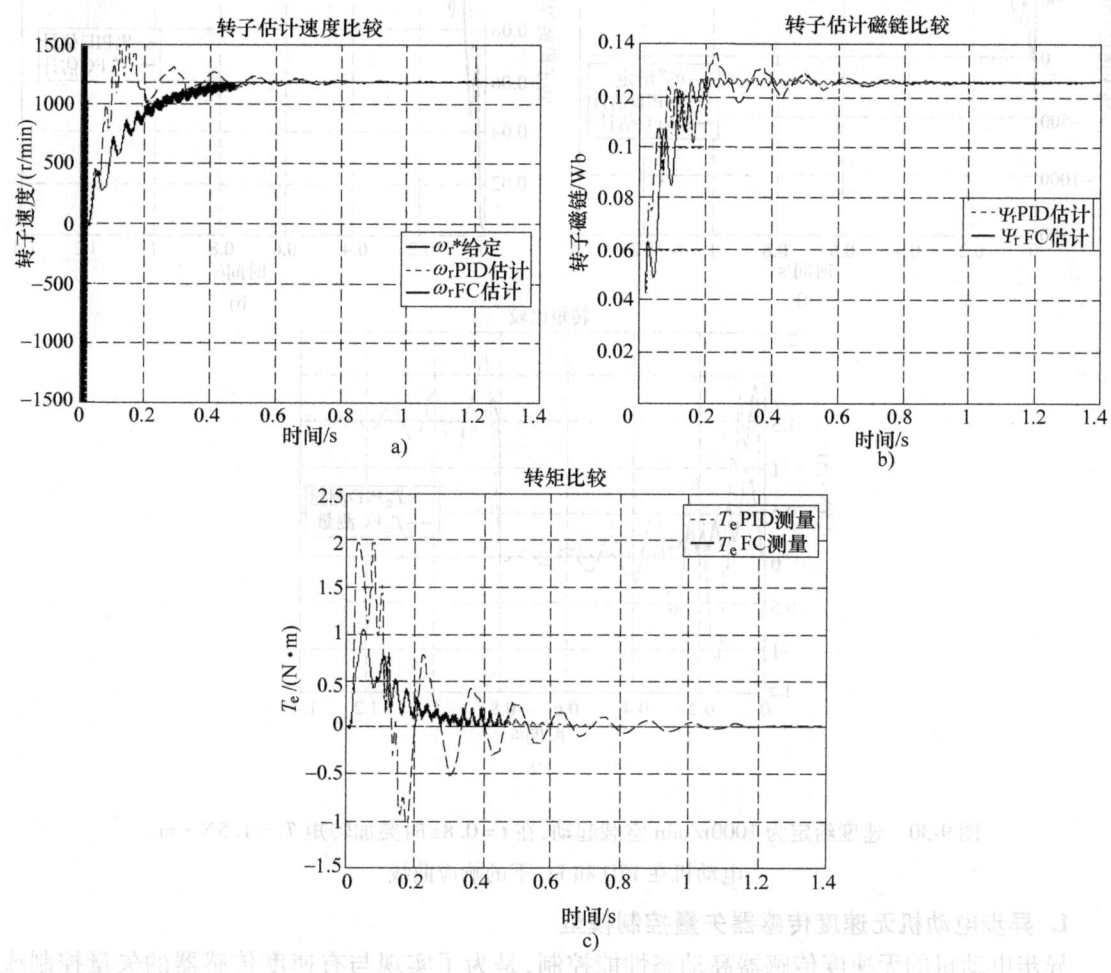

图9-29 速度给定为1200r/min电动机在PID和FC下的空载起动的响应曲线

图9-30为速度给定为1000r/min空载起动,在$t=0.8s$时突加转矩$T_l=1.5N·m$,电动机分别在PID和FC下的转子速度、转子磁通和转矩曲线。图中FC鲁棒性好,且可以很快收敛。

图9-31为初始速度给定为800r/min带$T_l=0.3N·m$的负载起动,在$t=0.8s$时速度给定变为1000r/min,电动机分别在PID控制器和自适应模糊控制器下的转子速度、转子磁通和转矩的曲线。图中可以看出,FC下的磁通和转矩相对于PID下的基本上没有受到影响,动态性能和稳态性能都优于PID控制。

9.1.4 基于递归模糊神经网络的异步电动机无速度传感器矢量控制

本节研究了递归模糊神经网络控制在异步电动机矢量控制系统中的应用,给出了一种基于递归模糊神经网络控制的异步电动机矢量控制方法,并给出了仿真实验。

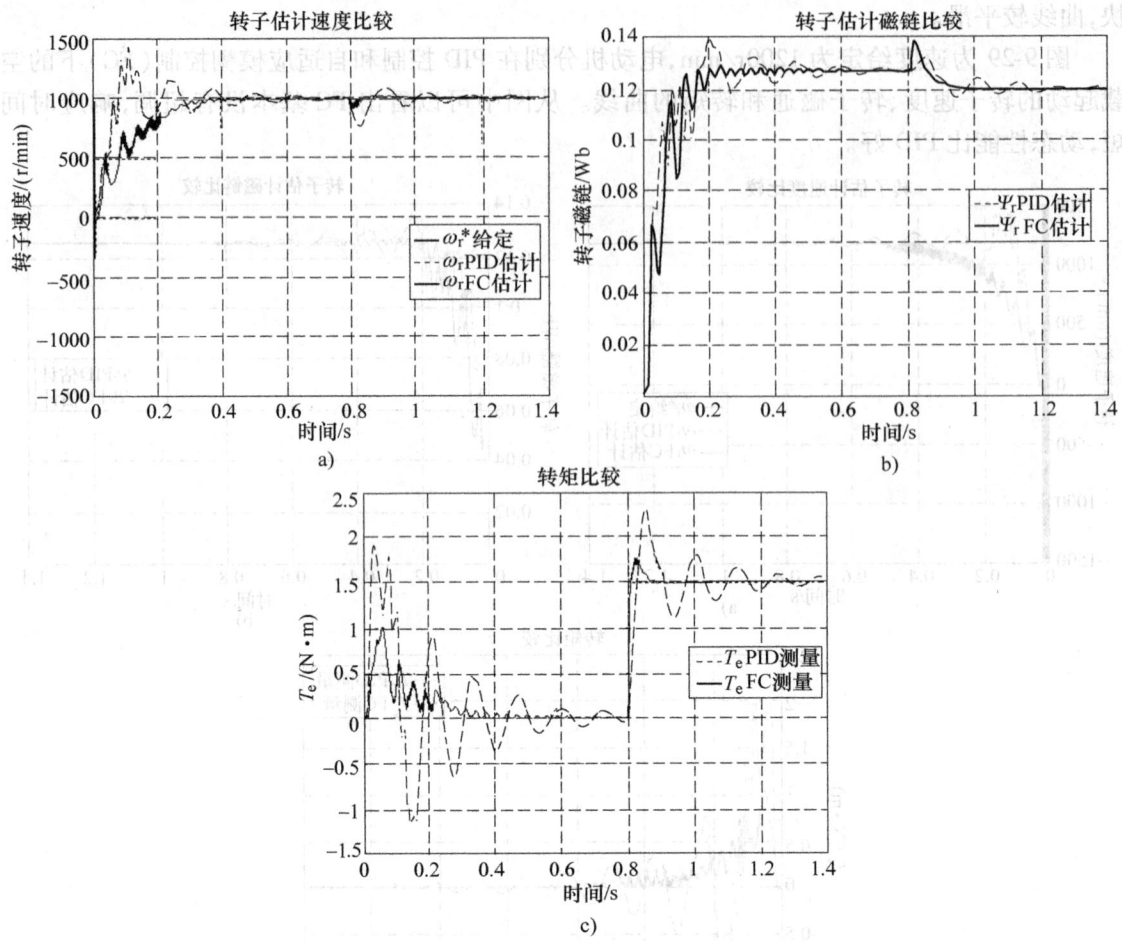

图 9-30 速度给定为 1000r/min 空载起动,在 $t=0.8s$ 时突加转矩 $T_l=1.5N\cdot m$,
电动机在 PID 和 FC 下的响应曲线

1. 异步电动机无速度传感器矢量控制模型

异步电动机的无速度传感器高动态性能控制,是为了实现与有速度传感器的矢量控制或直接转矩控制相当的转矩和速度性能的方案。交流异步电动机模型可用下式表示

$$p\begin{bmatrix}i_{s\alpha}\\i_{s\beta}\\\Psi_{r\alpha}\\\Psi_{r\beta}\end{bmatrix}=\begin{bmatrix}-\left(\dfrac{R_s}{\sigma L_s}+\dfrac{1-\sigma}{\sigma T_r}\right) & 0 & \dfrac{L_m}{\sigma L_s L_r T_r} & -\dfrac{L_m}{\sigma L_s L_r}w_r\\0 & -\left(\dfrac{R_s}{\sigma L_s}+\dfrac{1-\sigma}{\sigma \tau_r}\right) & \dfrac{L_m}{\sigma L_s L_r}w_r & \dfrac{L_m}{\sigma L_s L_r T_r}\\\dfrac{L_m}{T_r} & 0 & -\dfrac{1}{T_r} & n_p w_r\\0 & \dfrac{L_m}{T_r} & -n_p w_r & -\dfrac{1}{T_r}\end{bmatrix}$$

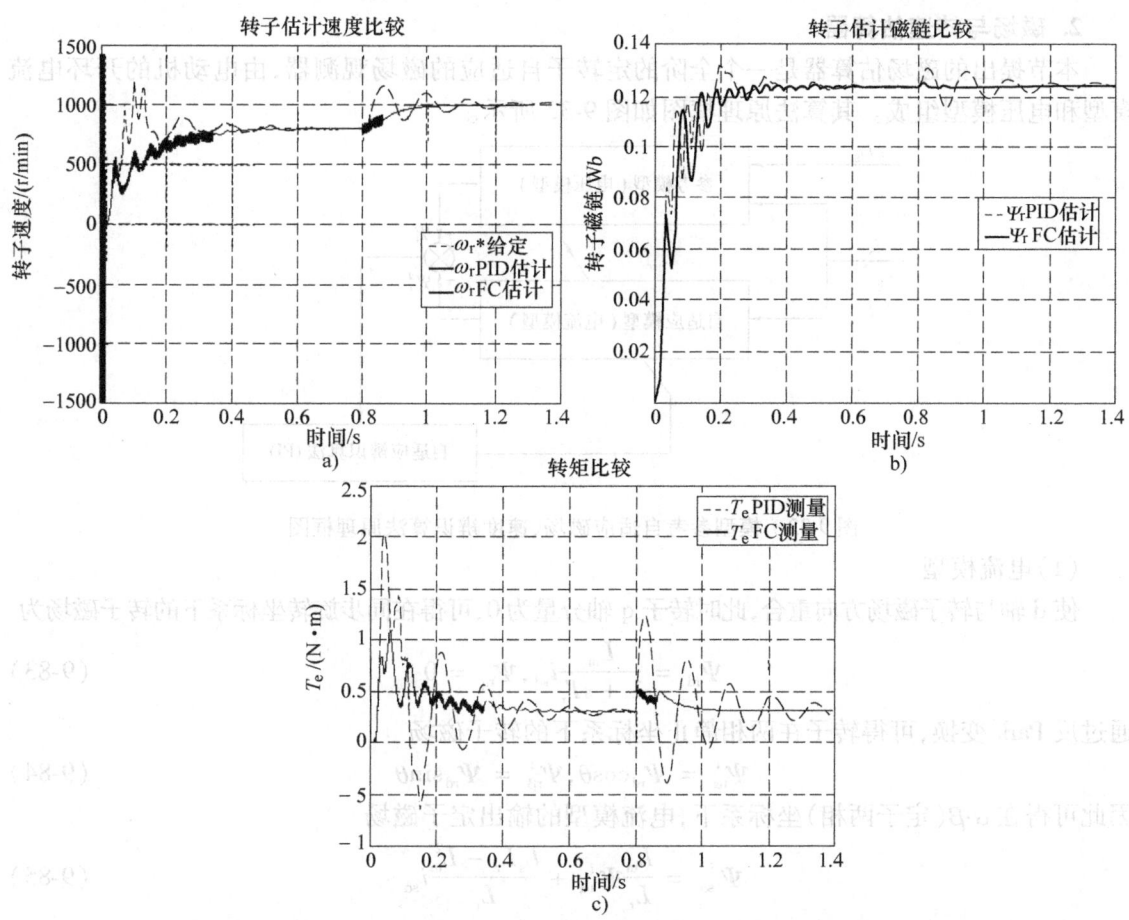

图 9-31 速度给定为 800r/min 带 $T_l = 0.3$N·m 的负载起动，在 $t = 0.8$s 时速度给定变为 1000r/min，电动机在 PID 和 FC 下的响应曲线

$$\times \begin{bmatrix} i_{s\alpha} \\ i_{s\beta} \\ \Psi_{r\alpha} \\ \Psi_{r\beta} \end{bmatrix} + \begin{bmatrix} \dfrac{1}{\sigma L_s} & 0 \\ 0 & \dfrac{1}{\sigma L_s} \\ 0 & 0 \\ 0 & 0 \end{bmatrix} \begin{bmatrix} u_{s\alpha} \\ u_{s\beta} \end{bmatrix} \quad (9\text{-}81)$$

式中，$u_{s\alpha}$、$u_{s\beta}$ 为定子 α、β 轴电压；$i_{s\alpha}$、$i_{s\beta}$ 为定子 α、β 轴电流；$\Psi_{r\alpha}$、$\Psi_{r\beta}$ 为定转子 α、β 轴磁场；R_s、R_r、L_s、L_r、L_m 为电动机参数定转子电阻、电感和互感；$T_r = L_r/R_r$ 为转子时间常数，漏感系数 $\sigma = 1 - (L_m^2/L_s L_r)$；$n_p$ 为转子极对数；w_r 为转子速度；$p = \mathrm{d}/\mathrm{d}t$ 为微分符号。电磁转矩方程为

$$T_e = 1.5np(\Psi_{sd} i_{sq} - \Psi_{sq} i_{sd}) \quad (9\text{-}82)$$

由经典的矢量控制理论，以产生同样的旋转磁动势为准则，在三相坐标系下的定子交流电流 i_{sa}、i_{sb}、i_{sc} 通过三相/两相变换，可以等效成两相静止坐标系下的交流电流 $i_{s\alpha}$、$i_{s\beta}$；再通过按转子磁场定向的旋转变换，可等效成同步旋转坐标系下的直流电流 i_{sd}、i_{sq}，i_{sd} 为励磁电流，i_{sq} 为与转矩成正比的电枢电流，控制 i_{sq} 就可控制电动机转矩及转速，从而获得与直流调速相比拟的动、静态调速性能。

2. 磁场与转速估算器

本节提出的磁场估算器是一个全阶的定转子自适应的磁场观测器，由电动机的开环电流模型和电压模型组成。其算法原理框图如图9-32所示。

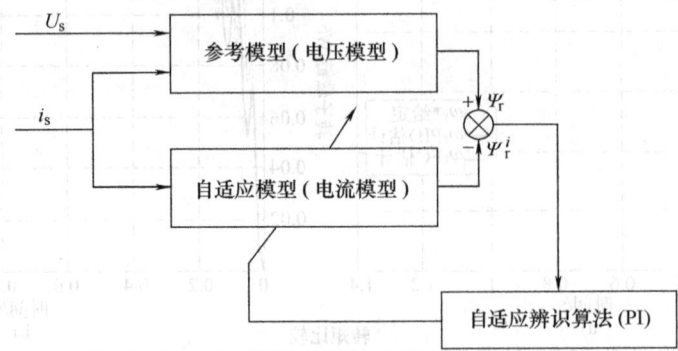

图9-32 模型参考自适应磁场、速度辨识算法原理框图

(1) 电流模型

使d轴与转子磁场方向重合，此时转子q轴分量为0，可得在同步旋转坐标系下的转子磁场为

$$\Psi_{rd} = \frac{L_m}{1 + sT_r} i_{sd}, \Psi_{rq} = 0 \tag{9-83}$$

通过反Park变换，可得转子在两相静止坐标系下的转子磁场

$$\Psi_{r\alpha}^i = \Psi_{rd}\cos\theta, \Psi_{r\beta}^i = \Psi_{rd}\sin\theta \tag{9-84}$$

因此可得在α-β(定子两相)坐标系下，电流模型的输出定子磁场

$$\Psi_{s\alpha}^i = \frac{L_m}{L_r}\Psi_{r\alpha}^i + \frac{L_s L_r - L_m^2}{L_r} i_{s\alpha} \tag{9-85}$$

$$\Psi_{s\beta}^i = \frac{L_m}{L_r}\Psi_{r\beta}^i + \frac{L_s L_r - L_m^2}{L_r} i_{s\beta} \tag{9-86}$$

(2) 电压模型

使用定子电压、电流的测量值，在两相静止坐标系下，定子磁场可表示为

$$\Psi_{s\alpha} = \frac{1}{s}(U_{s\alpha} - R_s i_{s\alpha} - U_{comp\alpha}) \tag{9-87}$$

$$\Psi_{s\beta} = \frac{1}{s}(U_{s\beta} - R_s i_{s\beta} - U_{comp\beta}) \tag{9-88}$$

式中，U_{comp}为考虑到纯积分器引起的误差以及低速时定子电阻测量误差所加的补偿分量，该补偿分量可根据两个模型输出的定子磁链之差估算出来

$$U_{comp\alpha} = \left(K_p + K_i \frac{1}{s}\right)(\Psi_{s\alpha} - \Psi_{s\alpha}^i) \tag{9-89}$$

$$U_{comp\beta} = \left(K_p + K_i \frac{1}{s}\right)(\Psi_{s\beta} - \Psi_{s\beta}^i) \tag{9-90}$$

PI调节器的系数K_p、K_i可通过下式确定，设w_1、w_2为系统的两个极点，w_1为低速时的电流模型极点，w_2为高速时电压模型的极点

$$K_i = w_1 w_2; K_p = w_1 + w_2 \tag{9-91}$$

从而推得两相静止坐标系下的转子磁场为

$$\Psi_{\text{r}\alpha} = \frac{L_\text{r}}{L_\text{m}}\Psi_{\text{s}\alpha} - \frac{L_\text{s}L_\text{r} - L_\text{m}^2}{L_\text{m}}i_{\text{s}\alpha} \tag{9-92}$$

$$\Psi_{\text{r}\beta} = \frac{L_\text{r}}{L_\text{m}}\Psi_{\text{s}\beta} - \frac{L_\text{s}L_\text{r} - L_\text{m}^2}{L_\text{m}}i_{\text{s}\beta} \tag{9-93}$$

转子速度 ω_r 由 PI 自适应法计算并校正

$$\omega_\text{r} = \left(K_{\text{pw}} + K_{\text{iw}}\frac{1}{s}\right)(\Psi_{\text{r}\alpha}^i\Psi_{\text{r}\beta} - \Psi_{\text{r}\beta}^i\Psi_{\text{r}\alpha}) \tag{9-94}$$

由于电压模型中式(9-87)、式(9-88)的纯积分器会产生直流偏移和初始值问题,特别是直流偏差,无论多大,经过积分器的累积作用,会产生很大的直流偏移,使系统发散,很多人提出引入低通滤波器(LPF)来解决这个问题,通过引入状态变量过滤器来产生执行自适应率所必须的辅助变量,改进后的算法原理框图如图 9-33 所示(设 f_c 为截止频率,$T = 1/f_\text{c}$)。

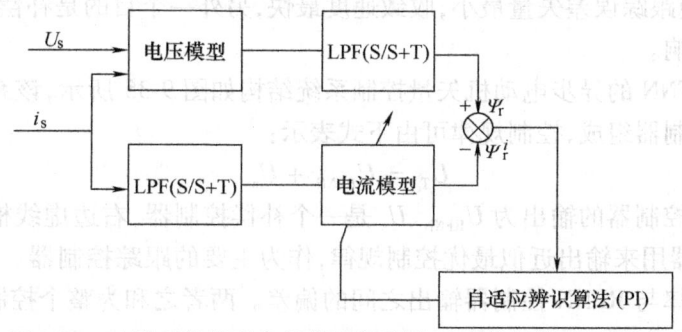

图 9-33 改进后的模型参考自适应磁场、速度辨识算法原理框图

3. 基于 RFNN 的异步电动机矢量控制系统

使用磁场定向方法,异步电动机的动态性能与单独励磁的直流电动机非常相似。适当的选择空间坐标,在假设转子磁场角是精确的情况下,系统能够解耦。因此转子速度与转子磁场能够渐近解耦。此时如果自适应观测系统估计的转子磁场角是精确的话,电动机转速与定子转矩电流分量是线性相关的。使用 PI 速度控制器的简化的异步电动机控制系统框图如图 9-34 所示。

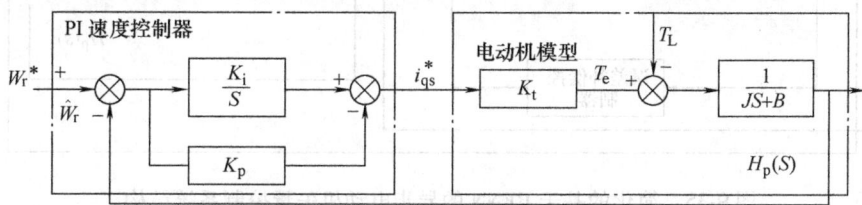

图 9-34 使用 PI 速度控制器的简化的异步电动机控制系统框图

由简化的 PI 控制系统结构图,可知,交流异步电动机的动态方程为

$$\dot{\hat{w}}_\text{r} = -\frac{B}{J}\hat{w}_\text{r} + \frac{K_\text{t}}{J}i_{\text{qs}}^* - \frac{T_\text{L}}{J} \tag{9-95}$$

该方程用状态空间的形式可写为如下形式:

$$\dot{X}_\text{m} = A_\text{m}X_\text{m} + B_\text{m}U_\text{m} + C_\text{m}T_\text{L} \tag{9-96}$$

式中,$X_\text{m} = \hat{w}_\text{r}$;$X_\text{d} = w_\text{r}^*$;$A_\text{m} = -B/J$;$B_\text{m} = \frac{K_\text{t}}{J}$;$U_\text{m} = i_{\text{qs}}^*$。

定义跟踪误差矢量如下:

$$e = w_r^* - \hat{w}_r = X_d - X_m \tag{9-97}$$

如果系统参数和负载参数可以精确得到,使用矢量控制思想对系统解耦后,根据反馈线性化的思想,系统最优控制规律可用下式表示

$$U_m^* = B_m^{-1}(\dot{X}_d - A_m X_m - C_m T_L + Ke) \tag{9-98}$$

式中,K为一个正的常量;X_d为速度指令。将式(9-98)代入式(9-96),并由式(9-97)可得

$$\dot{e} + Ke = 0 \tag{9-99}$$

这表明$\lim_{t\to\infty} e(t) = 0$。因此使用反馈线性化可以得到优化的控制规律。然而系统参数变化很难测量得到,在电动机运行之前外部扰动也很难精确预测到。而模糊神经网络可以近似任何非线性函数,所以构造一种递归模糊神经网络来近似系统最优控制规律,即模拟式(9-98)描述的动态方程,使跟踪误差矢量最小,收敛速度最快,另外一个目的是补偿系统参数变化、外部扰动对系统的影响。

简化的基于RFNN的异步电动机矢量控制系统结构如图9-35所示,该系统由神经网络控制器和误差补偿控制器组成,控制规律可由下式表示:

$$U_T = U_{RFNN} + U_s \tag{9-100}$$

这里神经网络控制器的输出为U_{RFNN}、U_s是一个补偿控制器,右边虚线框输为异步电动机模型。RFNN控制器用来输出近似最优控制规律,作为主要的跟踪控制器。补偿控制器U_s用来补偿最优控制规律与RFNN控制器输出之间的偏差。两者之和为整个控制器的输出。

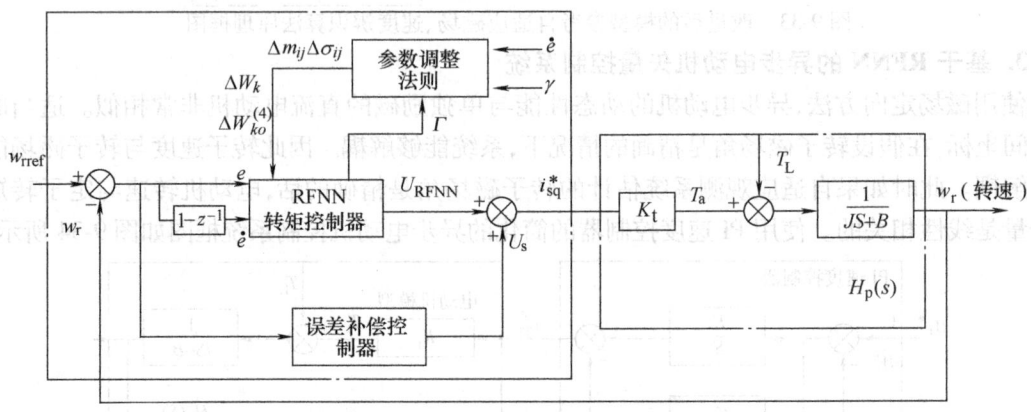

图9-35 简化的基于RFNN的异步电动机矢量控制系统结构

(1)递归模糊神经网络控制器结构

4层递归模糊神经网络结构如图9-36所示。它由输入层(第1层)、成员函数层(第2层)、规则层(第3层)、输出层(第4层)。图中第1层将x_1、x_2引入网络;第2层将x_1、x_2模糊化,采用的隶属函数为高斯函数$\exp\{-[(x-a)/b]^2\}$;第3层对应模糊推理,"Π"表示模糊and操作,这里用"*"乘积操作代替取小运算;第4层对应去模糊化操作。

网络的输入输出关系如下:

第1层——输入层,对该层的每一个输入节点i,网络的输入和输出表示为

$$net_i^{(1)} = x_i^{(1)}$$
$$y_i^{(1)} = f_i^1(net_i^1(N)) = net_i^1(N) \quad i = 1,2 \tag{9-101}$$

式中，$x_1^{(1)} = e(t)$；$x_2^{(1)} = \dot{e}(t)$；N 表示迭代的次数。

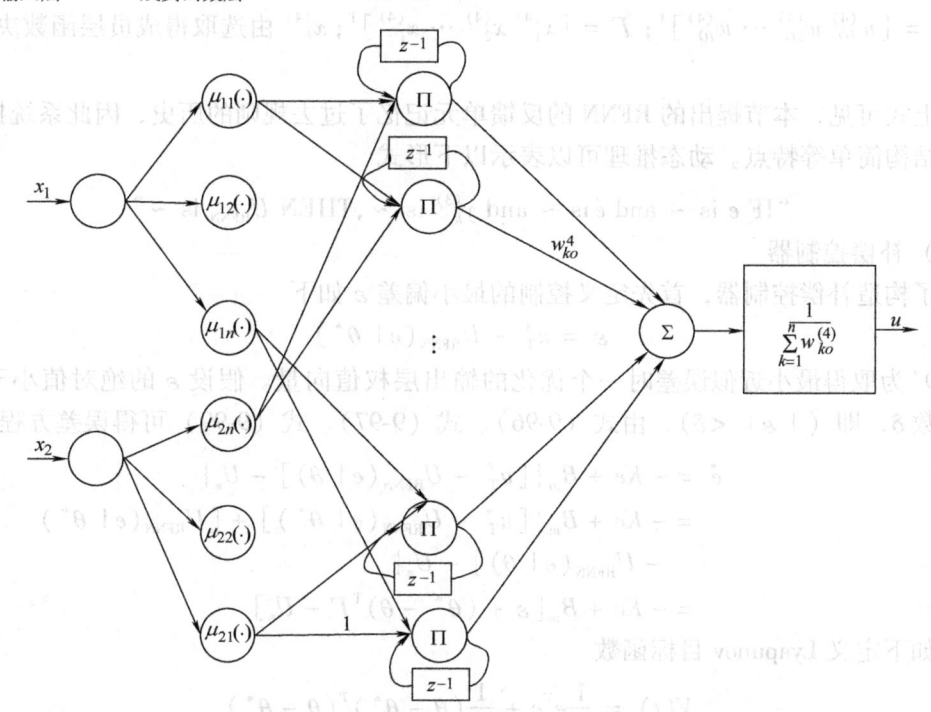

图 9-36　四层递归模糊神经网络结构

第 2 层——成员函数层，在该层每一个节点完成一个成员函数的功能，对第 j 个节点

$$net_j^{(2)}(N) = -\frac{(x_i^{(2)} - m_{ij})^2}{(\sigma_{ij})^2}$$
$$y_j^{(2)}(N) = f_j^{(2)}(net_j^2(N)) = \exp(net_j^2(N)) \quad i = 1,2; j = 1,2,\cdots,n$$
(9-102)

式中，m_{ij}、σ_{ij} 分别为第 2 层第 i 个语言变量的第 j 项高斯基函数的均值中心和标准偏差；n 为相应输入节点的全部语言变量数。

第 3 层——规则层即模糊推理层，该层每个节点 k 用 $\prod$ 表示，这表明该层的输出结果为输入信号的乘积

$$net_k^{(3)}(N) = \prod_j w_{jk}^{(3)} x_j^{(3)}(N) w_k y_k^{(3)}(N-1)$$
$$y_k^{(3)}(N) = f_k^{(3)}(net_k^3(N)) = net_k^3(N) \quad k = 1,2,\cdots,l$$
(9-103)

式中，x_j^3 为第 3 层的第 j 个输入；w_{jk}^3 成员层与规则层之间的权值全部取为 1；w_k 为规则层的递归权值；$l = (n/i)^i$ 为如果每个输入节点有同样的语言变量，完全连接时的规则数。

第 4 层——输出层，该层只有一个节点 o，输出为所有输入信号的和

$$net_o^{(4)}(N) = \sum_k w_{ko}^{(4)} x_k^{(4)}(N)$$
$$y_o^{(4)}(N) = f_o^{(4)}(net_o^{(4)}(N)) = net_o^{(4)}(N) \quad o = 1$$
(9-104)

式中，$x_{ko}^{(4)}$ 为第 4 层的输入；$w_{ko}^{(4)}$ 为第 k 条规则与输出节点的连接权值，该值初始化为 0，在

线训练调整其值；$y_1^{(4)}$ 为 RFNN 的输出，$y_1^{(4)} = U_{RFNN}$。可以把 U_{RFNN} 写成向量积的形式

$$U_{RFNN}(E \mid \theta) = \theta^T \Gamma \tag{9-105}$$

式中，$\theta = [w_{10}^{(4)} \ w_{20}^{(4)} \ \cdots \ w_{l0}^{(4)}]^T$；$\Gamma = [x_1^{(4)} \ x_2^{(4)} \ \cdots \ x_l^{(4)}]^T$；$x_k^{(4)}$ 由选取得成员层函数决定，$0 \leqslant x_k^4 \leqslant 1$。

由上式可见，本节提出的 RFNN 的反馈单元记忆了过去规则的历史，因此系统拥有动态特性，结构简单等特点。动态推理可以表示以下形式

"IF e is ~ and $\dot{e}$ is ~ and $y_k^{(3)}$ is ~, THEN U_{RFNN} is ~"

（2）补偿控制器

为了构造补偿控制器，首先定义控制的最小偏差 ε 如下

$$\varepsilon = u_T^* - U_{RFNN}(e \mid \theta^*) \tag{9-106}$$

式中，θ^* 为取得最小近似误差时一个优化的输出层权值向量。假设 ε 的绝对值小于一个很小正常数 δ，即（$\mid \varepsilon \mid < \delta$），由式（9-96）、式（9-97）、式（9-99）可得误差方程如下

$$\begin{aligned}
\dot{e} &= -Ke + B_m \{[u_T^* - U_{RFNN}(e \mid \theta)] - U_s\} \\
&= -Ke + B_m \{[u_T^* - U_{RFNN}(e \mid \theta^*)] + [U_{RFNN}(e \mid \theta^*) \\
&\quad - U_{RFNN}(e \mid \theta)] - U_s\} \\
&= -Ke + B_m [\varepsilon + (\theta^* - \theta)^T \Gamma - U_s]
\end{aligned} \tag{9-107}$$

按如下定义 Lyapunov 目标函数

$$V(t) = \frac{1}{2} e^T e + \frac{1}{2\gamma}(\theta - \theta^*)^T(\theta - \theta^*) \tag{9-108}$$

式中，γ 为一正的常量。对 Lyapunov 函数求导，由式（9-91）、式（9-92）可得

$$\begin{aligned}
\dot{V}(t) &= e^T \dot{e} + \frac{1}{\gamma}(\theta - \theta^*)^T \dot{\theta} = -Ke^2 + eB_m((\theta - \theta^*)^T \Gamma + \varepsilon - U_s) + \frac{1}{\gamma}(\theta - \theta^*)^t \dot{\theta} \\
&= -Ke^2 + eB_m(\varepsilon - U_s) + eB_m(\theta - \theta^*)^T \Gamma + \frac{1}{\gamma}(\theta - \theta^*)^T \dot{\theta}
\end{aligned} \tag{9-109}$$

为了使得 $\dot{V}(t) \leqslant 0$，权值更新规则及补偿控制器可按下式设计

$$\dot{\theta} = -\gamma e B_m \Gamma \tag{9-110}$$

$$U_s = \delta \text{sign}(e) \tag{9-111}$$

式中，sign 为符号函数。将式（9-110）、（9-111）代入式（9-109）得

$$\dot{V}(t) = -Ke^2 + eB_m \varepsilon - eB_m U_s \leqslant -Ke^2 + \mid e \mid \mid B_m \mid \mid \varepsilon \mid - eB_m U_s \leqslant -Ke^2 \leqslant 0 \tag{9-112}$$

因此 $\dot{V}(t) \leqslant 0$，即 $\dot{V}(t)$ 为负半正定阵（即当 $t \geqslant 0$ 时，$V(t)$ 为单调递减函数 $V(t) < V(0)$），这表明 e 和 $(\theta - \theta^*)$ 都为有界值。现定义函数 $\Psi(t) = Ke^2 \leqslant -\dot{V}(t)$，对该函数积分

$$\int_0^t \Psi(\tau) d\tau < \infty \tag{9-113}$$

对其进行微分

$$\dot{\Psi}(t) = 2Ke\dot{e} \tag{9-114}$$

由于式（9-107）的右边都为有界变量，因此 $\dot{e}$ 有界，且 $\Psi(t)$ 一致连续，由数学微积分 Barbalat's 定律知：$\lim\limits_{t\to\infty}\psi(t)=0$，故当 $t\to\infty$ 时，$e\to 0$，因此该系统是渐进稳定的。

（3）在线学习

成员层函数和递归权值对系统性能有很大影响，如果这些参数和权值选择不正确，网络会在低速收敛。本节使用基于 Lyapunov 稳定性理论及梯度下降法来对网络权值进行训练。在线训练不仅调整输出层函数权值，而且也对递归权值和模糊隶属函数参数进行调整。由式（9-110）可得到

$$w_{ko}^{(4)} = -\gamma e x_k^{(4)} \tag{9-115}$$

这里 γ 可看做输出层参数学习率。根据梯度下降法，输出层权值可用下式表示

$$\dot{w}_{ko}^{(4)} = -\gamma e x_k^{(4)} = -\gamma \frac{\partial V}{\partial U_{\text{RFNN}}} \frac{\partial U_{\text{RFNN}}}{\partial y_0^{(4)}} \frac{\partial y_0^{(4)}}{\partial net_o^{(4)}} \frac{\partial net_o^{(4)}}{\partial w_{ko}^{(4)}} = \gamma \frac{\partial V}{\partial U_{\text{RFNN}}} x_k^{(4)} \tag{9-116}$$

因此，$\partial V/\partial U_{\text{RFNN}} = -\dot{e}$，设 V 对规则层求导的一般误差项计算如下

$$\delta_k^{(3)} = -\frac{\partial V}{\partial U_{\text{RFNN}}} \frac{\partial U_{\text{RFNN}}}{\partial y_0^{(4)}} \frac{\partial y_0^{(4)}}{\partial net_o^{(4)}} \frac{\partial net_o^{(4)}}{\partial y_k^{(3)}} \frac{\partial y_k^{(3)}}{\partial net_k^{(3)}} = \dot{e} w_{ko}^{(4)} \tag{9-117}$$

反馈权值调整如下

$$\dot{w}_k = -\frac{\partial V}{\partial U_{\text{RFNN}}} \frac{\partial U_{\text{RFNN}}}{\partial y_0^{(4)}} \frac{\partial y_0^{(4)}}{\partial net_o^{(4)}} \frac{\partial net_o^{(4)}}{\partial y_k^{(3)}} \frac{\partial y_k^{(3)}}{\partial net_k^{(3)}} \frac{\partial net_k^{(3)}}{\partial w_k}$$

$$= \prod_j \delta_k^{(3)} x_j^{(3)}(N) w_{jk}^{(3)} y_k^3(N-1) \tag{9-118}$$

在成员函数层，误差项可按下式计算

$$\delta_k^{(2)} = -\frac{\partial V}{\partial U_{\text{RFNN}}} \frac{\partial U_{\text{RFNN}}}{\partial y_0^{(4)}} \frac{\partial y_0^{(4)}}{\partial net_o^{(4)}} \frac{\partial net_o^{(4)}}{\partial y_k^{(3)}} \frac{\partial y_k^{(3)}}{\partial net_k^{(3)}} \frac{\partial net_k^{(3)}}{\partial y_j^{(2)}} \frac{\partial y_j^{(2)}}{\partial net_j^{(2)}}$$

$$= \sum_k \delta_k^{(3)} y_k^{(3)}(N) \tag{9-119}$$

m_{ij} 和 σ_{ij} 的权值调整也可根据最快梯度下降法

$$\dot{m}_{ij} = -\frac{\partial V}{\partial net_j^{(2)}} \frac{\partial net_j^{(2)}}{\partial m_{ij}} = \delta_j^{(2)} \frac{2(x_i^{(2)} - m_{ij})}{(\sigma_{ij})^2} \tag{9-120}$$

$$\dot{\sigma}_{ij} = -\frac{\partial V}{\partial net_j^{(2)}} \frac{\partial net_j^{(2)}}{\partial \sigma_{ij}} = \delta_j^{(2)} \frac{2(x_i^{(2)} - m_{ij})^2}{(\sigma_{ij})^3} \tag{9-121}$$

权值调整法则式（9-117）、式（9-120）、式（9-121）可以调整成员函数和反馈权值的大小，这些权值调整公式由 Lyapunov 稳定性理论推出，因而不会影响系统稳定性。

4. 仿真研究

采用 MATLAB 对系统进行了仿真研究，仿真所用到的电动机模型参数为 $R_s = 1.723\Omega$，$R_r = 2.011\Omega$，$L_s = 0.168\text{mH}$，$L_r = 0.168\text{mH}$，$L_m = 0.159\text{mH}$，$p = 4$；$J = 0.001\text{kg}\cdot\text{m}^2$，$B = 0.0001\text{N}\cdot\text{m}\cdot\text{sec/rad}$，$n_p = p/2$；在电动机带负载 $T_l = 1.5\text{N}\cdot\text{m}$ 起动，在 $t = 0.5\text{s}$ 时，R_r 由 2.01Ω 变为 3.0Ω 时的仿真波形如图 9-37 所示。

由仿真波形图 9-37 可知，使用的递归模糊神经网络的控制器在外部负载扰动及电动机参数发生变化时，控制输出振荡时间大大缩短，输出较为平滑，系统控制性能明显优于使用 PI 控制器的系统性能。

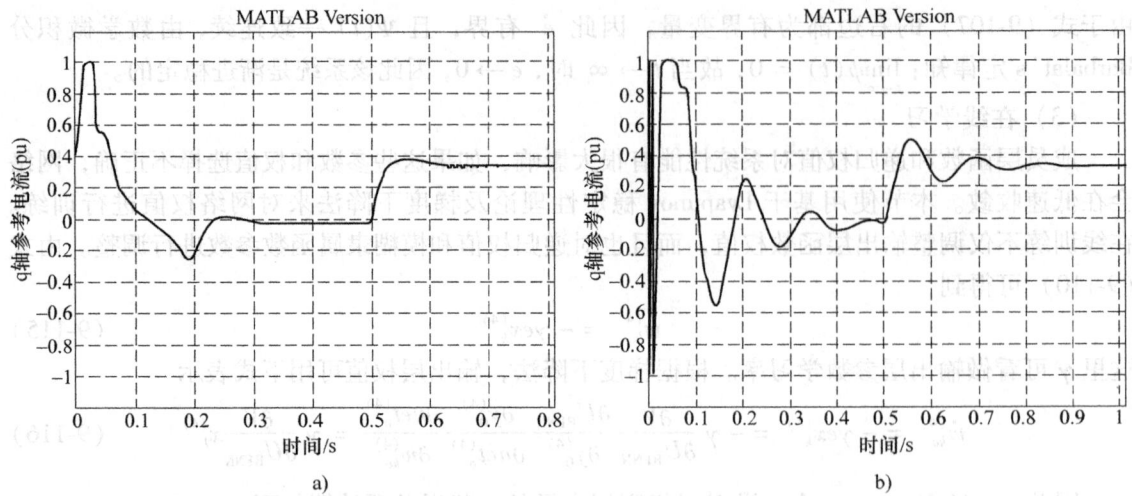

图9-37 外部负载扰动时系统控制器输出波形比较（$t=0.5\text{s}$时突加负载$T_l=1.5\text{N}\cdot\text{m}$）
a）使用PI调节器输出的转矩电流波形　b）RFNN控制器的输出的转矩电流波形

9.2 智能控制在过程控制中的应用

9.2.1 复杂工业系统的分布式递阶智能控制

随着科学技术和生产力水平的迅速提高，现代化工业生产的规模日益扩大，其复杂程度也越来越高，很多系统已通过计算机网络实现了集散控制，因此迫切需要研究对复杂工业系统实施分布式的智能控制理论和方法，并将其应用于实际系统中，使工业生产适应市场的需求与竞争，降低生产成本，提高产品质量，以获得更大的经济效益。

另一方面，复杂工业系统与传统系统具有本质的区别，具体表现为：

1）复杂的信息模型及其引起的分布式传感器、数据量、计算量的增加。
2）信息处理方式复杂性增加和描述模型的多样性。
3）精确机理建模日益困难。
4）大量不确定因素，如环境动态变化，输入信息中的噪声、干扰与误差，信息未知性、不完全性。
5）多层次、多任务的控制要求。

这些都使传统的控制理论与方法难以直接运用。为了合理的给定各个控制回路的期望值，使得整个控制系统满足生产目标的要求，被控过程运行于最佳状态，本节研究了综合集成智能控制新技术，并对各个层次的建模、控制、优化与集成等方面提出了新的设计思想与实现技术。

1. 分布式递阶智能控制系统设计

针对流程复杂工业过程的特点和分布式递阶智能协调控制的要求，下面给出了一种有效的集散递阶智能协调控制系统结构，如图9-38所示。该结构集多传感器信息融合、多种智能技术和人机协作于一体。图中将整个智能协调控制系统划分为组织级、智能协调级、多传感器信息融合级和生产过程执行级组成。

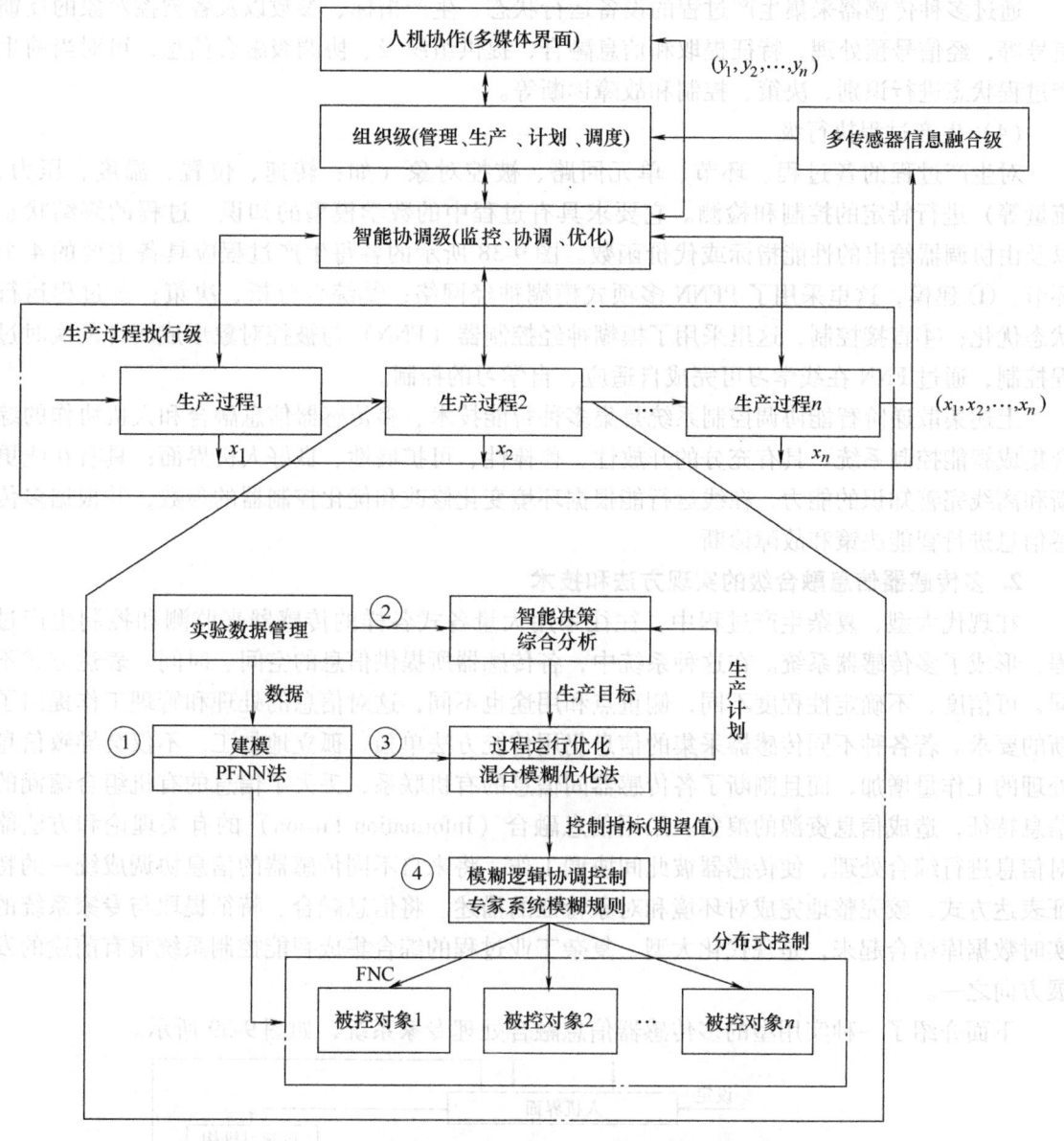

图9-38 集散递阶智能协调控制系统结构

(1) 组织级

组织级是整个系统的高层机构，它完成任务规划、决策、生产计划和优化调度，对智能协调级的工作进行监督指导与评价，收集环境信息，接受人的监督指导学习，向人提供必要的工况过程信息，而人类专家为组织级提供有效的教师信号，有效地修改智能协调级，使整个智能控制系统的品质逐步得到改进，并且实现整个生产目标的实施。

(2) 智能协调级

接受来自组织级的指令和每一子任务执行过程中的反馈信息，同时在线实时监控生产过程执行级，协调执行级的执行过程，并优化执行级的控制指标和参数等。

(3) 多传感器信息融合级

通过多种传感器采集生产过程的设备运行状态、生产指标、参数以及各被控对象的反馈信号等，经信号预处理、特征提取和信息融合，提供组织级、协调级融合信息，可对当前生产过程状态进行识别、决策、控制和故障诊断等。

(4) 生产过程执行级

对生产过程的各过程、环节、单元回路、被控对象（如：转速、位置、温度、压力、流量等）进行特定的控制和检测。它要求具有过程中的数学模型的知识，过程的终结状态以及由协调器给出的性能指标或代价函数。图 9-38 所示的各每生产过程应具备主要的 4 个环节：① 建模，这里采用了 PFNN 多项式模糊神经网络；②综合分析、决策；③过程运行状态优化；④直接控制，这里采用了模糊神经控制器（FNN）与被控对象形成闭环的实时过程控制，通过 FNN 在线学习可完成自适应、自学习的控制。

上述集散递阶智能协调控制系统是集多种智能技术、多传感器信息融合和人机协作的综合集成智能控制系统。具有充分的开放性、鲁棒性、可扩展性、良好人机界面；具有在线更新和离线完善知识的能力，在线运行能根据环境变化修改和优化控制器的参数，并根据多传感信息进行智能决策和故障诊断。

2. 多传感器信息融合级的实现方法和技术

在现代大型、复杂生产过程中，往往采用大量各式各样的传感器来监测和控制生产过程，形成了多传感器系统。在这种系统中，各传感器所提供信息的空间、时间、表达方式不同，可信度、不确定性程度不同，侧重点和用途也不同，这对信息的处理和管理工作提出了新的要求。若各种不同传感器采集的信息仍用传统方法单独、孤立地加工，不仅会导致信息处理的工作量增加，而且割断了各传感器间信息的有机联系，丢失了信息的有机组合蕴涵的信息特征，造成信息资源的浪费。采用信息融合（Information Fusion）的有关理论和方法能对信息进行综合处理，使传感器彼此协调工作，将来自不同传感器的信息协调成统一的特征表达方式，较完整地完成对环境和对象特征的描述。将信息融合、特征提取与专家系统的实时数据库结合起来，是现代化大型、复杂工业过程的综合集成智能控制系统很有前途的发展方向之一。

下面介绍了一种实用型的多传感器信息融合处理专家系统，如图 9-39 所示。

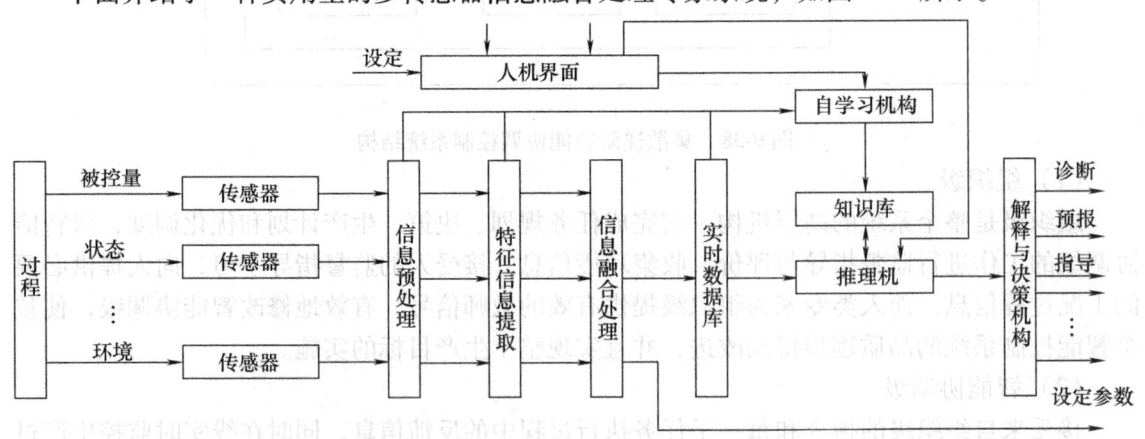

图 9-39 多传感器信息融合处理专家系统

在图 9-39 中，信息融合处理包括 4 个内容：

1）实时信息的获取：用检测仪表、软测量技术、模式识别等手段测量被控变量、观测状态变量、辨识过程环境，并对它们进行信息预处理，如去噪声、滤波等。

2）提取特征信息：特征信息是描述系统运行状态和环境特征的一些量，可以从实时获得的信息中经过一定的计算求得。它实现对信息的提取与加工，为控制决策和学习适应提供依据。它主要包括抽取动态过程的特征信息、识别系统的特征状态，并对特征信息做出必要的加工。例如，系统被控变量与期望值的误差、误差的导数、误差的第 i 次极值等。

3）信息融合：这里主要采用了小波神经网络模型来实现信息的融合处理。

4）专家系统解释与决策机构：专家系统根据信息融合的实时数据库和知识库规划进行模糊推理，判断得出推理结构，通过解释机构实现复杂工业过程的故障诊断、险情预报、生产操作指导过程运行状态监视，以及对执行级的某些工作过程进行说明等。

3. 过程执行级控制

本级的主要任务是完成过程（被控对象、回路、环节、单元等）的直接有效控制，是整个复杂工业过程控制系统的关键基础，只有这一级工作做好了，才能实现复杂工业系统的综合集成。因此，本级针对不同的被控过程，采用了几种有效的先进智能控制方法和技术，主要采用了专家模糊神经网络控制系统（EFNCS）。

专家模糊神经网络控制系统（EFNCS）是将专家系统技术、模糊控制和神经网络技术相结合的一种综合集成智能控制系统。它运用人类的经验知识、模糊逻辑推理、神经网络学习以及求解控制问题时的启发式规则来求解适应被控过程环境的控制策略。本节采用的 EFNCS 如图 9-40 所示。它由模糊神经网络控制器（FNC）和专家系统组成。系统首先利用专家系统中的知识离线训练模糊神经网络使之通过学习和总结专家控制的执行过程，学习如何去完成同样的任务，逐渐承担控制任务，并处于运行状态；当被控过程受到干扰、参数突变或者环境变化时，FNC 的性能不能满足要求时，专家系统从知识库中取出规则在线修改网络权值（W）和调整模糊控制器的比例因子（G_e，G_{ec}，G_u），使控制系统总能适应被控过程的环境。

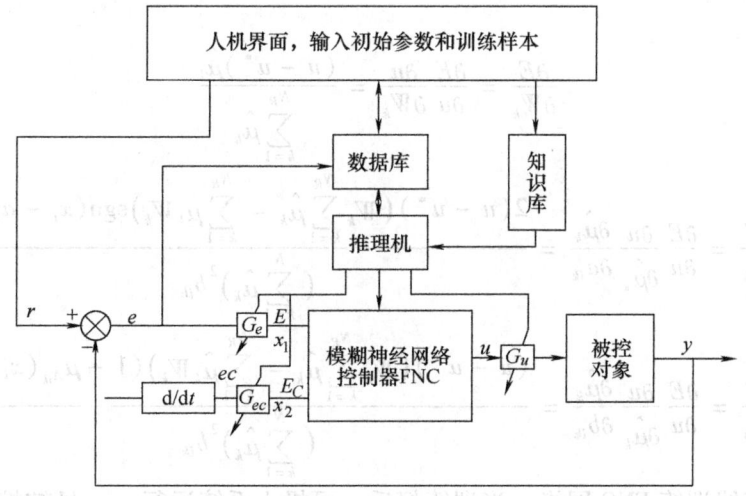

图 9-40 专家模糊神经网络控制（EFNCS）

设模糊系统由一组规则组成（R_k，$k=1,2,\cdots,N_R$），采用单点模糊化、乘积推理和重心法清晰化得到模糊系统的输出

$$R_k: \text{IF} \quad x_1 = A_{1k} \quad \text{and} \quad x_2 = A_{2k} \quad \text{THEN} \quad u = w_k \quad k=1,2,\cdots,N_R \quad (9\text{-}122)$$

隶属函数的形状采用对称三角型隶属函数。

模糊神经网络的输出为

$$u = \frac{\sum_{k=1}^{N_R} \prod_{i=1}^{2} \mu_{A_{ik}}(x_i) W_k}{\sum_{k=1}^{N_R} \prod_{i=1}^{2} \mu_{A_{ik}}(x_i)} = \frac{\sum_{k=1}^{N_R} \hat{\mu}_k W_k}{\sum_{k=1}^{N_R} \hat{\mu}_k} \quad k=1,2,\cdots,N_R \quad (9\text{-}123)$$

其中

$$\mu_{A_{ik}}(x_i) = \begin{cases} 2(x_i - a_{ik} + b_{ik}/2)/b_{ik} & (a_{ik} - b_{ik}/2) \le x_i < a_{ik} \\ 2(a_{ik} + b_{ik}/2 - x_i)/b_{ik} & a_{ik} \le x_i \le (a_{ik} + b_{ik}/2) \\ 0 & \text{其他} \end{cases} \quad (9\text{-}124)$$

$$\hat{\mu}_k = \prod_{i=1}^{2} \mu_{A_{ik}}(x_i) \quad (9\text{-}125)$$

模糊神经网络的期望输出为 u^*，定义误差函数为

$$E = \frac{1}{2}(u - u^*)^2 \quad (9\text{-}126)$$

对式（9-126）进行极小化，可以得到神经网络规则的前件参数 a_{ik}、b_{ik} 和后件参数 W_k 的学习算法

$$W_k(t+1) = W_k(t) - \eta_w \frac{\partial E}{\partial w_k} \quad (9\text{-}127)$$

$$a_{ik}(t+1) = a_{ik}(t) - \eta_a \frac{\partial E}{\partial a_{ik}} \quad (9\text{-}128)$$

$$b_{ik}(t+1) = b_{ik}(t) - \eta_b \frac{\partial E}{\partial b_{ik}} \quad (9\text{-}129)$$

其中

$$\frac{\partial E}{\partial W_k} = \frac{\partial E}{\partial u} \frac{\partial u}{\partial W_k} = \frac{(u - u^*)\hat{\mu}_k}{\sum_{k=1}^{N_R} \hat{\mu}_k} \quad (9\text{-}130)$$

$$\frac{\partial E}{\partial a_k} = \frac{\partial E}{\partial u} \frac{\partial u}{\partial \hat{\mu}_k} \frac{\partial \hat{\mu}_k}{\partial a_{ik}} = \frac{2(u - u^*)(W_k \sum_{k=1}^{N_R} \hat{\mu}_k - \sum_{k=1}^{N_R} \hat{\mu}_k W_k)\text{sgn}(x_i - a_{ik})}{(\sum_{k=1}^{N} \hat{\mu}_k)^2 b_{ik}} \quad (9\text{-}131)$$

$$\frac{\partial E}{\partial b_k} = \frac{\partial E}{\partial u} \frac{\partial u}{\partial \hat{\mu}_k} \frac{\partial \hat{\mu}_k}{\partial b_{ik}} = \frac{(u - u^*)(W_k \sum_{k=1}^{N_R} \hat{\mu}_k - \sum_{k=1}^{N_R} \hat{\mu}_k W_k)(1 - \mu_{A_{ik}}(x_i))}{(\sum_{k=1}^{N} \hat{\mu}_k)^2 b_{ik}} \quad (9\text{-}132)$$

采用样本离线训练 FNC 网络，当训练好后，可投入系统运行。一旦被控过程环境变化，可通过专家系统来在线修正控制器的比例因子。比例因子对系统响应的影响分析如下：

量化因子 G_e，将会影响偏差 $e(t)$ 的作用。如果增大 G_e，由于论域 $[-N_e, N_e]$ 固定，相当于缩小了误差的基本论域 $[-X_e, X_e]$，增强了误差的控制作用，因此导致上升时间变短，超调增大，使收敛变慢，严重时还会产生振荡，所以 G_e 不应选取过大。减小 G_e，相当于削弱了误差的控制作用，有利于减小超调量，但 G_e 过小，将会大大削弱误差的作用，从而使上升时间变长，静态误差增大，同样会使收敛变慢，系统仿真证明了这一点。

调整 G_{ec} 的作用，将会调整偏差率 ec 的作用，如果增大 G_{ec}，将增强 ec 的作用，提高模糊控制器的灵敏度，抑制超调。但如果 G_{ec} 过大，将使系统对于 ec 的变化过于敏感，提前了对 ec 的控制作用，延长系统的响应。G_{ec} 过小，将削弱控制器的灵敏度，不利于对超调的抑制。

量化比例因子 G_u 的影响：调整 G_u，将直接影响控制的控制作用，即直接影响它的输出。增大 G_u 将会提高系统的快速性，但在对收敛阶段，过大的 G_u 将引起超调和振荡。减小 G_u，对系统的稳定有利，但延长响应时间。

从上分析可知，G_e、G_{ec}、G_u 对系统的响应将造成不同的影响，甚至同一系统在不同的阶段，G_e、G_{ec}、G_u 的影响都是不同的。为了使系统响应达到"快，稳，准"的目标，需对 G_e、G_{ec}、G_u 三个参数进行专家智能在线调整。

实时专家系统由数据库（存放数据，误差的阈值，G_e、G_{ec}、G_u 的调整范围及各组调整参数），控制规则库（常规产生式规则）和实时正向推理机组成。

根据上述分析及对控制系统经验的归纳，可得出一组修正 G_e、G_{ec}、G_u 用产生式规则表示的专家知识规则库：

$R1: \text{IF}(e > 0 \cap ec < 0 \cap e > \delta) \text{THEN}(K_1 = \Delta G_e, K_2 = 0, K_3 = \Delta G_u)$
$R2: \text{IF}(e > 0 \cap ec < 0 \cap e < \delta) \text{THEN}(K_1 = -\Delta G_e, K_2 = \Delta G_{ec}, K_3 = -\Delta G_u)$
$R3: \text{IF}(e < 0 \cap ec < 0) \text{THEN}(K_1 = -\Delta G_e, K_2 = \Delta G_{ec}, K_3 = \Delta G_u)$
$R4: \text{IF}(e < 0 \cap ec > 0) \text{THEN}(K_1 = -\Delta G_e, K_2 = -\Delta G_{ec}, K_3 = -\Delta G_u)$
$R5: \text{IF}(e > 0 \cap ec > 0) \text{THEN}(K_1 = \Delta G_e, K_2 = 0, K_3 = -\Delta G_u)$
$R6: \text{IF}(e > 0 \cap ec < 0) \text{THEN}(K_1 = 0, K_2 = 0, K_3 = -\Delta G_u)$

式中，e、ec 分别为当前时刻的偏差和偏差的变化率；K_1、K_2、K_3 分别为量化因子 G_e、G_{ec} 和比例因子 G_u 的动态修正因子；ΔG_e、ΔG_{ec}、ΔG_u 分别为 G_e、G_{ec}、G_u 的增量。

设 $G_e(t)$、$G_{ec}(t)$、$G_u(t)$、$G_e(t-1)$、$G_{ec}(t-1)$、$G_u(t-1)$ 分别为当前时刻和上一时刻的量化因子和比例因子，则参数的在线修正算法如下：

$$\left. \begin{aligned} G_e(t) &= G_e(t-1) + K_1 \\ G_{ec}(t) &= G_{ec}(t-1) + K_2 \\ G_u(t) &= G_u(t-1) + K_3 \end{aligned} \right\} \tag{9-133}$$

在实际控制过程中，$G_e(0)$、$G_{ec}(0)$、$G_u(0)$ 三个初始参数可根据系统的特性及经验选取。

上述设计的专家模糊神经网络控制器实际上是一个二级实时智能控制系统。

9.2.2 模糊神经网络在炉温控制中的应用

本节将模糊控制与神经网络相结合，利用两者优点，设计出一种神经网络模糊推理控制器，通过网络的离线训练和在线自学习结合，使控制器具有自调整、自学习的性能，以达到智能控制的目标。

1. 模糊神经网络自学习控制器设计

本节提出的模糊神经网络自学习控制系统框图如图9-41所示,图中FNC(Fuzzy Neural Control)表示模糊神经网络控制器,K_e、K_c、K_u分别表示比例因子和放大因子;T_0表示给定值,$e(t)$表示误差,x_1、x_2和u^*分别表示FNC输入和输出。

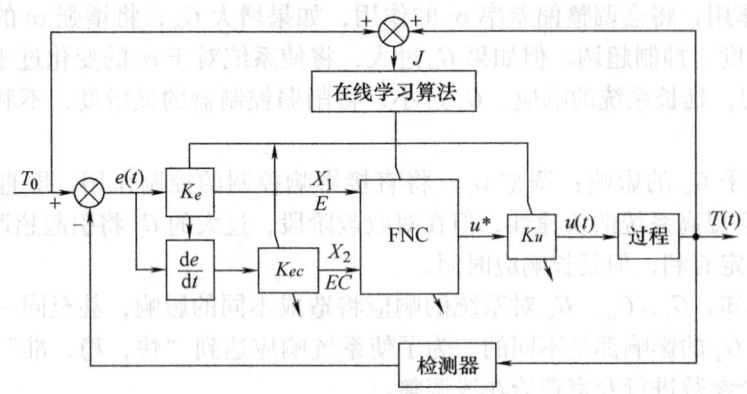

图9-41 模糊神经网络自学习控制系统框图

(1) FNC结构及训练学习算法

图9-42所示为FNC结构模型,图中给出的结构含有两个输入x_1和x_2,一个输出u^*。模糊子空间分成7个子集 $\{PB, PM, PS, ZO, NS, NM, NB\}$ = {"正大","正中","正小","零","负小","负中","负大"},故结构为2-7-7-1,即输入层2个节点、中间两个隐层各7个节点、输出层1个节点。

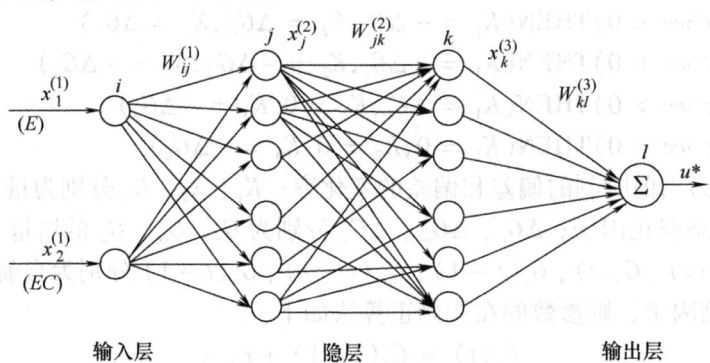

图9-42 FNC结构模型

FNC网络的输入与输出映射关系为

$$x_1^{(1)} = E, x_2^{(1)} = EC \tag{9-134}$$

$$x_j^{(1)} = f(net_j^{(1)}), net_j^{(1)} = \sum_i W_{ij}^{(1)} x_i^{(1)} + \theta_i^{(1)} \tag{9-135}$$

$$x_k^{(3)} = f(net_k^{(2)}), net_k^{(2)} = \sum_j W_{jk}^{(2)} x_j^{(2)} + \theta_j^2 \tag{9-136}$$

$$u^* = f(net_l^{(3)}), net_l^{(3)} = \sum_k W_{kl}^{(3)} x_k^{(3)} + \theta_l^{(3)} \tag{9-137}$$

式中,$W^{(L)}$为第$L-1$层到L层之间的连接权值;$x_i^{(L)}$为第L层的第i个神经元的输出;$\theta_j^{(L)}$

为第 L 层第 j 个节点的阀值，$(L=1,2,3)$，$f(z)=1/(1+e^{-z})$。

为了先离线训练 FNC，定义误差函数为

$$E = \frac{1}{2}\sum_p \sum (u_d - u^*)^2 \tag{9-138}$$

式中，u_d 为期望输出；u^* 为 FNC 的实际输出。为使误差函数最小，可用梯度最优下降优化算法训练网络权值 $W^{(L)}$，即

$$W^{(L)}(t+1) = W^{(L)}(t) + \eta(t)\left(\frac{\partial E}{\partial W^{(L)}}\right) + \alpha[W^{(L)}(t) - W^{(L)}(t-1)] \quad L=1,2,3$$

(9-139)

式中，$\eta(t)$ 为自适应学习率；α 为动量因子。

网络的各层权值修正公式推导如下：

$$\frac{\partial E}{\partial W_{kl}^{(3)}} = \frac{\partial E}{\partial u^*}\frac{\partial u^*}{\partial net_l^{(3)}}\frac{\partial net_l^{(3)}}{\partial W_{kl}^{(3)}} = -\delta_l^{(3)} x_k^{(3)} \tag{9-140}$$

式中，$\delta_l^{(3)} = (u_d - u^*) u^* (1 - u^*)$。

故输出层的权值和阈值调整式为

$$\begin{cases} W_{kl}^{(3)}(t+1) = W_{kl}^{(3)}(t) + \eta(t)\delta_l^{(3)} x_k^{(3)} + \alpha\Delta W_{lk}^{(3)}(t) \\ \theta_l^{(3)}(t+1) = \theta_l^{(3)}(t) + \eta(t)\delta_l^{(3)} + \alpha\Delta\theta^{(3)}(t) \end{cases} \tag{9-141}$$

同样方法可推得

$$\frac{\partial E}{\partial W_{jk}^{(2)}} = \frac{\partial E}{\partial net_k^{(2)}}\frac{\partial net_k^{(2)}}{\partial W_{jk}^{(2)}} = -\delta_k^{(2)} x_j^{(2)} \tag{9-142}$$

式中，$\delta_k^{(2)} = x_k^{(3)}(1-x_k^{(3)})\sum_l \delta_l^{(3)} W_{kl}^{(3)}$

$$\frac{\partial E}{\partial W_{ij}^{(1)}} = \frac{\partial E}{\partial net_j^{(1)}}\frac{\partial net_j^{(1)}}{\partial W_{ij}^{(1)}} = -\delta_j^{(1)} x_i^{(1)} \tag{9-143}$$

式中，$\delta_j^{(1)} = x_j^{(2)}(1-x_j^{(2)})\sum_l \delta_k^{(2)} W_{jk}^{(2)}$

上述式（9-139）（最优梯度下降学习算法）收敛速度较慢，学习率 η 不易选取，造成网络初始训练权值时稳定性差，训练的权值只能是局部最优。下面，本小节提出一种自适应学习率 $\eta(t)$ 方法，可解决上述问题。

设 $\eta^{(L)}(t)$ 表示第 L 层网络权值的学习率，其调整 $\eta(t)$ 的方法是学习率随着权值 $W^{(L)}(t)$ 的调整相应的自适应调节

$$\eta^{(L)}(t+1) = \eta^{(L)}(t) - \frac{\partial E}{\partial \eta^{(L)}} \tag{9-144}$$

$$\frac{\partial E}{\partial \eta^{(L)}} = \frac{\partial E}{\partial W^{(L)}}\frac{\partial W^{(L)}}{\partial \eta^{(L)}} \tag{9-145}$$

故 $W^{(L)}$ 只与 $\eta^{(L)}$ 有关，因此权值的学习算法为

$$W^{(L)}(t+1) = W^{(L)}(t) - \eta^{(L)}(t)\frac{\partial E}{\partial W^{(L)}} \tag{9-146}$$

由式（9-146）得

$$W^{(L)}(t+1) - W^{(L)}(t) = -\eta^{(L)}(t)\frac{\partial E}{\partial W^{(L)}}$$

在式 (9-146) 中，两边对 $\eta^{(L)}$ 求偏导得

$$\frac{\partial W^{(L)}(t+1)}{\partial \eta^{(L)}(t)} = \frac{\partial W^{(L)}(t)}{\partial \eta^{(L)}(t)} - \frac{\partial E}{\partial W^{(L)}(t)} - \eta^{(L)}(t)\frac{\partial^2 E}{\partial W^{(L)} \partial \eta^{(L)}(t)} \tag{9-147}$$

假定 $\eta^{(L)}$ 变化较慢，那么

$$\frac{\partial W^{(L)}(t+1)}{\partial \eta^{(L)}(t)} \approx \frac{\partial W^{(L)}(t+1)}{\partial \eta^{(L)}(t+1)} = -b^{(L)}(t+1)$$

于是，式 (9-147) 变成为

$$b^{(L)}(t+1) = b^{(L)}(t) - \left[\frac{\partial E}{\partial W^{(L)}(t)} + \eta^{(L)}(t)\frac{\partial^2 E}{\partial W^{(L)} \partial \eta^{(L)}(t)}\right] \tag{9-148}$$

至此，得到自适应优化学习率 $\eta^{(L)}$ 的调整式

$$\eta^{(L)}(t+1) = \eta^{(L)}(t) - \gamma\frac{\partial E}{\partial W^{(L)}}b^{(L)}(t) \tag{9-149}$$

式中，$\partial E/\partial W^{(L)}$ 已分别由式 (9-140)、式 (9-142)、式 (9-143) 给出，γ 表示一个很小常数 (0.01~0.2)。

在离线训练 FNC 网络时，需要把输入变量 (x_1, x_2) 和输出变量 u^* 的训练样本集归一化在 [0,1]，因此本小节采用下列的变换式。

X 映射 (变量)：将模糊控制表 (样本) 中的论域 [-6,6] 映射到 [0,1]，即

$$\left.\begin{aligned} X_1^{(1)} &= (E+6)/12 \\ X_2^{(1)} &= (EC+6)/12 \end{aligned}\right\} \tag{9-150}$$

U 映射：将 FNC 网络输出 u 从 [0,1] 变换到 [-6,6] 之间，即

$$U = (2u^* - 1) \times 6 \tag{9-151}$$

按照上述离线训练算法式 (9-134)~式 (9-137) 和式 (9-138)、式 (9-139) 计算，对 FNC 进行离线训练，使 FNC 记忆 49 条模糊控制规则。经过学习后，模糊神经网络控制器便训练好了，可以"装入"控制系统中。

(2) 模糊神经网络的在线自学习

FNC 经过离线训练后，可投入在线模糊控制，当受控过程环境发生变化时，为了能跟踪期望的给定信号，可在线修改 FNC 的权值，使被控过程的输出逼近期望值，从而达到自学习、自适应的目的。因此，定义性能指标函数为

$$J_c = \frac{1}{2}\sum_{i=1}^{n}(T_0 - T)^2 \tag{9-152}$$

式中，T_0 为给定值；T 为系统的实际输出值。

在线调整 FNC 权值公式为

$$W^{(L)}(t+1) = W^{(L)}(t) + \eta^{(L)}(t)\left(-\frac{\partial J_c}{\partial W^{(L)}}\right) + \alpha\Delta W^{(L)}(t) \tag{9-153}$$

其中

$$\frac{\partial J_c}{\partial W^{(L)}} = \frac{\partial J_c}{\partial T(t)}\frac{\partial T(t)}{\partial u(t)}\frac{\partial u(t)}{\partial net^{(L)}}\frac{\partial net^{(L)}}{\partial W^{(L)}} = -\delta^{(L)}x^{(L)} \tag{9-154}$$

$$\frac{\partial T}{\partial u(t)} \approx \frac{T[u(t+1)] - T[u(t)]}{u(t+1) - u(t)} = \frac{T[u(t)+\Delta t] - T[u(t)]}{\Delta u} \tag{9-155}$$

式 (9-153) 改写成一般式

$$W^{(L)}(t+1) = W^{(L)}(t) + \eta(t)\delta^{(L)}x^{(L-1)} + \alpha\Delta W^{(L)}(t) \brace \delta^{(L)} = f'(net^{(L)})\sum_i \delta_i^{(L-1)}W^{(L+1)}} \tag{9-156}$$

以上述同样方法，可在线调整 K_e、K_c、K_u 值

$$K(t+1) = K(t) + \eta(t)\delta^{(L)}x^{(L-1)} + \alpha\Delta K(t) \tag{9-157}$$

式中，$K \in [K_e, K_c, K_u]$；$x^{(L)}$ 表示第 L 层节点的输入。

2. 系统仿真结果与炉温控制应用

(1) 系统仿真结果

为了顺利地实现温度控制系统的实时控制，首先对工业过程中常用的如下几类被控对象进行数字仿真，调整好一些参数后，再进行实时控制。

1) 实例 1。设被控对象传函为

$$G_1(s) = \frac{e^{-0.5s}}{(4s+1)}$$

仿真结果如图 9-43 所示，其中曲线 1 为 FNC 控制；曲线 2 为 Fuzzy；曲线 3 为 PID 控制。

2) 实例 2。设被控对象的传递函数为

$$G_2(s) = \frac{5e^{-0.8s}}{(s+1)(4s+1)}$$

仿真结果如图 9-44 所示，其中曲线 1 为 FNC；曲线 2 为 Fuzzy；曲线 3 为 PID。

3) 实例 3。设被控制对象传函为

$$G_3(s) = \frac{10e^{-5s}}{(20s+1)(10s+1)(5s+1)}$$

系统仿真结果如图 9-45 所示。从上述仿真结果可以看出，FNC 控制优于常规 Fuzzy 和 PID 控制，其特点是，不依赖受控对象模型，对大纯滞后、大时延系统有较好的控制性能。

(2) 在炉温控制系统中的应用

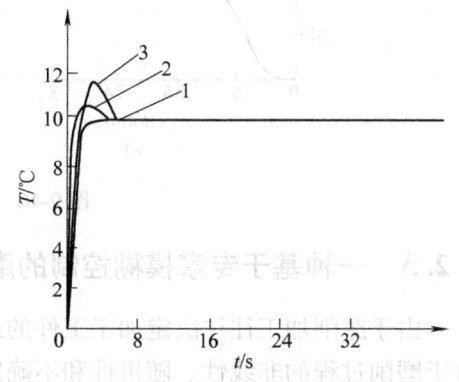

图 9-43 实例 1 仿真结果

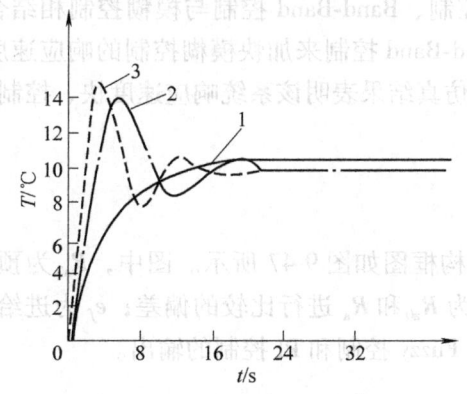

图 9-44 实例 2 仿真结果

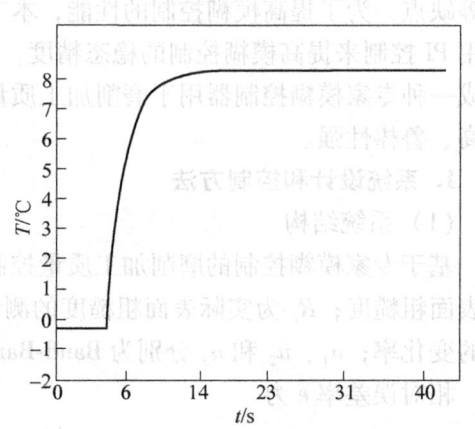

图 9-45 实例 3 仿真结果

在研制与开发的某熟料窑炉的温度过程控制中，为了使炉温能迅速而稳定地达到各控制点（500℃、700℃、1000℃、1200℃），稳定在±1℃内，本例采用了本小节提出的FNC方法与专家控制方法相结合，构成一个综合集成的智能控制系统。整个硬件系统组成主从结构。上位机486微机负责监控、数据管理、过程控制（FNC算法计算）、协调通信。下位机选用PLC（可编程序控制器），负责数据采集、实时控制及与上位机通信等任务。系统软件主要完成数据管理、监控、FNC和专家控制参数和算法计算。上位机软件均采用Turbo C++语言，下位机采用PLC编程语言。经过硬件电路调试和软件参数的设定与修改，采用本小节所提方法均能取得满意效果。例如，有两组炉温实时控制响应曲线如图9-46所示，控温点在700℃、1000℃，其他组响应曲线略。

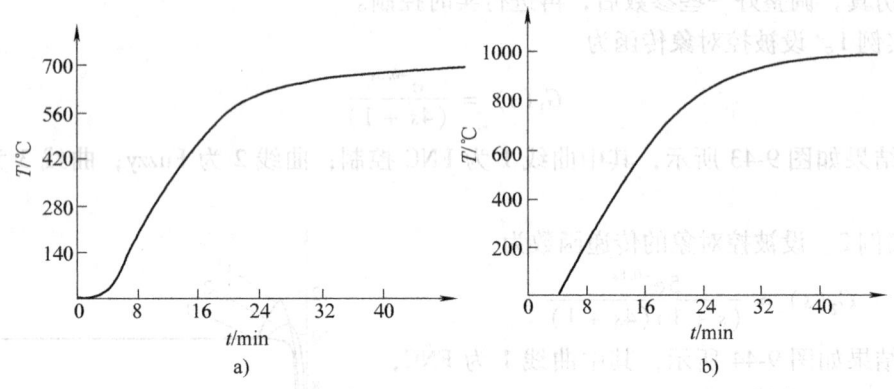

图9-46 炉温实时控制响应曲线

9.2.3 一种基于专家模糊控制的磨削加工质量控制系统

由于磨削加工往往决定加工工件的最终表面质量，因此磨削加工质量控制十分重要。但由于磨削过程的非线性、随机性和不确定性、磨削过程在线测量困难等原因，用传统的控制方法很难控制磨削过程。而模糊控制根据人的经验来控制对象，不需要对象的精确模型，特别适合处理模型不确定的过程。对于具有参数波动或者检测信号不太精确的复杂非线性系统，模糊控制也能很好地工作。但普通的模糊控制器却存在稳态精度不够高、响应速度不够快等缺点，为了提高模糊控制的性能，本节将PI控制、Band-Band控制与模糊控制相结合，利用PI控制来提高模糊控制的稳态精度，利用Band-Band控制来加快模糊控制的响应速度，构成一种专家模糊控制器用于磨削加工质量控制。仿真结果表明该系统响应速度快、控制精度高、鲁棒性强。

1. 系统设计和控制方法

（1）系统结构

基于专家模糊控制的磨削加工质量控制系统结构框图如图9-47所示。图中，R_{a0}为预期的表面粗糙度；R_a为实际表面粗糙度的测量值；e为R_{a0}和R_a进行比较的偏差；e_f为进给速度的变化率；u_1、u_2和u_3分别为Band-Band控制、Fuzzy控制和PI控制的输出。

相对误差率e为

$$e(k) = (R_a - R_{a0})/R_{a0} \tag{9-158}$$

误差变化率ec为

第9章 智能控制的应用实例

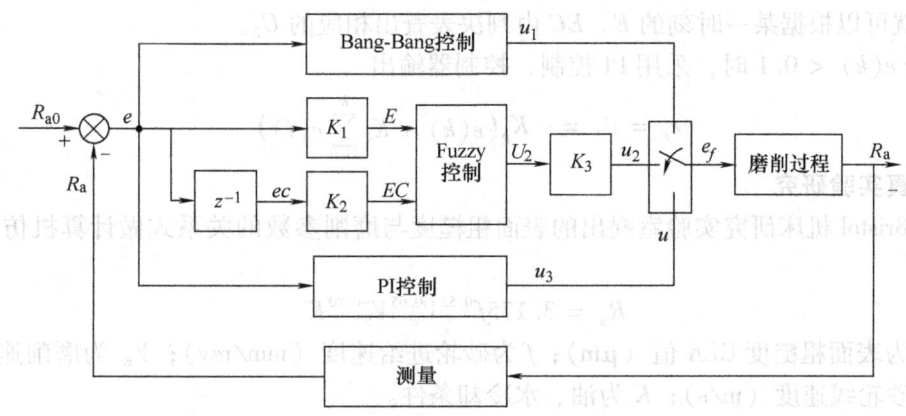

图 9-47 基于专家模糊控制的磨削加工质量控制系统结构框图

$$ec(k) = e(k) - e(k-1) \tag{9-159}$$

（2）专家控制规则

当偏差很大时，系统采用 Band-Band 控制可以加快系统的响应速度；当偏差适中时采用 Fuzzy 控制；当偏差较小时，采用 PI 控制来提高系统的稳态精度。

1）当 $e(k) > 0.25$ 时，系统采用 Band-Band 控制，进给速度以最大值增加或减少。控制器输出

$$e_f = u_1 = \begin{cases} -f_u & e(k) > 0.25 \\ f_u & e(k) < -0.25 \end{cases} \tag{9-160}$$

式中，f_u 为进给速度的变化率的上限。

2）当 $0.1 \leq e(k) \leq 0.25$ 时，采用 Fuzzy 控制。Fuzzy 控制器的输入为偏差 e 和偏差变化率 ec，输出为 u_2。设定 E、EC、U_2 的论域均为 $\{-5, -4, -3, -2, -1, 0, 1, 2, 3, 4, 5\}$。对应的模糊子集为：非常大（HB）、很大（VB）、大（B）、比较大（NB）、一点点大（LB）、零（Z）、一点点小（LS）、比较小（NS）、小（S）、很小（VS）、非常小（HS）。隶属函数采用高斯函数。总结磨削加工的经验得到控制规律表如表 9-17 所示。根据表 9-17 的控制规则，用 Max-Min 方法进行模糊推理，用加权平均法进行去模糊化，就可得到 E、EC 和 U 的对应判决表。

表 9-17 控制规律表

E	EC										
	HB	VB	B	NB	LB	Z	LS	NS	S	VS	HS
HB	HS	HS	VS	VS	S	S	NS	NS	LS	LS	Z
VB	HS					NS					LB
B	VS					NS					LB
NB	VS					LS					NB
LB	S					LS					NB
Z	S	NS	NS	LS	LS	Z	LB	LB	NB	NB	B
LS	NS					LB					B
NS	NS					LB					VB
S	LS					NB					VB
VS	LS					NB					HB
HS	Z	LB	LB	NB	NB	B	B	VB	VB	HB	HB

这样就可以根据某一时刻的 E、EC 由判决表查出相应的 U_2。

3) 当 $e(k) < 0.1$ 时，采用 PI 控制，控制器输出

$$e_f = u_3 = -K_p\left(e(k) + K_i \sum_{i=0}^{k} e(i)\right) \tag{9-161}$$

2. 仿真实验研究

根据 Bristol 机床研究实验室提出的表面粗糙度与磨削参数的关系式做计算机仿真实验，得

$$R_a = 3.175 f^{0.52} V_W^{0.65} V_S^{-0.80} K \tag{9-162}$$

式中，R_a 为表面粗糙度 CLA 值（μm）；f 为砂轮进给速度（mm/rev）；V_W 为磨削速度（m/s）；V_S 为砂轮线速度（m/s）；K 为油、水冷却条件。

在开始磨削时设定初始值 $f_0 = 0.003\text{mm/rev}$，$V_{W0} = 0.31\text{m/s}$，$V_{S0} = 28\text{m/s}$，$K_0 = 1$，$R_{a0} = 0.005\mu\text{m}$。PI 控制器的 $K_p = 0.1$，$K_i = 0.001$。突然将 R_{a0} 提高到 0.05，采用专家模糊控制器的系统的响应曲线如图 9-48 中曲线 1 所示。采用普通模糊控制器的系统的响应曲线如图 9-48 中曲线 2 所示。由仿真结果可以看出采用专家模糊控制器的系统比采用普通模糊控制器的系统响应速度快、稳态精度高。

当 V_W 突然从 0.31m/s 变化到 0.42m/s 时或 V_S 突然从 28m/s 变化到 42m/s 时，维持表面粗糙度的要求不变，采用专家模糊控制器的系统的响应曲线分别如图 9-49 中曲线 1 和曲线 2 所示。

当 K 突然从 1 变为 1.2 或 0.75 时，维持表面粗糙度的要求不变，采用专家模糊控制器的系统的响应曲线分别如图 9-50 中曲线 1 和曲线 2 所示。从图 9-49 和图 9-50 可以看出采用专家模糊控制器的系统对参数变化和负载扰动有强的鲁棒性。

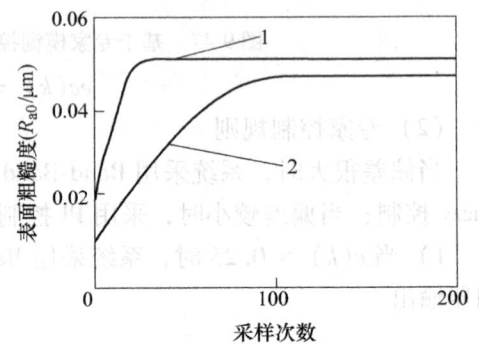

图 9-48 改变 R_{a0} 响应曲线
1—专家模糊控制系统的响应曲线
2—普通模糊控制系统的响应曲线

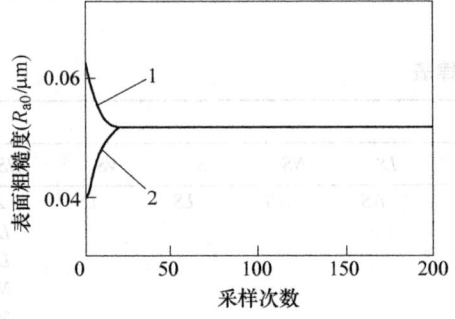

图 9-49 改变 V_W 和 V_S 响应曲线
1—改变 V_W 的响应曲线
2—改变 V_S 的响应曲线

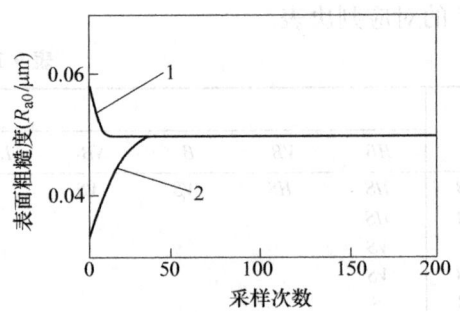

图 9-50 改变 K 响应曲线
1—K 为 1.2 的响应曲线
2—K 为 0.75 的响应曲线

9.3 智能控制在电力系统中的应用

9.3.1 电力系统有功功率与频率的神经网络自校正控制

电力系统是一种复杂的动态平衡的大系统,在这种大系统中通常用传统的控制方法对发电机的输出功率进行调整,以保持电力系统负荷波动的平衡和系统频率的质量。随着电力技术的发展,发电机组的容量日趋增大,电网结构及其运行方式日益庞大和复杂,甚至电网中潮流的大小和方向也经常性地变化,从而使系统的数学模型复杂化,加上电力系统中的各个环节存在着非线性和多变量的交叉与耦合,使系统的数学模型更加难于建立和求解,并且控制器控制参数的调整也很困难,即使对系统进行简化,对应不同时刻和不同的运行方式,也难以找到合适的控制器参数。近年来国内外许多学者研究了电力系统有功功率与频率的自适应控制和变结构控制方法,以提高控制器的自适应能力和鲁棒性能。然而传统的自适应控制随未知参量数目呈指数增长的算法复杂性和滑模变结构控制在控制点切换时所固有的颤振现象,是这些方法所固有的缺陷,因此有必要研究新的更有效的负荷频率控制方法。

人工神经网络(ANN)具有自适应和自组织能力,可以根据系统的输入和输出学会它们间的非线性关系,而不需要系统的数学模型,它的容错性和自适应性使之可以应付电力系统在运行过程中众多的不确定因素,提高系统的抗扰动能力,它固有的并行结构作并行处理的能力使它可以快速处理系统的数据。因此本节基于动态 BP 网络设计了一种电力系统有功功率与频率的自校正控制器,这种控制器的控制算法采用的是不断在线滚动优化,且在优化过程中不断通过实际系统的输出与神经网络估计器输出之间的误差来进行反馈校正,使系统具有良好的鲁棒性和控制精度。

1. 单区域有功功率与频率控制系统模型

单区域有功功率与频率控制系统的模型如图 9-51 所示,这是一个小扰动传递函数模型,且调速器、汽轮机和电力系统都用一阶惯性环节来表示(汽轮机取非再热式形式)。其中 R 为机组的调差系数,$U(s)$ 为控制量,T_g、T_t 和 T_p 分别为调速器、汽轮机和电力系统的时间常数,$\Delta X_g(s)$ 为调速器阀门位置的偏差,$\Delta P_t(s)$ 为发电机输出功率的偏差,$\Delta F(s)$ 为系统频率的偏差,$\Delta P_d(s)$ 为负荷扰动,它们在时域中的对应量分别用 $u(t)$、$\Delta X_g(t)$、$\Delta P_t(t)$、$\Delta f(t)$ 和 $\Delta P_d(t)$ 来表示。一旦出现负荷扰动,系统频率就会产生偏移,调速器感受到频率的偏移后立即动作,改变汽轮机的阀门位置,从而改变发电机输出的有功功率,减少频率的

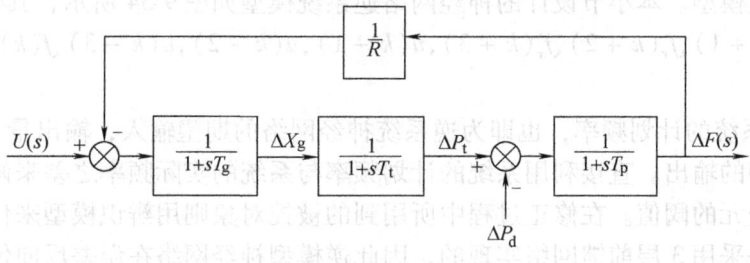

图 9-51 单区域有功功率与频率控制系统的模型

偏移,并且通过控制器输出 $u(t)$ 的作用,消除系统的稳态频率偏差,使系统具有良好的供电质量。

2. 有功功率与频率的自校正控制器总体结构

本小节设计的有功功率与频率的自校正控制器总体结构如图 9-52 所示,其中 NNM 为系统的辨识模型(神经网络估计器),由它实现对整个被控系统的动态建模,使得在有功功率与频率的控制过程中所要用到的被控系统能用该动态模型来代替。NNC 是神经网络控制器(逆系统模型),它根据自己输出的控制量的变化、系统计划频率的大小和辨识模型的输出与系统输出的偏差确定控制量的大小,实现对系统频率实时控制的目的。

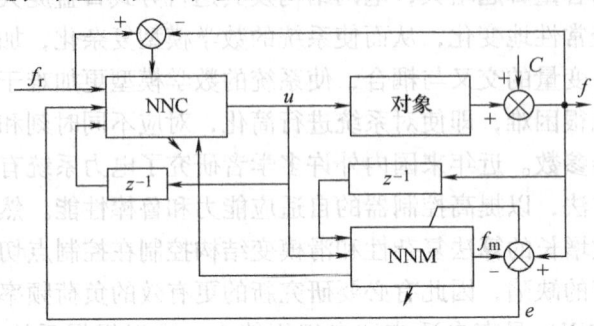

图 9-52 有功功率与频率的自校正控制器总体结构

3. 神经网络辨识模型和逆模型的建立

在描述动态系统的神经网络模型中,若将模型以前的输出作为其输入的一部分,则这种模型一旦学习收敛,就完全等价于被控过程,因此它可用做系统离线训练控制器。由于这种模型的训练样本要求覆盖性好,训练样本数量多,往往难以保证参数收敛,而且也不能保证其输出误差会趋于零,因此本小节中构造了一种如图 9-53 所示的神经网络辨识模型。在该模型中,系统以前的实际频率 f 作为神经网络模型输入的一部分。由于网络中引入了反馈和时延(z)来获得过去时刻的控制量(即 $u(k-1)$、$u(k-2)$、$u(k-3)$)和系统的实际频率($f(k-1)$、$f(k-2)$、$f(k-3)$),因而它是一个描述该被控系统的动态神经网络模型。其输入变量集为

$$\Psi = \{f(k-1), f(k-2), f(k-3), u(k-1), u(k-2), u(k-3)\} \quad (9\text{-}163)$$

式中,系统的实际频率 $f(k)$ 对应于 BP 网络的期望输出,利用它与该模型输出 $f_m(k)$ 之间的误差反向传播来修正 BP 网络中的连接权系数和神经元阈值,使网络模型输出 $f_m(k)$ 逐步逼近系统的实际输出 $f(k)$,实现对被控系统模型的动态辨识。

和辨识模型相反,神经网络控制器则是对象模型的逆,因此要实现自校正控制还需要建立被控系统的逆模型。本小节设计的神经网络逆系统模型如图 9-54 所示,其输入变量集为

$$\Phi = \{f_r(k+1), f_r(k+2), f_r(k+3), u(k-1), u(k-2), u(k-3), f(k) - f_m(k)\} \quad (9\text{-}164)$$

式中,$f_r(k)$ 为系统的计划频率,也即为逆系统神经网络的期望输入,输出量 $u(k)$ 经标度变换后做为逆模型的输出。直接利用系统的计划频率与系统的实际频率之差来修正神经网络的加权系数和神经元的阈值。在修正过程中所用到的被控对象则用辨识模型来代替,而辨识模型和逆模型都是采用 3 层前馈网络实现的,因此逆模型神经网络在误差反向传播时,最后一层误差通过辨识神经网络的误差反传回来。

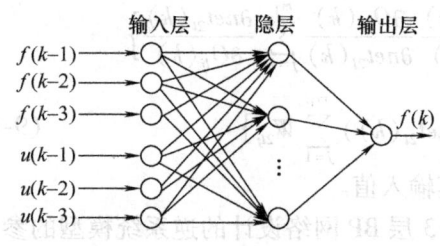
图 9-53 神经网络辨识模型

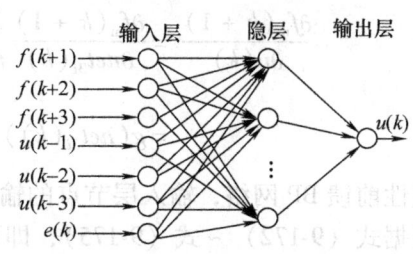
图 9-54 神经网络逆系统模型

4. 学习算法

从 3. 的分析可见,辨识模型中神经元之间连接权系数和神经元阈值的调整,是通过最小化其输出值与期望值的偏差实现的,因此可以采用标准的 BP 网络学习算法。其二次型误差函数为

$$J_1 = [f(k) - f_m(k)]^2/2 \tag{9-165}$$

则有辨识模型的学习算法如下:

$$\delta(k) = [f(k) - f_m(k)]g[net_{3i}(k)] \tag{9-166}$$

$$W_{3il}(k+1) = W_{3il}(k) + \eta\delta(k)O_{2l}(k) \quad l = 1,2,\cdots,m_2 \tag{9-167}$$

$$\theta_3(k+1) = \theta_3(k) + \eta\delta(k) \tag{9-168}$$

$$W_{2lj}(k+1) = W_{2lj}(k) + \eta g[net_{2l}(k)]\delta(k)W_{3il}(k)O_{2l}(k)$$
$$l = 1,2,\cdots,m_2; j = 1,2,\cdots,m_1 \tag{9-169}$$

$$\theta_{2l}(k+1) = \theta_{2l}(k) + \eta g[net_{2l}(k)]\delta(k)W_{3il}(k) \quad l = 1,2,\cdots,m_2 \tag{9-170}$$

式中,$g(\cdot)$ 为 Sigmoid 活化函数的导数;net_{3i} 为第 3 层第 i 个神经元的输入之和;O_{2l} 为第 2 层第 l 个神经元的输出;m_1 和 m_2 分别为辨识模型之输入层和隐含层神经元的个数;η 为学习率。

和辨识模型的情况不同,逆模型网络不是通过其输出值的偏差来实现神经网络中参数的调整,而是通过系统的实际频率与计划频率之偏差来实现调整的,因此其误差指标函数为

$$J_2 = [f_r(k+1) - f(k+1)]^2/2 \tag{9-171}$$

经推导,其学习算法可总结如下:

$$W_{3il}(k+1) = W_{3il}(k) + \eta[f_r(k+1) - f(k+1)]g[net_{3i}(k)]O_{2l}(k)\partial f(k+1)/\partial u(k)$$
$$l = 1,2,\cdots,n_2 \tag{9-172}$$

$$\theta_3(k+1) = \theta_3(k) + \eta[f_r(k+1) - f(k+1)]g[net_{3i}(k)]\partial f(k+1)/\partial u(k) \tag{9-173}$$

$$W_{2lj}(k+1) = W_{2lj}(k) + \eta[f_r(k+1) - f(k+1)]g[net_{3i}(k)]W_{3il}(k)g[net_{2l}(k)]$$
$$\times O_{ij}(k)\partial f(k+1)/\partial u(k) \quad l = 1,2,\cdots,n_2; j = 1,2,\cdots,n_1 \tag{9-174}$$

$$\theta_{2l}(k+1) = \theta_{2l}(k) + \eta[f_r(k+1) - f(k+1)]g[net_{3i}(k)]W_{3il}(k)g[net_{2l}(k)]$$
$$\times \partial f(k+1)/\partial u(k) \quad l = 1,2,\cdots,n_2 \tag{9-175}$$

式中,n_1 和 n_2 分别为逆模型之输入层和隐含层神经元的个数。

在上述公式中,包含了被控系统的 $\partial f(k+1)/\partial u(k)$,而对象的模型是复杂的或未知的,因此本节采用神经网络辨识模型的输出 $f_m(k+1)$ 来近似 $f(k+1)$,这样即可用 $\partial f_m(k+1)/\partial u(k)$ 来近似 $\partial f(k+1)/\partial u(k)$,经过有限次学习后,$f_m(k)$ 能准确逼近 $f(k)$,因此这样做是可行的。于是根据辨识模型可计算出

$$\frac{\partial f_{\mathrm{m}}(k+1)}{\partial u(k)} = \frac{\partial f_{\mathrm{m}}(k+1)}{\partial net_{3i}(k)} \sum_{l=1}^{m_2} \left\{ \frac{\partial net_{3i}(k)}{\partial O_{2l}(k)} \frac{\partial O_{2l}(k)}{\partial net_{2l}(k)} \sum_{j=1}^{m_1} \frac{\partial net_{2l}(k)}{\partial O_{lj}(k)} \right\}$$

$$= g'(net_{3i}(k)) \sum_{l=1}^{m_2} \left\{ W_{3i} g'(net_{2l}(k)) \sum_{j=1}^{m_1} W_{2lj} \right\} \quad (9\text{-}176)$$

对半线性前馈 BP 网络，输入层节点的输出值等于其输入值。

根据式（9-172）~式（9-175），即可计算出由 3 层 BP 网络设计的逆系统模型的参数修正值，从而确定逆系统模型的全部参数。

对神经网络自校正控制器，总体计算步骤如下：

1) 给辨识模型、逆模型神经网络的参数置初值。
2) 测取参数 $f(k)$ 和 $f_r(k)$。
3) 利用神经网络 NNC 计算 $u(k)$。
4) 用式（9-165）~式（9-169）修正辨识模型的权系数及阈值。
5) 用式（9-172）~式（9-175）修正逆模型的权系数及阈值。
6) 转步骤 2)，并计算式（9-163）。

5. 算例

为了验证神经网络自校正控制器的有效性，本小节取一单机系统进行了研究。系统的主要参数为 $R = 0.05, T_{\mathrm{g}} = 0.02\mathrm{s}, T_{\mathrm{t}} = 0.3\mathrm{s}, T_{\mathrm{p}} = 10\mathrm{s}, K_{\mathrm{p}} = 120$。

仿真过程中，系统的频率每 2s 计算一次。辨识模型和逆模型神经网络中隐层神经元的个数取各自输入层节点的个数，学习率取 0.9，冲量因子取 0.7，系统的收敛误差取 0.0001。扰动给定为 0.01pu 的阶跃负荷。针对 PI 控制器和神经网络自校正控制器作用下的情况进行仿真，图 9-55 给出了两种情况下系统频率偏差的动态响应。可见，在 PI 控制器作用下，系统频率约在 40s 进入稳态，而在

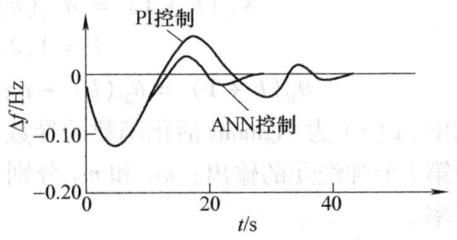

图 9-55 频率偏差的动态响应

神经网络自校正控制器的作用下，系统频率约在 25s 进入稳态，并且它的超调量较前者的有所减小，其控制效果明显优于 PI 控制器。

9.3.2 一种专家智能型电力系统稳定器

电力系统稳定器是一种用于改善电力系统的动态品质、提高运行稳定性的附加控制器，目前它已应用于发电机励磁控制、原动机转速控制和 SVC 控制等方面，且在发电机励磁控制中得到了广泛应用。关于励磁系统中的稳定器（简称电力系统稳定器），在以往的研究中它主要由固定结构及参数的超前和滞后环节组成。电力系统是一个动态平衡的非线性复杂大系统，它的运行方式随着要适应的各种情况而经常性地改变着，且运行状态时时刻刻都在变化，传统稳定器很难适应各种运行状况的要求，因此近年来人们主要致力于寻求先进的控制方式，以提高系统抗外部干扰和内部参数变化的鲁棒性，如模糊逻辑稳定器、参数自调整电力系统稳定器、参数模糊自整定 PID 控制器等。模糊逻辑稳定器是模仿人的思维方式和人的控制经验来实现控制的一种稳定器，它和传统的依赖于被控系统数学模型的稳定器不同，模糊逻辑稳定器依赖的是被控系统的物理特性。物理特性的提取要靠人的直觉和经验，经验在

人脑中以自然语言的形式被总结和抽象成一系列的概念和规则,这些用自然语言表达的概念和规则的一个重要特点就是具有模糊性,这就使得模糊逻辑稳定器具有容错和自适应的优点。然而由于一般情况下,模糊逻辑稳定器常常在平衡点附近会出现小的振荡现象。而参数自调整电力系统稳定器和参数模糊自整定 PID 稳定器虽然效果比较好,但其在线计算的工作量较大,因而对硬件的要求较高。

为此,本节提出在转速误差范围内采用基于专家的模糊逻辑电子系统稳定器(EFC)。这种稳定器通过专家决策实现变结构控制,当转速偏差大于某一阈值时,采用比例控制,以提高系统的响应速度,加快响应过程;当转速偏差减小到某一阈值以下时,转入模糊逻辑控制,以提高系统的阻尼性能,减小响应过程中的超调量;当转速偏差减小到一定程度时,再切换转入比例积分控制,以消除系统运行的稳态误差,提高稳定器的控制精度。

1. 基于专家的模糊逻辑稳定器的结构和原理

基于专家的模糊逻辑电力系统稳定器实际上是一种多模态变结构控制算法的控制器,它融合了比例、模糊和比例积分控制器的长处,不仅使系统具有较快的响应速度和抗参数变化的鲁棒性,而且可以对系统实现高精度误差控制,这种稳定器的结构如图 9-56 所示。稳定器的输入信号取发电机的转速与同步转速之差 $\Delta\omega$ 及其变化率 $\Delta\dot{\omega}$,输出信号 μ 作为励磁机控制信号的一部分。

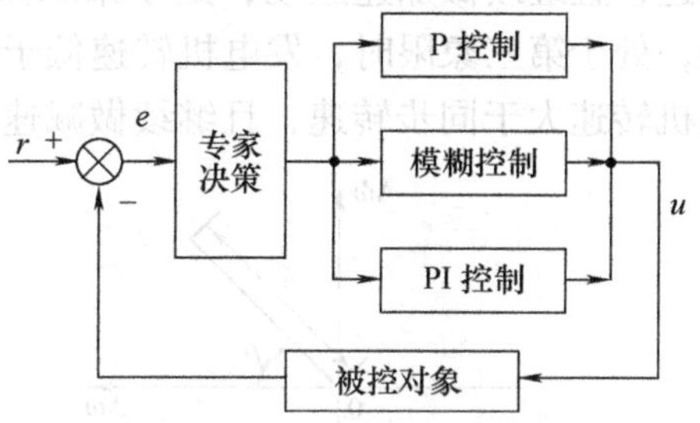

图 9-56 基于专家的模糊逻辑稳定器的结构

在 3 种模态之间实现切换的专家控制规则为

Rule 1:IF $|\Delta\omega| \geq$ EP1   THEN switch to P control

Rule 2:IF EP2 $\leq |\Delta\omega| <$ EP1   THEN switch to F control

Rule 3:IF $|\Delta\omega| <$ EP2   THEN switch to PI control

其中,EP1 和 EP2 为模态切换的阈值,即当发电机转速误差的模大于或等于 EP1 时,稳定器采用比例控制,加快响应过程;当转速误差在区间[EP2,EP1]上时,稳定器切换到模糊逻辑控制,以加强系统阻尼,减小响应过程中的超调量;当转速误差小于 EP2(接近零)时,稳定器采用比例积分控制,以抑制系统在平衡点附近可能出现的小振幅振荡,提高系统控制精度。由于这 3 种控制方式在系统运行过程中是分段切换使用的,不会同时出现而相互影响,所以 3 者可以分别设计和调试。其中切换阈值的设定是个关键,从 P 模态向 Fuzzy 模态切换的阈值要选得恰当,如果选得太大,就会过早地进入模糊模态而影响系统的响应速度,如果选得太小,在太接近目标值时切换,就可能出现较大的超调,所以要根据系统的特点和要求来选取。当从 Fuzzy 模态向 PI 模态切换时,一般选在误差 $\Delta\omega$ 很小时切换到 PI 控制,即当误差小于 EP2 时,用 PI 算法

$$u_k = u_{k-1} + K_p(\Delta\omega_k - \Delta\omega_{k-1}) + K_i\Delta\dot{\omega}_k$$

式中,K_p 为比例系数;K_i 为积分系数;u_k 为 PI 控制的输出量。

2. 有稳定器的发电机励磁系统结构简介

有电力系统稳定器的发电机励磁系统结构如图 9-57 所示。

图 9-57 中自动励磁调节器的作用是通过调节励磁机的励磁电流,从而改变发电机的励

磁电流，使发电机的端电压得以维持，实现电压的自动调整。稳定器是通过感受发电机转速或电磁功率的变化，适当调整励磁机的励磁电流，改变发电机的端电压，从而达到阻尼功率振荡的目的，提高电力系统的动态品质。

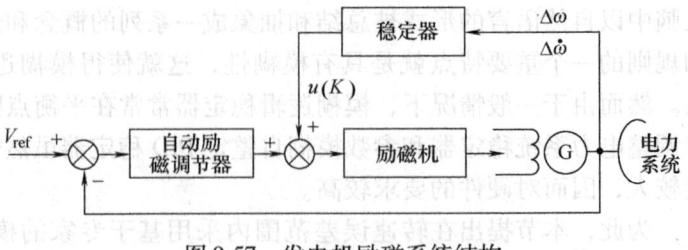

图9-57 发电机励磁系统结构

3. 电力系统稳定器的模糊模型

以发电机转速误差 $\Delta\omega$ 及其变化率 $\Delta\dot\omega$ 构成的二维相平面来表示发电机的运行状态，如图9-58所示。由等面积法则，当发电机的运行状态处于第一象限时，发电机转速大于同步转速，且继续做加速运动；处于第二象限时，发电机转速低于同步转速，且继续做加速运动；处于第三象限时，发电机转速低于同步转速，且继续做减速运动；处于第四象限时，发电机转速大于同步转速，且继续做减速运动。坐标原点对应理想的稳定运行状态。

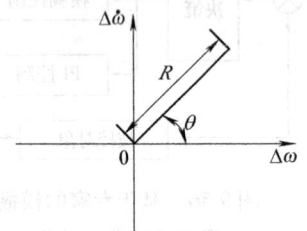
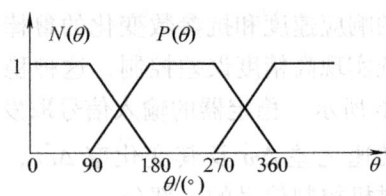

图9-58 发电机运行相平面　　　图9-59 加速和减速控制的隶属函数

将相平面上的参数 θ 的整个论域划分成两个模糊数：加速控制和减速控制。其隶属度由梯形函数决定，如图9-59所示。

若从 $90°\sim 360°$ 范围内加速控制的隶属度函数用 $P(\theta)$ 表示，而 $90°\sim 180°$ 范围内减速控制的隶属函数用 $N(\theta)$ 表示（见图9-59），则对控制器有下述的模糊模型：

规则1：

如果 θ 位于第一象限，此时 $N(\theta)=1, P(\theta)=0$，则应采取减速控制，施加正的励磁控制信号到励磁环节；

规则2：

如果 θ 位于第三象限，此时 $N(\theta)=0, P(\theta)=1$，则应采取加速控制，施加负的励磁控制信号到励磁环节；

规则3：

如果 θ 位于第二或第四象限，此时若 $N(\theta)$ 大于 $P(\theta)$，则取规则1的控制，若 $N(\theta)$ 小于 $P(\theta)$，则取规则2的控制。

根据上述模糊模型的定义，并考虑到加速控制和减速控制的隶属函数对应 θ 在 $0°\sim 360°$ 范围内的两个正规凸模糊子集，稳定器输出的控制信号 u 可表示为

$$u(k) = G_c(k)U_{max}[N(\theta)-P(\theta)]/[N(\theta)+P(\theta)]$$
$$= G_c(k)[1-2P(\theta)]U_{max}$$

式中，G_c 为模糊控制器增益，为斜坡限幅函数；U_{max} 为稳定信号的限制值。

4. 算例

为了比较基本模糊逻辑稳定器与基于专家的模糊逻辑电力系统稳定器之控制效果，本小节针对一个两机五节点系统进行了仿真计算。系统的结构参数，发电机参数和运行参数分别如表 9-18～表 9-20 所示，仿真过程中 EP1 和 EP2 分别取 1.5pu 和 0.2pu。

表 9-18　系统结构参数

j	r	z	b/k
-2	0	0.015	1.05
3	0.04	0.25	0.25
4	0.08	0.3	0.25
4	0.1	0.35	0
-5	0.0	0.03	0.952

注：负节点号表变压器支路。

表 9-19　发电机参数

节点号	1	5
x_d	0.7	0.6
x'_x	0.12	0.1
x_q	0.62	0.1
M	25	40
D	5	2
T'_{d0}	7	7

表 9-20　运行参数

节点号	有功	无功	电压
1	5	1.81	1.05
2	-1.6	-0.8	0.87
3	-2	-1	1.08
4	-3.7	-1.3	1.04
5	2.58	2.3	1.05

注：注入功率为正。

采用晶闸管快速励磁方式，忽略时间常数 T_e，并假定原动机出力不变，针对三相短路和切负荷两种电力系统的主要故障形式进行仿真计算。

情况 1：初始运行点处 δ_1 为 21.63°，其他条件见表 9-20。0s 在 2—3 线路上发生三相短路故障，0.2s 切除故障线路，1s 重合闸成功。图 9-60 给出了 1 号节点处的发电机转子角相对 5 号节点处的发电机转子角的动态响应过程。由图可见，系统在基于专家的模糊逻辑电力系统稳定器的作用下具有良好的动态品质，发电机转子之间的摇摆在 3s 内进入稳态。与基本模糊逻辑稳定器相比，加快了响应过程，降低了稳态误差，提高了系统的跟踪能力。

情况 2：初始条件同情况 1。0s 切除 3 号母线上的负荷，2s 恢复供电。系统在基于专家的模糊逻辑电力系统稳定器和基本模糊逻辑稳定器作用下的动态过程如图 9-61 所示。类似情况 1，基于专家的模糊逻辑电力系统稳定器为系统提供了更佳的阻尼作用，提高了电力系统在扰动作用下的动态品质，改善了电力系统的暂态稳定性。

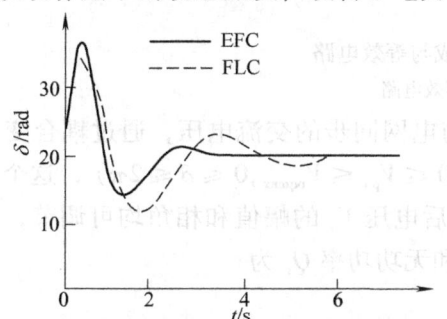

图 9-60　短路情况下转子相对摇摆曲线

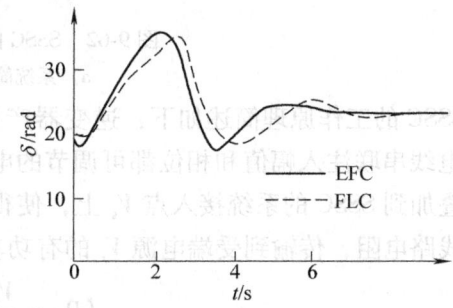

图 9-61　切负荷情况下转子相对摇摆曲线

9.3.3　基于模糊自整定 PI 控制的 SSSC 潮流控制器

作为一种串联于输电线上的补偿设备，静止同步串联补偿器（SSSC）具有快速调整有功和无功的能力，可以使电力网络的功率传输能力以及潮流和电压的可控性大为提高，为改善电力系统的稳定性提供了强有力的手段。

实现快速潮流控制是 SSSC 的主要功能之一，为实现 SSSC 的潮流控制功能，一方面需要研究高性能电力电子变换器，以解决 DC/AC 的电能转换问题，另一方面也需要研究先进的潮流控制策略，提高 SSSC 的潮流控制的动态性能。由于 PI 控制方法具有理论完善、概念清晰、调整方便、易于工程实用化的特点，因此是目前 SSSC 的常用控制方法。但是，电力传输线具有严重的感抗特性，在进行潮流动态控制时容易产生较大的振荡。为抑制振荡，PI 控制器的参数整定通常设置在作用效果较小的数值上，这样导致潮流动态控制的调节时间变长，控制效果不理想。特别是当电力系统负载变化和偶发故障时，系统结构和参数发生变化，常规 PI 控制策略缺乏适应性和鲁棒性，更难有满意的控制效果。针对这个问题，本小节提出了一种用模糊逻辑对 PI 控制器的参数进行在线调整，实现自整定 PI 控制策略，以实现 SSSC 的实时、有效和快速的潮流控制。

1. SSSC 潮流控制器的结构

SSSC 补偿器的系统组成与等效电路如图 9-62 所示，它由电压型变换器、耦合变压器、直流环节以及控制系统组成，变压器以串联方式与电力传输线连接，直接环节可为电容器、直流电源或储能器。

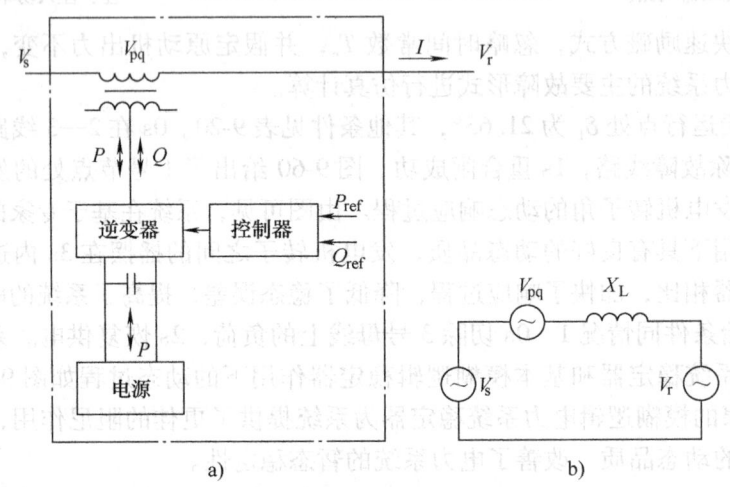

图 9-62 SSSC 的系统组成与等效电路
a) 系统简图 b) 等效电路

SSSC 的工作原理简述如下：逆变器产生一个与电网同步的交流电压，通过耦合变压器向输电线串联注入幅值和相位都可调节的电压 $V_{pq}(0 \le V_{pq} \le V_{pqmax}, 0 \le \delta \le 2\pi)$，这个电压串联叠加到 SSSC 的系统接入点 V_s 上，使得接入点后电压 V_o 的幅值和相角均可调节，如果忽略线路电阻，传输到受端电源 V_r 的有功功率 P_r 和无功功率 Q_r 为

$$\begin{cases} P_r = \dfrac{V_o V_r}{x_1}\sin\delta_1 \\ Q_r = \dfrac{V_o V_r}{x_1}(1 - \cos\delta_1) \end{cases} \tag{9-177}$$

式中，V_o 为接入点后电压有效值；V_r 为受端电压后有效值；δ_1 为接入点电压与受端电压的相位差。

由此可见，调整 V_{pq} 的大小和相位，可以控制合成电压 V_o，也就控制了传输的有功功率和无功功率。

不考虑逆变器的动态过程和谐波的影响，基于同步旋转坐标系的 SSSC 的动态模型如下

$$\frac{d}{dt}\begin{bmatrix}i_p\\i_q\end{bmatrix}=\begin{bmatrix}-\frac{R}{L}&\omega\\-\omega&-\frac{R}{L}\end{bmatrix}\begin{bmatrix}i_p\\i_q\end{bmatrix}+\begin{bmatrix}\frac{I}{L}(v_{sd}+v_p-v_{rd})\\\frac{I}{L}(v_q-v_{rq})\end{bmatrix} \quad (9\text{-}178)$$

$$\begin{bmatrix}p\\q\end{bmatrix}=\begin{bmatrix}v_{sd}&0\\0&-v_{sd}\end{bmatrix}\begin{bmatrix}i_p\\i_q\end{bmatrix} \quad (9\text{-}179)$$

基于式（9-178）和式（9-179），可以得到一个典型的 SSSC 潮流控制器（见图 9-63），该控制方案由有功控制器（PC）和无功控制器（QC）两个独立的控制器组成，两个控制器的输出合成后作为 SSSC 功率变换器的参考电压，通过实现对功率变换器的控制，最终控制输出的串联注入电压 V_{pq}。

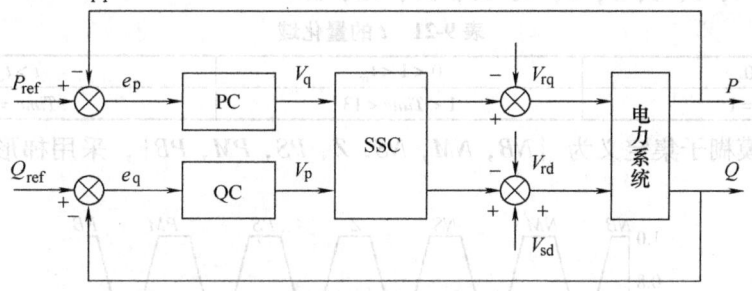

图 9-63　SSSC 的潮流控制器

2. SSSC 的模糊自整定 PI 控制器的设计

（1）控制器结构

SSSC 的模糊自整定 PI 控制器采用图 9-63 的控制结构，有功和无功控制器都采用 PI 控制算法，通过模糊逻辑对有功和无功控制器的 P、I 参数进行自动调整。由于有功和无功控制器的结构相同，这里只讨论有功控制器的设计，其方法相直接推广到无功控制器。

有功模糊自整定 PI 控制器由两个双输入单输出的子模糊控制器 KFC 和 TFC 组成一个双输入双输出的复合模糊控制器 FC，其输出量分别为 K_p、T_i 的增量 ΔK_p、ΔT_i，结构如图 9-64 所示。

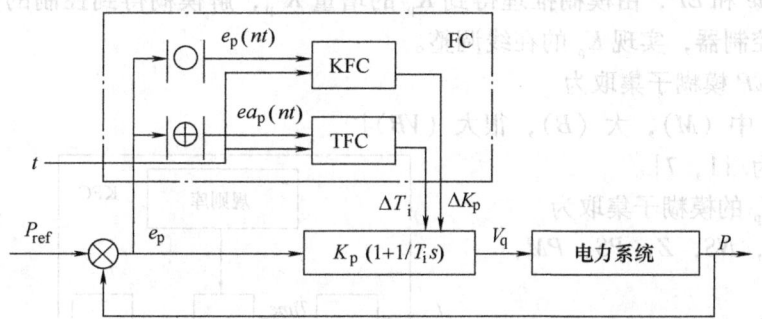

图 9-64　SSSC 的模糊自整定 PI 控制器结构

当控制器设定值、系统结构变化、扰动产生时，控制系统将产生过渡过程，为加快响应速度和减小振荡，在过渡过程的不同阶段，对 P、I 控制参数的要求是不同的，因此选取时间 t 作为控制策略的一个重要参考因子，并将 t 作为两个子模糊控制器 KFC（K_p 控制器）与 TFC（T_i 控制器）的公共输入。

误差是衡量控制器性能的重要因素,同时,它也是衡量比例环节的一个主要参数,因此,以误差 $e_p(nt) = P_{ref} - P$ 作为子模糊控制器 KFC 的另一个输入量(图中用符号 |○| 表示)。

积分作用主要是为了消除稳态误差,因此以 $ea_p(nt) = e_p(nt) + e_p[(n-1)t]$ 作为模糊控制器 TFC 的另一个输入(图中用符号 |⊕| 表示)。

(2) 模糊自整定 PI 控制器设计

1) 时间变量 t 的模糊化。作为模糊控制器的参考输入量,在对时间变量 t 量化时,以性能指标中给定的过渡过程时间 t_{rs} 作为依据,若 t 由模糊量 Time 表示,可得到 t 的量化域如表 9-21 所示。

即 Time 的论域为
$\{1, 2, 3, 4, 5, 6, 7, 8, 9, 10, 11, 12, 13\}$

表 9-21 t 的量化域

$t < 0$	$0 < 1 < t_{rs}$	$t > t_{rs}$
Time = 1	1 < Time < 13	Time = 13

将 Time 的模糊子集定义为 $\{NB, NM, NS, Z, PS, PM, PB\}$,采用梯形隶属函数(见图 9-65)。

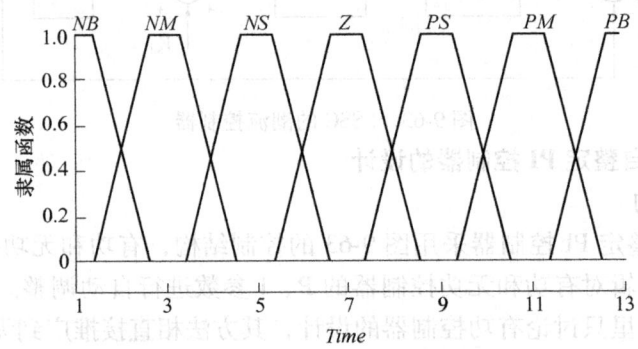

图 9-65 模糊变量 Time 的隶属函数

2) K_p 控制器 KFC。K_p 控器框图如图 9-66 所示。它的输入量是 t 和 $e_p(t)$,模糊化后得到模糊变量 Time 和 EP,由模糊推理得到 K_p 的增量 K'_p,解模糊得到控制的精确量为 ΔK_p,并输出给比例控制器,实现 K_p 的在线调整。

将输入量 EP 模糊子集取为
$\{小(S), 中(M), 大(B), 很大(VB)\}$
论域量化等级为 $\{1, 7\}$。

输出量 ΔK_p 的模糊子集取为
$\{NB, NM, NS, Z, PS, PM, PB\}$
论域量化等级为 $\{-6, 6\}$。

由于误差的变化是由大到小,最后趋于零的,因此将 EP 的隶属函数取为高斯函数;为减小系统在过渡过程中的振荡,K_p 的变化不能太大,故也选 ΔK_p 的隶属函数为高斯函数。

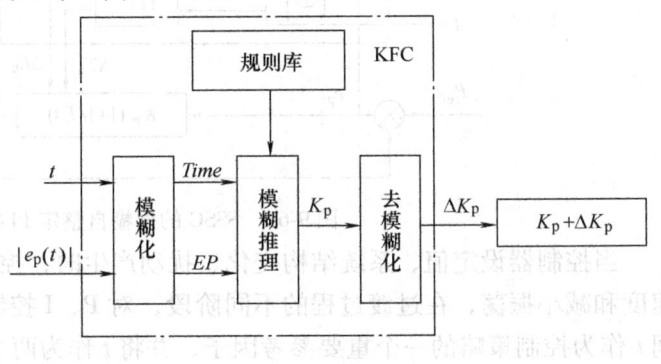

图 9-66 K_p 控制器框图

模糊推理合成规则是极大—极小合成规则，并采用 Mamdani 型模糊推理算法，去模糊化方法则采用面积中心法（Centriod），从而得到 KFC 控制规则表，如表 9-22 所示。

表 9-22　KFC 控制规则表

ΔK_p＼t　EP	PB	PM	PS	Z	NS	NM	NB
VB	NB	NB	NB	NS	NS	NB	NB
B	NB	NB	NS	Z	PS	PM	NM
M	NM	NM	NM	PS	PS	PB	Z
S	NS	NS	NS	Z	Z	Z	Z

3）T_i 控制器的 TFC。TFC 的控制框图与图 9-66 的 KFC 相似，只是 TFC 的输入量为 t 和 $K_p(t)$，对应的模糊变量为 Time 和 EAP，输出量为 ΔT_i，而调整对象为 $1/(T_i+\Delta T_i)$。在 PI 控制器中，积分作用主要是消除系统静态误差。加强积分作用，有利于减小系统静差，但是过强的积分作用，会使系统超调加大，甚至引起振荡。反之，减弱积分作用，虽然有利于系统稳定，避免振荡，减小超调量，但对于消除系统静差不利。输入量 EAP 的模糊子集与论域的取法，均和 EP 时相同；输出量 ΔT_i 的模糊子集为 $\{NB, NS, Z, PS, PB\}$，论域的量化等级为 $\{-5, 5\}$，同时，设 EAP 和 ΔT_i 均服从正态分布，采用高斯函数作为 EAP 和 ΔT_i 的隶属函数。

TFC 的模糊推理及解模糊方法与 KFC 相同，同理得到 TFC 控制规则表，如表 9-23 所示（即 T_i 的模糊校正表）。

表 9-23　TFC 控制规则表

ΔK_p＼t　EP	PB	PM	PS	Z	NS	NM	NB
VB	PB	PB	PB	PB	PB	PB	PB
B	PS	PS	PS	PS	PS	PS	PB
M	NS	NS	NS	Z	Z	Z	Z
S	NB	NB	NS	NS	NS	NS	NS

3. 数字仿真

为测试所设计的 SSSC 的模糊自整定 PI 控制器的控制性能，比较该控制器与常规 PI 控制器的控制效果，对图 9-62 所示的装有 SSSC 的电力传输系统进行了数字仿真。其中，$V_s = 1\text{pu}$，$V_r = 1\angle -10°\text{pu}$，$R = 0.6\text{pu}$，$L = 0.058\text{pu}$，$\omega = 100\pi$。

图 9-67 是有功给定值增加时的阶跃响应曲线，其中曲线 1 为采用常规 PI 控制器的阶跃响应曲线，曲线 2 为采用模糊自整定 PI 控制器的阶跃响应曲线，显然采用模糊自整定 PI 控制器不仅具有常规 PI 控制器的没有

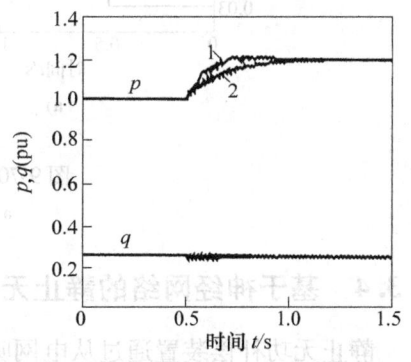

图 9-67　有功增加时的阶跃响应曲线

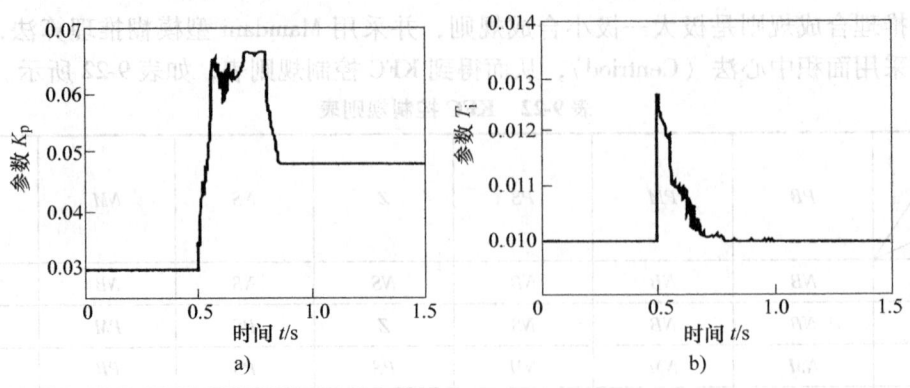

图 9-68　有功增加时的 P、I 参数变化
a) P 控制参数　b) I 控制参数

超调、阻尼振荡等控制特性,同时响应速度明显加快。图 9-68 反映了有功给定值增加时,模糊自整定 PI 控制器在过渡过程期间 P、I 控制参数的变化情况。

图 9-69 是有功给定值减少时的阶跃响应曲线。图 9-70 反映了有功给定值减小时,模糊自整定 PI 控制器在过渡过程期间 P、I 的控制参数的变化情况。从响应曲线图可以看出,在过渡期间,自模糊校正 PI 控制器能根据过程响应自动调整 PI 控制器参数,因而改善了潮流控制器的动态响应速度。

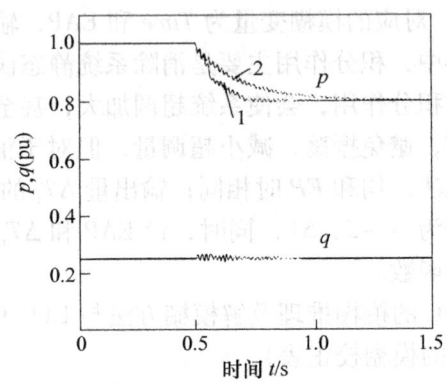

图 9-69　有功减少时的阶跃响应曲线

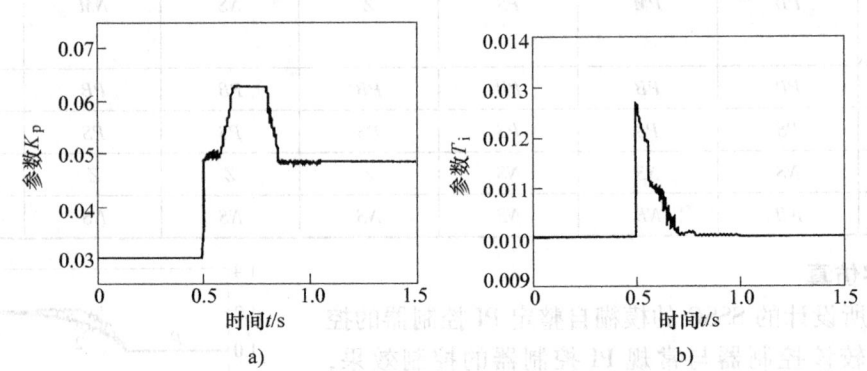

图 9-70　有功减少时的 P、I 参数变化
a) P 控制参数　b) I 控制参数

9.3.4　基于神经网络的静止无功补偿器自校正内模控制

静止无功补偿装置通过从电网吸收或向电网输送可连续调节的无功功率,实现对装设点电压的控制,以提高电网电压质量,改善电力系统的动静态稳定性和运行的经济性。可调电

抗器—固定电容器（SVC—FC）型静止无功补偿器是由晶闸管控制的，控制速度快、维护工作简单、运行费用低、效果显著，因此，近年来在电力系统中获得了广泛的应用。

目前在设计 SVC 控制器时，往往先要全面研究电网的结构与运行情况，确定补偿器电压—电流特性的斜率（线性的），再在控制器中按照这一斜率合理调整电压误差信号和晶闸管触发瞬间之间的关系。晶闸管触发瞬间决定电抗器中电流的大小，从而决定补偿器中总的无功电流。补偿器中的电流不是触发延迟角的线性函数，因此控制器中往往还有线性化电路，通过它得到电网电压变化（电压误差信号）和补偿器电流之间的线性关系，从而确定晶闸管触发延迟角的大小。这种方法将非线性关系线性化，呈现出不准确性，不能充分反映系统的实际情况，难以发挥控制器应有的作用。为此，人们试图采用尽量精确的系统模型，结果却使得系统构成变得越来越复杂，且这种基于模型的传统控制无法计及电网运行过程中众多不确定因素的影响，不利于系统可靠性的进一步提高。近年来，国内外许多学者虽然尝试研究了自适应控制随未知参量数目呈指数增长的算法复杂性和滑模变结构控制在控制点切换时所固有的颤振现象，但是这些方法在 SVC 控制中至今未能得到很好的应用。

人工神经网络（ANN）具有自适应和自组织能力，可以根据系统的输入和输出学会它们间的非线性关系，而不需要系统的数学模型；ANN 的容错性和自适应性使之可以应付复杂电力系统在运行过程中众多不确定因素，提高系统的抗扰能力；ANN 固有的并行结构和并行处理能力使它可以快速处理系统的数据；而内模控制器具有偏差积分作用，可以消除系统扰动产生的影响，实现对设定输入的无偏差跟踪。因此，本节基于内模控制原理，结合动态 BP 神经网络模型设计了一种 SVC 的内模控制器（IMC），并采用了与在线流动优化的同时，通过实际系统的输出与内部模型输出之间的误差来进行反馈校正的控制算法，从而在一定程度上克服了由于内部模型误差和某些不确定性干扰等产生的影响，提高了系统的鲁棒性和控制精度。

1. SVC 自校正内模控制器总体结构

本小节设计的静止无功补偿装置内模控制器结构如图 9-71 所示，是一种对象—正模型—逆系统结构，其中 NNM 为 SVC 及电网的内部模型（正模型），由神经网络实现对 SVC 及电网的动态建模。电网是一种动态平衡的非线性复杂大系统，其运行方式随着电源及负荷的分布和发展等频繁变化。特别是电力系统中的负荷，其变化有的是有规律可循的，有的则具有很大的偶然性。因此，补偿点电压随电网运行状况动态地变化着，要建立 SVC 及电网的数学模型是极其复杂的，甚至是不可能的。因此本节在 SVC 控制器中，构造了动态 BP 网络模型 NNM，使得在电网电压调节过程中所要用到的 SVC 及电网能用该动态模型代替。NNC 是神经网络控制器（逆系统模型），它根据输出的晶闸管触发延迟角的变化、要求的补偿点电压的大小和内部模型输出电压相对实际电压的偏差等，确定晶闸管触发延迟角的大小，从而调整 SVC 接入电网的电纳值以及向电网输送或吸收的感性无功功率，实现补偿点电压按电网运行的要求实时调整的目的。

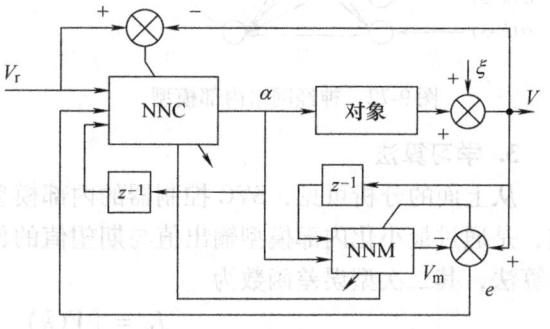

图 9-71 静止无功补偿装置内模控制器结构

2. 神经网络内部模型和逆模型的建立

在描述动态系统的神经网络模型中，若不将动态系统的实际输出引入到模型的输入端，而将模型本身以前的输出作为其输入的一部分，则这种内部模型一旦学习收敛，就完全等价于被控过程，因此它可用做系统离线训练控制器。由于这种模型的训练样本要求覆盖性好、训练样本数量多，往往难以保证参数收敛，而且也不能保证其输出误差会趋于零。因此本小节中构造了一种如图9-72所示的神经网络内部模型，在该模型中，补偿点电压的实际值($V(k)$)作为神经网络模型输入的一部分。由于网络中引入了反馈和时延z^{-1}来获得过去时刻的控制量（即晶闸管触发延迟角$\alpha(k-1)$、$\alpha(k-2)$、$\alpha(k-3)$）和补偿点的实际电压（即$V(k-1)$、$V(k-2)$、$V(k-3)$），因而它是一个描述无功补偿装置及电网的动态BP网络内部模型，其输入变量集为

$$\Psi = \{V(k-1), V(k-2), V(k-3), \alpha(k-1), \alpha(k-2), \alpha(k-3)\} \tag{9-180}$$

式中，补偿点电压$V(k)$对应于静态BP网络的期望输出，利用它与该模型输出$V_m(k)$之间的误差反向传播来修正BP网络中的连接权系数和神经元阈值，使网络模型输出$V_m(k)$逐步逼近补偿点的实际电压$V(k)$，实现被控过程内部模型的动态辨识。

和内部模型相反，内模控制器则是对象模型的逆，因此要实现内模控制还需要建立SVC装置及电网的逆模型。本小节设计的神经网络逆系统模型如图9-73所示，其输入变量集为

$$\Phi = \{V_r(k+1), V_r(k+2), V_r(k+3), \alpha(k-1), \alpha(k-2), \alpha(k-3), e(k)\} \tag{9-181}$$

式中，$V_r(k)$为按电网运行要求由调度统一确定的补偿点电压轨迹，也即为逆系统神经网络的期望输入，输出为晶闸管的触发延迟角$\alpha(k)$。$\alpha(k)$经标度变换后转换成控制执行的触发延迟角作为逆模型的输出。直接利用由调度统一确定的补偿点电压与补偿点实际电压之差来修正神经网络的加权系数和神经元的阈值。在修正过程中所用到的被控对象则用正模型网络来代替，而正、逆模型都是采用3层前馈网络实现的，因此逆模型神经网络在误差反向传播时，最后一层误差通过正模型神经网络的误差反传回来。

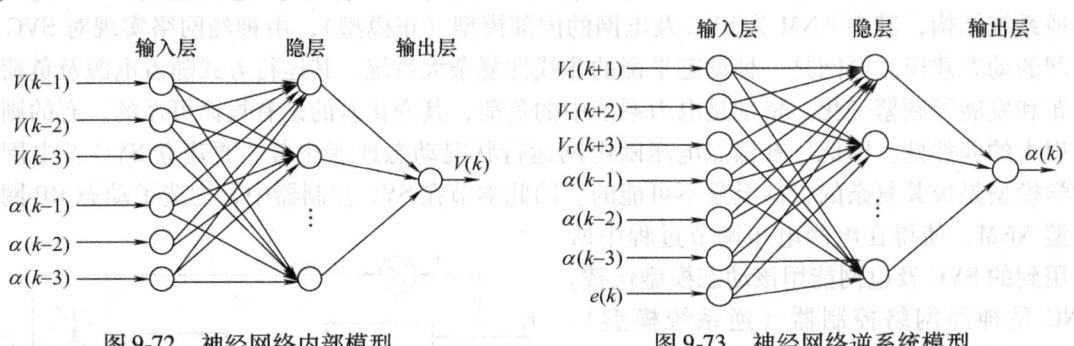

图9-72 神经网络内部模型　　　　图9-73 神经网络逆系统模型

3. 学习算法

从上面的分析可见，SVC控制器的内部模型中神经元之间连接权系数和神经元阈值的调整，是通过最小化内部模型输出值与期望值的偏差实现的，因此可以采用标准的BP网络学习算法，其二次型误差函数为

$$J_1 = [V(k) - V_m(k)]^2 / 2 \tag{9-182}$$

则有内部模型的学习算法如下

$$\delta(k) = [V(k) - V_m(k)]g[net_{3i}(k)] \quad (9\text{-}183)$$

$$W_{3il}(k+1) = W_{3il}(k) + \eta\delta(k)O_{2l}(k) \quad l = 1,2,\cdots,m_2 \quad (9\text{-}184)$$

$$\theta_3(k+1) = \theta_3(k) + \eta\delta(k) \quad (9\text{-}185)$$

$$W_{2il}(k+1) = W_{2lj}(k) + \eta\delta(k)g[net_{2l}(k)]W_{3il}(k)O_{ij}(k) \quad l=1,2,\cdots,m_2; j=1,2,\cdots,m_1$$
$$(9\text{-}186)$$

$$\theta_{2l}(k+1) = \theta_{2l}(k) + \eta\delta(k)g[net_{2l}(k)]W_{3il}(k) \quad l = 1,2,\cdots,m_2 \quad (9\text{-}187)$$

式中，$g[\cdot]$ 为 Sigmoid 活化函数的导数；net_{3i} 为第 3 层第 i 个神经元的输入之和；O_{2l} 为第 2 层第 l 个神经元的输出；m_1 和 m_2 分别为内部模型之输入层和隐含层神经元的个数；η 为学习率。

和内部模型的情况不同，逆模型网络不是通过其输出值的偏差来实现神经网络中参数的调整的，而是通过补偿点的实际电压与由调度统一确定的补偿点电压轨迹的偏差来实现调整的，因此其误差指标函数为

$$J_2 = [V_r(k+1) - V(k+1)]^2/2 \quad (9\text{-}188)$$

经推导，其学习算法可总结如下：

$$W_{3il}(k+1) = W_{3il}(k) + \eta[V_r(k+1) - V(k+1)]g[net_{3i}(k)]O_{2l}(k)\partial V(k+1)/\partial \alpha(k)$$
$$l = 1,2,\cdots,n_2 \quad (9\text{-}189)$$

$$\theta_3(k+1) = W_{2lj}(k) + \eta[V_r(k+1) - V(k+1)]g[net_{3i}(k)]\partial V(k+1)/\partial \alpha(k)$$
$$(9\text{-}190)$$

$$W_{2il}(k+1) = W_{2ij}(k) + \eta[V_r(k+1) - V(k+1)]g[net_{3i}(k)]W_{3il}(k)g[net_{2l}(k)]$$
$$\times O_{ij}(k)\partial V(k+1)/\partial \alpha(k) \quad l=1,2,\cdots,n_2 \quad (9\text{-}191)$$

$$\theta_{2l}(k+1) = \theta_{2l}(k) + \eta[V_r(k+1) - V(k+1)]g[net_{3i}(k)]W_{3il}(k)g[net_{2l}(k)]$$
$$\times \partial V(k+1)/\partial \alpha(k) \quad l = 1,2,\cdots,n_2 \quad (9\text{-}192)$$

式中，n_1 和 n_2 分别为逆模型之输入层和隐含层神经元的个数。

上述公式包含 SVC 与电网的信息 $\partial V(k+1)/\partial \alpha(k)$，而对象的模型是复杂的或未知的，因此本小节采用神经网络内部模型的输出 $V_m(k+1)$ 来近似 $V(k+1)$，这样即可用 $\partial V_m(k+1)/\partial \alpha(k)$ 来近似 $\partial V(k+1)/\partial \alpha(k)$。经过有限次学习后，$V_m(k)$ 能准确逼近 $V(k)$，因此这样做是可行的。于是根据内部模型的 3 层 BP 网络可计算出

$$\partial V_m(k+1)/\partial \alpha = [\partial V_m(k+1)/\partial net_{3i}(k)]\left\{\sum_{l=1}^{m_2}[\partial net_{3i}(k)/\partial O_{2l}(k)] \times \right.$$
$$[\partial O_{2l}(k)/\partial net_{2l}(k)] \times \left[\sum_{j=1}^{m_1}\partial net_{2l}(k)/\partial O_{1j}(k)\right]\Bigg\}$$
$$= g[net_{3i}(k)]\sum_{l=1}^{m_2}\left\{W_{3il}g\left[net_{2l}(k)\sum_{j=1}^{m_1}W_{2lj}\right]\right\} \quad (9\text{-}193)$$

对半线性前馈 BP 网络，输入层节点的输出值等于其输入值。

根据式（9-189）～式（9-193），即可计算出由 3 层 BP 网络设计的逆系统模型的参数修正值，从而确定逆系统模型的全部参数。

对神经网络自校正内模控制器，总体计算步骤如下：
1) 给正、逆模型神经网络的参数置初值。

2) 测取参数 $y(k)$ 和 $V_r(k)$。

3) 利用神经网络 NNC 计算 $\alpha(k)$。

4) 用式（9-183）~式（9-187）修正内部模型的权系数及阈值。

5) 用式（9-189）~式（9-193）修正逆模型的权系数及阈值。

6) 转步骤 2）。

4. 算例

本节算例取如图 9-74 所示的 4 机系统。远方电厂 G_2 通过双回线向负荷中心送电，0s 时其中的一回线在靠近 2 号节点处发生单相永久性接地故障，故障后 0.2s 切除该回线路。将 SVC 装在 1 号节点，取计算步长为 0.2s，对系统的动态过程进行仿真。

和本小节控制器作对比的 SVC 控制器（以下称为传统的控制器）模型如图 9-74 所示的连续控制模型，这是一种具有电压反馈和惯性环节的比例式调节器，其开环增益为 $6/(1+0.1s)$。考虑到晶闸管本身动作的快速性和仿真过程的方便性，忽略了上述原始模型中对应晶闸管单元的延时环节，且在本节的控制器仿真过程中，直接取 SVC 接入电网的电纳 B 作为 NNC 的输入，NNM 中的 α 也相应地用 B 来代替。发电机采用暂态电抗后的电动势恒定的经典模型，且不计原动机调速器的影响。正、逆模型神经网络中隐层神经元的个数取各自输入层节点的个数，学习率取 0.9，冲量因子取 0.7，系统的收敛误差取 0.001。针对 1 号节点不装 SVC、装传统控制的 SVC（CC—SVC）和本节控制器下的 SVC（NNC—SVC）三种情况进行了仿真。图 9-75 给出了无 SVC 时，1、2、4 号机组相对 3 号机组的转子角度摇摆曲线。从图中可见，靠近短路点的远方发电机组 G_2 的转子相对 3 号机组的转子角不断增大，结果机组 G_2 在暂态过程中的第一摇摆失去稳定，造成系统解列。

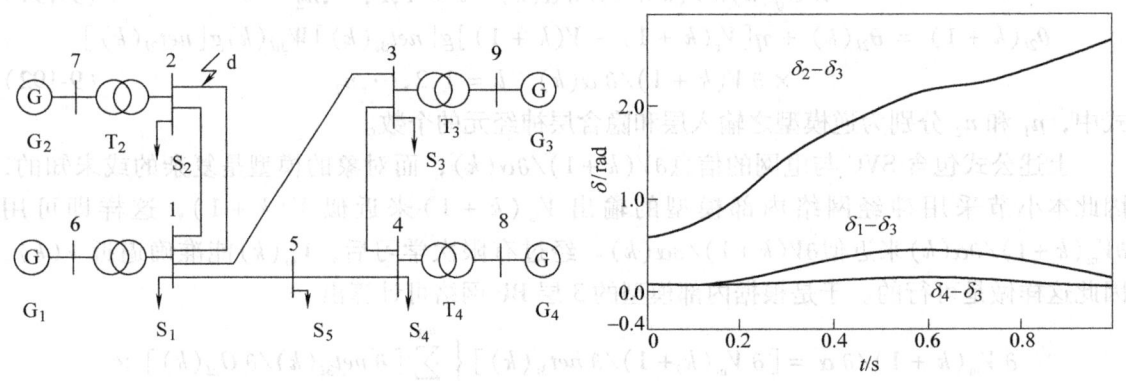

图 9-74 4 机系统　　　　　图 9-75 无 SVC 时转子角度摇摆曲线

在 1 号节点装传统控制的 SVC 和本节控制器下的 SVC 后，2 号机组相对 3 号机组的转子角摇摆曲线如图 9-76 所示。可见，1 号节点装 SVC 后 2 号机组的转子相对角在 0.44s 左右开始减小，系统保持了暂态稳定，并且从图 9-76 中两条曲线的位置来看，NNC—SVC 作用下的摇摆曲线位于 CC—SVC 作用下的摇摆曲线的下方，表明和传统控制器相比，在本小节控制器的作用下，$\delta_2 - \delta_3$ 的第一摇摆角有明显降低，进一步提高了系统的暂态稳定性。这主要是因为，本节采用神经网络进行辨识与控制，充分考虑了被控对象实时特性的缘故。图 9-77 给出了在 3 种暂态过程中 1 号节点电压的变化曲线。可见，装设 SVC 之前，节点的电压不断降低，负荷功率不断下降，从而加剧了发电机功率的不平衡，最后导致失去暂态稳定的严重故障。而装设 SVC 之后，1 号节点的电压在切除故障线路后逐渐恢复，从而支撑了系统电压，保持了系统暂态稳定，并且在本节控制器的作用下，1 号节点的电压恢复得快而准。

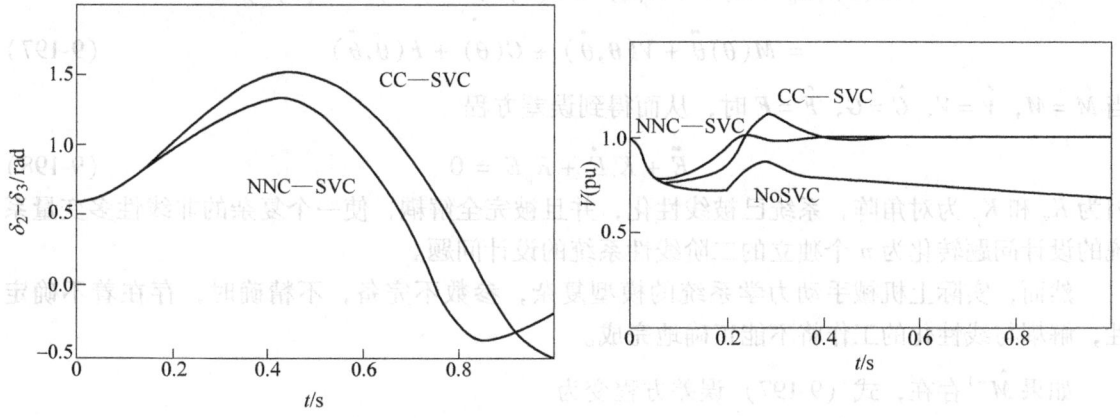

图 9-76　装 SVC 后转子角度摇摆曲线　　　　　图 9-77　1 号节点电压变化曲线

9.4　智能控制在机器人控制中的应用

工业机器人是一个复杂的非线性、强耦合、多变量的动态系统，运行时常具有不确定性，而用现有的机器人动力学模型的先验知识常常难以建立其精确的数学模型，即使建立某种模型，也很复杂、计算量大，不能满足机器人实时控制的要求。智能控制的出现为解决机器人控制中存在的一些问题提供了新的途径。由于智能控制具有整体优化，不依赖对象模型，自学习和自适应等特性，用它解决机器人等复杂控制问题，可以取得良好效果。

9.4.1　基于模糊神经网络的机器人学习控制

本小节研究了模糊神经网络与传统 PD 控制相结合构成一种反馈误差学习控制系统，该控制系统具有自学习、自适应和控制精度高等特点。

1. 基于神经网络的学习控制系统

一个 n 个自由度的机械手封闭形式的动力学方程可以表示为

$$\tau = M(\theta)\ddot{\theta} + V(\theta,\dot{\theta}) + G(\theta) + F(\theta,\dot{\theta}) \tag{9-194}$$

式中，$M(\theta)$ 为 $n \times n$ 维对称正定惯性矩阵；$V(\theta,\dot{\theta})$ 为 $n \times 1$ 维哥氏力和向心力矢量；$G(\theta)$ 为 $n \times 1$ 维重力矢量；$F(\theta,\dot{\theta})$ 为 $n \times 1$ 维摩擦力矢量；θ、$\dot{\theta}$、$\ddot{\theta}$ 分别为 $n \times 1$ 维的机械手关节位置、速度、加速度。为了简化，这里认为每一个关节只由一个驱动器单独驱动，τ 是 $n \times 1$ 维的关节控制力矩矢量。

传统的基于模型控制方法是

$$\tau = \hat{M}(\theta)u + \hat{V}(\theta,\dot{\theta}) + \hat{G}(\theta) + \hat{F}(\theta,\dot{\theta}) \tag{9-195}$$

$$u = \ddot{\theta}_d + K_v \dot{E} + K_p E \tag{9-196}$$

式中，$E = \theta_d - \theta$；$\dot{E} = \dot{\theta}_d - \dot{\theta}$；$\hat{M}$、$\hat{V}$、$\hat{G}$、$\hat{F}$ 分别为 M、V、G、F 估计值。系统的闭环方

程为

$$\hat{M}(\theta)(\ddot{\theta}_d + K_v\dot{E} + K_pE) + \hat{V}(\theta,\dot{\theta}) + \hat{G}(\theta) + \hat{F}(\theta,\dot{\theta})$$
$$= M(\theta)\ddot{\theta} + V(\theta,\dot{\theta}) + G(\theta) + F(\theta,\dot{\theta}) \quad (9\text{-}197)$$

当 $\hat{M} = M$,$\hat{V} = V$,$\hat{G} = G$,$\hat{F} = F$ 时,从而得到误差方程

$$\ddot{E} + K_v\dot{E} + K_pE = 0 \quad (9\text{-}198)$$

因为 K_v 和 K_p 为对角阵,系统已被线性化,并且被完全解耦,使一个复杂的非线性多变量系统的设计问题转化为 n 个独立的二阶线性系统的设计问题。

然而,实际上机械手动力学系统的模型复杂,参数不完备,不精确时,存在着不确定性,解耦与线性化的工作将不能正确地完成。

如果 $\hat{M}^{-1}$ 存在,式 (9-197) 误差方程变为

$$\ddot{E} + K_v\dot{E} + K_pE = \hat{M}^{-1}[\Delta M\ddot{\theta} + \Delta V + \Delta G + \Delta F] \quad (9\text{-}199)$$

式中,$\Delta M = M - \hat{M}$,$\Delta V = V - \hat{V}$,$\Delta G = G - \hat{G}$,$\Delta F = F - \hat{F}$,表示实际参数与模型参数之间的偏差,造成伺服误差。为解决这个问题,本小节训练了两个神经网络让它取代机械手的逆动力学模型,实现基于神经网络的反馈误差学习控制器,系统的控制结构如图 9-78 所示。

图 9-78 中,控制系统由反馈控制器 PD_i 和 NC_i 神经网络前馈控制器组成。反馈控制的优点是可以使系统保持在稳定状态,前馈控制可加快控制速度,同时反馈误差不断训练神经网络前馈控制器将逐渐地在控制行为中占据主导地位,最终取消反馈控制器的作用,使 NC_i 近似逆模型来补偿机器人非线性动力学特性。

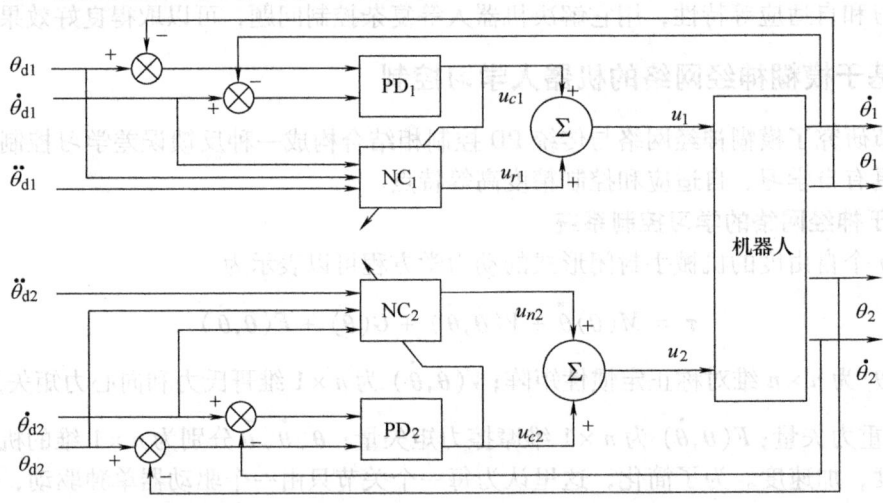

图 9-78 基于神经网络的机器人位置学习系统的控制结构

设神经网络控制器输出为

$$u_{n_i} = \hat{M}(\theta)\ddot{\theta}_d + \hat{V}(\theta,\dot{\theta})\dot{\theta}_d + \hat{G}(\theta)\theta_d$$
$$= \Phi_i(\ddot{\theta}_d,\dot{\theta}_d,\theta_d,W) \quad i = 1,2 \quad (9\text{-}200)$$

PD 控制器为

$$u_{c_i} = K_{p_i}(\theta_d - \theta) + K_{v_i}(\dot{\theta}_d - \dot{\theta}) \quad i = 1,2 \tag{9-201}$$

机器人关节点控制力矩为

$$u_i = u_c + u_n, u_{c_i} = u_i - u_{n_i}(\text{定义为学习信号}) \tag{9-202}$$

式中，$\Phi(\cdot)$ 为神经网络输入输出非线性映射函数；W 为网络的连接权值；K_p、K_v 分别为比例、微分反馈增益矢量。为使实际参数与模型参数之间的误差最小，可通过 NC_i 网络的学习来达到这一目标。

2. 模糊神经网络学习控制器

设描述输入输出关系的模糊规则为

$$R_j: \text{IF } x_1 \text{ is } A_1^{j_1} \text{ and } x_2 \text{ is } A_2^{j_2} \text{ and } \cdots \text{ and } x_n \text{ is } A_n^{j_n} \text{ THEN } y \text{ is } B^i \tag{9-203}$$

式中，$j=1, 2, \cdots, m$，m 表示规则总数，$j_i \in \{1, 2, \cdots, m_i\}$，$m_i$ 为 x_i 的模糊分级数。

若输入采用单点模糊集合的模糊化方法、模糊推理采用乘积法、清晰化采用加权平均法、隶属度采用高斯函数，则模糊系统的输入输出关系为

$$y = u_n = \frac{\sum_{j=1}^{m} W^j \left\{ \prod_{i=1}^{n} \exp\left[-\left(\frac{x_i - a_i^{j_i}}{b_i^{j_i}}\right)^2\right] \right\}}{\sum_{j=1}^{m} \left\{ \prod_{i=1}^{n} \exp\left[-\left(\frac{x_i - a_i^{j_i}}{b_i^{j_i}}\right)^2\right] \right\}} \tag{9-204}$$

式中，W^j、$a_i^{j_i}$、$b_i^{j_i}$ 分别为第 j 条规则后件变量 y 的模糊集合的中心值、前件变量 x_i 的模糊集合中心值及宽度。式（9-194）的模糊系统可用如图 9-79 所示的模糊神经网络来实现。

图 9-79 中第 1 层为输入层；第 2 层用来计算隶属度函数；第 3 层用来匹配模糊规则前件，计算每条规则的触发强度（适用度），即

$$\alpha_j = \prod_{i=1}^{n} \exp\left[-\left(\frac{x_i - a_i^{j_i}}{b_i^{j_i}}\right)^2\right] \tag{9-205}$$

第 4 层进行归一化计算

$$\bar{\alpha}_j = \frac{\alpha_j}{\sum_{j=1}^{m} \alpha_j} \tag{9-206}$$

第 5 层实现的是清晰化计算

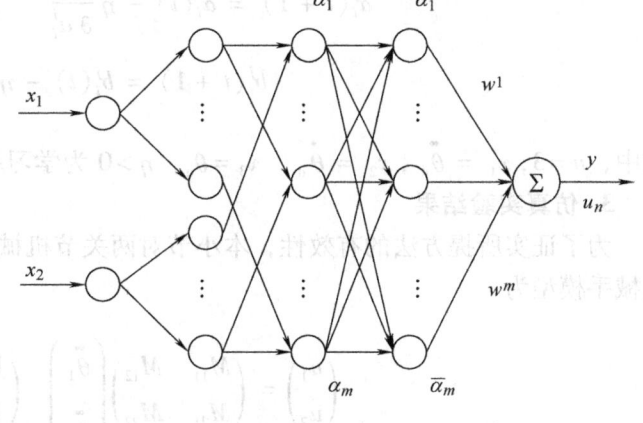

图 9-79 模糊神经网络结构（NC）

$$y = u_{n_i} = \sum_{j=1}^{m} W^j \bar{\alpha}_j \tag{9-207}$$

模糊神经网络的参数（W^j，a^j，b^j）调整算法推导如下：

定义学习信号为

$$J = \frac{1}{2}(u_i - u_{n_i})^2 \tag{9-208}$$

反传误差为

$$\delta^{(5)} = (u_i - u_{n_i}) \tag{9-209}$$

$$\delta_j^{(4)} = \delta^{(5)} W^j \qquad (9\text{-}210)$$

$$\delta_j^{(3)} = \frac{1}{\left(\sum_{i=1}^{m}\alpha_i\right)^2}\left(\delta_j^{(4)}\sum_{\substack{i=1\\i\neq j}}^{m}\alpha_i - \sum_{\substack{i=1\\i\neq j}}^{m}\delta^{(4)}\alpha_i\right) \qquad (9\text{-}211)$$

$$\delta_{ij}^{(2)} = \sum_{j=1}^{m}\delta_j^{(3)} S_{ij}\exp\left[-\left(\frac{x_i - \alpha_i^{ji}}{b_i^{ji}}\right)^2\right] \qquad (9\text{-}212)$$

当 $u_i^{j_i}$ 是第 j 个规则节点的一个输入时

$$S_{ik} = \prod_{\substack{k=1\\k\neq i}}^{n} u_k^{jk} \qquad (9\text{-}213)$$

否则 $S_{ij} = 0$,梯度

$$\frac{\partial J}{\partial W^j} = -(u_i - u_{n_i})\overline{\alpha}_j \qquad (9\text{-}214)$$

$$\frac{\partial J}{\partial \alpha_i^j} = -\delta_{ij}^{(2)}\frac{2(x_i - \alpha_i^j)}{(b_i^j)^2} \qquad (9\text{-}215)$$

$$\frac{\partial J}{\partial b_i^j} = -\delta_{ij}^{(2)}\frac{2(x_i - \alpha_i^j)}{(b_i^j)^2} \qquad (9\text{-}216)$$

学习算法为

$$w^j(t+1) = w^j(t) - \eta\frac{\partial J}{\partial W^j} \quad j = 1,2,\cdots m \qquad (9\text{-}217)$$

$$\alpha_i^j(t+1) = \alpha_i^j(t) - \eta\frac{\partial J}{\partial \alpha_i^j} \quad j = 1,2,\cdots n \qquad (9\text{-}218)$$

$$b_i^j(t+1) = b_i^j(t) - \eta\frac{\partial J}{\partial b_i^j} \qquad (9\text{-}219)$$

式中,$n = 3$,$x_1 = \ddot{\theta}_d$,$x_2 = \dot{\theta}_d$,$x_3 = \theta_d$,$\eta > 0$ 为学习率。

3. 仿真实验结果

为了证实所提方法的有效性,本小节对两关节机械手模型进行了数字仿真,考虑两关节机械手模型为

$$\begin{pmatrix}u_1\\u_2\end{pmatrix} = \begin{pmatrix}M_{11} & M_{12}\\M_{21} & M_{22}\end{pmatrix}\begin{pmatrix}\ddot{\theta}_1\\\ddot{\theta}_2\end{pmatrix} + \begin{pmatrix}V_1\\V_2\end{pmatrix} + \begin{pmatrix}G_1\\G_2\end{pmatrix} \qquad (9\text{-}220)$$

其中 $M_{11} = m_1 l_1^2 + m_2(l_1^2 + l_2^2 + 2l_1 l_2\cos(\theta_2))$

$M_{12} = M_{21} = m_2 l_2^2 + m_2 l_1 l_2\cos(\theta_2)$

$M_{22} = m_2 l_2^2$

$V_1 = -m_2 l_1 l_2\sin(\theta_2)\dot{\theta}_2 - 2m_2 l_1 l_2\sin(\theta_2)\dot{\theta}_1\dot{\theta}_2$

$V_2 = m_2 l_1 l_2\sin(\theta_2)\dot{\theta}_1^2$

$G_1 = m_2 l_2 g\cos(\theta_1 + \theta_2) + (m_1 + m_2)l_1 g\cos(\theta_1)$

$G_2 = m_2 l_2 g\cos(\theta_1 + \theta_2)$

仿真中取不同参数 l_1、l_2、m_1、m_2，以检验不同参数时其控制效果，如其中一组参数为：$l_1=1.1\text{m}$，$l_2=0.8\text{m}$，$g=9.81\text{m/s}^2$，质量 $m_1=10\text{kg}$，$m_2=2\text{kg}$，最大控制力矩 $|u_{1\max}|=500$，$|u_{2\max}|=200$，采样周期 $T=0.005\text{s}$，$K_v=(50,50)^T$，$K_p=(120,150)^T$。NC_1：第一关节的控制网络结构为 3—6—1，输入 $\{\ddot{\theta}_{d_1}、\dot{\theta}_{d_1}、\theta_{d_1}\}$，输出 u_{n_1}；NC_2 第二关节的控制网络结构为 3—4—1，输入 $\{\ddot{\theta}_{d_2}、\dot{\theta}_{d_2}、\theta_{d_2}\}$，输出 u_{n_2}。初始学习率 $\eta(0)=0.8$，$\alpha(0)=0.2$，初始权值 $W(0)=[-0.5,0.5]$ 随机分布，仿真中使用 4 阶龙格—库塔法计算。给定理想轨迹：$\theta_{d_1}=\theta_{d_2}=4\sin(4\pi t)$，初态 $\theta_1(0)=\theta_2(0)=4.0$，$\dot{\theta}_1(0)=\dot{\theta}_2(0)=0$。其仿真结果如图 9-80、图 9-81 所示。

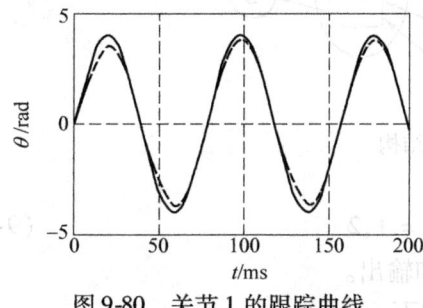
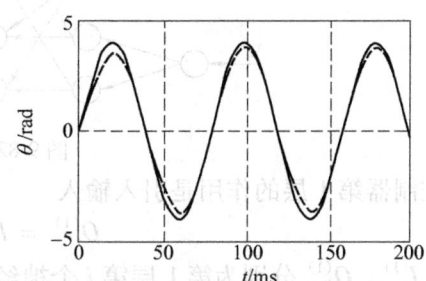

图 9-80　关节 1 的跟踪曲线　　　　　　　　　图 9-81　关节 2 的跟踪曲线
——期望曲线　--------实际曲线　　　　　　　　——期望曲线　--------实际曲线

仿真结果表明采用模糊神经网络学习控制方法，可用神经网络的自学习、自适应、联想等能力，通过在线边学习边控制，逐渐建立比较精确的机器人系统的逆动力学模型，最终输出实际所需的控制力矩，达到很高的跟踪精度。同时，利用神经网络的快速并行运行机制，可实现机器人的实时控制。

9.4.2　模糊 CMAC 及其在机器人轨迹跟踪控制中的应用

CMAC 学习的速度非常快，网络收敛所需的训练次数少，可有效地用于机器人的实时在线控制。本节针对 CMAC 中存在的不足，设计了一种模糊小脑模型关节控制器（FCMAC），并将其用于机器人的轨迹跟踪控制。

1. FCMAC 技术

前面在 4.7 节介绍了 CMAC 技术，它在对输入空间进行划分时，将输入空间简单地划分为若干个"块"，输入状态与这些"块"之间是简单的"属于"与"不属于"的关系，即"1"和"0"的关系。输入状态与联想强度之间的关系也是简单的"激活"和"不激活"关系。这不符合人脑认知事物的模糊性和连续性，而且因为这种简单的"属于"与"不属于"的关系、"激活"和"不激活"关系是不可微分的，所以 CMAC 对于输入空间的划分方式以及输入状态和联想强度之间的关系是无法在线调整的，自学习的能力较差，因此不能很好地应用于要求精度高且不确定性严重的场合。本节针对 CMAC 的这些缺点，将模糊理论引入 CMAC，设计了一种模糊小脑模型关节控制器（FCMAC）。所提 FCMAC 在对输入空间进行划分时和激活联想强度时都进行了模糊化处理，使得 FCMAC 能够很好地反映人脑认知的模糊性和连续性。而且由于在模糊化处理时采用了连续可微分的高斯基隶属函数，

FCMAC对输入空间的划分方式以及输入状态激活联想强度的活性是可以在线调整的,具有较强的自学习能力,从而能够克服传统 CMAC 的缺点,很好地适应各种复杂控制对象的要求。

(1) FCMAC 的工作机理和结构

FCMAC 的工作机理可以这样描述:通过对输入的模糊量化,得出输入矢量激活联想强度的"活性",进而激活联想强度以恢复系统的信息。下面以双输入单输出的 FCMAC 为例(见图 9-82)来说明 FCMAC 的结构。

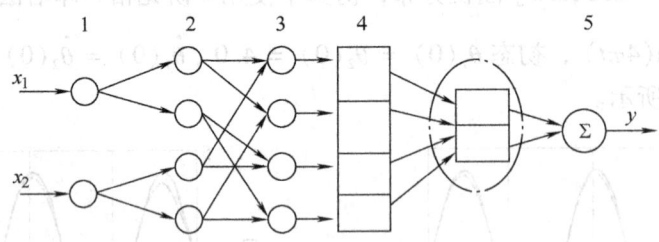

图 9-82 FCMAC 的结构

控制器第 1 层的作用是引入输入

$$O_i^{(1)} = I_i^{(1)} = x_i \quad i = 1,2 \tag{9-221}$$

式中,$I_i^{(1)}$、$O_i^{(1)}$ 分别为第 1 层第 i 个神经元的输入和输出。

第 2 层对输入进行模糊量化,模糊量化的过程如下:

假设所有输入 (x_1, x_2) 是连续和有界的,在每个输入 x_i 的论域上定义 n 个"块",在本例中,定义 $n = 2$。如图 9-83 所示,输入 x_i 对应第 j 个"块"(B_{ij})的隶属关系是高斯函数关系

$$\mu_{B_{ij}}(x_i) = e^{-\left(\frac{x_i - \sigma_{ij}}{v_{ij}}\right)^2} \quad i = 1,2 \quad j = 1,2 \tag{9-222}$$

式中,σ_{ij} 为函数的中心值;v_{ij} 为函数的宽度。

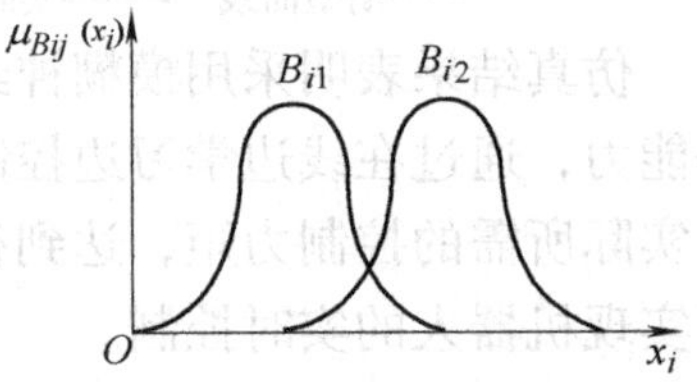

图 9-83 输入与"块"的模糊关系

通过式(9-222)的定义,FCMAC 中输入状态变量与"块"之间的关系被模糊化了,它们之间的隶属关系不再是 CMAC 中简单的"属于"、"不属于"的关系,而是用连续的隶属度来表征。

则第 2 层神经元的输入、输出关系为

$$O_{ij}^{(2)} = I_{ij}^{(2)} = \mu_{B_{ij}}(x_i) \quad i = 1,2 \quad j = 1,2 \tag{9-223}$$

式中,$I_{ij}^{(2)}$、$O_{ij}^{(2)}$ 分别为第 2 层神经元的输入和输出。

第 3 层用于得出输入对联想单元的激活强度。在本例中,所有输入论域上相对应的块组成了 2^2 个超立方体,每个超立方体与一个联想单元相对应,每个联想单元中存储着相应的联想强度。假设超立方体 H_{ij} 由块 B_{1i} 和 B_{2j} 组成,则系统输入状态向量 $X = [x_1, x_2]^T$ 与 H_{ij} 的隶属关系,也就是对联想单元的激活强度,相当于 x_1、x_2 对于各自 B_{1i}、B_{2j} 的隶属关系的"与"。用乘法来实现"与"操作,则

$$O_{ij}^{(3)} = I_{ij}^{(3)} = \mu_{H_{ij}}(X) = \mu_{B_{1i}}(x_1)\mu_{B_{2j}}(x_2) = O_{1i}^{(2)} O_{2j}^{(2)}$$
$$i = 1,2, j = 1,2 \tag{9-224}$$

式中,$I_{ij}^{(3)}$、$O_{ij}^{(3)}$ 分别为第 3 层神经元的输入和输出。

第 4 层以第 3 层求出的激活强度激活联想单元中的联想强度。各联想单元输入输出关系为

$$I_{ij}^{(4)} = O_{ij}^{(3)} \quad i = 1,2, j = 1,2 \tag{9-225}$$

$$O_{ij}^{(4)} = I_{ij}^{(4)} \omega_{ij} \quad i = 1,2, j = 1,2 \tag{9-226}$$

式中,$I_{ij}^{(4)}$、$O_{ij}^{(4)}$ 分别为各联想单元的输入和输出;ω_{ij} 为各联想单元中存储的联想强度。

第 5 层对联想单元的输出进行求和以恢复系统的信息,得到系统的输出

$$y = \sum_{i,j=1}^{2} O_{ij}^{(4)} \tag{9-227}$$

如果系统的输入量过多或定义的"块"的数量过多,导致联想单元所需的存储空间过大,可以在第 4 层和第 5 层之间加入一层 hash 映射,如图 9-82 中虚线所围的部分,在 hash 单元中存放联想强度,在联想单元中存放散列地址编码。由于加入 hash 将大大增加分析的难度,为简便起见,这里只讨论无 hash 映射的情况。

(2) FCMAC 的学习算法

FCMAC 训练的权值包括联想强度 ω_{ij}、高斯隶属函数的中心值 σ_{ij} 和宽度 v_{ij}。假设 $\hat{y}$ 为 FCMAC 的期望输出,y 为 FCMAC 的实际输出,定义目标误差函数为

$$E = \frac{1}{2}(\hat{y} - y)^2 \tag{9-228}$$

网络采用 BP 算法进行学习,则各权值的修正量为

$$\Delta \omega_{ij}(k) = -\eta_1 \frac{\partial E}{\partial \omega_{ij}} = -\eta_1 \frac{\partial E}{\partial y} \frac{\partial y}{\partial \omega_{ij}} = \eta_1 (\hat{y} - y) O_{ij}^{(3)} \quad i = 1,2, j = 1,2 \tag{9-229}$$

$$\Delta \sigma_{1i}(k) = -\eta_2 \sum_{j=1}^{2} \left(\frac{\partial E}{\partial y} \frac{\partial y}{\partial O_{ij}^{(3)}} \frac{\partial O_{ij}^{(3)}}{\partial O_{1i}^{(2)}} \frac{\partial O_{1i}^{(2)}}{\partial \sigma_{1i}} \right)$$

$$= 2\eta_2 (\hat{y} - y) \sum_{j=1}^{2} \left(O_{ij}^{(4)} \frac{x_1 - \sigma_{1i}}{v_{1i}^2} \right) \quad i = 1,2 \tag{9-230}$$

$$\Delta v_{1i}(k) = -\eta_3 \sum_{j=1}^{2} \left(\frac{\partial E}{\partial y} \frac{\partial y}{\partial O_{ij}^{(3)}} \frac{\partial O_{ij}^{(3)}}{\partial O_{1i}^{(2)}} \frac{\partial O_{1i}^{(2)}}{\partial v_{1i}} \right)$$

$$= 2\eta_3 (\hat{y} - y) \sum_{j=1}^{2} \left[O_{ij}^{(4)} \frac{(x_1 - \sigma_{1i})^2}{v_{1i}^3} \right] \quad i = 1,2 \tag{9-231}$$

$$\Delta \sigma_{2j}(k) = -\eta_4 \sum_{i=1}^{2} \left(\frac{\partial E}{\partial y} \frac{\partial y}{\partial O_{ij}^{(3)}} \frac{\partial O_{ij}^{(3)}}{\partial O_{2j}^{(2)}} \frac{\partial O_{2j}^{(2)}}{\partial \sigma_{2j}} \right)$$

$$= 2\eta_4 (\hat{y} - y) \sum_{i=1}^{2} \left(O_{ij}^{(4)} \frac{x_2 - \sigma_{2j}}{v_{2j}^2} \right) \quad j = 1,2 \tag{9-232}$$

$$\Delta v_{2j}(k) = -\eta_5 \sum_{i=1}^{2} \left(\frac{\partial E}{\partial y} \frac{\partial y}{\partial O_{ij}^{(3)}} \frac{\partial O_{ij}^{(3)}}{\partial O_{2j}^{(2)}} \frac{\partial O_{2j}^{(2)}}{\partial v_{2j}} \right)$$

$$=2\eta_5(\hat{y}-y)\sum_{i=1}^{2}\left[O_{ij}^{(4)}\frac{(x_2-\sigma_{2j})^2}{v_{2j}^3}\right] \quad j=1,2 \tag{9-233}$$

在式（9-229）~式（9-233）中，η_m，$m=1,2,\cdots,5$ 是学习率。各权值的迭代公式为

$$\omega_{ij}(k+1)=\omega_{ij}(k)+\Delta\omega_{ij}(k) \quad i=1,2,j=1,2 \tag{9-234}$$

$$\sigma_{ij}(k+1)=\sigma_{ij}(k)+\Delta\sigma_{ij}(k) \quad i=1,2,j=1,2 \tag{9-235}$$

$$v_{ij}(k+1)=v_{ij}(k)+\Delta v_{ij}(k) \quad i=1,2,j=1,2 \tag{9-236}$$

事实上，调整隶属函数的中心值和宽度就相当于调整图 4-9 中所示的块的划分方式和概括程度，从而调整超立方体的空间位置和对输入的覆盖程度。由于 FCMAC 中块的划分方式和概括程度可以在线调整，因此无须再对"块"进行多种方式的划分，超立方体的数量将大大减少，相对应的联想单元数量也将大大减少，这将大大地节省存储空间。例如图 4-9 所示的双变量 CMAC 的量化方式中，块的数量是 2，对应的划分方式有 3 种，因此超立方体有 3 层，每层 4 个超立方体，对应 $3\times4=12$ 个联想单元；而在双变量的 FCMAC 中，如果块的数量是 2，由于无须多种划分方式，则超立方体的数量是 $2\times2=4$ 个，联想单元的数量也是 4 个，仅为 CMAC 的 1/3。如果变量越多，块的划分方式越多，则 FCMAC 节省的存储空间越大。

2. 用于机器人轨迹跟踪控制的 FCMAC

对于具有多个自由度的多关节机器人来说，每个关节的驱动力矩都由伺服控制器根据各个关节的期望轨迹给定。在本节中伺服控制器采用 FCMAC。图 9-84 给出了基于 FCMAC 的两关节机械手控制系统框图。

图 9-84 中 θ_{d1}、θ_{d2} 是两关节的期望位置，θ_1、θ_2 为两关节的实际位置，e_1、e_2 为两关节的位置误差，e_1、e_2 经微分后得到误差变化率 ec_1、ec_2。t_1、t_2 为作用于两关节的转矩。FCMAC 为关节伺服控制器。

图 9-85 给出了用于两关节机械手轨迹跟踪控制的 FCMAC 的结构。网络有 4 个输入，分别对应两个关节的误差、误差变化率，$\{e_1,ec_1,e_2,ec_2\}$；两个输出 t_1，t_2，分

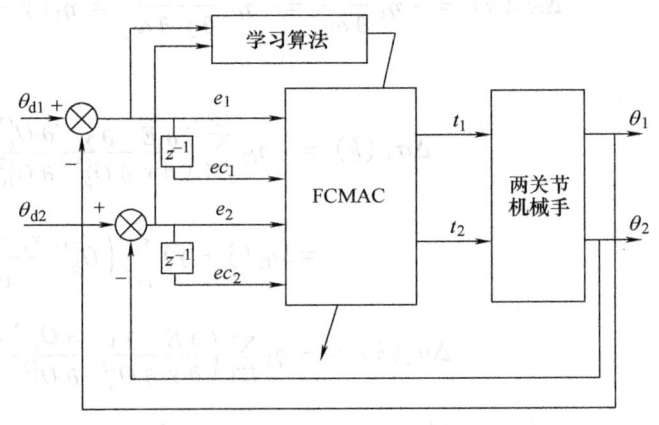

图 9-84 基于 FCMAC 的两关节机械手控制系统框图

别对应作用在两个关节上的力矩。每个关节的两个输入（e_i，ec_i，$i=1,2$）构成一个输入子空间，在每个输入的论域上定义 2 个"块"。网络对每个输入子空间进行模糊空间划分，得到输入状态对联想单元的激活活性。考虑到各关节之间的耦合作用，图 9-85 中共有 4 组联想单元，区域 Area_{ij} 中的联想单元中存储的的是第 i 个输入子空间对第 j 个输出的联想强度。第 i 个输入子空间经过模糊空间划分后激活 Area_{i1} 和 Area_{i2} 中的联想单元。

用 $^kO_j^{(i)}$、$^kI_j^{(i)}$ 分别代表第 k 个关节的第 i 层网络的第 j 个神经元的输出和输入，则图 9-85 所示的 FCMAC 的结构可以描述如下：

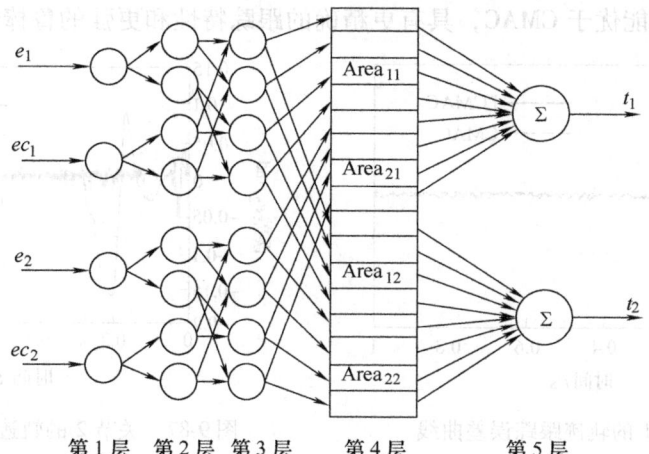

图 9-85 用于两关节机械手轨迹跟踪控制的 FCMAC 的结构

$$^kO_1^{(1)} = {}^kI_1^{(1)} = e_k, {}^kO_2^{(1)} = {}^kI_2^{(1)} = ec_k \quad k = 1,2 \tag{9-237}$$

$$^kO_{ij}^{(2)} = {}^kI_{ij}^{(2)} = e^{-\left(\frac{kO_i^{(1)} - k\sigma_{ij}}{k v_{ij}}\right)} \quad k = 1,2; i = 1,2; j = 1,2 \tag{9-238}$$

式中，$^k\sigma_{ij}$、$^kv_{ij}$ 为第 k 个关节的第 i 个输入对于第 j 个"块"的高斯隶属函数的中心和宽度

$$^kO_{ij}^{(3)} = {}^kI_{ij}^{(3)} = {}^kO_{1i}^{(2)}\,{}^kO_{2j}^{(2)} \quad k = 1,2; i = 1,2; j = 1,2 \tag{9-239}$$

$$^{kl}I_{ij}^{(4)} = {}^kO_{ij}^{(3)} \quad k = 1,2; l = 1,2; i = 1,2; j = 1,2 \tag{9-240}$$

式中，左上标 kl 为该联想单元属于 Area_{kl}

$$^{kl}O_{ij}^{(4)} = {}^{kl}O_{ij}^{(4)}\,{}^{kl}\omega_{ij} = {}^kO_{ij}^{(3)}\,{}^{kl}\omega_{ij} \quad k = 1,2; l = 1,2; i = 1,2; j = 1,2 \tag{9-241}$$

式中，$^{kl}\omega_{ij}$ 为 Area_{kl} 中联想单元存储的联想强度

$$t_l = {}^lO^{(5)} = \sum_{k,i,j=1}^{2} {}^{kl}O_{ij}^{(4)} \quad l = 1,2 \tag{9-242}$$

图 9-85 中的 FCMAC 采用 BP 算法对联想强度以及高斯隶属函数的中心和宽度进行训练。

3. 仿真实验

以两关节机械手为控制对象进行仿真实验以验证所提 FCMAC 用于机器人轨迹跟踪控制的有效性。机械手的动力学模型如式（9-220）所示，具体的参数为：$m_1 = 10\text{kg}$，$m_2 = 2\text{kg}$、$l_1 = 1.1\text{m}$，$l_2 = 0.8\text{m}$。初始条件为：$\theta_1(0) = 0\text{rad}$，$\theta_2(0) = 1\text{rad}$，$\dot{\theta}_1(0) = \dot{\theta}_2(0) = 0\text{rad/s}$。期望轨迹为：$\theta_1^d(t) = \sin(2\pi t)$，$\theta_2^d(t) = \cos(2\pi t)$，采样周期为 0.0005s。摩擦项和扰动项分别为

$$F(\dot{\Theta}) = 0.5\text{sign}(\dot{\Theta})$$

$$T_d(\Theta, \dot{\Theta}) = \begin{bmatrix} 5\cos(5t) \\ 5\cos(5t) \end{bmatrix} \text{N} \cdot \text{m}$$

FCMAC 中定义在"块"上的高斯基模糊隶属函数的参数初值分别为 $^k\sigma_{i1}(0) = -0.33$，$^k\sigma_{i2}(0) = 0.33$，$^kv_{i1}(0) = 0.3$，$^kv_{i2}(0) = 0.3$，$k = 1,2$，$i = 1,2$。联想强度的初值为 $[-1,1]$ 之间的随机值，离线学习样本模糊控制的数据。

图 9-86、图 9-87 分别给出了关节 1 和关节 2 的轨迹跟踪误差曲线。从图 9-86、图 9-87

可看出 FCMAC 的性能优于 CMAC，具有更精确的跟踪特性和更强的鲁棒性。

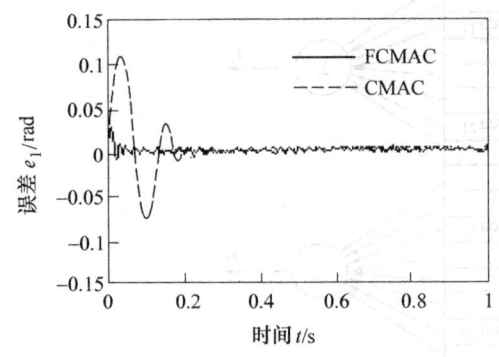

图 9-86　关节 1 的轨迹跟踪误差曲线

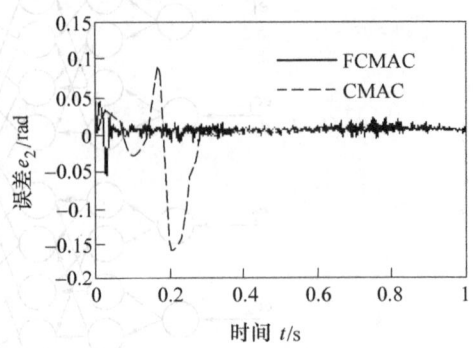

图 9-87　关节 2 的轨迹跟踪误差曲线

9.4.3　基于控制器输出误差方法的机器人自适应模糊控制

模糊控制不依赖于对象模型且鲁棒性强，将之用于机器人轨迹跟踪控制能有效地克服机器人轨迹跟踪控制中耦合、非线性、参数变化等因素的影响，取得较好的效果。但普通模糊控制器的参数和控制规则一旦确定便不能改变，不能很好地适应系统动态特性的变化或随机干扰的影响。近年来，自适应方法开始被引入模糊控制器的设计，使模糊控制器的参数和规则能在线地被调整以适应情况的变化。传统的自适应方法往往需要用到对象的输出误差并将之反传，这样就需要对对象进行辨识。而机器人的数学模型较为复杂，难以对其进行辨识。因此，传统的自适应模糊控制方法不能很好地用于机器人轨迹跟踪控制的控制。本节给出了一种控制器输出方法来优化模糊控制器的参数和规则，该方法最小化的是控制器的输出误差，而不是对象的输出误差，无须对对象进行辨识。基于该方法的自适应模糊控制器控制机器人轨迹跟踪控制能极大地提高系统的性能。

基于控制器输出误差方法（COEM）的自适应模糊控制过程由控制阶段和自适应阶段构成，在控制阶段采用传统的模糊控制方法来控制机器人轨迹跟踪控制，在自适应阶段采用控制器输出误差方法来在线地调节模糊控制器的参数和控制规则。

1. 模糊控制阶段

自适应模糊控制的控制阶段可由图 9-88 描述。

模糊控制器将系统误差和误差变化率 E 和 EC 经模糊化、模糊推理和去模糊化后得到力矩期望值 u。E、EC 和 u 所在的区间是 [0, 1]。

（1）模糊化

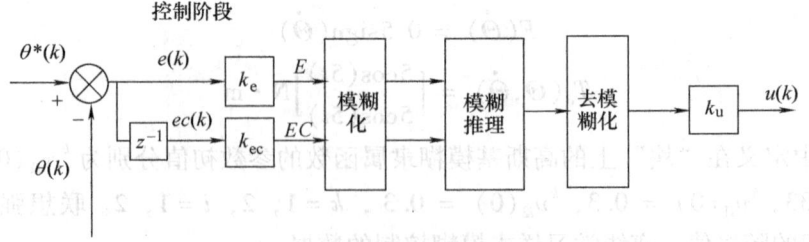

图 9-88　自适应模糊控制的控制阶段

E、EC 对应的语言词集为 {负,零,正},采用高斯函数作为隶属函数。令 $x_1 = E$,$x_2 = EC$,则 E、EC 对应于各词集的隶属度为

$$A_j^i(x_j) = e^{-((x_j - a_j^i)/b_j^i)^2} \quad j = 1,2; i = 1,2,3 \tag{9-243}$$

式中,$A_j^i(x_j)$ 为第 j 个输入对于第 i 个词集的隶属度;a_j^i 为高斯函数的中心;b_j^i 为高斯基函数的宽度。

(2) 模糊推理

用乘法代替"and"操作,在语言词集间建立所有可能的连接构成规则库,则有

$$\beta_{ij} = A_1^i(x_1) A_2^j(x_2) \quad i,j = 1,2,3 \tag{9-244}$$

式中,β_{ij} 表示规则 "R_m: IF x_1 is A_1^i and x_2 is A_2^j THEN U is B^m" 的激发强度。

(3) 去模糊化

去模糊化可由下式获得

$$u = \sum_{i,j} w_{ij} \beta_{ij} \Big/ \sum_{i,j} \beta_{ij} \quad i,j = 1,2,3 \tag{9-245}$$

式中,w_{ij} 为规则 R_m 对输出的影响因子。

2. 自适应阶段

在自适应阶段,本节采用控制器输出误差方法(COEM)来在线地调整模糊控制器的参数。如图 9-89 所示,COEM 根据控制器输出误差 e_u 而不是对象输出误差 e_y 来进行学习,不需要对 e_y 进行反传计算,因此也就无须对对象进行辨识。COEM 的思想可描述为,观察每次对象对于一个给定信号的响应,在将来需要的时候,就会知道如何重复那个响应。

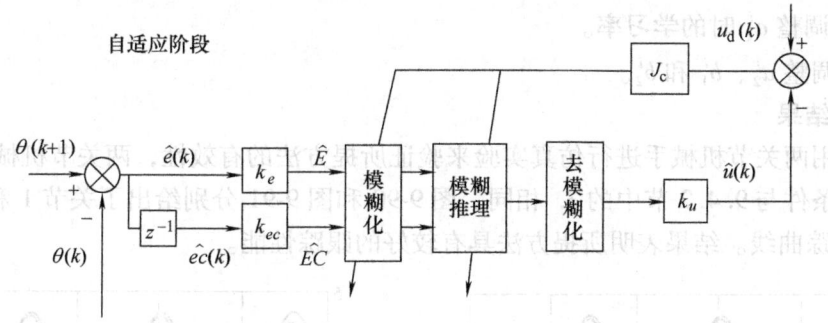

图 9-89 自适应模糊控制的自适应阶段

下面给出非线性对象

$$y(k+1) = F(y(k),\cdots,y(k-q+1),u(k),\cdots,u(k-p+1)) \tag{9-246}$$

式中,$y(k)$ 为对象在时刻 k 的输出;$F(\cdot)$ 为一个非线性函数;$u(k)$ 为控制器在时刻 k 的输出。在时刻 k,如果对象是可观的,对象的状态被定义为 $S = [y(k),\cdots,y(k-p+1)]^T$,控制器产生的控制信号为 $u(k)$,$u(k)$ 作用于对象得到输出 $y(k+1)$。不论 $y(k+1)$ 是否是所需要的响应,如果系统再次需要由状态 S 得到输出 $y(k+1)$,就会知道控制器输出应该是 $u(k)$。也就是说,如果把 $y(k+1)$ 作为系统期望值输入控制器,控制器的输出的期望值应是 $u(k)$。如果当系统期望值是 $y(k+1)$ 时,控制器的实际输出是 $\hat{u}(k)$,则定义控制器输出误差为 $e_u(k) = u(k) - \hat{u}(k)$。将在控制阶段产生的 n 组 $[u(k),y(k+1)]$ 作为训练数据,用 $y(k+1)$ 作为模糊控制器的输入,$u(k)$ 作为模糊控制器的期望输出,以使 e_u 最小为训练目

标,对模糊控制器的参数进行调整,系统就可以达到最优(如图9-89所示)。本节采用梯度下降法对模糊控制器的参数进行调整。

对于图9-88所示的控制器,$e_u(k) = u_d(k) - \hat{u}(k)$。令 $\hat{x}_1 = \hat{E}, \hat{x}_2 = \hat{EC}$,目标误差函数为

$$J_c(k) = \frac{1}{2}(e_u(k))^2 = \frac{1}{2}(u_d(k) - \hat{u}(k))^2 \tag{9-247}$$

1) 调整 w_{ij}

$$\frac{\partial J_c(k)}{\partial w_{ij}(k)} = \frac{\partial J_c(k)}{\partial \hat{\omega}_d(k)} \frac{\partial \hat{\omega}_d(k)}{\partial \hat{u}(k)} \frac{\partial \hat{u}(k)}{\partial w_{ij}(k)} = -e_u(k) k_u \beta_{ij} \bigg/ \sum_{i,j} \beta_{ij} \tag{9-248}$$

$$w_{ij}(k+1) = w_{ij}(k) - \eta_w \partial J_c(k)/\partial w_{ij}(k) \tag{9-249}$$

式中,η_w 为调整 w_{ij} 时的学习率。

2) 调整 a_1^i 和 a_2^i,$i = 1, 2, 3$

$$\frac{\partial J_c(k)}{\partial a_1^i(k)} = \sum_{j=1}^{3} \frac{\partial J_c(k)}{\partial \hat{\omega}_d(k)} \frac{\partial \hat{\omega}_d(k)}{\partial \hat{u}(k)} \frac{\partial \hat{u}(k)}{\partial \beta_{ij}(k)} \frac{\partial \beta_{ij}(k)}{\partial A_1^i} \frac{\partial A_1^i}{\partial a_1^i(k)}$$

$$= \frac{-2e_u(k) k_u(\hat{x}_1(k) - a_1^i(k)) \sum_{j=1}^{3} \beta_{ij}(k)(w_{ij}(k) - \hat{u}(k))}{b_1^i(k)^2 \sum_{i,j} \beta_{ij}(k)} \tag{9-250}$$

$$a_1^i(k+1) = a_1^i(k) - \eta_{a1} \partial J_c(k)/\partial a_1^i(k) \tag{9-251}$$

式中,η_{a1} 为调整 a_1^i 时的学习率。

同理可调整 a_2^j、b_1^i 和 b_2^i。

3. 仿真结果

本节采用两关节机械手进行仿真实验来验证所提方法的有效性,两关节机械手的参数和系统的初始条件与9.4.2节中的3. 相同。图9-90和图9-91分别给出了关节1和关节2(q_1 和 q_2)的跟踪曲线。结果表明所提方法具有较好的跟踪性能。

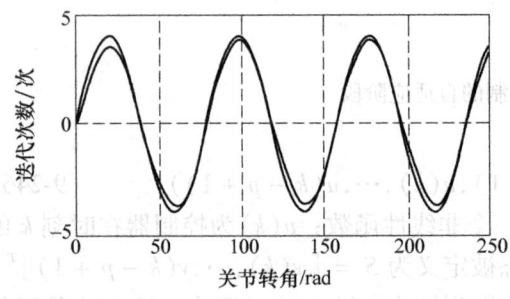

图9-90 关节1的跟踪曲线

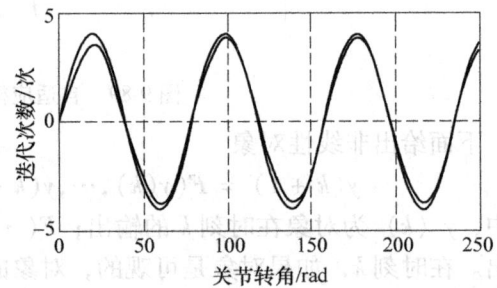

图9-91 关节2的跟踪曲线

9.4.4 基于混合人工势场—遗传算法的移动机器人路径规划

路径规划是自主式移动机器人导航的基本环节之一。它是按照某一性能指标搜索一条从起始到目标状态的最优或近似最优的无碰路径。根据机器人对环境信息知道的程度不同,可

分为两种类型：环境信息完全知道的全局路径规划和环境信息完全未知或部分未知，通过传感器在线地对机器人的工作环境进行探测，以获取障碍物位置、形状和尺寸等信息的局部路径规划。目前常用的解决路径规划的方法有可视图法（V-Graph）、栅格法（Grids）和人工势场法（Artificial Potential Field）等。

人工势场法是由 Khatib 等提出的一种虚拟方法。其基本思想是将机器人在环境中的运动视为一种在虚拟的人工受力场的运动。障碍物对机器人产生斥力，目标点产生引力。引力和斥力的合力控制机器人的运动，控制机器人的运动方向，确定机器人的位置。该方法结构简单，在实时避障和平滑控制轨迹方面得到了广泛的运用，但是由于 Khatib 模型存在缺陷，使该方法在处理具体问题中有一定的局限性。目前一些国外的科研人员对 Khatib 人工势场模型进行改进，特别对斥力场函数进行修订。使用改进后的模型进行路径规划，能够较好地解决由于模型缺陷带来的目标不可到达问题（GNRON），但是仍然不能解决机器人在到达目标位置之前进入局部最小点的问题。

本节分析了改进后人工势场模型中局部最小点存在的问题，给出了一种基于遗传算法的改进人工势场最优路径搜索方法，使势场函数能够跳出局部极小点，获得最优路径。很好地解决了势场法中的由于局部最优解产生的死锁（Dead Lock）现象。

1. 移动机器人人工势场模型

（1）Khatib 人工势场模型

这里把移动机器人简化为一点，它的运动空间为二维的。机器人在运动空间中任意位置 $X(X=[x\ y]^T)$ 的移动方向由起点、障碍物的斥力场和目标的引力场共同合成的总场强的方向指定。其中引力势场函数为

$$U_{\text{att}}(X) = \frac{1}{2}k\rho^m(X, X_g) \tag{9-252}$$

式中，k 为正比例位置增益系数；X、X_g 分别为机器人和目标点在运动空间中的位置；$\rho(X, X_g) = \|X_g - X\|$ 为机器人与目标点之间的距离。相应的吸引力 F_{att} 是吸引力势场函数的负梯度

$$F_{\text{att}} = -\nabla[U_{\text{att}}(x)] = -\nabla\left[\frac{1}{2}k\rho^m(X, X_g)\right] = k(X, X_g) \tag{9-253}$$

斥力场函数为

$$U_{\text{rep}}(X) = \begin{cases} 0.5\eta\left(\dfrac{1}{\rho(X, X_o)} - \dfrac{1}{\rho_o}\right)^2 & \rho(X, X_o) \leq \rho_o \\ 0 & \rho(X, X_o) > \rho_o \end{cases} \tag{9-254}$$

式中，η 为正比例位置增益系数；$\rho(X, X_o)$ 为机器人在空间的位置与障碍物之间的最短距离；常数 ρ_o 为障碍物的影响距离，其应根据障碍物和目标点的具体情况而定，一般应小于各障碍物之间距离的一半和目标点到各障碍物之间最小距离。

当机器人不在目标位置，相应的斥力为

$$F_{\text{rep}}(X) = -\nabla[U_{\text{rep}}(X)] = \begin{cases} \eta\left(\dfrac{1}{\rho(X, X_o)} - \dfrac{1}{\rho_o}\right)\dfrac{1}{\rho^2(X, X_o)} & \rho(X, X_o) \leq \rho_o \\ 0 & \rho(X, X_o) > \rho_o \end{cases}$$

$$\tag{9-255}$$

机器人受到的合力为

$$F_t = F_{att} + F_{rep} \tag{9-256}$$

这个力决定了机器人的运动,其在人工势场中的受力情况如图9-92所示。

在使用 Khaith 人工势场模型进行路径规划的时候,如果目标点设置在障碍物附近的时候,当机器人在引力势场的作用下往目标运动时同时也向障碍物靠近,而如果此时机器人受到排斥力大于引力,那么机器人将不能到达目标点。为了使机器人在目标位置总的势场力最小,必须构造出一个新的斥力函数,使其随着机器人到达目标点斥力为最小。

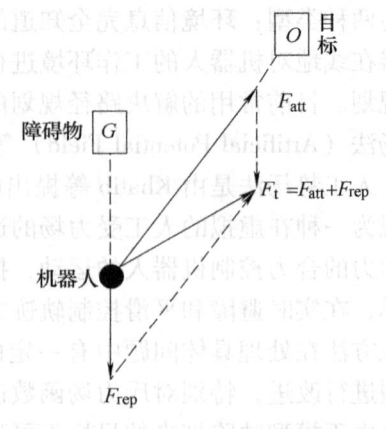

图 9-92 机器人在人工势场中的受力情况

(2) 改进的人工势场模型中的局部最小值

改进的人工势场模型对传统模型中斥力场函数进行修订,修订后的斥力场函数为

$$U_{rep}(X) = \begin{cases} 0.5\eta\left(\dfrac{1}{\rho(X,X_o)} - \dfrac{1}{\rho_o}\right)^2 (X - X_g)^n & \text{IF} \quad \rho(X,X_o) \leqslant \rho_o \\ 0 & \text{IF} \quad \rho(X,X_o) > \rho_o \end{cases} \tag{9-257}$$

式中,η 为正比例位置增益系数;$\rho(X,X_o)$ 为机器人在空间的位置与障碍物之间的最短距离;常数 ρ_o 为障碍物的影响距离;n 是一个大于零的任意实数。

当机器人不在目标位置,相应的斥力为

$$F_{rep}(X) = -\nabla[U_{rep}(X)] = \begin{cases} F_{rep1}N_1 + F_{rep2}N_2 & \rho(X,X_o) \leqslant \rho_o \\ 0 & \rho(X,X_o) > \rho_o \end{cases} \tag{9-258}$$

其中

$$F_{rep1} = \eta\left(\dfrac{1}{\rho(X - X_o)} - \dfrac{1}{\rho_o}\right)\dfrac{\rho^n(X - X_g)}{\rho^2(X - X_o)} \tag{9-259}$$

$$F_{rep1} = \dfrac{n}{2}\eta\left(\dfrac{1}{\rho(X - X_o)} - \dfrac{1}{\rho_o}\right)^2 \rho^{n-1}(X - X_g) \tag{9-260}$$

改进模型中增加了调节因子 $(X - X_g)^n$,使机器人在靠近目标点的时候,在引力势场增加的同时,斥力势场 $U_{rep}(X)$ 随之减小,直到机器人到达目标点,引力势场达到最大,斥力势场减至零,从而解决了在传统人工势场中,在障碍物与目标点过于接近引起的斥力势场和引力势场同时增大而出现的 GNRON 问题。由式 (9-257) 可知,整个势场仅在目标点 X_g 时全局最小。当目标点设在 $[0 \quad 0]^T$,障碍物设在 $[1 \quad 0]^T$,同时势场函数的参数 $k = \eta$

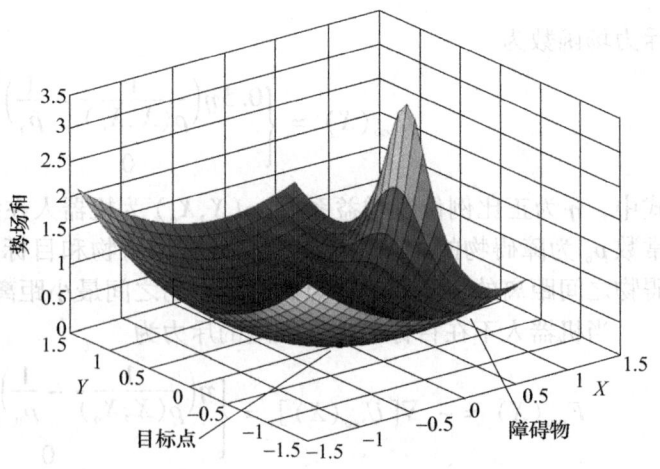

图 9-93 不存在局部最小点的总势场

=1，整个势场函数如图 9-93 所示。从图中可以看出整个势场空间只在目标点 $[0\ 0]^T$ 处达到最小。

重新给定势场函数的参数设定。吸引力势场正比例位置增益系数 $k=1$，斥力势场正比例位置增益系数 $\eta=30$，势场函数如图 9-94 所示。从图中看出在 $[-1.5\ 0]^T$ 处出现一个局部最小点。也就是说，当势场函数的参数设定不当时，在全局势场函数最小值之外还会存在一个局部最小点，从而导致机器人在路径规划的时候停止在局部最小点而到达不了全局最小的目标点。

由此可以看出，改进的人工势场模型在解决 GNRON 问题时并没有考虑模型参数的随机性带来的局部最小值问题，并且在以往的文献中也很少讨论 GNRON 问题和局部最小值同时存在情形。

为了解决这个问题，本小节提出一种建立在改进的人工势场模型之上的基于遗传算法的搜索方法来寻求全局最优解，从而跳出函数的局部最小点，达到路径最优。

2. 混合遗传算法的路径规划

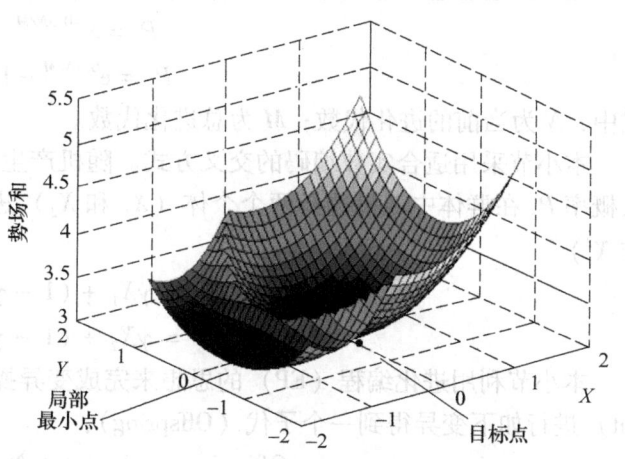

图 9-94 存在局部最小点的总势场

遗传算法是模拟达尔文的遗传选择和自然淘汰的生物进化过程的计算模型。其实质是一种在解空间中搜索与环境最匹配的自适应方法。

（1）参数的编码方案

遗传算法求解问题一个重要步骤是确定它的表示方案，即编码。本节采用能够直观反映参数物理意义、遗传操作简单的实数编码。这里为了确定人工势场模型，选择引力势场函数正比例位置增益系数 k、斥力势场函数正比例位置增益系数 η、障碍物的影响距离 ρ_o、移动步长 γ（设定机器人匀速前进）4 个参数按顺序编成一个数组作为一个染色体，即

$$x_i=(x_{i1},x_{i2},x_{i3},x_{i4}) \tag{9-261}$$

式中，$x_{i1}=k$，$x_{i2}=\eta$，$x_{i3}=\rho_o$；$x_{i4}=\gamma$；$i=1,2,\cdots,P$：x_{i1}，x_{i2}，x_{i3}，x_{i4} 为随机产生的在 $[x_{\min},x_{\max}]$ 范围内的 4 个实数，称为染色体的基因；P 为遗传算法的种群规模。

（2）自适应选择

选择算子是整个算法的关键。经典遗传算法中的选择通常是直接根据适应度函数的大小界定选择概率，如轮盘赌法。但是当种群接近收敛时，个体之间适应度函数值相差较小，直接根据适应度函数值决定选择概率会导致更优良的串在竞争中体现不了优势，致使遗传算法求解精度降低。由此本节使用一种改进选择策略：

1）确定种群中的最小适应度函数值 $F_{\min}$。
2）将种群中所有个体的适应度函数都减去该最小值，得到新的值。
3）根据新的值采用轮盘赌方法进行选择。

该策略在计算过程中动态的改变了每个串的适应度函数值，符合自然规律，即个体生存

环境改变，评价标准也随之发生改变。

（3）交叉和变异

交叉和变异是遗传算法中最重要的两个遗传算子，可以把优良的信息传到下一代。在遗传算法的寻优过程中，由于随机产生的初始群体具有多样性，为了提高收敛速度，交叉概率应比较大，而变异概率则应较小；随着寻优过程的进行，为避免初期收敛，应减小交叉的概率，而增大变异概率，以保证群体的多样性。

基于上述思想，分别令交叉概率 P_c 和变异概率 P_m 为

$$P_c = e^{-0.5N/M} \tag{9-262}$$

$$P_m = e^{0.1N/M} - 1 \tag{9-263}$$

式中，N 为当前的进化代数；M 为总进化代数。

本小节采用适合实数编码的交叉方式。随机产生一个 [0 1] 区间的实数 γ，再根据交叉概率 P_c 在群体中随机选择两个个体（X_1 和 X_2）进行如下交叉运算得到两个新个体（X^1 和 X^2）

$$X^1 = \gamma X_1 + (1-\gamma) X_2 \tag{9-264}$$

$$X^2 = \gamma X_2 + (1-\gamma) X_1 \tag{9-265}$$

本小节利用进化编程（EP）的思想来完成变异操作。以 P_m 为概率选出一个父代（Parent）进行如下变异得到一个子代（Offspring）：

$$Offspring = Parent + N[0, e^2(\eta)] \tag{9-266}$$

式中，$N[0, e^2(\eta)]$ 为正态分布。即误差越大，子代与父代的变异就越大，反之变异就越小。

（4）个体适应度函数的选择

遗传算法作为一种随机搜索算法，它与对象联系主要体现在适应度函数上，是算法和对象沟通信息的基本桥梁，它的选取体现了对优化对象和目的的把握程度。本节的算法用适应度函数来评价每条路径的优劣程度，目标是找到这样一条路径：使从起点到达目标点的距离是最短的即路径长度最短；同时从起点到达目标的时间是最短。由此构造如下适应度函数：

$$Fitness = A \cdot fitness_1 + B \cdot fitness_2 \tag{9-267}$$

式中，A、B 为与系统无关的可调参数。而令

$$fitness_1 = \frac{1}{L} = \frac{1}{N_{step}\gamma} \tag{9-268}$$

$$fitness_2 = \frac{1}{T} = \frac{1}{N_{step}t} \tag{9-269}$$

式中，L 为路径长度；N_{step} 为路径的步数；t 为移动每个单位移动步长需要的时间，这里取为 1。同时构造惩罚函数

$$N_{step} = \begin{cases} N_{step} & \text{IF 路径正常} \\ 2000 + N_{step} & \text{IF 路径有碰或未到终点} \end{cases} \tag{9-270}$$

适应度函数值越大，表示该个体的适应性越好，则个体应更多的出现在下一代中；否则，就越少，甚至淘汰。根据上述表达式可计算出种群中个体 i 的适应度 $Fitness_i$，则个体 i 在下一代中的个数为 $N \cdot Fitness_i / \sum_i Fitness_i$，$N$ 为种群大小。

3. 仿真实验及结果

(1) 障碍物重新建模

在之前章节中的环境模型都是采用了理想的势场模型，即将机器人、目标点、障碍物均假设为一点，不考虑障碍物的形状和大小。这样的假设便于将注意力集中在利用势场进行路径规划的数学可行性分析之上。但在实际的路径规划中，特别是当与机器人的体积相比，障碍物的大小不可忽略的时候，为了验证在实际环境中算法的可行性，需要将重新环境进行建模，在更接近真实体积机器人与障碍物比例情况下进行仿真试验。

障碍物势场分析如图 9-95 所示。对于如图 9-95a 所示不规则障碍物 i，考虑其边界为任意形状，假设障碍物带电，并且可以视所带电量均匀分布在障碍物周长上。当机器人所处位置 r 在障碍物作用范围之内时，机器人受到的排斥力是由障碍物各个边产生合力，则

$$\overline{E}_i(r) = \overline{E}_{\overline{AB}}(r) + \overline{E}_{\overline{BC}}(r) + \overline{E}_{\overline{CD}}(r) + \overline{E}_{\overline{DA}}(r) = E_{ix}\overline{i} + E_{iy}\overline{j} \tag{9-271}$$

设第 i 个障碍的电荷线密度为 l_i，则 $\overline{AB}$ 段在 r 处产生的势场为

$$\overline{E}_{\overline{AB}}(r) = \int_{AB} k \frac{[\overline{i}(x_r - x) + \overline{j}(y_r - y)] l_i}{[(x_r - x)^2 + (y_r - y)^2]^{\frac{3}{2}}} ds = \overline{i} E_{\overline{AB}x} + \overline{j} E_{\overline{AB}y} \tag{9-272}$$

当障碍物为矩形时，如图 9-95b 所示，此时边 $\overline{AB}$ 产生的场强为（设该边是第 i 个障碍物的第 j 条边）

$$\overline{E}_{\overline{AB}}(r) = \overline{E}_{ij}(r) = \overline{i} E_{ijx}(r) + \overline{j} E_{ijy}(y)$$
$$= \int_a^b k \frac{[\overline{i}(x_r - x) + \overline{j}(y_r - c)] \cdot l_i}{[(x_r - x)^2 + (y_r - c)^2]^{\frac{3}{2}}} \sqrt{1 + 0^2} dx \tag{9-273}$$

点 r 处的总场强为环境中所有场强的和，即

$$\overline{E}(r) = \overline{E}_s(r) + \overline{E}_g(r) + \sum_{i=1}^{n} \sum_{j=1}^{4} \overline{E}_{ij}(r)$$
$$= \overline{i}[\overline{E}_{sx}(r) + \overline{E}_{gx}(r) + \sum_{i=1}^{n} \sum_{j=1}^{4} \overline{E}_{ijx}(r)] + \overline{j}[\overline{E}_{sy}(r) + \overline{E}_{gy}(r) + \sum_{i=1}^{n} \sum_{j=1}^{4} \overline{E}_{ijy}(r)]$$
$$\tag{9-274}$$

场强的方向为

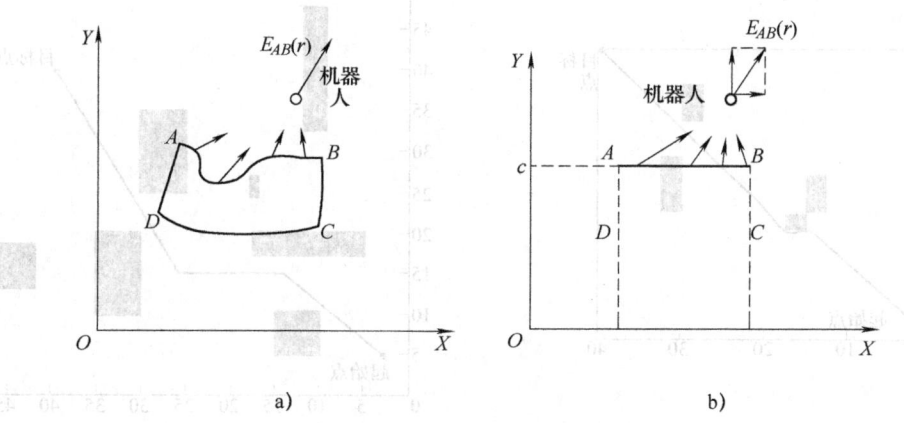

图 9-95　障碍物势场分析
a) 任意障碍物势场　b) 矩形障碍物势场

$$\alpha = \arctan\frac{E_y(r)}{E_x(r)} = \frac{\overline{E}_{sy}(r) + \overline{E}_{gy}(r) + \sum_{i=1}^{n}\sum_{j=1}^{4}\overline{E}_{ijy}(r)}{\overline{E}_{sx}(r) + \overline{E}_{gx}(r) + \sum_{i=1}^{n}\sum_{j=1}^{4}\overline{E}_{ijx}(r)} \tag{9-275}$$

(2) 仿真实验

实验一：仿真在一个 40×40 的环境中进行。机器人的起始点设在 (3,5)，目标点设在 (40,40)。在不存在局部最小点的情况下，机器人可以到达目标点（见图9-96），改进势场法有效；当人工势场中存在局部最小点时，机器人停在局部最小点（见图9-97），无法到达目标点；使用遗传算法在改进人工势场模型基础上进行搜索，得到最优路径（见图9-98）。

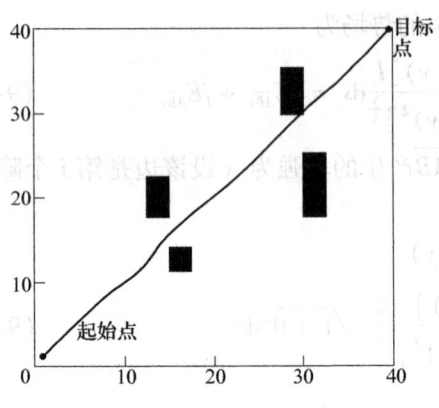

图 9-96　普通环境下改进 APF 法规划结果

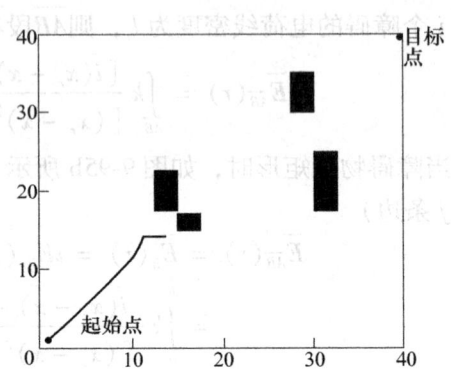

图 9-97　存在局部最小值时改进 APF 法规划结果

实验二：复杂环境路径规划。机器人的起始点设在 (3,5)，目标点设在 (50,50)。环境中随机分布了 7 个障碍物。取种群规模 P 为 500，总进化代数 M 设为 100 代，规划结果如图 9-99 所示。

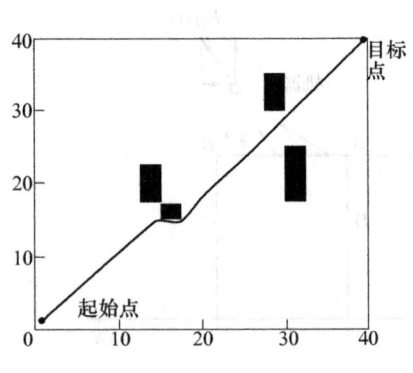

图 9-98　存在局部最小值时 APF—GA 规划结果

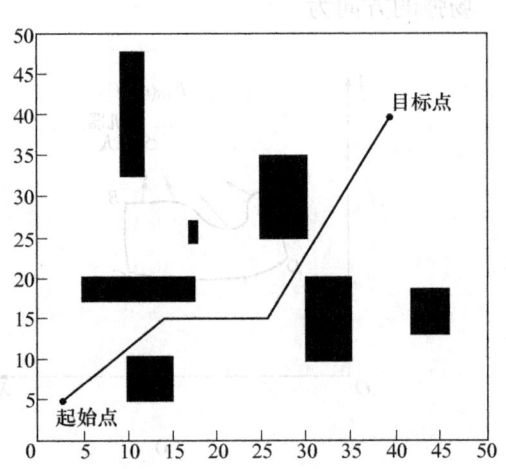

图 9-99　复杂环境下改进 APF—GA 法规划结果

本小节主要分析了 Khatih 改进势场模型的数学缺陷。为了解决由此引起的在路径规划中机器人陷入局部最小值而进入死锁状态，提出了一种基于改进 Khatih 势场模型的遗传算法对最优路径进行搜索，以跳出局部最小值。仿真结果表明，本小节提出的方法能够很好地解决改进人工势场的局部最小问题，从而更有效地对移动机器人进行路径规划。但在实际应用中由于还要考虑路径规划的实时性，以及动态环境对路径规划的影响等因素，这些工作还需要进一步研究。

9.5 小结

本章重点介绍了智能控制在电气传动、过程控制、电力系统和机器人控制中的应用，深入地介绍了多种智能控制方法的具体设计方法。

在电气传动控制中，介绍了基于模糊控制的交流伺服控制、基于小波神经网络定子电阻估计器的模糊直接转矩控制、无速度传感器异步电动机矢量控制系统的自适应模糊控制、基于递归模糊神经网络的异步电动机无速度传感器矢量控制等智能控制方法。

在过程控制的应用中，介绍了复杂工业系统的分布式递阶智能控制、模糊神经网络在炉温控制中的应用和一种基于专家模糊控制磨削加工质量控制系统。

在电力系统自动化的应用中，介绍了电力系统有功功率与频率的神经网络自校正控制、一种专家智能型电力系统稳定器、基于模糊自整定 PI 控制的 SSSC 潮流控制器、基于神经网络的静止无功补偿器自校正内模控制等控制方法。

在机器人的智能控制中，给出了基于模糊神经网络的机器人学习控制、模糊 CMAC 在机器人轨迹跟踪控制中的应用、基于控制器输出误差方法的机器人自适应模糊控制、基于混合人工势场—遗传算法的移动机器人路径规划等智能控制方案。

第 10 章 MATLAB 中智能控制工具箱

MATLAB 是进行系统仿真的重要工具，本章主要介绍 MATLAB 中智能控制工具箱的使用，重点描述了模糊控制工具箱和神经网络工具箱。

10.1 MATLAB 简介

MATLAB 名字由 MATrix 和 LABoratory 两词的前 3 个字母组合而成。在 20 世纪 70 年代后期任美国新墨西哥大学计算机科学系主任的 Cleve Moler 教授出于减轻学生编程负担的动机，为学生设计了一组调用 LINPACK 和 EISPACK 库程序的"通俗易用"的接口，此即用 FORTRAN 编写的萌芽状态的 MATLAB。

经几年的校际流传，在 Little 的推动下，由 Little、Moler、Steve Bangert 合作，于 1984 年成立了 MathWorks 公司，并把 MATLAB 正式推向市场。从这时起，MATLAB 的内核采用 C 语言编写，而且除原有的数值计算能力外，还新增了数据图视功能。

MATLAB 以商品形式出现后，仅短短几年，就以其良好的开放性和运行的可靠性，使原先控制领域里的封闭式软件包（如英国的 UMIST，瑞典的 LUND 和 SIMNON，德国的 KED-DC）纷纷淘汰，而改以 MATLAB 为平台加以重建。到 20 世纪 90 年代，MATLAB 已经成为国际控制界公认的标准计算软件。

在 20 世纪 90 年代，在国际上三十几个数学类科技应用软件中，MATLAB 在数值计算方面独占鳌头，而 Mathematica 和 Maple 则分居符号计算软件的前两名，Mathcad 因其提供计算、图形、文字处理的统一环境而深受中学生欢迎。

MathWorks 公司于 1993 年推出 MATLAB4.0 版，从此告别 DOS 版。4.x 版在继承和发展其原有的数值计算和图形可视能力的同时，出现了以下几个重要变化：

1) 推出了 SIMULINK。这是一个交互式操作的动态系统建模、仿真、分析集成环境。它的出现使人们有可能考虑许多以前不得不做简化假设的非线性因素、随机因素，从而大大提高了人们对非线性、随机动态系统的认知能力。

2) 开发了与外部进行直接数据交换的组件，打通了 MATLAB 进行实时数据分析、处理和硬件开发的道路。

3) 推出了符号计算工具包。1993 年 MathWorks 公司从加拿大滑铁卢大学购得 Maple 的使用权，以 Maple 为"引擎"开发了 Symbolic Math Toolbox 1.0。MathWorks 公司此举加快结束了国际上数值计算、符号计算孰优孰劣的长期争论，促成了两种计算的互补发展新时代。

4) 构作了 Notebook。MathWorks 公司瞄准应用范围最广的 Word，运用 DDE 和 OLE，实现了 MATLAB 与 Word 的无缝连接，从而为专业科技工作者创造了融科学计算、图形可视、文字处理于一体的高水准环境。

1997 年仲春，MATLAB5.0 版问世，紧接着是 5.1、5.2，以及和 1999 年春的 5.3 版。

2000年10月底推出了其全新的MATLAB 6.0正式版（Release 12），在核心数值算法、界面设计、外部接口、应用桌面等诸多方面有了极大的改进。2002年8月，MATLAB6.5也正式发布，其界面有较大的改观，计算速度有了比较大的改善，增加了与Java的接口。现今的MATLAB拥有更丰富的数据类型和结构、更友善的面向对象、更加快速精良的图形可视、更广博的数学和数据分析资源、更多的应用开发工具。其中MATLAB5.3版与MATLAB6.5版应用最广泛。

MATLAB语言具有以下特点：

(1) 编程效率高

它是一种面向科学与工程计算的高级语言，允许用数学形式的语言编写程序，且比Basic、Fortran和C等语言更加接近我们书写计算公式的思维方式，用MATLAB编写程序犹如在演算纸上排列出公式与求解问题。因此，MATLAB语言也可通俗地称为演算纸式科学算法语言，由于它编写简单，所以编程效率高，易学易懂。

(2) 用户使用方便

MATLAB语言是一种解释执行的语言（在没被专门的工具编译之前），它灵活、方便，其调试程序手段丰富，调试速度快，需要学习时间少。人们用任何一种语言编写程序和调试程序一般都要经过4个步骤：编辑、编译、连接以及执行和调试。各个步骤之间是顺序关系，编程的过程就是在它们之间作瀑布型的循环。MATLAB语言与其他语言相比，较好地解决了上述问题，把编辑、编译、连接和执行融为一体。它能在同一画面上进行灵活操作，快速排除输入程序中的书写错误、语法错误以至语意错误，从而加快了用户编写、修改和调试程序的速度，可以说在编程和调试过程中它是一种比VB还要简单的语言。

具体地说，MATLAB运行时，如直接在命令行输入MATLAB语句（命令），包括调用M文件的语句，每输入一条语句，就立即对其进行处理，完成编译、连接和运行的全过程。又如，将MATLAB源程序编辑为M文件，由于MATLAB磁盘文件也是M文件，所以编辑后的源文件就可直接运行，而不需进行编译和连接。在运行M文件时，如果有错，计算机屏幕上会给出详细的出错信息，用户经修改后再执行，直到正确为止。所以可以说，MATLAB语言不仅是一种语言，广义上讲是一种该语言开发系统，即语言调试系统。

(3) 扩充能力强

高版本的MATLAB语言有丰富的库函数，在进行复杂的数学运算时可以直接调用，而且MATLAB的库函数同用户文件在形成上一样，所以用户文件也可作为MATLAB的库函数来调用。因而，用户可以根据自己的需要方便地建立和扩充新的库函数，以便提高MATLAB使用效率和扩充它的功能。另外，为了充分利用Fortran、C等语言的资源，包括用户已编好的Fortran、C语言程序，通过建立调用文件的形式，混合编程，方便地调用有关的Fortran、C语言的子程序。

(4) 语句简单，内涵丰富

MATLAB语言中最基本最重要的成分是函数，其一般形式为 $[a,b,c,\cdots] = fun(d,e,f,\cdots)$，即一个函数由函数名fun，输入变量d，e，f，…和输出变量a，b，c，…组成，同一函数名F，不同数目的输入变量（包括无输入变量）及不同数目的输出变量，代表着不同的含义（有点像面向对象中的多态性。这不仅使MATLAB的库函数功能更丰富，而且大大减少了需要的磁盘空间，使得MATLAB编写的M文件简单、短小而高效。

(5) 高效方便的矩阵和数组运算

MATLAB 语言像 Basic、Fortran 和 C 语言一样规定了矩阵的算术运算符、关系运算符、逻辑运算符、条件运算符及赋值运算符，而且这些运算符大部分可以毫无改变地照搬到数组间的运算，有些如算术运算符只要增加"·"就可用于数组间的运算，另外，它不需定义数组的维数，并给出矩阵函数、特殊矩阵专门的库函数，使之在求解诸如信号处理、建模、系统辨识、控制、优化等领域的问题时，显得大为简捷、高效、方便，这是其他高级语言所不能比拟的。在此基础上，高版本的 MATLAB 已逐步扩展到科学及工程计算的其他领域。因此，不久的将来，它一定能名符其实地成为"万能演算纸式的"科学算法语言。

(6) 方便的绘图功能

MATLAB 的绘图是十分方便的，它有一系列绘图函数（命令），例如线性坐标、对数坐标，半对数坐标及极坐标，均只需调用不同的绘图函数（命令），在图上标出图题、XY 轴标注，格（栅）绘制也只需调用相应的命令，简单易行。另外，在调用绘图函数时调整自变量可绘出不变颜色的点、线、复线或多重线。这种为科学研究着想的设计是通用的编程语言所不及的。总之，MATLAB 语言的设计思想可以说代表了当前计算机高级语言的发展方向。可以相信，在不断使用中，读者会发现它的巨大潜力。

(7) 功能强大的工具箱

工具箱是 MATLAB 的另一特色。MATLAB 包含两个部分：核心部分和各种可选的工具箱。核心部分中有数百个核心内部函数。其工具箱又分为两类：功能性工具箱和学科性工具箱。功能性工具箱主要用来扩充其符号计算功能、图示建模仿真功能、文字处理功能以及与硬件实时交互功能。功能性工具箱用于多种学科。而学科性工具箱是专业性比较强的，如 control toolbox, signal proceessing toolbox, commumnication toolbox 等。这些工具箱都是由该领域内学术水平很高的专家编写的，所以用户无须编写自己学科范围内的基础程序，而直接进行高，精，尖的研究。

MATLAB 的用户界面功能更加强大，并且具有鲜明的特点，是一种不可多得的程序设计语言，至今还没有其他类似的相关软件能与它并驾齐驱。由于 MATLAB 提供了强大的矩阵运算和绘图功能，很多专家在各自擅长的领域编写了具有丰富功能的工具箱（Toolbox），如图像处理工具箱（Image Processing Toolbox）、通信工具箱（Communications Toolbox）、符号数学工具箱（Symbolic Math Toolbox）、统计工具箱（Statistics Toolbox）、神经网络工具箱（Neural Network Toolbox）、小波理论工具箱（Wavelet Toolbox）、模糊逻辑工具箱（Fuzzy Logic Toolbox）、金融工具箱（Financial Toolbox）、高阶频谱分析工具箱（Higher-order Spectral Analysis Toolbox）、样条工具箱（Spline Toolbox）、最优化工具箱（Optimization Toolbox）、信号处理工具箱（Signal Processing Toolbox）、鲁棒控制工具箱（Robust Control Toolbox）、系统辨识工具箱（System Identification Toolbox）、控制系统工具箱（Control System Toolbox），等。

模糊逻辑、神经网络和进化计算是人工智能目前最新的理论基础，在国际上受到人们的高度关注，也是现在各国学者热衷于研究的前沿课题。

10.2 MATLAB 模糊逻辑工具箱

10.2.1 使用图形界面工具建立模糊推理系统

MATLAB 模糊逻辑工具箱提供的图形化工具有 5 类：模糊推理系统编辑器 FIS Editor（Fuzzy）、隶属度函数编辑器 Membership Function Editor（Mfedit）、模糊规则编辑器 Rule Editor（Ruleedit）、模糊规则观察器 Rule Viewer（Ruleview）、模糊推理输入输出曲面视图 Surface Viewer（Surfview），其关系图如图 10-1 所示。这 5 类图形化工具操作简单，相互动态联系，可以同时用来快速构建用户设计的模糊系统。

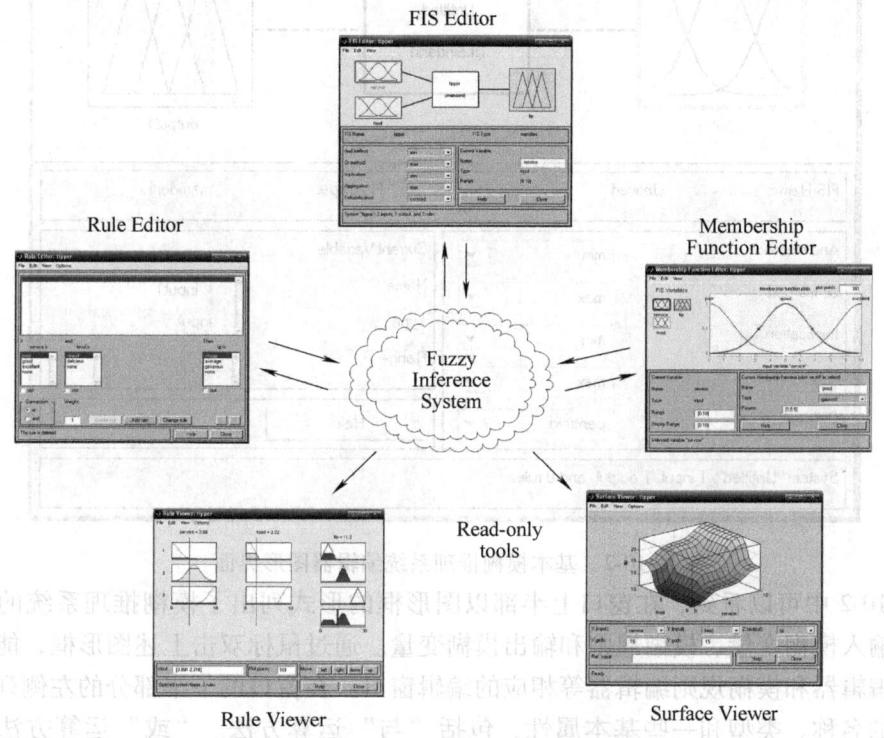

图 10-1 模糊逻辑图形化工具关系图

除此之外，工具箱还提供了图形化的基于神经网络算法的模糊逻辑系统设计工具函数 ANFISEDIT，它主要用于 Sugeno 型自适应神经网络模糊推理系统的建立、训练和测试，在后面章节将对它进行介绍。

Fuzzy 用来处理系统的最顶层的构建问题，例如输入输出变量的数目、变量名等。

MATLAB 并不限制输入的数目，但是对于复杂的大系统，输入可能会受到计算机内存的限制。如果在输入的数目太多或者模糊规则数目太多的情况下，使用图形化工具就会比较困难，这时可以通过编写相应的程序来完成。Mfedit 用来可视化定义各个变量的隶属度函数，Ruleedit 用来编辑决定系统输出的模糊规则。Ruleview 和 Surfview 用来查看规则和模糊推理系统的输入输出关系曲面，它们都只读取模糊系统，用来计算、显示、模拟、分析和诊断系统，并不对系统进行修改。

1. 模糊推理系统编辑器

基本模糊推理系统编辑器提供了利用图形界面（GUI）对模糊系统的高层属性的编辑、修改功能，这些属性包括输入、输出语言变量的个数和去模糊化方法等。用户在基本模糊编辑器中可以通过菜单选择激活其他几个图形界面编辑器，如模糊规则编辑器（Ruleedit）、隶属度函数编辑器（Mfedit）等。在 MATLAB 命令窗口执行 fuzzy 命令即可激活基本模糊推理系统编辑器，其图形界面如图 10-2 所示。

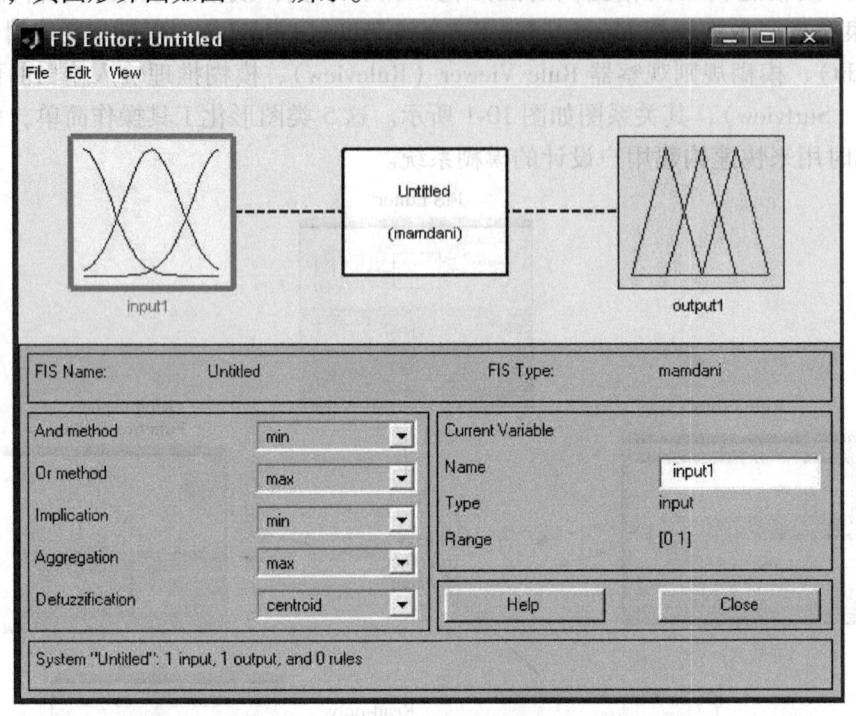

图 10-2 基本模糊推理系统编辑器图形界面

从图 10-2 中可以看到，在窗口上半部以图形框的形式列出了模糊推理系统的基本组成部分，即输入模糊变量、模糊规则和输出模糊变量。通过鼠标双击上述图形框，能够激活隶属度函数编辑器和模糊规则编辑器等相应的编辑窗口。在窗口的下半部分的左侧列出了模糊推理系统的名称、类型和一些基本属性，包括"与"运算方法、"或"运算方法、蕴涵运算、模糊规则的综合运算以及去模糊化方法等，用户只需用鼠标即可设定相应的属性。在图 10-2 中，模糊推理系统的基本属性设定为："与"运算采用极小运算，"或"运算采用极大运算，模糊蕴涵采用极小运算，模糊规则综合采用极大运算，去模糊化采用重心法。窗口下半部分的右侧，列出了当前选定的模糊语言变量的名称及其论域范围。

所有的 5 个图形界面编辑函数有一些近似的菜单项目，其作用相同，在此就一起介绍了，后面其他图形工具中如果出现相同的菜单功能，可以参考此处。

在 fuzzy 的菜单部分主要提供了如下功能。

（1）文件（File）菜单

文件菜单的主要功能包括：

New Mamdani FIS：   新建 Mamdani 型模糊推理系统；
New Sugeno FIS：   新建 Sugeno 型模糊推理系统；

Open FIS from Disk:	从磁盘打开一个模糊推理系统文件;
Save to disk:	将当前的模糊推理系统保存到磁盘文件中;
Save to disk as:	将当前的模糊推理系统另存为一个文件;
Open FIS from Workspace:	从工作空间加载一个模糊推理系统;
Save to Workspace:	保存到工作空间;
Save to Workspace as:	另存到工作空间的某一模糊推理系统矩阵中;
Print:	打印模糊推理系统的信息;
Close window:	关闭窗口。

(2) 编辑 (Edit) 菜单

编辑菜单的功能包括:

Add input:	添加输入语言变量;
Add output:	添加输出语言变量;
Remove variable:	删除语言变量。

(3) 视图 (View) 菜单

视图菜单的功能包括:

Edit FIS Properties:	修改模糊推理系统的特性;
Edit membership functions:	打开隶属度函数编辑器;
Edit Rules:	打开模糊规则编辑器;
View Rules:	打开模糊规则浏览器;
View Surface:	打开模糊系统输入输出特性浏览器。

MATLAB 模糊工具箱中已经附带了很多示例模型。关于小费问题,在 MATLAB 中已经提供了几种现成的模糊逻辑推理系统方案,分别存为 custtip.fis、tipper.fis、tipperl.fis、tippersg.fis。下面以系统提供的 tipper.fis 为示例讲解图形化编辑工具的使用。

在 MATLAB 中键入 fuzzy tipper 或 fuzzytipper.fis 命令进入模糊系统 tipper.fis 的编辑窗口(见图 10-3)。这时图形化模糊系统工具 fuzzy 函数就已经将存在磁盘上的小费问题的模糊推理系统 tipper.fis 读入了内存,就可以用前面所提到的 5 类图形化工具来对这个模糊系统进行计算、模拟、实现、修改等操作(同样也可用命令行方式的函数和程序来进行类似的操作)。

下面以小费问题模糊推理系统 tipper.fis 的完整编辑过程为线索来讲解相关工具的使用。

1) 在 MATLAB 命令窗口键入 fuzzy 命令,打开窗口,如图 10-2 所示。
2) 鼠标单击左边标有 input 的黄色方框。
3) 在右边的白色编辑框内将 input 改为 service,按 "回车" 键。
4) 在菜单中选择 Edit→Add input,发现输入增加为两个。
5) 将 input2 改名为 food。
6) 鼠标单击右边标有 outputl 的蓝色方框。
7) 将 outputl 改名为 tip。
8) 在菜单中选择 File→Save to workspace as…。
9) 输入模糊系统名为 tipper,单击 OK 按钮。

经过上述步骤之后,你会发现窗口变成了图 10-3 所示。注意,在第 8)步我们选择

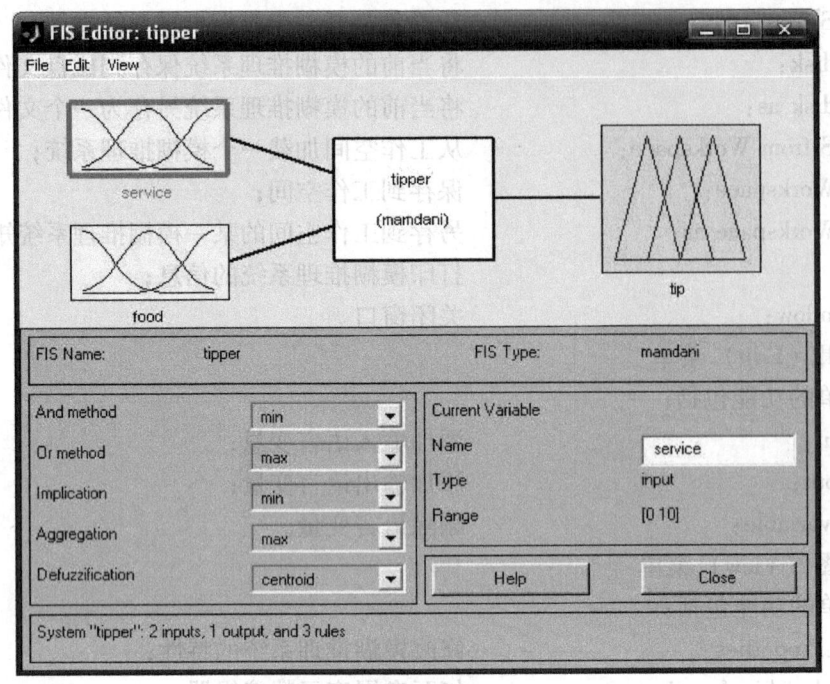

图 10-3 模糊系统编辑窗口

Save to workspace as…，将其存到工作空间内，而不是存入磁盘。如果选择存入磁盘的话，应当注意避免和系统中已有的文件重名。

虽然现在的编辑窗口界面与图 10-3 所示相同了，但工作还没有完成，还要进行模糊系统中的相关隶属度函数及模糊规则等内容的编辑。

下面进行模糊隶属度函数的编辑。有 3 种方式来打开编辑窗口：
1）选择菜单 View→Edit membership function…。
2）用鼠标双击窗口中需要编辑的变量图标，如 tip。
3）直接在命令窗口内键入命令 mfedit。

2. 隶属度函数编辑器

在命令窗口键入 mfedit 命令，或在基本模糊推理系统编辑器（见图 10-2）中选择编辑隶属度函数菜单，都可以激活隶属度函数编辑器。该编辑器提供了对输入输出语言变量各语言值的隶属度函数类型、参数进行编辑与修改的图形界面工具。接着上面的例子，在模糊推理系统编辑器菜单中选择 View→Edit membership function…，出现如图 10-4 所示隶属度函数编辑器界面。

在该图形界面中，窗口上半部分为隶属度函数的图形显示，下半部分为隶属度函数的参数设定界面，包括语言变量的名称、论域和隶属度函数的名称、类型和参数。在菜单部分，文件菜单和视图菜单的功能与模糊推理系统编辑器的文件功能类似。编辑菜单的功能包括添加隶属度函数、添加定制的隶属度函数以及删除隶属度函数等。

编辑菜单的功能包括：
　　Add MFs…：　　　　添加系统提供的模糊隶属度函数；
　　Add Custom MF…：　添加用户自定义的模糊隶属度函数（用户编写的".m"函

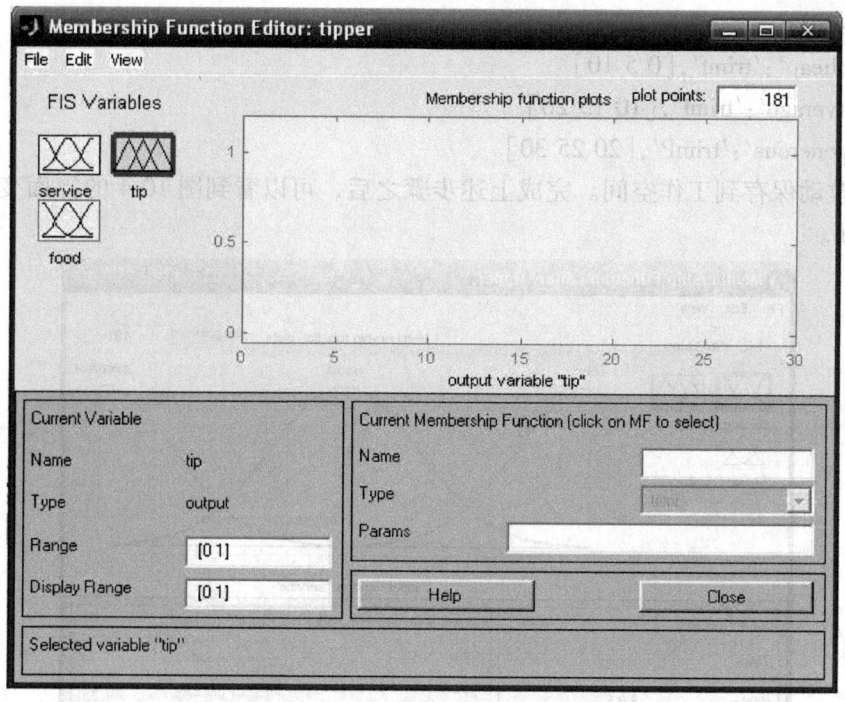

图 10-4　隶属度函数编辑器界面

数）；

Remove Current MF：　　删除当前编辑的隶属度函数；
Remove All MF：　　　　删除当前变量所有的隶属度函数。

对于变量 service，加入的 3 个模糊隶属度函数分别如下：

Name = 'service'

Range = [0　10]

NumMFs = 3

MF1 = 'poof'：'gaussmf'，[1.5 0]

MF2 = 'good'：'gaussmf'，[1.5 5]

MF3 = 'excellent'：'gaussmP'，[1.5 10]

对于变量 food，加入如下两条函数：

Name = 'food'

Range = [0 10]

NumMFs = 2

MF1 = 'rancid'：'trapmf'，[0 0 1 3]

MF2 = 'delicious'：'traprnf'，[7 9 10 10]

对于输出变量 tip，加入如下 3 个模糊隶属度函数：

Name = 'tip'

Range = [0 30]

NumMFs = 3
MF1 = 'cheap':'trimf',[0 5 10]
MF2 = 'average':'trimf',[10 15 20]
MF3 = 'generous':'trimP',[20 25 30]

最后将改动保存到工作空间。完成上述步骤之后，可以看到图10-4的界面变为如图10-5所示的界面。

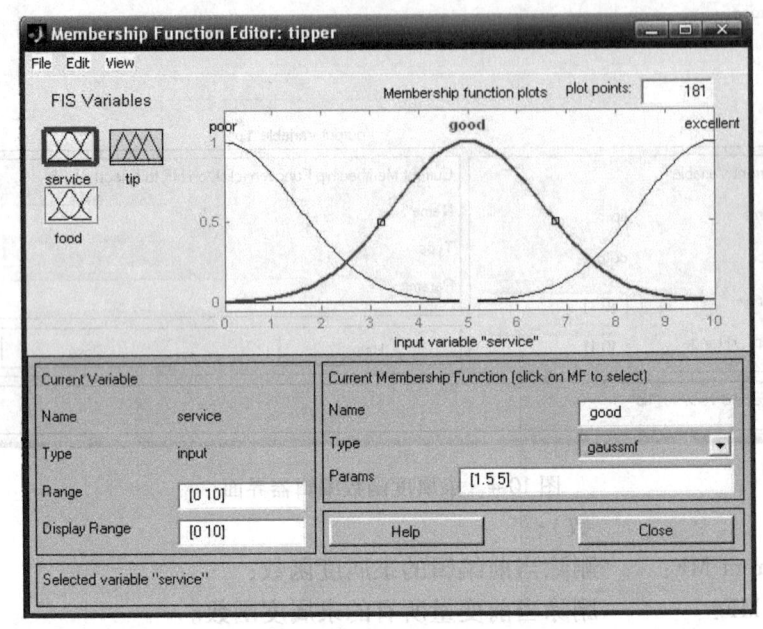

图10-5 经过编辑后的隶属度函数

3. 模糊规则编辑器

在 MATLAB 命令窗口键入 ruleedit 命令，或在基本模糊推理系统编辑器中选择编辑模糊规则菜单，均可激活模糊规则编辑器。在模糊规则编辑器中，提供了添加、修改和删除模糊规则的图形界面。在模糊推理系统编辑器菜单中选择 View→Edit Rules…或双击 FIS Edit 界面中间白色的模糊规则图标，出现如图10-6所示模糊规则编辑器。

在模糊规则编辑器中提供了一个文本编辑窗口，用于规则的输入和修改。模糊规则的形式可以有3种，即语言型（Verbose）、符号型（Simbolic）以及索引型（Indexed）。在窗口的下部有一个下拉列表框，供用户选择某一规则类型。

模糊规则编辑器的菜单功能与前两种编辑器基本类似，在其视图菜单中能够激活其他的编辑器或窗口。

界面下部还有3个按钮，分别为删除规则（Delete rule）、增加规则（Add rule）及修改规则（Change rule）。

在这个界面下编辑模糊规则是十分方便的，系统已经自动地将在 FIS Edit 中定义的变量显示在界面的左下部。在窗口上选择相应的输入变量（以及是否加否定词 not），然后选择不同变量之间的连接关系（or 或者 and）以及输入权重（默认为1），然后单击 Add rule 按钮，则刚才输入的规则已经在编辑器上面的显示区域中出现了。

变量下面的 not 表示否定该变量的含义，相当于"非"计算。例如 not good 表示不好。

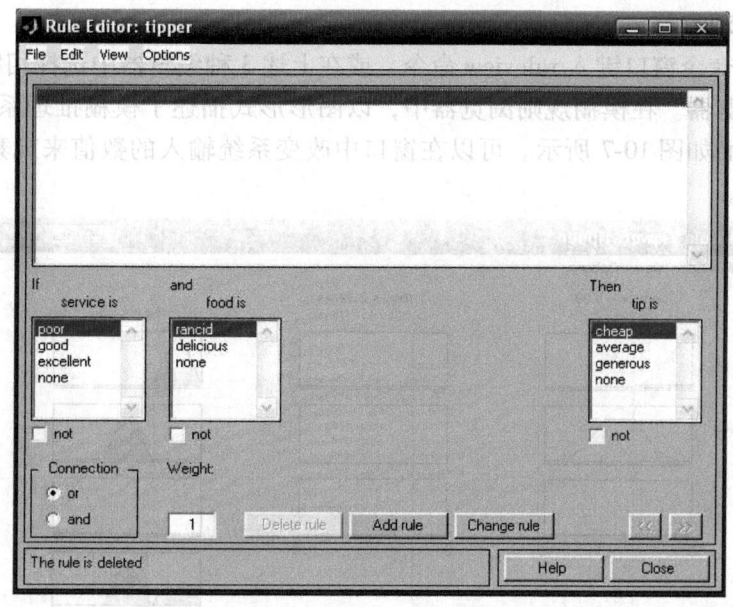

图 10-6　模糊规则编辑器

值得注意的是，由于是模糊的概念，不好！≠差，也就是 not good 不等于 poor。权重的值应当在 0~1 之间，如果输入的数值不在这个范围，系统自动将大于 1 的取为 1，小于 0 的取为 0。

例如，在 service 变量中选择 poor，在 food 变量中选择 rancid，在 connection 选项中选择 or，单击 Add rule 按钮，结果出现

  1. if（service is poor）or（food is rancid）then（tip is cheap）（1）

括号中的数字是该规则的权重值。

这里加入如下全部 3 条规则（权重均为 1）：

  1. if（service is poor）or（food is rancid）then（tip is cheap）(1)
  2. if（service is good）then（tip is average）(1)
  3. if（service is excellent）or（food is delicious）then（tip is generous）(1)

完成之后，在图 10-6 界面上部的白色区域内可以观察到刚加入的模糊推理规则，可以从菜单 Options 项目中选择相应的显示语言和显示方式。

将显示方式设为 symbolic，显示变为

  1.（service = = poor）- >（tip - - cheap）(1)
  2.（service = = good）= >（tip = average）(1)
  3.（service = = excellent）= >（tip = generous）(1)

如设为 indexed，显示将变为

  1,1(1):1
  2,2(1):1
  3,3(1):1

虽然显示的方式不同，甚至可能没有 if、then 这样的词，但这些规则内部实际的含义仍然是相同的。

4. 模糊规则观察器

在 MATLAB 命令窗口键入 ruleview 命令，或在上述 3 种编辑器中选择相应菜单，都可以激活模糊规则浏览器。在模糊规则浏览器中，以图形形式描述了模糊推理系统的推理过程，模糊规则演示界面如图 10-7 所示。可以在窗口中改变系统输入的数值来观察模糊逻辑推理系统的输出情况。

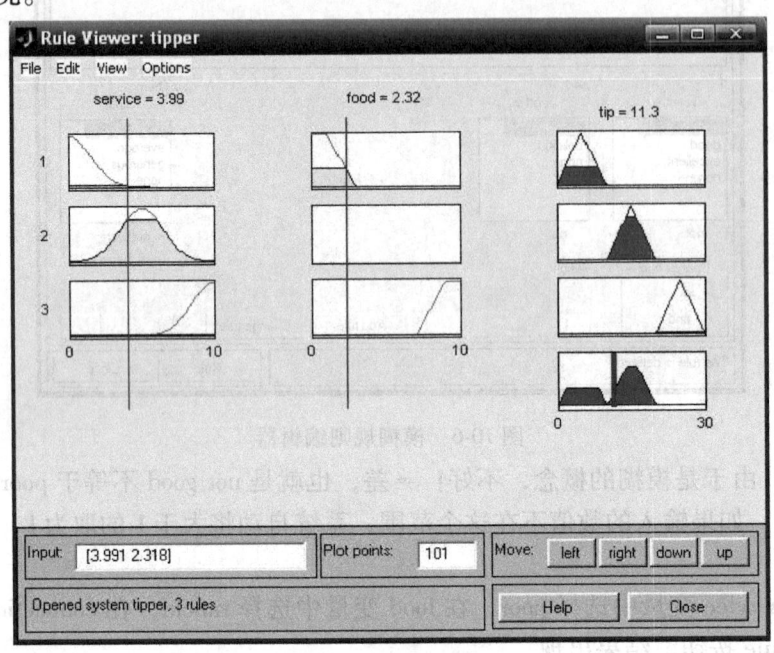

图 10-7　模糊规则演示界面

5. 模糊推理输入输出曲面视图

在 MATLAB 命令窗口键入 surfview 命令，或在各个编辑器窗口选择相应菜单，即可打开模糊推理的输入输出曲面视图窗口。该窗口以图形的形式显示了模糊推理系统的输入输出特性曲面。

例如，在命令窗口中键入 surfview tipper 命令，出现模糊推理输入输出曲面观察界面，如图 10-8 所示。在该窗口内或用菜单选项改变相应的参数可以来查看不同性质的图像。

6. 使用自定义函数

（1）自定义模糊运算方法

在 MATLAB 模糊逻辑工具箱中，采用单点模糊集模糊化是系统默认而且是唯一的输入模糊化算法。这些模糊运算包括：输入模糊集合的合成运算（and、or）、模糊蕴涵计算（Implication）、输出的合成计算（Aggregation）以及逆模糊化计算（Defuzzification）。

MATLAB 模糊逻辑工具箱提供的 and 和 Implication 算法有 min、prod，提供的 or 算法有 max、probor，提供的 Aggregation 算法有 max、sum、probor，提供的 Defuzzification 算法有 centroid（面积中心法）、bisector（面积平分法）、mom（平均最大隶属度方法）、som（最大隶属度中的取最小值方法）、lom（最大隶属度中的取最大值方法）。如果对于特定的一些设计，用户需要自定义一些别的算法函数，可以通过选择 Custom 来采用自己编写的特定模糊算法。在编写这些函数时应当遵循一些规则：用户可以自定义一些符合推理逻辑的 and、or、

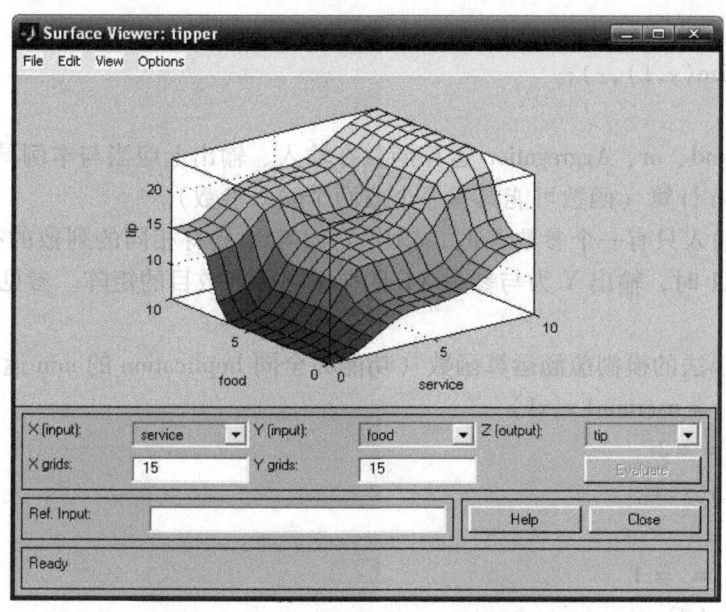

图 10-8 模糊推理输入输出曲面观察界面

Implication、Aggregation 和 Defuzzification 运算方法，但是这些函数与 MATLAB 自身提供的 max、min 或者 prod 等算法函数应当具有相当的工作方式（参数形势和矩阵运算特点）。通常这些函数能够对沿着矩阵的列向量进行直接运算（而不是通常仅进行两个数的运算），这样用户在编写自定义的推理方法时，必须使得函数能够对矩阵进行相应的运算（在参数传递上应当与 MATLAB 内置的诸如 min 函数相同）。

按照编程的输入与输出的参数关系，上述模糊运算可以划分为 3 类：

1) and、or、Aggregation 计算（函数具有一个输入参数）。

编程要点：输入只有一个参数 X，输出 Y 为与 X 具有相同的列数的行矩阵。参见例 10-1。

例 10-1 自定义函数 limitprod 实现 and 连接词的有界积运算方法。

```
function y = limitprod(x)
%   limitprod Probabilistic AND
%   Y = limitprod(X) returns tile limited AND (also known as the limited prod) of the columns of X. If X has two rows such that X = [A;B], then Y = max(1, A + B - 1). If X has only one row, then Y = X
if size(x,1) <= 1,
    y = x;
    return
end
y = x;
for count = 2:size(x,1)
    y(count,:) = max(0, y(count-1,:) + y(count,:) - 1);
```

```
end
y = .y(size(y,1),:);
```

用户自定义 and、or、Aggregation 运算函数在输入、输出上应当与本例具有相同的形式。

2) Implication 计算（函数可能具有一个或两个输入参数）。

编程要点：输入只有一个参数 X 时，输出 Y 为与 X 具有相同的列数的行矩阵；当输入有两个参数 X、X1 时，输出 Y 为与参数 X1 具有相同行列数目的矩阵。参见例 10-2。

例 10-2　最小法的模糊蕴涵运算函数（功能完全同 Implication 的 min 运算）。

```
function y = usermin(x,x1)
if nargin = = 2
    y = min(x,x1);
end
if nargin = = 1
    y = min(x);
end
return
```

用户自定义的 Implication 函数在输入、输出上应当与本例具有相同的形式。

3) Defuzzification 计算（函数具有两个输入参数）。

编程要点：输入参数为相同列数的行矩阵 X 和 MF，分别表示隶属度函数中的离散的点的坐标和对应的隶属度函数值，返回为一个数（不是矩阵），但这个数的大小不应超过输入矩阵 X 的范围。参见例 10-3。

例 10-3　试编写具有与 centroid 法相同计算结果的解模糊化函数。

```
function out = usercentroid(x, mf)
x = x(:);
mf = mf(:);
if length(x) ~ = length(mf)
    error('Sizes mismatch!');
end
total_area = sum(mf);
if total_area = 0
    error('Total area is zero in centroid defuzzification!');
end
out = sum(mf.*x)/total_area;
return;
```

用户自定义的 Defuzzification 函数在输入、输出上应当与本例具有相同的形式。

(2) 自定义隶属度函数

也可以通过编写 M 文件自定义一些特有的隶属度函数,这些函数的输出值必须在 0~1 之间。并且对于隶属度函数,MATLAB 还有一个限制:最多不能多于 16 个决定函数形状的参数,否则在图形化编辑界面中将无法完全传输这些参数。

例如,定义一个隶属度函数 testmf 的过程如下:

1) 编辑一个 M 文件 testmf.m,输出值在 0~1 之间,并且决定该函数的参数不多于 16 个。

2) 在隶属度函数编辑图形界面里选择菜单 Edit→Add Custom MF。

3) 在 MF name 文本编辑框内键入自定义函数显示名 mfl,必须与其他在该 FIS (Fuzzy Inference System) 中已经存在的隶属度函数名不同。

4) 在 M-filefunction name 文本编辑框内键入自定义函数的 M 文件名——testmf.m。

5) 在 Parameter list 文本编辑框键入需要的特定隶属度函数的参数。

6) 单击 OK 按钮。

下面是一个自定义的 M 型隶属度函数 testmf 的源代码示例,它的形状取决于 8 个 0~10 之间的参数,由矢量 params 传入,它的自变量是 x。

例 10-4 自定义一个 M 型的隶属度函数。

```
function y = mstylemf(x,params)
if nargin ~ = 2
    error('Two arguments are required by the triangular MF.');
elseif length(params) < 5
    error('The mstylemf MF needs at least five parameters.');
end
a = params(1);
b = params(2);
c = params(3);
d = params(4);
e = params(5);
if a > b
    error('Illegal parameter condition: a > b');
elseif b > c
    error('Illegal parameter condition: b > c');
elseif c > d,
    error('Illegal parameter condition: c > d');
elseif d > e,
    error('Illegal parameter condition: d > e'); end y = zeros(size(x));
% Left and right shoulders (y = 0)
index = find(x < = a | e < = x);
y(index) = zeros(size(index));
```

```
% Left slope
if (a ~ = b)
    index = find(a < x & x < b);
    y(index) = (x(index) - a)/(b - a);
end
% right slope
if (d ~ = e)
    index = find(d < x & x < e);
    y(index) = (e - x(index))/(e - d);
end
if (b ~ = c)
    index = find(b < x & x < c);
    y(index) = 0.5 + 0.5 * (c - x(index))/(c - b);
end
% right slope
if ( ~ = d)
    index = find(c < x & x < d);
    y(index) = 0.5 + 0.5 * (x(index) - c)/(d - c);
end
% Center(y = 1)
index = find(x = = b | x = = d);
y(index) = ones(size(index));
index = find(x = = c);
y(index) = 0.5 * ones(size(index));
```

按照前面的步骤，可以把这个自定义函数加入到隶属度函数的图形编辑界面中去。可以在编辑界面上看到这个函数的曲线是一个 M 型的，如图 10-9 所示。

在 MATLAB 模糊系统中自定义的隶属度函数并不能随论域变化而自动按比例调整形状参数，而 MATLAB 系统提供的隶属度函数在调整了论域以后会自动按比例调整参数来适应论域的调整。如果其中有用户自定义隶属度函数，这时调整论域会导致系统出错并停止响应。

10.2.2 用命令行函数实现模糊逻辑系统

前面主要介绍了 MATLAB 图形化工具的使用，MATLAB 同样也提供了一些函数命令来实现模糊逻辑系统。这些函数不仅能完全实现图形化方式所提供的功能，同时还可以实现图形化方式所难以实现的功能。特别是对于那些比较复杂的模糊推理系统，在输入输出变量、隶属度函数、模糊规则数目比较多的时候，如果要在图形化界面中人工输入，效率就很低了。这时如果通过命令行方式的编程，就可以让计算机完成许多重复性的输入工作，大大减少了工作量。还有其他一些情况，如输入输出变量、隶属度函数、模糊规则等是由程序计算

第 10 章　MATLAB 中智能控制工具箱

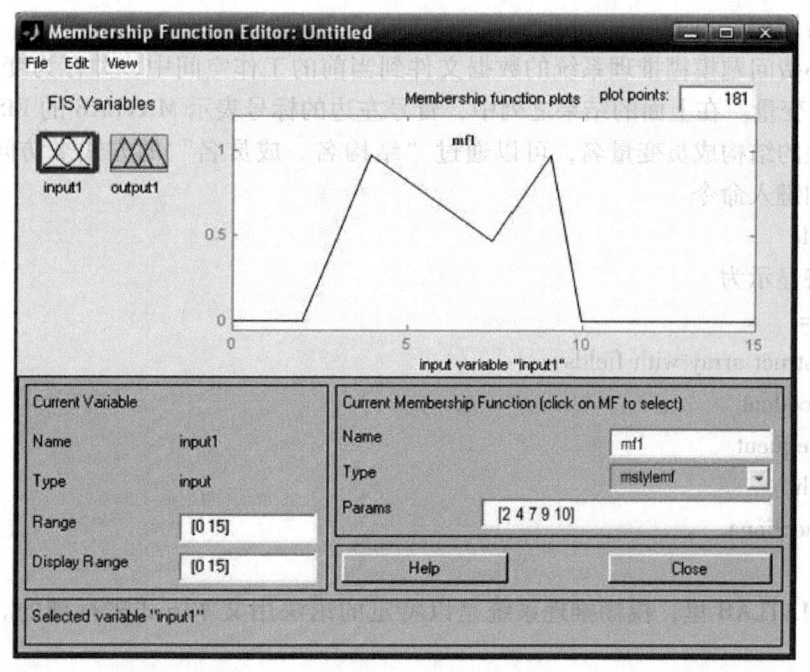

图 10-9　将自定义 M 型函数加入到隶属度函数编辑界面

得到的，这时如果采用命令行的编程会更加简单方便。

MATLAB 模糊工具箱的图形化工具与命令行函数是统一的，可以将它们结合使用。无论是命令行方式或是图形化方式创建的系统，其格式都是一样的，因此，如果根据需要同时使用两种方法来编辑一个模糊逻辑系统，往往会达到更好的效果。

总之，命令行方式和图形可视化实现方式各有优点，在应用时应当根据实际情况选择使用或结合使用，下面详细介绍用命令行函数来实现模糊逻辑系统。

1. 命令行函数使用示例

小费问题是模糊逻辑工具箱中提供的一个模糊推理系统的示例。在 MATLAB 中一个模糊逻辑推理系统被当做是一种 FIS 结构。例如，若在命令行工作环境键入命令

　　a = readfis（'tipper. fis'）

结果显示为

　　a =

　　name：'tipper'

　　type：'mamdani'。

　　andMethod：'min'

　　orMethod：'max'

　　defuzzMethod：'centroid'

　　impMethod：'min'

　　aggMethod：'max'

　　input：[1x2 struct]

output:[1x1 struct]

rule:[1x3 struct]

就可以加载小费问题模糊推理系统的数据文件到当前的工作空间中，并存为变量 a，a 是一种 FIS 结构的变量。在上面的结果之列中，冒号左边的标号表示 MATLAB 的 FIS 结构中的与 tipper.fis 相关的结构成员变量名，可以通过"结构名.成员名"的方式来访问这些结构成员变量。例如键入命令

a.rule

则结果将显示为

ans =

lx3 struct array with fields:

antecedent

consequent

weight

connecfiona.

其实在 MATLAB 里，模糊推理系统是以特定的语法用文本方式来存储的。如果键入命令

type fipper.fis

就可以看到这个用 ASCII 代码存储的模糊系统。函数 readfis 得到了这个数据文件中的所有属性，并把它们存入一个结构（也可以看做是一个广义的矩阵）。上面的例子中通过语句 a = readfis ('tipper.fis')，变量 a 被赋予一个 FIS（Fuzzy Inference System）结构变量矩阵。这个矩阵主要由 ASCII 代码构成，通常表现为数字的排列，这样就不便于阅读，因此需要特定的函数来显示系统属性。函数 getfis（a）返回结果是关于模糊推理系统的一般属性，比如说系统名称，输入、输出变量的名称等。例如键入命令

getfis（a）

结果显示为

Name = tipper

Type = mamdani

NumInputs = 2

InLabels =

service

food

NumOutputs = 1

OutLabels =

tip

NumRules = 3

AndMethod = min

OrMethod = max

ImpMethod = min

        AggMethod = max
        DefuzzMethod = centroid
tipper 从上面的结果可以看到，有些属性并不是结构变量 a 中所包含的。例如键入
    a. Inlabels
系统返回如下错误信息：
    ??? Reference t0 non – existent field 'Inlabels'.
但是，如果键入
    getfis（a,'Inlabels'）
系统返回结果为
    ans =
    service
    food

getfis 函数还有若干种使用方法，可以键入下列命令试一试，看看结果，具体的含义在后面详细介绍。

        getfis(a,'input',1)
        getfis(a,'output',1)
        getfis(a,'input',1,'mf',1)

上面这些功能同样可以通过"结构名．成员名"的方式来访问，只是具体的访问方式与成员的类型相关，关于这些知识可以参考 MATLAB 基础操作和数据类型的书籍。例如，要得到上述 getfis（a,'Inlabels'）命令的结果，可以采用如下的方式：
    a. input(1:2). name
返回结果为
    ans =
    service
    ans =
    food
试一试命令 a. input（1）. Mf（1）和 a. input 的结果。
setfis 是和 getfis 相对应的函数，它允许改变一个 FIS 系统的特性。如果想将上述系统的名字 tipper 改为 gratuity，可以运行命令
    a = sctfis(a,'name','gratuity')
返回结果为
    a =
    name:'gratuity'
    type:'mamdani'
    andMethod:'min'
    orMethod:'max'

```
defuzzMethod:'centroid'
impMethod:'min'
aggMethod:'max'
input:[1x2 struct]
output:[1x1 struct]
rule:[1x3 struct]
```

在结果中可以看到 name 变为 gratuity,同样上面的操作也可以用 a. name = 'gramity'命令来实现。如果想要知道更详细的内容,通过函数 showfis(a)就可以得到这个 FIS 矩阵的详细属性。这个函数最主要是用来进行程序调试,但同时它也能分行显示所有记录在 FIS 矩阵的信息。

在这里结构变量 a 代表一个小费问题的模糊推理系统,前面提到的图形化编辑工具都可以用来对它进行相关操作。下面这些函数命令将打开相应的小费系统图形化工具界面。

· fuzzy(a)

% 打开小费问题的模糊推理系统编辑窗口环境

· mfedit(a)

% 打开小费问题隶属度函数编辑界面

· ruleedit(a)

% 打开小费问题规则编辑界面

· ruleview(a)

% 打开小费问题规则观察界面

· surfview(a)

% 打开小费问题输入输出关系曲面显示界面

如果 a 是一个 Sugeno 型的模糊系统,anfisedit(a)命令将打开 ANFIS(模糊神经网络系统)图形编辑界面。

2. 通过 MATLAB 命令(程序)创建和计算模糊逻辑系统

在上一小节中介绍过如何用图形化工具建立模糊逻辑系统,其也可以完全用命令行或程序段的方式来实现。下面仍然使用小费问题的例子作为范例,在这个例子中将用到 newfis、addvar、addmf、addrule 等几个函数。

在用命令行建立模糊逻辑系统的过程中,往往最令人迷惑的就是模糊规则在系统中的简述表达方式。规则是通过函数 addrule 来加入的,每一个输入或输出的变量都有一个索引(index)值,同样每一个隶属度函数也有一个 index 值,输入规则的函数就是使用这些索引来创建相应的模糊规则,在 MATLAB 中模糊规则一般具有如下形式:

IF input1 is MF1 or input2 is MF3 THEN output1 is MF2(weight =0.5)

模糊规则按照下面的逻辑被转化成一种数据结构(或矩阵)的形式来表示:如果系统由 m 个输入、n 个输出变量和 7 条模糊规则组成,则该规则结构是一个 $(m+n+2, k)$ 的矩阵。该矩阵的每个行向量代表一条模糊规则,这个行向量的前 m 个数表示前 m 个输入变量对应的隶属度函数的索引值(例如,第一列表示第一个输入变量在各条规则的相应的隶属度函数的索引，第二列表示第二个输入变量相应的隶属度函数的索引），接着的 n 列表示 n 个输出变量对应的隶属度函数的索引值。第 $m+n+1$ 列的数分别表示各条规则的权重（一般为 1），第 $m+n+2$ 列表示各条规则之间的相互连接方式（and = 1，or = 2）。这样，上面这条规则用 MATLAB 的结构表示为一个行向量。

如果输入或是输出变量加了否定修饰词 not 的话，则只需在相应的隶属度函数索引值前加入一个负号。例如，对于规则：

IF input1 is not MF1 or input2 is MF3 THEN output1 is MF2 (weight = 0.5)

其对应的行向量变为：-1 3 2 0.5 2。依次解释如下：-1 表示 not MF1；3 表示 MF3；2 表示 MF2；0.5 表示 weight = 0.5；2 表示 or。

下面是用"结构名·成员名"表达方式编写的创建小费模糊推理系统 tippe.fis 的命令行程序示例。

例 10-5 用命令行方式建立小费推理系统模糊模型。

a = newfis('tipper');
a.input(1).name = 'service';
a.input(1).range = [0 10];
a.input(1).mf(1).name = 'poor';
a.input(1).mf(1).type = 'gaussmf';
a.input(1).mf(1).params = [1.5 0];
a.inpm(1).mf(2).name = 'good';
a.input(1).mf(2).type = 'gaussrnf';
a.input(1).mf(2).params = [1.5 5];
a.input(1).mf(3).name = 'exceUent';
a.mput(1).mf(3).type = 'gaussmf';
a.mput(1).mf(3).params = [1.5 10];
a.lnput(2).name = 'food';
a.lnput(2).range = [0 10];
a.mput(2).mf(1).name = 'rancid';
a.lnput(2).mf(1).type = 'trapmf';
a.mput(2).mf(1).params = [-2 0 1 3];
a.mput(2).mf(2).name = 'delicious';
a.mput(2).mf(2).type = 'trapmf';
a.mput(2).mf(2).params = [7 9 10 12];
a.output(1).name = 'tip';
a.output(1).range = [0 30];
a.output(1).mf(1).name = 'cheap';
a.output(1).mf(1).type = 'trimf';
a.output(1).mf(1).params = [0 5 10];
a.output(1).mf(2).name = 'average';
a.output(1).mf(2).type = 'trimf';

```
a.output(1).mf(2).params = [10 15 20];
a.output(1).mf(3).name = 'generous';
a.output(1).mf(3).type = 'trimf';
a.output(1).mr(3).params = [20 25 30];
a.rule(1).antecedent = [1 1];
a.mle(1).consequent = [1];
a.rule(1).weight = 1;
a.rule(1).connection = 2;
a.rule(2).antecedent = [2 0];
a.rule(2).consequent = [2];
a.rule(2).weight = 1;
a.rule(2).connection = 1;
a.rule(3).antecedent = [3 2];
a.rule(3).consequent = [3];
a.rule(3).weight = 1;
a.rule(3).connection = 2;
```

这样的程序相当繁琐,如果用前面所提到的规则结构变量以及相应的一些 MATLAB 函数来实现会简单得多,例如:

```
a = newfis('tipper');
a = addmf(a,'input',1,'service',[0 10]);
a = addmf(a,'input',1,'poor','gaussmf',[1.5 0]);
a = addmf(a,'input',1,'good','gaussmf',[1.5 5]);
a = addmf(a,'input',1,'excellent','gaussmf',[1.5 10]);
a = addvar(a,'input','food',[0 10]);
a = addmf(a,'input',2,'rancid','trapmf',[-2 0 1 3]);
a = addmf(a,'input',2,'delicious','trapmf',[7 9 10 12]);
a = addvar(a,'output','tip',[0 30]);
a = addmf(a,'output',1,'cheap','trimf',[0 5 10]);
a = addmf(a,'output',1,'average','trimf',[10 15 20]);
a = addmf(a,'output',1,,'generous','trimf',[20 25 30]);
ruleList = [ ...
1 1 1 1 2
2 0 2 1 1
3 2 3 1 2];
```

使用模糊逻辑推理系统对于给定输入得到相应的输出结果才是实际使用中最终的目的,这个过程在 MATLAB 里可以通过函数 evalfis 来完成。例如,下面的命令行用来计算小费推理系统对于输入变量为 [1,2] 的输出结果为

```
a = readfis('tipper');
evalfis([1 2],a)
```

结果为

ans =

5.5586

3. MATLAB 的 FIS 结构和存储

（1）FIS 结构

前面已经提到在 MATLAB 中模糊推理系统是以一种 FIS 的结构类型来表示和存储的。无论是图形化的工具或是像 getfis 和 setfis 这样的函数，都可以对这种结构进行直接的操作，同样也可以用"结构名. 成员名"（structure. field）的语法方式来访问。其实 FIS 的结构组成很简单，它是将 MATLAB 模糊逻辑的各个函数统一起来使用的基础，理解它的结构可以帮助我们更好地应用 MATLAB 的模糊逻辑工具箱。FIS 结构可以看做是一种层次结构，如图 10-10 所示。可以用 showfis 函数来生成关于 FIS 结构变量的详细信息列表。例如键入命令

a = readfis('tipper')；

showfis(a)

除了图形化环境外，MATLAB 的命令行方式提供了下列与 FIS 结构的创建和编辑相关的函数：getfis、serfis、showfis、addvar、addmf、addrule、rmVar 及 rmmf。

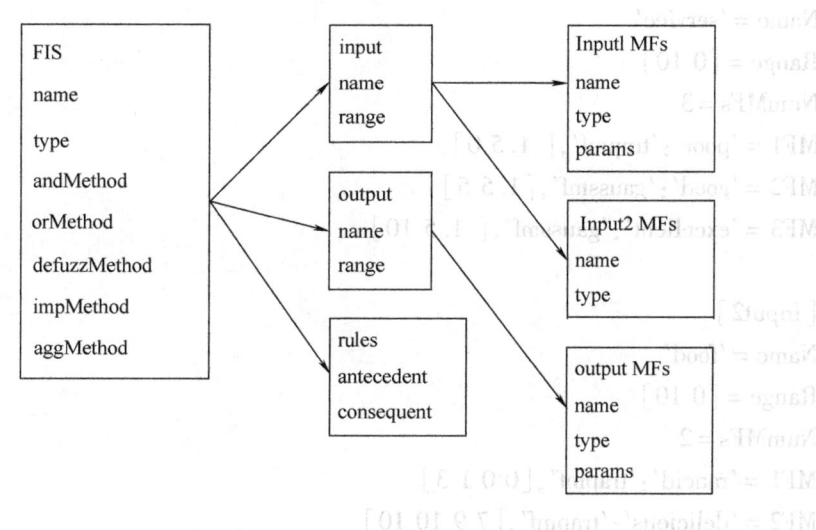

图 10-10　模糊推理系统 FIS 结构层次

（2）*. fis 文件格式及存储

在 MATLAB 中模糊推理系统使用一种特定格式的文本文件来存储，通常以扩展名 . fis 命名。工具箱提供了 readfis 和 writefis 两个函数分别来读写这种文件。

由于 FIS 文件是以文本方式存储，因此也可以不用图形工具或是相关函数而直接用文本编辑器来编辑它。但是这样往往比较复杂而且容易出错，因为改动了一个参数可能需要在文件的许多地方进行考虑和修改。例如，如果删除了一条隶属度函数，那么所有与该隶属度函数相关的规则就得删除，而且其他隶属度函数的序号也会发生改变，其他规则也要做相应改动。

直接用文本编辑器或是用 type tipper.fis 命令（或 open tipper.fis, edit tipper.fis）都可以查看到小费问题模糊推理系统的文件 tipper.fis，例如：

```
% SRevision: 1.1 $
[System]
Name = 'tipper'
Type = 'mamdani'
NumInputs = 2
NumOutputs = 1
NumRules = 3
AndMethod = 'min'
OrMethod = 'max'
ImpMethod = 'min'
AggMethod = 'max'
DefuzzMethod = 'centroid'

[Input1]
Name = 'service'
Range = [0 10]
NumMFs = 3
MF1 = 'poor':'trapmf',[1.5 0]
MF2 = 'good':'gaussmf',[1.5 5]
MF3 = 'excellent':'gaussmf',[1.5 10]

[Input2]
Name = 'food'
Range = [0 10]
NumMFs = 2
MF1 = 'rancid':'trapmf',[0 0 1 3]
MF2 = 'delicious':'trapmf',[7 9 10 10]

[Output1]
Name = 'tip'
Range = [0 30]
NumMFs = 3
MF1 = 'cheap':'trimf',[0 5 10]
MF2 = 'average':'trimf',[10 15 20]
MF3 = 'generous':'trimf',[20 25 30]
```

[Rules]
1 1, 1 (1): 2
2 0, 2 (1): 1
3 2, 3 (1): 2

前面提到的一些函数，例如 readfis、getfis、setfis、showfis 等都是模糊逻辑工具箱提供的命令行函数，直接调用这些函数就可以实现对模糊推理系统进行建立、修改以及存储等操作。

10.3 MATLAB 神经网络工具箱

神经网络工具箱包含在 nnet 目录中，键入 help nnet 命令可得到帮助主题。工具箱包含了许多示例。每一个例子讲述了一个问题，展示了用来解决问题的网络并给出了最后的结果。显示向导要讨论的神经网络例子和应用代码可以通过键入 help nndemos 命令找到。

安装神经网络工具箱的指令可以在下列两份 MATLAB 文档中找到：the Installation Guide for MS-Windows and Macintosh 或者 the Installation Guide for UNIX。

10.3.1 神经元模型

1. 单神经元

图 10-11 所示为一个单标量输入且无偏置的神经元。图 10-11 中输入标量通过乘以权重为标量 w 的连接点得到结果 wp，仍是一个标量。这里，加权的输入 wp 仅仅是转移函数 f 的参数，函数的输出是标量 a。图 10-12 的神经元有一个标量偏置 b，既可以认为它仅仅是通过求和节点加在结果 wp 上，也可以认为它把函数 f 左移了 b 个单位，偏置除了有一个固定不变的输入值 1 以外，其他的很像权重。标量 n 是加权输入 wp 和偏置 b 的和，它作为转移函数 f 的参数。函数 f 是转移函数，它可以为阶跃函数或者曲线函数，它接收参数 n 给出输出 a。注意，神经元中的 w 和 b 都是可调整的标量参数。神经网络的中心思想就是通过参数的可调整性来使网络能够产生令人感兴趣的行为。这样，就可以通过调整权重和偏置参量训练神经网络做一定的工作，或者神经网络自己调整参数以得到想要的结果。

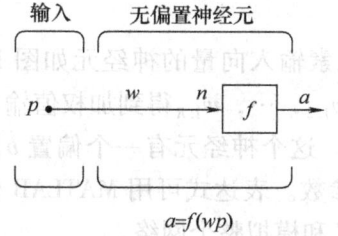

图 10-11 无偏置的神经元　　　　图 10-12 有偏置的神经元

在神经网络工具箱里所有的神经元都提供偏置。在神经元中，标量 b 是个可调整的参数，它不是一个输入。转移函数在这个工具箱里包括了许多转移函数。可以在 Transfer Function Graphs 中找到它们的完全列表。图 10-13 列出了 3 个最常用的转移函数。

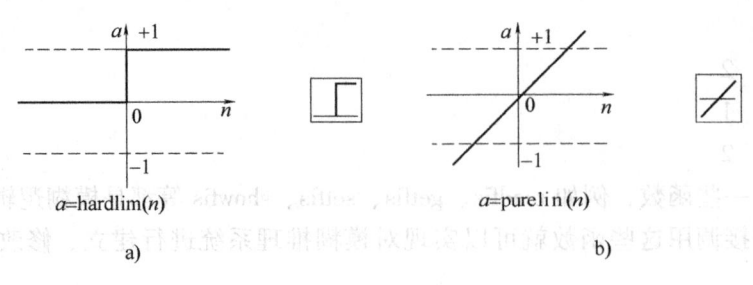

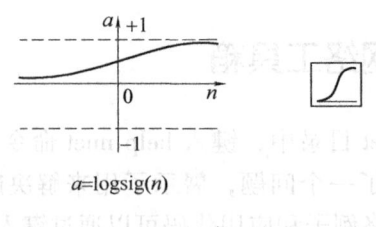

图 10-13 常用的转移函数
a）阶跃转移函数 b）线性转移函数 c）阶跃转移函数

图 10-13 a 所示的阶跃转移函数限制了输出，使得输入参数小于 0 时输出为 0，大于或等于 0 时输出为 1。我们可以输入以下代码

```
n = -5: 0.1: 5;
plot (n, hardlim (n),'c+:');
```

它产生一张在 -5 到 5 之间的阶跃函数图。所有在工具箱中的数学转移函数都能够用同名的函数实现。

线性转移函数如图 10-13b 所示，这种类型的神经元可以用作线性拟合。图 10-13c 显示的曲线转移函数的输入参数是正负区间的任意值，而将输出值限定于 0 ~ 1 之间。这种传递函数通常用于反向传播（BP）网络，这得益于函数的可微性。

在上面所示的每一个转移函数图的右边方框中的符号代表了对应的函数，这些图表将替换网络图的方框中的 f 来表示所使用的特定的转移函数。通过运行示例程序 nn2n1 来试验一个神经元和各种转移函数。

2. 带向量输入的神经元

带有输入矢量的神经元如图 10-14 所示。有 R 个元素输入向量的神经元如图 10-14a 所示。这里单个输入元素 p_1，p_2，…，p_R 乘上权重 $w_{1,1}$，$w_{1,2}$，…，$w_{1,R}$ 得到加权值输入求和节点。它们的和是 Wp，等于单行矩阵 W 和矢量 p 的点乘。这个神经元有一个偏置 b，它加在加权的输入上得到网络输入 n，和值 n 是转移函数 f 的参数。表达式可用 MATLAB 代码表示为 $n = W*p + b$。这些代码已经被建立到函数中来定义和模拟整个网络。

图 10-14b 所示是图 10-14a 的简化表示，输入向量 p 用左边的黑色实心竖条代表，p 的维数写在符号 p 下面，在图中是 $R×1$。因此，p 是一个有 R 个输入元素的向量。这个输入列向量乘上 R 列单行矩阵 W。和以前一样，常量 1 作为一个输入乘上偏置标量 b，给转移函数的网络输入是 n，它是偏置与乘积 Wp 的和。这个和值传给转移函数 f 得到网络输出 a。如果有超过一个神经元，网络输出就有可能是一个向量。图中定义了神经网络的一层。一层包括

权重的组合，乘法和加法操作，偏置 b 和转移函数 f。输入数组，即向量 p 不包括在该层中。

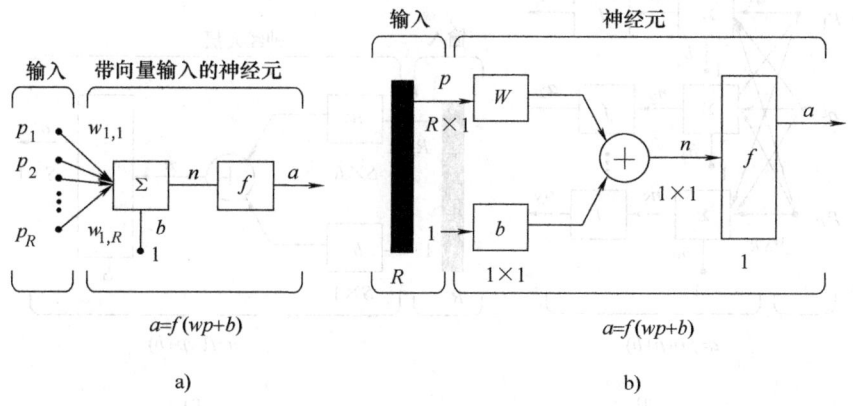

图 10-14　带有输入向量的神经元

10.3.2　网络结构

两个或更多的神经元可以组合成一层，一个典型的网络可包括一层或者多层。下面首先来研究神经元层。

1. 单层神经元网络

有 R 个输入元素和 S 个神经元组成的单层神经元网络如图 10-15 所示。在如图 10-15a 所示的一个单层网络中，输入向量 p 的每一个元素都通过权重矩阵 W 和每一个神经元连接起来。第 i 个神经元通过把所有加权的输入和偏置加起来得到它自己的标量输出 $n(i)$。不同的 $n(i)$ 合起来形成了有 S 个元素的网络输入向量 n。最后，网络层输出一个列向量 a。输入元素个数 R 和神经元个数 S 通常是不等的。可以建立一个简单的复合神经元层，图 10-15 所示的网络并行的合在一起，使用不同的转移函数。所有的网络都有相同的输入，而每一个网络都会产生输出。输入向量元素经加权矩阵 W 作用输入网络

$$W = \begin{bmatrix} w_{1,1} & w_{1,2} & \cdots & w_{1,R} \\ w_{2,1} & w_{2,2} & \cdots & w_{2,R} \\ \vdots & \vdots & & \vdots \\ w_{S,1} & w_{S,2} & \cdots & w_{S,R} \end{bmatrix} \tag{10-1}$$

加权矩阵 W 的行标标记权重的目的神经元，列标标记待加权的输入标号。有 S 个神经元和 R 个输入元素的神经网络也能够简化成图 10-15b。这里，p 是一个有 R 个元素的输入向量，W 是一个 $S \times R$ 的矩阵，a 和 b 是有 S 个元素的向量。神经元层包括权重矩阵、乘法运算、偏置向量 b、求和符和转移函数框。

2. 输入和层

将连接输入的权重矩阵称为输入权重，来自层输出的权重矩阵称为层矩阵。在各个权重和其他网络元素中将用上标区分源（第二个标号）和目的（第一个标号），如图 10-15a 所示为单层多输入网络，可以看到，把连接输入向量 p 的权重矩阵标记为输入权重矩阵（$w_{1,1}$），第一个标号 1 是源，第二个标号 1 是目的。同样，第一层的元素，比如偏置、网络

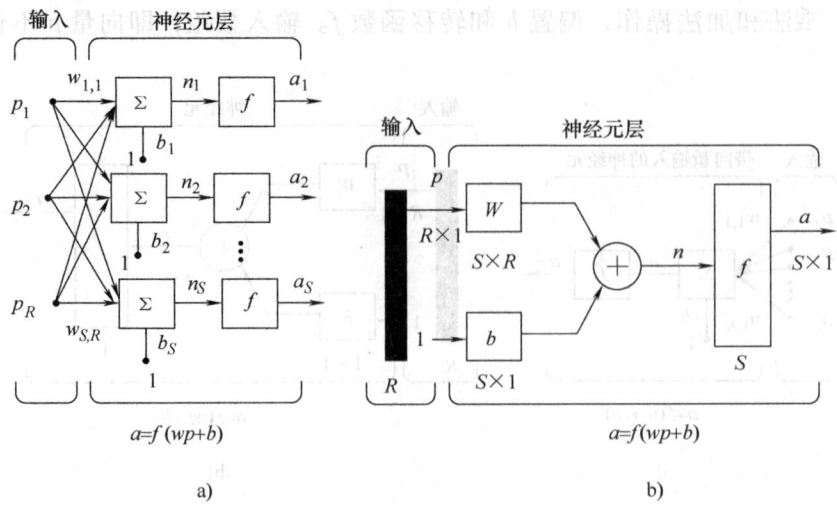

图 10-15 单层神经元网络

输入和输出都有上标 1 来表示它们属于第一层。把特定的网络 net 中用数学符号表示的层权重矩阵转换成代码,如下所示:

IW1,1 net. IW {1, 1}

这样,就可以用代码来得到对转移函数的网络输入:

n {1} = net. IW {1, 1} * p + net. b {1}

3. 多层神经元网络

一个网络可以有多层,每一层都有权重矩阵 W、偏置向量 b 和输出向量 a。图 10-16 所示为 3 层神经网络。

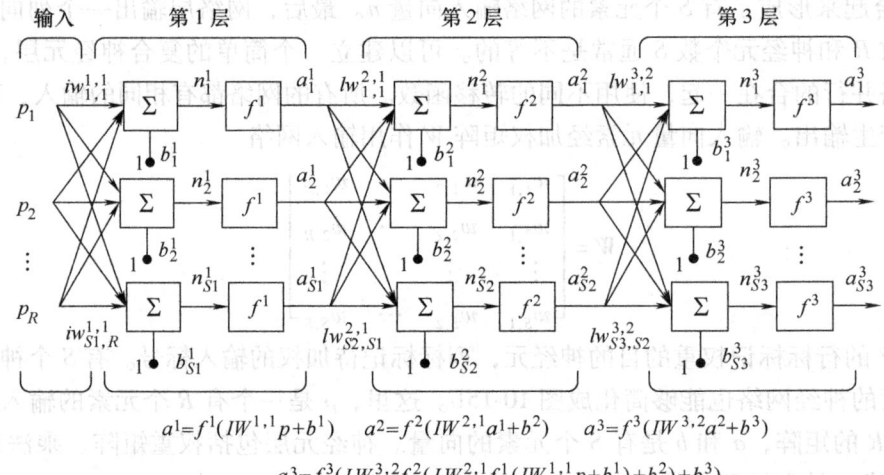

图 10-16 3 层神经网络

图 10-16 所示的网络有 R 个输入,第 1 层有 $S1$ 个神经元,第 2 层有 $S2$ 个神经元,依次类推。一般不同层有不同数量的神经元。每一个神经元的偏置输入是常量 b_{Si}^i。中间层的输出就是下一层的输入。第 2 层可看做有 $S1$ 个输入,$S2$ 个神经元和 $S2 \times S1$ 阶权重矩阵 W^2 的单层网络。第 2 层的输入是 a^1,输出是 a^2,已经确定了第 2 层的所有向量和矩阵,就能把

它看成一个单层网络了。其他层也可以照此步骤处理。

多层网络中的层扮演着不同的角色。给出网络输出的层叫做输出层。所有其他的层叫做隐层。图10-16所示的3层神经网络有一个输出层（第3层）和两个隐层（第1和第2层）。

图10-16所示的3层神经网络可以简化如图10-17所示。

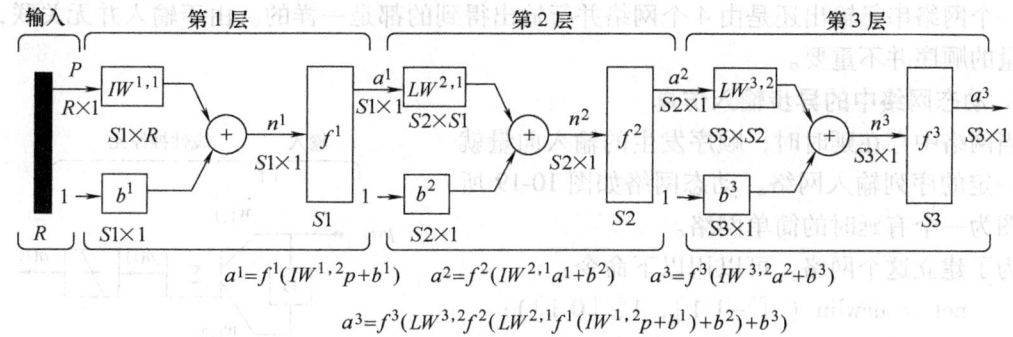

$$a^1 = f^1(IW^{1,2}p + b^1) \quad a^2 = f^2(IW^{2,1}a^1 + b^2) \quad a^3 = f^3(IW^{3,2}a^2 + b^3)$$

$$a^3 = f^3(LW^{3,2}f^2(LW^{2,1}f^1(IW^{1,2}p + b^1) + b^2) + b^3)$$

图10-17 简化的3层神经网络

10.3.3 数据结构

两种基本的输入向量类型：同步（同时或者无时序）向量和异步向量。对异步向量来说，向量的顺序是非常重要的。对同步向量来说，顺序是不重要的，并且如果已经有一定数量的并行网络，就能把一个输入向量输入到其中的任意网络。

1. 静态网络中的同步输入仿真

仿真静态网络（没有反馈或者延迟）是网络仿真最简单的一种，如图10-18所示。在这种情况中，不需要关心向量输入的时间顺序，所以可以认为它是同时发生的。另外，为了使问题更简单，假定开始网络仅有一个输入向量。现在用下面的网络作为例子。

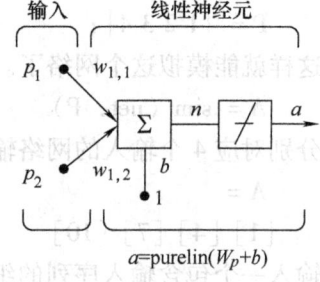

图10-18 静态网络

为了建立这个网络，可以用以下命令：

  net = newlin（[-1 1; -1 1], 1）;

为简单起见，假定权重矩阵和偏置为

$$W = [1, 2], \quad b = [0] \quad (10\text{-}2)$$

其命令行为

  net.IW {1, 1} = [1 2];

  net.b {1} = 0;

假定模拟的网络输入分别为4个无序向量，即$Q = 4$

$$p_1 = \begin{bmatrix} 1 \\ 2 \end{bmatrix}, \ p_2 = \begin{bmatrix} 2 \\ 1 \end{bmatrix}, \ p_3 = \begin{bmatrix} 2 \\ 3 \end{bmatrix}, \ p_4 = \begin{bmatrix} 3 \\ 1 \end{bmatrix} \quad (10\text{-}3)$$

这些同步向量可以用一个矩阵来表示为

  P = [1 2 2 3; 2 1 3 1];

现在可以模拟这个网络为

  A = sim（net, P）

结果显示分别对应 4 个输入的网络输出结果为

A =

5 4 8 5

向网络输入一个简单的同步向量矩阵,得到了一个简单的同步向量输出矩阵。结果不论是由一个网络串行输出还是由 4 个网络并行输出得到的都是一样的。由于输入并无关联,输入向量的顺序并不重要。

2. 动态网络中的异步输入仿真

当网络中存在延时时,顺序发生的输入向量就要按一定的序列输入网络。动态网络如图 10-19 所示,图为一个有延时的简单网络。

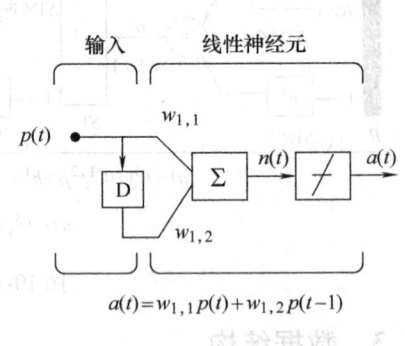

图 10-19 动态网络

为了建立这个网络,可以用以下命令:

  net = newlin([-1 1], 1, [0 1]);

  net.biasConnect = 0;

假定权重矩阵为

$$W = [1, 2] \quad (10\text{-}4)$$

命令行为

  net.IW {1, 1} = [1 2];

假定输入的顺序为

$$p(1) = [1], p(2) = [2], p(3) = [3], p(4) = [4] \quad (10\text{-}5)$$

输入序列可以用一个细胞数组来表示为

  P = {1 2 3 4};

这样就能模拟这个网络了。

  A = sim(net, P)

分别对应 4 个输入的网络输出结果为

A =

[1] [4] [7] [10]

输入一个包含输入序列的细胞数组,网络产生一个包含输出序列的细胞数组。注意异步输入中的输入顺序是很重要的。在这个例子中,当前输出等于当前输入乘 1 加上前一个输入乘 2。如果改变输入顺序,那么输出结果也会随之改变。

3. 动态网络中的同步输入仿真

如果在上一个例子中把输入作为同步而不是异步应用,就会得到完全不同的响应。相当于每一个输入都同时加到一个单独的并行网络中。在前一个例子中,如果用一组同步输入,则

$$p_1 = [1], p_2 = [2], p_3 = [3], p_4 = [4] \quad (10\text{-}6)$$

这可用下列代码创建

  P = [1 2 3 4];

模拟这个网络为

  A = sim(net, P)

可以得到

A =
1 2 3 4

这个结果和同时把每一个输入应用到单独的网络中并计算单独的输出没什么两样。注意，如果没有初始化延时时间，那么默认值就是0。在这个例子中，由于当前输入的权重是1，输出就是输入乘1。在某些特定的情况下，可能想要在同一时间模拟一些不同序列的网络响应，在这种情况下就要给网络输入一组同步序列。比如说，要把下面两个序列输入网络

$$p(1) = [1], p(2) = [2], p(3) = [3], p(4) = [4] \qquad (10\text{-}7)$$
$$p(1) = [4], p(2) = [3], p(3) = [2], p(4) = [1] \qquad (10\text{-}8)$$

输入 P 应该是一个细胞数组，每一个数组元素都包含了两个同时发生的序列的元素

$$P = \{[1\ 4]\ [2\ 3]\ [3\ 2]\ [4\ 1]\};$$

可以模拟这个网络为

A = sim (net, P);

网络输出结果将为

A = { [1 4] [4 11] [7 8] [10 5] }

可以看到，每个矩阵的第一列是由第一组输入序列产生的输出序列，每个矩阵的第二列是由第二组输入序列产生的输出序列。

10.3.4 训练方式

在这一节中，将描述两种不同的训练方式。在增加方式中，每提交一次输入数据，网络权重和偏置都更新一次。在批处理方式中，仅当所有的输入数据都被提交以后，网络权重和偏置才被更新。

1. 增加方式

虽然增加方式更普遍地应用于动态网络，比如自适应滤波，但是在静态和动态网络中都可以应用它。在这一节中将示范怎样把增加方式应用到这两种网络中去。

（1）静态网络中的增加方式

继续考虑前面用过的第一个静态网络的例子，用增加方式来训练，这样每提交一次输入数据，网络权重和偏置都更新一次。在这个例子里用函数 adapt，并给出输入和目标序列。

假定要训练网络建立以下线性函数

$$t = 2p_1 + p_2 \qquad (10\text{-}9)$$

输入是

$$p_1 = \begin{bmatrix}1\\2\end{bmatrix}, p_2 = \begin{bmatrix}2\\1\end{bmatrix}, p_3 = \begin{bmatrix}2\\3\end{bmatrix}, p_4 = \begin{bmatrix}3\\1\end{bmatrix} \qquad (10\text{-}10)$$

目标输出是

$$t_1 = [4], t_2 = [5], t_3 = [7], t_4 = [7] \qquad (10\text{-}11)$$

首先用0初始化权重和偏置。为了显示增加方式的效果，把学习速度也设为0，代码为

net = newlin ([-1 1; -1 1], 1, 0, 0);
net. IW {1, 1} = [0 0];
net. b {1} = 0;

为了用增加方式，输入和目标输出表示为以下序列

P = { [1; 2] [2; 1] [2; 3] [3; 1] };
T = {4 5 7 7};

在前面的讨论中，不论是作为一个同步向量矩阵输入还是作为一个异步向量细胞数组输入，模拟的输出值是一样的。而在训练网络时，这是不对的。当使用 adapt 函数时，如果输入是异步向量细胞数组，那么权重将在每一组输入提交的时候更新（就是增加方式）。

现在用增加方式训练网络

[net, a, e, pf] = adapt (net, P, T);

由于学习速度为0，网络输出仍然为0，并且权重没有被更新，因此误差和目标输出相等，即

a = [0] [0] [0] [0]
e = [4] [5] [7] [7]

如果设置学习速度为0.1，就能够看到当每一组输入提交时，网络是怎么调整的，即

net. inputWeights {1, 1}. learnParam. lr = 0.1;
net. biases {1, 1}. learnParam. lr = 0.1;
[net, a, e, pf] = adapt (net, P, T);
a = [0] [2] [6.0] [5.8]
e = [4] [3] [1.0] [1.2]

由于在第一个输入数据提交前还没有更新，第一个输出和学习速率为0时一样。由于权重已更新，第二个输出就不一样了。每计算一次错误，权重都不断地修改。如果网络可行并且学习速率设置得当，误差将不断地趋向于0。

（2）动态网络中的增加方式

同样，也能用增加方式训练动态网络。实际上，这是最普遍的情况。下面用前面用过的那个有输入延时的线性网络作为例子，现将初始化权重为0，并把学习速率设为0.1。

net = newlin ([-1 1], 1, [0 1], 0.1);
net. IW {1, 1} = [0 0];
net. biasConnect = 0;

为了用增加方式，把输入和目标输出表示为细胞数组的元素

Pi = {1};
P = {2 3 4};
T = {3 5 7};

这里，尝试训练网络把当前输入和前一次输入加起来作为当前输出。输入序列和前面使用 sim 的例子中用过的一样，除了指定了输入序列的第一组作为延时的初始状态。现在可以用 adapt 来训练网络

[net, a, e, pf] = adapt (net, P, T, Pi);
a = [0] [2.4] [7.98]
e = [3] [2.6] [-1.98]

由于权重没有更新，第一个输出是0。每一个序列步进，权重都改变一次。

2. 批处理方式

在批处理方式中，仅当所有的输入数据都被提交以后，网络权重和偏置才被更新，它也可以应用于静态和动态网络。

（1）静态网络中的批处理方式

批处理方式可以用 adapt 或 train 函数来实现，由于采用了更高效的学习算法，train 通常是最好的选择。增加方式只能用 adapt 来实现，train 函数只能用于批处理方式。下面再用前面用过的静态网络的例子，学习速率设置为 0.1。

  net = newlin ([-1 1; -1 1], 1, 0, 0.1);
  net. IW {1, 1} = [0 0];
  net. b {1} = 0;

用 adapt 函数实现静态网络的批处理方式，输入向量必须用同步向量矩阵的方式放置，即

  P = [1 2 2 3; 2 1 3 1];
  T = [4 5 7 7];

当调用 adapt 时将触发 adaptwb 函数，这是默认的线性网络调整函数。learnwh 是默认的权重和偏置学习函数。因此，将会使用 Widrow-Hoff 学习方法，即

  [net, a, e, pf] = adapt (net, P, T);
  a = 0 0 0 0
  e = 4 5 7 7

注意，网络的输出全部为 0，因为在所有要训练的数据提交前权重没有被更新，如果显示权重，就会发现

  >> net. IW {1, 1}
  ans = 4.9000 4.1000
  >> net. b {1}
  ans = 2.3000

经过用 adapt 函数的批处理方式调整，这就和原来不一样了。现在用 train 函数来实现批处理方式。由于 Widrow-Hoff 规则能够在增加方式和批处理方式中应用，它可以通过 adapt 和 train 触发。有好几种算法只能用于批处理方式（特别是 Levenberg-Marquardt 算法），所以这些算法只能用 train 触发。

网络用相同的方法建立

  net = newlin ([-1 1; -1 1], 1, 0, 0.1);
  net. IW {1, 1} = [0 0];
  net. b {1} = 0;

在这种情况下输入向量既能用同步向量矩阵表示，也能用异步向量细胞数组表示。用 train 函数，任何异步向量细胞数组都会转换成同步向量矩阵。这是因为网络是静态的，并且因为 train 总是在批处理方式中使用。因为 MATLAB 实现同步模式效率更高，所以只要可能，总是采用同步模式处理，即

  P = [1 2 2 3; 2 1 3 1];
  T = [4 5 7 7];

现在开始训练网络。由于只用了一次 adapt，这里训练它一次。默认的线性网络训练函

数是 trainwb。learnwh 是默认的权重和偏置学习函数。因此，应该和前面默认调整函数 adaptwb 的例子得到同样的结果为

  net. inputWeights $\{1, 1\}$. learnParam. lr = 0.1;
  net. biases $\{1\}$. learnParam. lr = 0.1;
  net. trainParam. epochs = 1;
  net = train (net, P, T);

经过一次训练后，显示权重

  >> net. IW $\{1, 1\}$
  ans = 4.9000 4.1000
  >> net. b $\{1\}$
  ans = 2.3000

这和用 adapt 训练出来的结果是一样的。在静态网络中，adapt 函数能够根据输入数据格式的不同应用于增加方式和批处理方式。如果数据用同步向量矩阵方式输入就用批处理方式训练；如果数据用异步方式输入就用增加方式。但这对于 train 函数行不通，无论输入格式如何，它总是采用批处理方式。

（2）动态网络中的批处理方式

训练静态网络相对要简单一些。如果用 train 训练网络，即使输入是异步向量细胞数组，它也是转变成同步向量矩阵而采用批处理方式。输入格式决定着网络训练方式。如果传递的是序列，网络用增加方式，如果传递的是同步向量就采用批处理方式。

在动态网络中，批处理方式只能用 train 完成，特别是当仅有一个训练序列存在时。为了说明清楚，重新考虑那个带延时的线性网络，学习速率设为 0.02。

  net = newlin ($[-1\ 1]$, 1, $[0\ 1]$, 0.02);
  net. IW $\{1, 1\}$ = $[0\ 0]$;
  net. biasConnect = 0;
  net. trainParam. epochs = 1;
  Pi = $\{1\}$;
  P = $\{2\ 3\ 4\}$;
  T = $\{3\ 5\ 6\}$;

用前面增加方式训练过的那组数据训练，但是这一次希望只有在所有数据都提交后才更新权重（批处理方式）。因为输入是一个序列，网络将用异步模式模拟。权重将用批处理方式更新。

  net = train (net, P, T, Pi);

经过一次训练后，权重值为

  >> net. IW $\{1, 1\}$
  ans = 0.9000 0.6200

这里的权重值和用增加方式得到的不同。在增加方式中，通过训练设置，一次训练可以更新权重 3 次。在批处理方式中，每次训练只能更新一次。

10.3.5 反向传播网络

前面介绍了神经网络的结构和模型，在实际应用中，用得最广泛的是反向传播网络

(BP 网络)。下面就介绍一下 BP 网络的结构和应用。

BP 网络是采用 Widrow-Hoff 学习算法和非线性可微转移函数的多层网络。一个典型的 BP 网络采用的是梯度下降算法，也就是 Widrow-Hoff 规则所规定的算法。backpropagation 就是指非线性多层网络计算梯度的方法。现在有许多基本的优化算法，例如变尺度算法和牛顿算法。神经网络工具箱提供了许多这样的算法。

一个经过训练的 BP 网络能够根据输入给出合适的结果，虽然这个输入并没有被训练过。这个特性使得 BP 网络很适合采用输入/目标对进行训练，而且并不需要把所有可能的输入/目标对都训练过。为了提高网络的适用性，神经网络工具箱提供了两个特性——规则化和早期停止。

1. 网络结构

神经网络的结构前面已详细讨论过，前馈型 BP 网络的结构和它基本相同，这里就不再详细论述了，下面着重说明几点：

1）常用的前馈型 BP 网络的转移函数有 logsig、tansig，有时也会用到线性函数 purelin。当网络的最后一层采用曲线函数时，输出被限制在一个很小的范围内，如果采用线性函数则输出可为任意值。以上 3 个函数是 BP 网络中最常用到的函数，但是如果需要的话也可以创建其他可微的转移函数。

2）在 BP 网络中，转移函数可求导是非常重要的，tansig、logsig 和 purelin 都有对应的导函数 dtansig、dlogsig 和 dpurelin。为了得到更多转移函数的导函数，可以使用带字符 "deriv" 的转移函数，即

   tansig（'deriv'）
   ans = dtansig

2. 网络构建和初始化

训练前馈网络的第一步是建立网络对象。函数 newff 建立一个可训练的前馈网络。这需要 4 个输入参数。第 1 个参数是一个 $R \times 2$ 的矩阵以定义 R 个输入向量的最小值和最大值；第 2 个参数是一个每层神经元个数的数组；第 3 个参数是包含每层用到的转移函数名称的细胞数组。最后一个参数是用到的训练函数的名称。下面命令将创建一个 2 层神经网络，如图 10-20 所示。

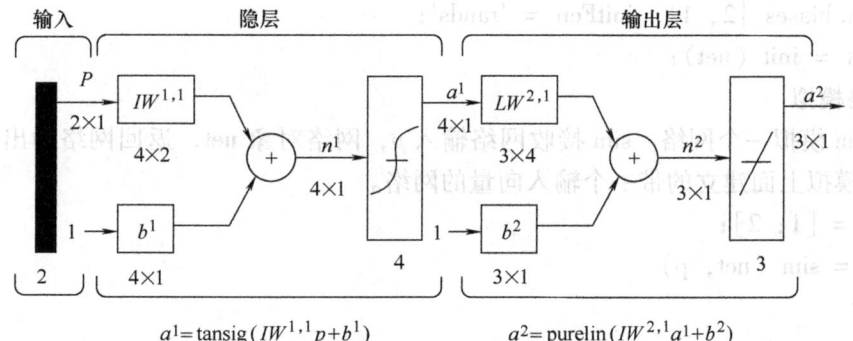

图 10-20　2 层神经网络

它的输入是两个元素的向量，第 1 层有 3 个神经元，第 2 层有一个神经元。第 1 层的转移函数是 tan-sigmoid，输出层的转移函数是 linear。输入向量的第一个元素的范围是 −1 ~ 2，

输入向量的第 2 个元素的范围是 0~5，训练函数是 traingd。

    net = newff（[-1 2; 0 5]，[3, 1]，{'tansig','purelin'},'traingd'）；

这个命令建立了网络对象并且初始化了网络权重和偏置，因此网络就可以进行训练了。同时，可能要多次重新初始化权重或者进行自定义的初始化。下面就是初始化的详细步骤。

在训练前馈网络之前，权重和偏置必须被初始化。初始化权重和偏置的工作用 init 命令来实现。这个函数接收网络对象并初始化权重和偏置后返回网络对象。下面就是网络如何初始化的：

    net = init（net）；

可以通过设定网络参数 net.initFcn 和 net.layer{i}.initFcn 来初始化一个给定的网络。net.initFcn 用来决定整个网络的初始化函数。前馈网络的默认值为 initlay，它允许每一层用单独的初始化函数。设定了 net.initFcn，那么参数 net.layer{i}.initFcn 也要设定用来决定每一层的初始化函数。

对前馈网络来说，有两种不同的初始化方式经常被用到，即 initwb 和 initnw。initwb 函数根据每一层自己的初始化参数（net.inputWeights{i, j}.initFcn）初始化权重矩阵和偏置。前馈网络的初始化权重通常设为 rands，它使权重在 -1~1 之间随机取值。这种方式经常用在转换函数是线性函数时。initnw 通常用于转换函数是曲线函数时，它根据 Nguyen 和 Widrow 为层产生初始权重和偏置值，使得每层神经元的活动区域能大致平坦地分布在输入空间。它比起单纯的给权重和偏置随机赋值有以下优点：

1）减少神经元的浪费（因为所有神经元的活动区域都在输入空间内）。

2）有更快的训练速度（因为输入空间的每个区域都在活动的神经元范围中）。

初始化函数被 newff 所调用，因此当网络创建时，它根据默认的参数自动初始化。init 不需要单独的调用。可是可能要重新初始化权重和偏置或者进行自定义的初始化，例如，用 newff 创建的网络，它默认用 initnw 来初始化第 1 层。如果想要用 rands 重新初始化第 1 层的权重和偏置，用以下命令：

    net.layers{1}.initFcn = 'initwb'；
    net.inputWeights{1, 1}.initFcn = 'rands'；
    net.biases{1, 1}.initFcn = 'rands'；
    net.biases{2, 1}.initFcn = 'rands'；
    net = init（net）；

3. 网络模拟

函数 sim 模拟一个网络。sim 接收网络输入 p，网络对象 net，返回网络输出 a，这里是 simuff 用来模拟上面建立的带一个输入向量的网络。

    p = [1; 2]；
    a = sim（net, p）

结果为

    a =
    -0.1011

下面调用 sim 来计算一个同步输入 3 向量网络的输出

    p = [1 3 2; 2 4 1]；

a = sim (net, p)

结果为

a =

-0.1011 -0.2308 0.4955

4. 网络训练

一旦网络加权和偏差被初始化，网络就可以开始训练了。网络训练能够训练网络来做函数近似（非线性后退）、模式结合，或者模式分类、网络输入 p 和目标输出 t；在训练期间网络的加权和偏差不断地把网络性能函数 net.performFcn 减少到最小；前馈网络的默认性能函数是均方误差 mse——网络输入 p 和目标输出 t 之间的均方误差。所有这些算法都用性能函数的梯度来决定怎样把权重调整到最佳。梯度由反向传播技术决定，它要通过网络实现反向计算。反向传播计算源自使用微积分的链规则。基本的反向传播算法的权重沿着梯度的负方向移动。

（1）反向传播算法

反向传播学习算法最简单的应用是沿着性能函数最速增加的方向——梯度的负方向更新权重和偏置。这种递归算法可以写成

$$x(k+1) = x(k) - a(k)g(k) \tag{10-12}$$

式中，$x(k)$ 为当前权重和偏置矢量；$g(k)$ 为当前梯度；$a(k)$ 为学习速率。有两种不同的办法实现梯度下降算法：增加模式和批处理模式。在增加模式中，网络输入每提交一次，梯度计算一次并更新权重。在批处理模式中，当所有的输入都被提交后网络才被更新。下面两小节将讨论增加模式和批处理模式。

（2）增加模式训练法

函数 adapt 用来训练增加模式的网络，它从训练设置中接受网络对象、网络输入和目标输入，返回训练过的网络对象，用最后的权重和偏置得到的输出和误差。

这里有几个网络参数必须设置，第一个是 net.adaptFcn，它决定使用哪一种增加模式函数，默认值为 adaptwb，允许每一个权重和偏置都指定它自己的函数。这些单个的学习函数由参数 net.biases {i, j}.learnFcn、net.inputWeights {i, j}.learnFcn、net.layerWeights {i, j}.learnFcn 和 Gradient Descent (LEARDGD) 来决定。对于基本的梯度最速下降算法，权重和偏置沿着性能函数的梯度的负方向移动。在这种算法中，单个的权重和偏置的学习函数设定为 "learngd"。下面的命令演示了怎样设置前面建立的前馈函数参数：

net.biases {1, 1}.learnFcn = 'learngd';
net.biases {2, 1}.learnFcn = 'learngd';
net.layerWeights {2, 1}.learnFcn = 'learngd';
net.inputWeights {1, 1}.learnFcn = 'learngd';

函数 learngd 有一个相关的参数——学习速率 lr。权重和偏置的变化通过梯度的负数乘以学习速率倍数得到。学习速率越大，步进越大。但是如果学习速率太大算法就会变得不稳定；如果学习速率太小，算法就需要很长的时间才能收敛。当 learnFcn 设置为 learngd 时，就为每一个权重和偏置设置了学习速率参数的默认值，如上面的代码所示。当然，也可以自己按照意愿改变它。下面的代码演示了把层权重的学习速率设置为 0.2，即

net.layerWeights {2, 1}.learnParam.lr = 0.2;

为有序训练设置的最后一个参数是 net.adaptParam.passes，它决定在训练过程中训练值重复的次数，这里设置重复次数为200，即

    net.adaptParam.passes = 200；

现在就可以开始训练网络了。当然要指定输入值和目标值，如下所示

    p = [-1 -1 2 2; 0 5 0 5]；

    t = [-1 -1 1 1]；

如果要在每一次提交输入后都更新权重，那么需要将输入矩阵和目标矩阵转变为细胞数组。每一个细胞都是一个输入或者目标向量

    p = num2cell (p, 1)；

    t = num2cell (t, 1)；

现在就可以用 adapt 来实现增加方式训练了：

    [net, a, e] = adapt (net, p, t)；

训练结束以后，就可以模拟网络输出来检验训练质量了。

    a = sim (net, p)

结果为

    a =

    [-0.9995] [-1.0000] [1.0001] [1.0000]

(3) 带动量的梯度下降法

除了 learngd 以外，还有一种增加方式算法——learngdm（带动量的最速下降法）常被用到，它能提供更快的收敛速度。动量允许网络不但根据当前梯度而且还能根据误差曲面最近的趋势响应，就像一个低通滤波器一样，动量允许网络忽略误差曲面的小特性。没有动量，网络有可能在陷入一个局部最小值。在 Learngdm 中，通过引入动量，网络的上次权重变化与本次由梯度算法计算得到的权重变化的加权和构成了网络的当前权重变化。上一次权重变化对当前权重变化的影响由一个动量常数来决定。它能够设为 0~1 之间的任意值。当动量常数为 0 时，权重变化根据梯度得到；当动量常数为 1 时，新的权重变化等于上次的权重变化，梯度值被忽略了。

除非 mc 和 lr 学习参数都被设置了，Learngdm 函数有上面所示的 learngd 函数触发。由于每一个权重和偏置有它自己的学习参数，因此每一个权重和偏置都可以用不同的参数。下面的命令将用 lerangdm 为前面建立的用增加方式训练的网络设置默认的学习参数

    net.biases {1, 1}.learnFcn = 'learngdm'；

    net.biases {2, 1}.learnFcn = 'learngdm'；

    net.layerWeights {2, 1}.learnFcn = 'learngdm'；

    net.inputWeights {1, 1}.learnFcn = 'learngdm'；

    [net, a, e] = adapt (net, p, t)；

训练的另一种方式是批处理方式，它由函数 train 触发。在批处理方式中，当整个训练设置被应用到网络时，权重和偏置才被更新。每一个训练例子中的计算的梯度加在一起决定权重和偏置的变化。

(4) 批处理梯度下降法

与增加方式的学习函数 learngd 等价的函数是 traingd，它是批处理形式中标准的最速下

降学习函数。traingd 的权重和偏置沿着性能函数的梯度的负方向更新。如果希望用批处理最速下降法训练函数，要设置网络的 trainFcn 为 traingd，并调用 train 函数，它们要单独设置权重矩阵和偏置矢量。traingd 的训练参数有 epochs、show、goal、time、min_grad、max_fail 和 lr。其中，学习速率 lr 和 lerangd 的学习速率的意义是一样的；训练状态将每隔 show 次显示一次；其他参数决定训练什么时候结束。如果训练次数超过 epochs，性能函数低于 goal，梯度值低于 mingrad 或者训练时间超过 time，训练就会结束。

下面的代码将重建以前的网络，然后用批处理最速下降法训练网络（注意用批处理方式训练的话，所有的输入要设置为矩阵方式），即

```
net = newff ( [-1 2; 0 5], [3, 1], {'tansig','purelin'}, 'traingd');
net.trainParam.show = 50;
net.trainParam.lr = 0.05;
net.trainParam.epochs = 300;
net.trainParam.goal = 1e-5;
p = [-1 -1 2 2; 0 5 0 5];
t = [-1 -1 1 1];
net = train (net, p, t);
TRAINGD, Epoch 0/300, MSE 1.59423/1e-05, Gradient 2.76799/1e-10
TRAINGD, Epoch 50/300, MSE 0.00236382/1e-05, Gradient 0.0495292/1e-10
TRAINGD, Epoch 100/300, MSE 0.000435947/1e-05, Gradient 0.0161202/1e-10
TRAINGD, Epoch 150/300, MSE 8.68462e-05/1e-05, Gradient 0.00769588/1e-10
TRAINGD, Epoch 200/300, MSE 1.45042e-05/1e-05, Gradient 0.00325667/1e-10
TRAINGD, Epoch 211/300, MSE 9.64816e-06/1e-05, Gradient 0.00266775/1e-10
TRAINGD, Performance goal met.
a = sim (net, p)
```

结果为

a =
　-1.0010　-0.9989　1.0018　0.9985

用 nnd12sd1 命令来演示批处理最速下降法的性能。

（5）带动量的批处理梯度下降法

带动量的批处理梯度下降法用训练函数 traingdm 触发。这种算法除了两个例外和 learngdm 是一致的。第一，梯度是每一个训练例子中计算的梯度的总和，并且权重和偏置仅仅在训练例子全部提交以后才更新。第二，如果在给定重复次数中新的性能函数超过了以前重复次数中的性能函数的预定义速率 max_perf_inc（典型的是 1.04 倍），那么新的权重和偏置就被丢弃，并且动量系数 mc 就被设为 0。

在下面的代码中，重建了前面的网络并用带动量的梯度下降算法重新训练：

traingdm 的训练参数和 traingd 的一样，动量系数 mc 和性能最大增量 max_perf_inc 也是如此，即

```
net = newff ( [-1 2; 0 5], [3, 1], {'tansig','purelin'}, 'traingdm');
net.trainParam.show = 50;
```

```
net.trainParam.lr = 0.05;
net.trainParam.mc = 0.9;
net.trainParam.epochs = 300;
net.trainParam.goal = 1e-5;
p = [-1 -1 2 2; 0 5 0 5];
t = [-1 -1 1 1];
net = train(net, p, t);
TRAINGDM, Epoch 0/300, MSE 3.6913/1e-05, Gradient 4.54729/1e-10
TRAINGDM, Epoch 50/300, MSE 0.00532188/1e-05, Gradient 0.213222/1e-10
TRAINGDM, Epoch 100/300, MSE 6.34868e-05/1e-05, Gradient 0.0409749/1e-10
TRAINGDM, Epoch 114/300, MSE 9.06235e-06/1e-05, Gradient 0.00908756/1e-10
TRAINGDM, Performance goal met.
a = sim(net, p)
```
结果为
```
a =
   -1.0026  -1.0044  0.9969  0.9992
```

注意,既然在训练前重新初始化了权重和偏置,就得到了一个和使用 traingd 不同的均方误差,如果想用 traingdm 重新初始化并且重新训练,仍将得到不同的均方误差,而且初始化权重和偏置的随机选择将影响算法的性能。如果希望比较不同算法的性能,应该测试每一个使用着的不同的权重和偏置的设置。

10.4 MATLAB 智能控制工具箱函数

10.4.1 MATLAB 模糊逻辑工具箱函数

说明:本节中所列出的函数适用于 MATLAB5.3 以上版本,为了简明起见,只列出了函数名,若需要进一步的说明,请参阅 MATLAB 的帮助文档。

1. GUI 工具

Anfisedit	打开 ANFIS 编辑器 GUI
Fuzzy	调用基本 FIS 编辑器
Mfedit	隶属度函数编辑器
Ruleedit	规则编辑器和语法解析器
Ruleview	规则观察器和模糊推理框图
Surfview	输出曲面观察器

2. 隶属度函数

dsigmf	两个 sigmoid 型隶属度函数之差组成的隶属度函数
gauss2mf	建立两边型高斯隶属度函数
gaussmf	建立高斯曲线隶属度函数
gbellmf	建立一般钟形隶属度函数

pimf	建立 Π 型隶属度函数
psigmf	通过两个 sigmoid 型隶属度函数的乘积构造隶属度函数
smf	建立 S-型隶属度函数
sigmf	建立 Sigmoid 型隶属度函数
trapmf	建立梯形隶属度函数
trimf	建立三角形隶属度函数
zmf	建立 Z-型隶属度函数

3. FIS 数据结构管理

addmf	向模糊推理系统（FIS）的语言变量添加隶属度函数
addrule	向模糊推理系统（FIS）的语言变量添加规则
addvar	向模糊推理系统（FIS）添加语言变量
defuzz	对隶属度函数进行反模糊化
evalfis	完成模糊推理计算
evalmf	通过隶属度函数计算
gensurf	生成一个 FIS 输出曲面
getfis	得到模糊系统的属性
mf2mf	在两个隶属度函数之间转换参数
newfis	创建新的 FIS
parsrule	解析模糊规则
plotfis	绘制一个 FIS
plotmf	绘制给定语言变量的所有隶属度函数的曲线
readfis	从磁盘装入一个 FIS
rmmf	从 FIS 中删除某一语言变量的某一隶属度函数
rmvar	从 FIS 中删除某一语言变量
setfis	设置模糊系统的属性
showfis	以分行的形式显示 FIS 结构的所有属性
showrule	显示 FIS 的规则
writefis	保存 FIS 到磁盘上

4. 先进技术

anfis	Sugeno 型模糊推理系统（FIS）的训练程序（只适用于 MEX）
fcm	模糊 C 均值聚类
genfis1	不使用数据聚类方法从数据生成 FIS 结构
genfis2	使用减法聚类方法从数据生成 FIS 结构
subclust	用减法聚类方法寻找聚类中心

5. Simulink 仿真块

fuzblock	Simulink 模糊逻辑控制器库
sffis	用于 Simulink 的模糊推理 S-函数

6. 演示

defuzzdm	反模糊化方法

fcmdemo	FCM 聚类显示（二维）
fuzdemos	列出所有模糊逻辑工具箱的演示程序
gasdemo	使用子聚类节省燃料的 ANFIS 演示
juggler	带规则观察器的弹球游戏器
invkine	单机械臂倒立摆运动
irisfcm	FCM 聚类显示（四维）
noisedm	自适应消除噪声
slbb	球和棒控制（Simulink）
slcp	倒立摆控制（Simulink）
sltank	水位控制（Simulink）
sltankrule	带规则观察器的水位控制（Simulink）
sltbu	卡车入库（只有 Simulink 方式）

10.4.2 MATLAB 神经网络工具箱函数

说明：本节中所列出的函数适用于 MATLAB5.3 以上版本，为了简明起见，只列出了函数名，若需要进一步的说明，请参阅 MATLAB 的帮助文档。

1. 网络创建函数

newp	创建感知器网络
newlind	设计一线性层
newlin	创建一线性层
newff	创建一前馈 BP 网络
newcf	创建一多层前馈 BP 网络
newfftd	创建一前馈输入延迟 BP 网络
newrb	设计一径向基网络
newrbe	设计一严格的径向基网络
newgrnn	设计一广义回归神经网络
newpnn	设计一概率神经网络
newc	创建一竞争层
newsom	创建一自组织特征映射
newhop	创建一 Hopfield 递归网络
newelm	创建一 Elman 递归网络

2. 网络应用函数

sim	仿真一个神经网络
init	初始化一个神经网络
adapt	神经网络的自适应化
train	训练一个神经网络

3. 权函数

dotprod	权函数的点积
ddotprod	权函数点积的导数

dist Euclidean	距离权函数	
normprod	规范点积权函数	
negdist Negative	距离权函数	
mandist Manhattan	距离权函数	
linkdist Link	距离权函数	

4. 网络输入函数

netsum	网络输入函数的求和
dnetsum	网络输入函数求和的导数

5. 传递函数

hardlim	硬限幅传递函数
hardlims	对称硬限幅传递函数
purelin	线性传递函数
tansig	正切 S 型传递函数
logsig	对数 S 型传递函数
dpurelin	线性传递函数的导数
dtansig	正切 S 型传递函数的导数
dlogsig	对数 S 型传递函数的导数
compet	竞争传递函数
radbas	径向基传递函数
satlins	对称饱和线性传递函数

6. 初始化函数

initlay	层与层之间的网络初始化函数
initwb	阈值与权值的初始化函数
initzero	零权/阈值的初始化函数
initnw Nguyen_ Widrow	层的初始化函数
initcon Conscience	阈值的初始化函数
midpoint	中点权值初始化函数

7. 性能分析函数

mae	均值绝对误差性能分析函数
mse	均方差性能分析函数
msereg	均方差 w/reg 性能分析函数
dmse	均方差性能分析函数的导数
dmsereg	均方差 w/reg 性能分析函数的导数

8. 学习函数

learnp	感知器学习函数
learnpn	标准感知器学习函数
learnwh Widrow_ Hoff	学习规则
learngd BP	学习规则
learngdm	带动量项的 BP 学习规则

learnk	Kohonen	权学习函数
learncon	Conscience	阈值学习函数
learnsom		自组织映射权学习函数

9. 适应函数

adaptwb	网络权与阈值的自适应函数

10. 训练函数

trainwb	网络权与阈值的训练函数
traingd	梯度下降的 BP 算法训练函数
traingdm	梯度下降 w/动量的 BP 算法训练函数
traingda	梯度下降 w/自适应 lr 的 BP 算法训练函数
traingdx	梯度下降 w/动量和自适应 lr 的 BP 算法训练函数
trainlm	Levenberg_Marquardt 的 BP 算法训练函数
trainwbl	每个训练周期用一个权值矢量或偏差矢量的训练函数

11. 分析函数

maxlinlr	线性学习层的最大学习率
errsurf	误差曲面

12. 绘图函数

plotes	绘制误差曲面
plotep	绘制权和阈值在误差曲面上的位置
plotsom	绘制自组织映射图

13. 符号变换函数

ind2vec	转换下标成为矢量
vec2ind	转换矢量成为下标矢量

14. 拓扑函数

gridtop	网络层拓扑函数
hextop	六角层拓扑函数
randtop	随机层拓扑函数

10.5 小结

本章重点对 MATLAB 仿真软件中模糊逻辑工具箱和神经网络工具箱的使用方法进行了介绍，方便研究人员进行智能控制方法的仿真验证。

关于模糊逻辑工具箱，介绍了如何利用图形界面工具及如何使用命令行函数来建立模糊逻辑系统。关于神经网络工具箱，介绍了如何利用相关函数建立神经网络模型和实现网络的训练，给出了常用的反向传播网络的实现方法。最后，本章列出了 MATLAB 智能控制工具箱的函数清单。

参考文献

[1] Fu K S, Walts M. A Heuristic Approach to Reinforcement Learning Control System [J]. IEEE Trans. Automat. control, 1965, AC-10 (4): 390-398.

[2] Fu K S. Learning Control Systems and Intelligent Control Systems: An Intersection of Artificial Intelligence and Automatic Control [J]. IEEE Trans. Automat. Control, 1971, AC-16 (1): 70-72.

[3] Saridis G N. Intelligent Robotic Control [J]. IEEE Trans. Automat. Control, 1983. AC-28 (5): 547-557.

[4] 周其鉴，李祖枢，陈民铀. 智能控制及其展望 [J]. 信息与控制，1987 (2): 39-45.

[5] 蔡自兴. 智能控制 [M]. 北京：电子工业出版社, 1990.

[6] 陈燕庆，等. 工程智能控制 [M]. 西安：西北工业大学出版社, 1991.

[7] Astrom K J. Where is the Intelligent in Intelligent Control? [J]. IEEE Control Systems Magazine, 1991, 1: 37-39.

[8] Narendra K S. Intelligent Control [J]. IEEE Control Systems Magazine, 1991, 1: 39-40.

[9] Zadeh L A. Outline of a New Approach to the Analysis Complex System and Processes [J]. IEEE Trans. on SMC, 1973, 3 (1): 28-44.

[10] 黄苏南，邵蠡鹤，张仲俊. 智能控制的理论和方法 [J]. 控制理论与应用，1994, 11 (4): 386-395.

[11] Zadeh L A. Fuzzy Sets [J]. Inform. Contr., 1965, 8: 338-353.

[12] Mamdani E H, Assilian S. An Experiment in Linguistic Synthesis with a Fuzzy Logic Controller [J]. Int. J Man-Machine Studies, 1975, 7: 1-13.

[13] Kickert W J M, Mamdani E H. Analysis of a Fuzzy Logic Controller [J]. Fuzzy Sets and Systems, 1978, 1 (1): 29-44.

[14] Procyk T J, Mamdani E H. A Linguistic Self-Organizing Process Controller [J]. Automatica, 1979, 15: 15-30.

[15] Lee C C. Fuzzy Logic in Control Systems: Fuzzy Logic. Controller-part I, part I [J]. IEEE Trans. on SMC, 1990, 20 (2): 404-435.

[16] Gupta M M, Kiszka J B, Trojan G M. Multivariable Structure of Fuzzy Control System [J]. IEEE Trans. on SMC, 1986, 16 (5): 638-655.

[17] Takagi T, Sugeno M. Fuzzy Identification of Systems and Its Application to Modeling and Control [J]. IEEE Trans. on SMC, 1985. 15: 116-132.

[18] Xu C W, Zailu Y. Fuzzy Model Identification and Self-learning for Dynamic Systems [J]. IEEE Trans. on SMC, 1987, 17 (4): 683-689.

[19] Shi Zhong, Shaohua Tran, et al. Fuzzy Self-Tuning of PID Controllers [J]. Fuzzy Sets and Systems, 1993, 56 (1): 37-46.

[20] Zhang B S, Edmand J M. Self-Organising Fuzzy Logical Controller [J]. IEE Proc. Control Theory and Applications, 1992, 139 (5): 460-464.

[21] Li J C, Jron J C. A New Learning Fuzzy Controller Based on The P-Integrator Concept [J]. Fuzzy Sets and Systems, 1992, 48 (3): 297-303.

[22] Cox E. Adaptive Fuzzy System [J]. IEEE Spectrum, 1993, 2: 27-31.

[23] Bezdek J. Fuzzy Models-What Are They, and Why? [J]. IEEE Trans. on Fuzzy Systems, 1993, 1 (1): 1-6.

[24] 倪桂杰,郭巧菊.基本模糊控制器控制规则的提取[J].自动化仪表,2002,23(3):17-20.
[25] 马莉,蔡自兴.基于输入/输出数据的模糊规则自动获取与细化[J].郑州轻工业学院学报,1996,11(4):74-79.
[26] 顾林跃,张立明.模糊规则的自动提取与优化[J].电子科学学刊,1996,18(2):74-79.
[27] 张景元.模糊控制规则库及其优化方法[J].淄博学院学报,2000,2(3):15-18.
[28] 高飞,薛忠.模糊控制技术中的几个问题[J].西安电子科技大学学报,1998,25(3):369-373.
[29] 姚敏.模糊知识获取方法研究[J].电子学报,1997,25(2):119-121.
[30] 袁曾任.人工神经网络及其应用[M].北京:清华大学出版社,1999.
[31] Hopfield J J, Tank D W. Computing with Neural Circuits: A Model [J]. Science, 1986, 233 (8): 625-633.
[32] Rosenblatt R. Principles of Neuro dynamics [M]. New York: Spartan Book, 1959.
[33] J S Albus. A New Approach to Manipulator Control: The Cerebellar Model Articulation Controller (CMAC) [J]. J. of Dynamic systems, Measurement and Control, 1975, 97 (3): 220-227.
[34] 万太平,曾文华.小脑模型神经网络研究和发展综述[J].杭州电子工业学院学报,2003,23(1):75-79.
[35] 徐丽娜.神经网络控制[M].北京:电子工业出版社,2003.
[36] 汪镭,周国兴,吴启迪.人工神经网络理论在控制领域中的应用综述[J].同济大学学报,2001,29(3):357-361.
[37] Narendra K S, Parthasarathy K. Identification and Control for Dynamic Systems Using Neural Networks [J]. IEEE Trans. Neural Networks, 1990, 1 (1): 4-27.
[38] Chen S, Billings S A, Grant P M. Nonlinear System Identification Using Neural Networks [J]. Int. J. Control, 1990, 51: 1191-1214.
[39] L. Jin P N, Nikiforuk M M. Gupts, Adaptive Control of Discrete-Time Nonlinear Systems Using Recurrent Neural Networks [J]. IEE proc-control Theory, App., 1994, 141 (3): 169-175.
[40] 陈增强,袁著祉,张燕.基于神经网络的非线性预测控制综述[J].控制工程,2002,9(4):7-11.
[41] J Richalet. Model Predictive Heuristic Control: Applications to Industrial Processes [J]. Automatica, 1978, 14 (5): 413-428.
[42] Clarke D W, Mohtadic, Tuffs P S. Generalized Predictive Control [J]. Automatica, 1987, 23 (1): 137-160.
[43] 陈增强,袁著祉,车海平,等.基于神经网络的非线性系统间接自校正预测控制[J].南开大学学报,1999,32(3):53-57.
[44] 刘贺平,张兰玲,孙一康.基于多层局部回归神经网络的多变量非线性系统预测控制[J].控制理论与应用,2001,18(2):298-300.
[45] 王群仙,陈增强,袁著祉.基于BP网络的PID型预测自校正控制器[J].控制与决策,1998,13(2):185-188.
[46] 李少远,刘浩,袁著祉.基于神经网络误差修正的广义预测控制[J].控制理论与应用,1996,13(5):677-680.
[47] 史国栋,王洪元,薛国新.基于径向基函数模型的非线性预测控制策略研究[J].模式识别与人工智能,2000,13(4):361-365.
[48] 王文军,宋苏,郭贤娴.基于神经网络的自适应控制研究综述[J].计算机仿真,2005,22(8):132-135.
[49] 王贞艳,张井岗,陈志梅.神经网络滑模变结构控制研究综述[J].信息与控制,2005,34(4):451-457.

[50] Kaynak, Ertugml M. The fusion of computationally intelligent methodologies and sliding-mode control-a survey [J]. IEEE Transactions on Industrial Electronics, 2001, 48 (1): 4-17.
[51] 吴宏岐, 张军利, 周妮娜. 基于神经网络的智能控制技术及应用 [J]. 信息技术, 2004, 28 (1): 1-3.
[52] 曹劲. 基于自校正回归神经网络的预报建模 [J]. 信息与控制, 1998, 27 (2): 156-160.
[53] 魏剑平, 李华德, 孙明. 基于回归神经网络的复杂工业对象的建模. [C] // 第三届全球智能控制与自动化大会论文集, 2000, 1040-1042.
[54] 古勇, 苏宏业, 诸健. 循环神经网络建模在非线性预测控制中的应用 [J]. 控制与决策, 2000, 15 (2): 254-256.
[55] 熊智华, 王雄, 徐用. 一种基于多神经网络的非线性系统预测控制方法. [C] // 第三届全球智能控制与自动化大会论文集, 合肥, 中国科技大学出版社, 2000, 1110-1113.
[56] Berenji H R, Khadkr P S. Adaptive Fuzzy Control with Reinforcement Learning. [J] ACC, San Francisco, 1993, 1840-1844.
[57] 王永骥. 神经元网络控制 [M]. 北京: 机械工业出版社, 1998.
[58] 叶俊, 宋元胜. 神经网络在内模控制中的应用 [J]. 机电工程, 2006, 53 (8): 54-56.
[59] 乔俊飞, 孙雅明, 毛鹏. 一种基于神经网络的内模控制方法及其应用 [J]. 天津大学学报, 2000, 33 (1): 25-28.
[60] 顾宇杰, 涂源钊. 基于逆系统方法的非线性系统内模控制 [J]. 自动化技术与应用, 2003, 22 (10): 14-17.
[61] 刘坤. 非线性系统的神经网络逆模型控制 [J]. 南京工程学院学报 (自然科学版), 2004, 2 (3): 40-45.
[62] 王启志. 神经网络辨识的自适应逆控制 [J]. 华侨大学学报 (自然科学版), 2005, 26 (4): 397-400.
[63] 潘晓宁, 胡寿松, 侯霞. 不确定非线性系统的神经网络自适应 H∞ 跟踪控制 [J]. 控制与决策, 2004, 19 (6): 616-620.
[64] Yang G H, Weng J L, Soh Y C. Reliable guaranteed cost control for uncertain nonlinear systems [J]. IEEE Trans. on Automatic Control, 2000, 45 (11): 2188-2192.
[65] 孙富春, 李莉, 孙增圻. 非线性系统神经网络自适应控制的发展现状及展望. [J] 控制理论与应用, 2005, 22 (4): 254-260.
[66] SUN Fuchun, SUN Zengqi, LI Hanxiong. Adaptive dynamic neuron fuzzy controller design of robotic manipulators [J]. Fuzzy Sets and Systems, 2003, 134 (1): 117-133.
[67] 牛建军, 吴伟, 陈国定. 基于神经网络自整定 PID 控制策略及其仿真 [J]. 系统仿真学报, 2005, 17 (6): 1425-1427.
[68] Ronald R. Yager. Modeling and Formulating Fuzzy Knowledge Bases Using Neural Networks [J]. Neural Networks, 1994, 7 (8): 1273-283.
[69] 张昌凡, 王耀南, 李孟秋. 模糊神经滑模控制在交流伺服系统中的应用 [J]. 电机与控制学报, 1999, 3 (4): 249-251.
[70] 张昌凡, 王耀南. 神经网络滑模鲁棒控制器及其应用 [J]. 信息与控制, 2001, 30 (3), 209-212.
[71] 张凯, 钱锋, 刘漫丹. 模糊神经网络技术综述 [J]. 信息与控制, 2003, 32 (5): 431-435.
[72] Gupta M M, Bao D H. On the principle of fuzzy neural networks [J]. Fuzzy Sets and Systems, 1994, 68 (1): 1-8.
[73] 鲍鸿, 黄心汉. 用模糊 RBF 神经网络简化模型设计多变量自适应模糊控制器 [J]. 控制理论与应用, 2000, 17 (2): 169-174.

[74] 章兢. 仿人智能控制与模糊神经网络融合技术 [J]. 控制与决策, 1999, 14 (5): 429-432.

[75] 达飞鹏, 宋文忠. 基于模糊神经网络的滑模控制 [J]. 控制理论与应用, 2000, 17 (1): 128-131.

[76] 张乃尧, 阎平凡. 神经网络与模糊控制 [M]. 北京: 清华大学出版社, 1998.

[77] Astrom K J, Anton. Expert control [J]. Automatica, 1986, 22 (2): 227~286.

[78] Sullivan G A. Adaptive control with expert system based supervisory functions [J]. International Journal of Systems Science, 1996, 27 (9): 839-850.

[79] Cai Z X, Wang Y N, Cai J F. Real-time expert control system [J]. Artificial Intelligence in Engineering, 1996, 10 (4): 317-322.

[80] Aracil J, et al. Stability Indices for the Global Analysis of Expert Control Systems [J]. IEEE Trans. on SMC, 1989, 19 (5): 998-1007.

[81] Wang Yaoman, Tong Tiaosheng, Cai Zixing. Real-Time Expert Intelligent Control System REICS [J]. Alogrithms and Architecture Control of IFAC, Pergaman Press, 1992, 51 (2): 307-312.

[82] Gerardo G. An Expert PID Controller Uses Refined Ziegler and Nichols Rules and Fuzzy Logic Ideas [J]. J. of Applied Intelligence 1994, 4: 53-66.

[83] Shin Kang G, Xian Hong Cui. Design of a Knowledge-Based Controller for Intelligent Control Systems [J]. IEEE Trans. on SMC, 1991, 21 (2): 368-372.

[84] Alen Varsek. Tanja Urbancic, Genetic Algorithms in Controller Design and Tuning [J]. IEEE Trans on SMC, 1993, 23 (5): 1330-1338.

[85] 张晓缤, 戴冠中, 徐乃平. 一种新的优化搜索算法-遗传算法 [J]. 控制理论与应用, 1995, 12 (3): 265-271.

[86] 方建安, 邵世煌. 采用遗传算法学习的神经网络控制器 [J]. 控制与决策, 1993, 8 (3): 208-212.

[87] 孙炜, 王耀南, 朱俊杰. 基于模糊控制的交流伺服系统 [J]. 电气传动自动化, 2000, 22 (2): 18-19.

[88] 戴永彬, 王艳秋. 基于直接转矩控制的模糊神经网络定子电阻观测器的实现 [J]. 电气自动化, 2003, 25 (2): 5-8.

[89] Cabrera L A., Elbuluk M E, and Husain I. Tuning the stator resistance of induction motors using artificial neural network [J]. IEEE Trans. on Power Electronics: 1997, 12 (5): 779-787.

[90] 孙炜, 翟晓华, 张路金, 等. 一种自组织小波神经网络定子电阻估计器 [J]. 控制理论与应用, 2007, 24 (3): 371-373.

[91] 贾涛, 王耀南, 黄守道, 等. 自适应 FC 的无速度传感器感应电机矢量控制系统 [J]. 电气传动, 2005, 35 (3): 8-11.

[92] Yan Tang, Wei Sun, Yaonan Wang, et al. Using Recurrent Fuzzy Wavelet Neural Network to Control AC Servo System [J]. Proc. Of IEEE 5th International Power Electronics and Motion Control Conference, 2006, 866-869.

[93] 王耀南. 复杂工业系统的分布式递阶智能控制研究 [J]. 计算机集成制造系统—CIMS, 2002, 8 (7): 551-554.

[94] 王耀南. 模糊神经网络在炉温控制中的应用 [J]. 系统工程与电子技术, 1997, 12: 72-77.

[95] 孙炜, 毛建旭, 王耀南, 等. 一种基于专家模糊控制磨削加工质量控制系统 [J]. 湖南大学学报, 1998, 25 (5): 69-72.

[96] 彭建春, 黄纯, 王耀南. 电力系统有功功率与频率的神经网络自校正控制 [J]. 电力系统及其自动化学报, 1997, 9 (4): 33-38.

[97] 彭建春, 王耀南. 一种专家智能型电力系统稳定器 [J]. 计算技术与自动化, 1997, 16 (2): 32-35.

[98]　王辉，王耀南，许维东. 基于模糊自整定 PI 控制的 SSSC 潮流控制器研究 [J]. 电工技术学报，2004，19（7）：65-69.

[99]　彭建春，王耀南，黄纯. 基于神经网络的静止无功补偿器自校正内模控制 [J]. 电网技术，1997，21（11）：32-36.

[100]　王耀南，孙炜. 基于模糊神经网络的机器人自学习控制 [J]. 电机与控制学报，2001，5（2）：92-94.

[101]　孙炜，王耀南. 模糊 CMAC 及其在机器人轨迹跟踪控制中的应用. 控制理论与应用 [J]，2006，23（1）：38-42.

[102]　孙炜，王耀南. 基于控制器输出误差方法的机器人自适应模糊控制 [J]. 机器人，2001，23（7）：616-622.

[103]　况菲，王耀南. 基于混合人工势场—遗传算法的移动机器人路径规划仿真研究 [J]. 系统仿真学报，2006，18（3）：774-777.

[104]　吴晓莉，林哲辉，等. MATLAB 辅助模糊系统设计 [M]. 西安：西安电子科技大学出版社，2002.

[105]　闻新，等. MATLAB 神经网络仿真与应用 [M]. 北京：科学出版社，2003.

普通高等教育"十一五"国家级规划教材
普通高等教育电气工程与自动化类"十一五"规划教材

书名		主 编	
★电路基础	东南大学	黄学良	
电路实验教程	燕山大学	毕卫红	
工程电磁场基础及应用	山东大学	刘淑琴	
数字电子技术	中国计量学院	王秀敏	
电子技术实验	天津大学	王萍	
★计算机软件技术基础	哈尔滨工程大学	李金	
通信技术基础（非通信类）	重庆邮电大学	鲜继清	
★微型计算机原理及应用	西安交通大学	张彦斌	
计算机网络与通信	清华大学	张曾科	
★自动控制理论	合肥工业大学	王孝武　方敏　葛锁良	
★自动控制理论	西安理工大学	刘丁	
★现代控制理论基础（第2版）	合肥工业大学	王孝武	
现代控制理论	浙江大学	赵光宙	
控制工程基础	浙江工业大学	王万良	
信号分析与处理（第2版）	浙江大学	赵光宙	
自动化概论	四川大学	赵曜	
★电力电子技术（第5版）	西安交通大学	王兆安　刘进军	
电力电子技术（少学时）	华南理工大学	张波	
Power Electronics		吴斌	
★电机及拖动基础（第4版）（上下册）	合肥工业大学	顾绳谷	
电力拖动基础	四川大学	张代润	
★电力拖动自动控制系统——运动控制系统（第4版）	上海大学	阮毅　陈伯时	
电力拖动自动控制系统——运动控制系统（少学时）	上海海运大学	汤天浩	
控制系统数字仿真与CAD（第2版）	哈尔滨工业大学	张晓华	
★过程控制与自动化仪表（第2版）	西安理工大学	潘永湘	

过程控制与自动化仪表	浙江大学	张宏建
过程控制系统	华东理工大学	俞金寿
传感器与检测技术	清华大学	赵勇
自动检测技术与系统设计	东南大学	周杏鹏
计算机控制技术	沈阳大学	范立南
现场总线技术及应用	哈尔滨工业大学	佟为明
电磁兼容原理及应用	华中科技大学	熊蕊
★电气绝缘技术基础（第4版）	西安交通大学	曹晓珑
★电机学	重庆大学	韩力
电力工程基础	河海大学	鞠平
★供电技术（第4版）	西安理工大学	余健明
智能控制理论及应用	湖南大学	王耀南　孙炜
智能电器	大连理工大学	邹积岩
建筑智能化系统	东北大学	吴成东
控制电机	山东大学	李光友
智能机器人引论	中国科学技术大学	关胜晓
机器人引论	清华大学	张涛
嵌入式系统原理与应用	青岛大学	范延滨
数字图像处理与应用基础	西安理工大学	朱虹

电网络理论	浙江大学	周庭阳
非线性电路理论	北京机械工业学院	刘小河
非线性系统理论	上海大学	康惠骏
最优控制理论与应用	西安交通大学	吴受章
系统建模理论与方法	东南大学	夏安邦
高等数字信号处理	海军工程技术大学	吴正国
高等电力电子技术	合肥工业大学	张兴
现代电机控制技术	沈阳工业大学	王成元

1. 本套教材全部配有免费电子课件，欢迎选用本套教材的老师索取，索取邮箱：wbj@mail.machineinfo.gov.cn
2. 书名前标"★"号的为"普通高等教育'十一五'国家级规划教材"

放射性测井及自动化装卷	浙江大学	梁家荣
放射性图象学	华东理工大学	俞金寿
计算机与系统仿真	清华大学	戴先中
自动检测技术及系统设计	东南大学	周杏鹏
计算机控制技术	四川大学	范立南
现场总线技术及应用	哈尔滨工业大学	阳宪惠
电磁兼容原理及应用	华中科技大学	陶勇
★电子测量技术基础（第4版）	西安交通大学	曹丽琴
★电机学	重庆大学	韩力
电力工程基础	河海大学	鞠平
★用电技术（第4版）	西安理工大学	余健明
高电压绝缘理论及应用	湖南大学	王国海 陈维
高电压	大连理工大学	邓明晖
继电保护原理	东北大学	吴成东
电力电机	山东大学	李永东
高压电器人门	中国科学技术大学人	徐建源
机器人学	哈工大学	张铃
嵌入式系统设计与应用	苏州大学	陈述斌
数字图象处理及应用基础	西安理工大学	朱虹

电网络理论	浙江大学	周庭阳
非线性电路分析	北京机械工业学院	刘小河
非线性反馈理论	上海大学	张旭秀
现代控制理论与方法	西安交通大学	吴受章
系统辨识的理论与方法	东南大学	夏安邦
离散电子信号分析	哈尔滨工程大学	吴正国
高等电力电子技术	合肥工业大学	张崇巍
现代电机控制技术	沈阳工业大学	王成元

1. 本套教材全部配有电教用子课件，本书教师可供获得课件，咨询邮箱：edu mail_mesp@sina.kev.cn
2. 书名前标有"★"的书为"普通高等教育'十一五'国家级规划教材"